万川
reflections

一步万里阔

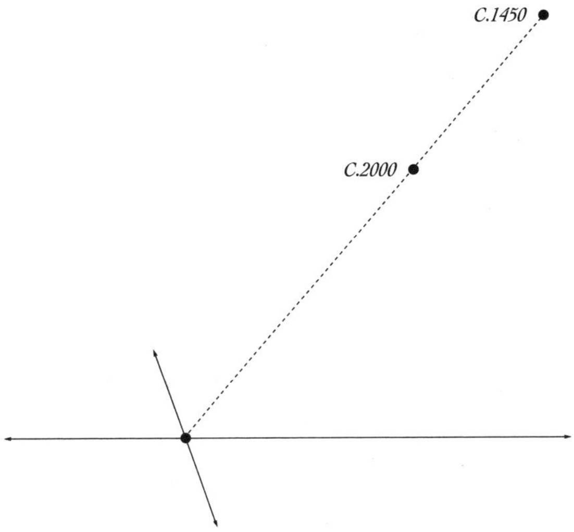

HORIZONS

A Global History of Science

地平线

现代科学的全球起源

［英］詹姆斯·波斯基特——著
孙亚飞——译

中国工人出版社

图书在版编目（CIP）数据

地平线：现代科学的全球起源 /（英）詹姆斯·波斯基特著；孙亚飞译 . -- 北京：中国工人出版社，2024. 6. -- ISBN 978-7-5008-8009-7

Ⅰ. G3

中国国家版本馆 CIP 数据核字第 20243AF936 号

著作权合同登记号：图字 01-2024-3543

地平线：现代科学的全球起源

出 版 人	董　宽
责任编辑	杨　铁
责任校对	张　彦
责任印制	黄　丽
出版发行	中国工人出版社
地　　址	北京市东城区鼓楼外大街 45 号　邮编：100120
网　　址	http://www.wp-china.com
电　　话	（010）62005043（总编室）（010）62005039（印制管理中心） （010）62001780（万川文化出版中心）
发行热线	（010）82029051　62383056
经　　销	各地书店
印　　刷	北京利丰雅高长城印刷有限公司
开　　本	880 毫米 ×1230 毫米　1/32
印　　张	14.375
插　　页	1 印张
字　　数	300 千字
版　　次	2024 年 8 月第 1 版　2024 年 11 月第 2 次印刷
定　　价	98.00 元

献给爱丽丝和南希

目录
CONTENTS

序言：现代科学的起源

INTRODUCTION: THE ORIGINS OF MODERN SCIENCE

现代科学从何处而来？直到最近，大多数历史学家会给你讲述下面的故事：1500 年与 1700 年之间的某个时刻，现代科学在欧洲被“发明”出来。这段历史通常起始于波兰天文学家尼古拉斯·哥白尼。在《天体运行论》（*On the Revolutions of the Heavenly Spheres*，1543 年出版）中，哥白尼认为地球是围绕太阳运行的。这是一个激进的想法。自古希腊时代以来，天文学家就相信，地球位于宇宙的中心。16 世纪欧洲的科学思想家破天荒地挑战古代圣贤。紧随哥白尼的是所谓“科学革命”的先驱——1609 年首次观测木星卫星的意大利天文学家伽利略，以及 1687 年提出运动定律的英国数学家艾萨克·牛顿。大多数历史学家会告诉你，这种模式在接下来的 400 年里一直持续。按照传统说法，现代科学史是这样一段故事：它几乎只关注查尔斯·达尔文或阿尔伯特·爱因斯坦这样的人，前者是 19 世纪提出以自然选择为基础的演化理论的英国博物学家，后者是 20 世纪提出狭义相对论的德国物理学家。从 19 世纪的演化论思想到 20 世纪的宇宙物理学，现代科学是欧洲独立完成的杰作——历史学家是这样告诉我们的。[1]

这段故事是一个被人们误解的“迷思”。在本书中，我想讲述有关现代科学起源的一个截然不同的故事。科学不是单一欧洲文化的产物。相反，现代科学一直仰仗来自世界各地不同文化的人和思想汇聚在一起。哥白尼就是一个很好的例子。他写作的时候，正值欧洲与亚洲建立新的联系，大篷车穿梭在丝绸之路上，大型帆船也在穿越印度洋。在哥白尼的科学著作中，他依赖从阿拉伯文及波斯文文献中借鉴而来的数学技术，其中有很多刚刚被引入欧洲。亚洲和非洲各地也在进行着类似的科学交流。正是在同一时期，奥斯曼天文学家跨越地中海，将伊斯兰教科学知识与借鉴基督教与犹太教思想家的新思想相融合。在西非廷巴克图和卡诺的宫廷里，数学家们研究穿过撒哈拉沙漠远道而来的阿拉伯文手稿。在东方，北京的天文学家在阅读拉丁文科学文献的同时，也在查阅中国经典著作。在印度，一位富有的王公雇用了印度教徒、穆斯林以及基督教数学家共同编制有史以来最精确的一些天文表。[2]

所有这些指向了理解现代科学史的一种截然不同的方式。在本书中，我认为我们需要从全球历史的一些关键时刻的角度来思考现代科学史。我们从 15 世纪美洲的殖民化开始，一路走到现在。沿着这条路，我们将探索科学史上的重大发展，从 16 世纪的新天文学到 21 世纪的遗传学。在每一个案例中，我都将展示现代科学的发展如何依赖于全球的文化交流。不过需要强调的是，这不单纯是全球化胜利的故事。毕竟，文化交流会以很多种形式出现，其中不少是具有剥削性的。在现代早期的大部分时间里，奴隶制和帝国的发展塑造了科学。19世纪，工业资本主义的发展改变了科学。而在 20 世纪，可以用“冷战”和去殖民化来完美地解释科学史。然而，尽管存在这些严重的权力失衡，然而来自世界各地的人还是为现代科学的发展作出了举世瞩目的贡献。无论我们看向哪个时期，科学史都不能仅以欧洲为中心。[3]

对于这样一段历史的诉求从未如此迫切。科学世界的平衡正在发生变化。中国在科研经费方面的投入已经仅次于美国，并且在过去几年里，中国科研人员发表的科学论文是世界上最多的。阿拉伯联合酋长国在 2020 年夏天完成了一项无人火星探索发射任务，肯尼亚与加纳的计算机科学家在人工智能的发展中发挥着越来越重要的作用。与此同时，欧洲科学家正面临英国脱欧的影响，而俄罗斯与美国的安全部门仍在继续发动网络战。[4]

具有少数族裔背景的科学家难以代表业界高层，犹太裔科学家与学生仍在遭受反犹太主义的不公正对待，而在欧洲和美国以外工作的一些科研人员，参加国际会议的签证经常被拒绝。如果要解决这些问题，那么我们需要一部新的科学史，一部能够更好地反映我们生活的这个世界的科学史。[5]

如今的科学家们很快意识到他们的科研工作具有国际性质。但是，他们倾向于认为这是一种相对新潮的现象，是20世纪“大科学”（big science）的产物，而非追溯到500多年前。当欧洲以外的国家对科学所作的贡献得到承认时，它们通常被算作发生于遥远的过去，而非“科学革命”与现代科学兴起这个故事中的情节。我们听到很多有关中世纪伊斯兰科学的“黄金时代”的描述，也就是在大约9世纪和10世纪，当时巴格达的科学思想家首次开发出代数以及其他很多新的数学技术。对于古代中国的科学成就也有类似的强调，比如发明指南针和火药都是在1000多年前。然而，这些故事只会强化这样一种叙事方式，即中国和中东等地在现代科学史当中几乎无所作为。事实上，我们经常会忘记，“黄金时代”的概念最初是在19世纪被发明出来的，其目的是为欧洲帝国的扩张进行辩解。英国与法国的帝国主义宣扬了一种错误的观点，即亚洲和中东的文明自中世纪以来一直在衰落，因此也需要现代化。[6]

令人惊讶的是，和在欧洲一样，这些故事在亚洲依然十分流行。2016年，在伊斯坦布尔举行的土耳其—阿拉伯高等教育大会上，土耳其总统雷杰普·塔伊普·埃尔多安（Recep Tayyip Erdoğan）发表演讲。在讲话中，埃尔多安讲述了“伊斯兰文明的‘黄金时代’”，也就是“伊斯兰城市……作为科学中心”的中世纪时期。然而，埃尔多安似乎没有意识到，很多生活在今日土耳其所在地区的穆斯林，也曾经为现代科学的发展作出了巨大贡献。从16世纪伊斯坦布尔的天文学，到20世纪开罗的人类遗传学，伊斯兰世界的科学进步远远超过了中世纪的“黄金时代”。[7]

为何这些故事如此流行？和其他很多“迷思”一样，现代科学发明于欧洲的想法并非偶然诞生的。20世纪中叶，英国和美国的一批历史学家开始出版书名类似于《现代科学之起源》（*The Origins of Modern Science*）的一些书籍。几乎所有人都相信，现代科学——以及随之而来的现代文明——起源于大约16世纪的欧洲。“我们必须重视的科学革命……是西方世界极富创造力的杰作。”有着卓越影响力的剑桥历史学家赫伯特·巴特菲尔德（Herbert Butterfield）在1949年这样写道。大西洋的另一边也提出了类似的观点。20世纪50年代，耶鲁大学的学生被教导，“西方创造了自然科学……东方却没有”，而《科学》（*Science*）期刊作为世界上最负盛名的科学杂志之一，告知它的读者，“西欧国家的小圈子为现代科学提供了最初的襁褓”。[8]

这一切的政治意义再清楚不过了。这些历史学家经历了“冷战”最初的几十年，在那段时间里，资本主义和共产主义之间的斗争主导了世界政治。他们思考当代世界的角度，是东西方之间的严格划分，然后——无论是有意还是无意——再将其投射到过去。在此期间，科学技术被广泛地视作政治成功的标志，尤其是在1957年10月苏联发射了第一颗人造地球卫星“斯普特尼克”（Sputnik）之后。因此，现代科学发明于欧洲的这一想法就被当作一个便利的虚构故事。对于西欧和美国的领导人而言，至关重要的是，他们的公民看着自己站在历史正确的一边，成为科学和技术进步的推动者。发明这样一部科学史，也是为了说服世界各地的后殖民国家走资本主义道路，并远离共产主义。在整个

“冷战”期间，美国花费了数十亿美元用于对外援助，促进亚洲、非洲和拉丁美洲各国将自由市场经济与科学发展相结合，这也是为了对抗苏联的对外援助计划。至少根据美国政策制定者的说法，一旦与“市场经济”相结合，“西方科学”确保的就不只是一个经济“奇迹”。[9]

多少有些讽刺的是，苏联历史学家关于现代科学起源的讲述，反而巩固了与西方类似的说法。他们倾向于忽视俄国科学家在沙皇统治下取得的早期成就，而更强调科学在共产主义制度下的惊人崛起。1933年，苏联科学院院长写道：“直到20世纪，俄国仍然没有出现真正的物理学。”正如我们即将看到的，这一说法并不正确。18世纪初，俄国天文学家开展的一些最为重要的天文观测得到了彼得大帝的支持，而俄国物理学家也在19世纪无线电的发展中发挥了关键作用。后来一些苏联历史学家的确尝试过强调俄国早期的科学成就。但是至少在20世纪的前几十年里，相比讲述旧政权统治下的任何成就，强调共产主义时期取得的革命进步更为重要。[10]

亚洲和中东的情况略有不同，尽管最终的结果十分类似。“冷战”是一个去殖民化时期，很多国家最终脱离了欧洲殖民强权从而获得独立。印度和埃及等地的政治领导人迫切希望建立一种新的国家认同感。很多人回顾了古老的过去。他们称颂中世纪乃至古代科学思想家的成就，忽略了殖民时期发生的很多事情。事实上，正是在20世纪50年代，伊斯兰教或印度教“黄金时代”的观念开始流行——不仅像19世纪流行于欧洲，也在中东和亚洲流行。印度和埃及的历史学家坚持这个观点：他们拥有辉煌的科学过往，这是一个等待被重新发现的过往。由此他们无意地强化了欧美历史学家兜售的神话——现代科学是西方的，古代科学是东方的。人们所知的就是如此。[11]

“冷战”已经结束，科学史却依然停留在过去。从通俗历史到学术文献，现代科学发明于欧洲的观点，仍然是现代史上传播最广的“迷思”之一，尽管几乎没有证据支持这一点。在本书中，我提供了一部现代科学的新历史，不仅得到了现有证据的支持，而且能更好地适应我们生活的时代。我将展示现代科学的发展如何在本质上依赖于世界各地不同文化之间的思想交流。这一认知在15世纪便是真理，在今天同样正确。

从阿兹特克的宫殿和奥斯曼土耳其的天文观测台，到印度的实验室和中国的大学，这本书跟踪了全球现代科学的历史。不过重要的是，要记住这并非一本百科全书。我没有试图涵盖世界上每一个国家，也没有试图囊括每一项科学发现。这样的写作会事倍功半，阅读起来也没有愉悦感。相反，本书的目的是展示全球历史如何塑造现代科学。出于这个原因，我挑选了世界历史变化的四个关键时期，连接起每一个时期与科学史上一些最重要的发展。通过将科学史置于世界历史的核心，本书还揭示了现代世界形成的新视角——从帝国的历史到资本主义的历史，如果想要理解现代史，我们就需要关注全球科学史。

最后我想强调的是，我认为科学在很大程度上就是一种人类活动。现代科学无疑是由更广泛的世界事件塑造的，但它依然要通过有血有肉的人类努力才得以实现。这些人虽然生活在各自迥异的时间和地点，但和你我之间并无根本的不同。他们有家庭和社交关系；他们与自己的情绪和身体状况作斗争；他们中的每个人都想更好地理解我们所生活的宇宙。在整本书中，我试图给出科学更贴近人性的一面：奥斯曼土耳其的一位天文学家在地中海被海盗抓获，一名非洲奴隶在南美洲的一座种植园里采集草药，还有一位墨西哥遗传学家收集奥运会运动员的血液样本。他们中的每一个人，尽管如今基本被人们遗忘，却为现代科学的发展作出了重要贡献。这就是他们的故事——那些被永载史册的科学家的故事。

第 一 部 分

科学革命，约 1450—1700 年

Scientific Revolution, c.1450–1700

第一章

新大陆

NEW WORLDS

徜徉在墨西哥的阳光下，阿兹特克帝国的皇帝——蒙特祖玛二世（Moctezuma Ⅱ）可以听到鸟儿的叫声。他的皇宫坐落在阿兹特克首都特诺奇蒂特兰的城市中心，皇宫里搭建了一座鸟舍，圈养了来自全美洲的珍禽。绿色的长尾小鹦鹉驻足在格栅上栖息，而紫色的蜂鸟在树丛间一闪而过。除了鸟舍，蒙特祖玛的宫殿里还建造了一座猛兽园，美洲虎和土狼这类大型动物都居住于此。不过在所有这些从自然界搜罗的奇珍异宝中，蒙特祖玛最欣赏的还是鲜花。每天早晨，他都会绕着皇家植物园溜达一圈，园内的路边整齐地种植了玫瑰和香草，数百名阿兹特克园丁照料着一排又一排药用植物。[1]

阿兹特克的植物园建造于 1467 年，比欧洲的同类园子早了将近一个世纪。而且，它并不只是用于展示和观赏的，阿兹特克人发展出了一种对自然世界非常复杂的认知，他们根据植物的结构与用途对植物进行分类，特别是区分装饰性植物和药用性植物。阿兹特克的学者们也会反思自然世界和天堂之间的关系，认为植物和动物都是神的杰作，这与基督教的传统颇有些相仿。蒙特祖玛本人也对所有这些抱有非常强烈的兴趣。他委托人员调查阿兹特克帝国的自然界，并收集了大量动物皮与干花。蒙特祖玛凭自己的能力完成了学术研究，因此在阿兹特克的编年史中，他被记载为“天资聪颖，是一位占星家、哲学家，并精通所有的艺术”。他站在庞大帝国的顶端，而在这个帝国中，科学达到了新的高度。[2]

特诺奇蒂特兰是一座工程学奇观，于1325年建立在特斯科科湖（Lake Texcoco）中央的一座岛上。想要抵达阿兹特克的这座首都，只有穿过三条堤道中的一条才可以，每一条堤道都在水中延伸达数英里。与威尼斯一样，这座城市中的运河纵横交错，阿兹特克的商人们划着独木舟穿梭，才能达成他们日常的买卖。一条引水渠为这座城市提供了新鲜的淡水，与此同时，农民们在湖的外围照看着一垄又一垄开垦过的耕地，种植着玉米、西红柿和辣椒。城市中心矗立着“大庙”——一座巨型石砌金字塔，足有60多米高。阿兹特克的建筑师们设计出这座庙宇，使之完美地契合重要节日的日出日落。蒙特祖玛本人也会参加仪式，向神灵祈祷，并以花朵与动物皮献祭，有时候也会采用人祭*。15世纪中叶，特诺奇蒂特兰发展到前所未有的规模，坐拥20万人口的这座阿兹特克大都市，比当时大多数欧洲国家的首都还要庞大得多，其中包括伦敦和罗马。在接下来的几十年里，阿兹特克帝国持续扩张，横跨墨西哥高原，容纳超过300万人。[3]

这一切的实现都要归功于阿兹特克先进的科学技术。从观察天空到研究自然世界，阿兹特克人极度重视知识的培养。不同于当时的很多欧洲王国，相当一部分阿兹特克人的孩子，无论是男孩还是女孩，都接受过某种形式的正规教育。帝国中还有针对贵族男丁的特别学校，他们被寄予厚望，受训成为神职人员，这类专职人员需要掌握天文学与数学专业知识，这样才能编制阿兹特克历法。除了神职人员，还有一个特殊的阶层被称作“格物先知”（knowers of things）。他们都是接受过高度训练的人，相当于在欧洲有过大学教育经历的学者。他们建

* 人祭是阿兹特克帝国及美洲其他文明保留的一种献祭形式，被献祭的活人主要来自战争中被击败部族的俘虏，仪式中会以较残忍的方式杀死被献祭者。此举激起周边部族的愤怒，成为日后阿兹特克帝国迅速瓦解的重要原因之一，也有一个观点认为这是西班牙在击败这些帝国后实施的污名化。（如无特殊说明，本书脚注均为译者注。）

造了很棒的图书馆，经常贡献新的杰作。阿兹特克人也发展出在当时世界上非常先进的一种医学系统。在特诺奇蒂特兰，你可以咨询到各类医疗从业人员，从被称作“巫医”（*ticitl*）的内科医生，到外科医生、助产士和药剂师。这座城市甚至形成了一个医药市场，来自帝国各地的贸易商带来药草、树根以及药膏用于销售。如今我们知道的很多阿兹特克药用植物，确实都具有药理活性，其中包括了一种可以被用于诱导分娩的雏菊，以及一些帮助消炎的墨西哥万寿菊。[4]

我们所知的有关特诺奇蒂特兰的大部分事情，都来自那些将其毁灭的人留下的记载。1519年11月8日，西班牙征服者埃尔南·科尔特斯（Hernán Cortés）第一次进入了这座城市。一开始，蒙特祖玛很欢迎西班牙人，将科尔特斯和随行人员都领进了皇宫，这些人被眼前的景象折服了。后来，跟随科尔特斯的一名士兵伯纳尔·迪亚兹·德尔卡斯蒂略（Bernal Díaz del Castillo）在《征服新西班牙信史》（*The True History of the Conquest of New Spain*，1576年出版）中如此描述蒙特祖玛的花园：

> 我们前往果园和花园，那里是如此神奇的地方，可以欣赏，可以漫步，而我看着各式各样的树，从不感到疲倦。我注意到每一种植物都有各自的气味，小径两旁种满了玫瑰和各种花卉，还有许多果树与本土玫瑰，池塘里也是活水荡漾。

迪亚兹也描绘了鸟舍。他回忆看到了“大到皇家鹰……小到羽毛色彩斑斓的小型鸟类，不一而足……羽毛有五种颜色——绿、红、白、黄、蓝”。里面还有“一个大水池，池中游弋着其他一些水鸟，有着高跷一样的长腿，而身体、翅膀和尾巴全是通红的”。[5]

这种平静并没有持续太久。科尔特斯趁势挟持了蒙特祖玛，在城市里大杀四方。西班牙人一开始被击退了，但两年后科尔特斯带着更强大的兵力回来了。装配了加农炮的战船在湖面上将城池团团围住，掩护西班牙士兵从城门涌入。此役中蒙特祖玛被刺杀，大庙也被毁坏。科尔特斯亲自放火烧了宫殿，鸟舍、猛兽园、花园也都被付之一炬。正如迪亚兹所记载，对于士兵而言这多少有些悲哀，“所有那些曾经看到过的奇迹……如今都已被打翻或毁灭，没有什么屹立不倒”。对阿兹特克的征服，标志着西班牙帝国在美洲开始建立。1533 年，查理五世设立了新西班牙总督区，其首府墨西哥城，就被建立在蒙特祖玛皇宫的废墟之上。[6]

大多数科学史不会从墨西哥的阿兹特克讲起。传统的看法认为，现代科学的历史发自 16 世纪的欧洲，这一进程通常被称为“科学革命”。我们被告知，公元 1500—1700 年，科学思想发生了一场令人难以置信的转变。在意大利，伽利略·伽利雷观察了木星卫星，在同时期的英国，罗伯特·波义耳则第一次描述了气体的性质。在法国，勒内·笛卡儿开发出研究几何学的新方法，而在荷兰，安东尼·范·列文虎克第一次在显微镜下观察了细菌。最具代表性的是艾萨克·牛顿将这个故事推向了高潮，这位伟大的英国数学家在 1687 年构建了运动定律。[7]

历史学家长期以来一直在争论“科学革命”的性质与起因。有些人将其视为一个智力提升的时期，几位孤独的天才在此期间有了新的发现，并向中世纪的迷信发起挑战。还有一些人则辩称这是一段社会与宗教发生剧烈变化的时期，其间爆发的英国内战与新教改革，迫使人们重新评估关于世界本质的一系列基本信仰。此后，还有一些人将“科学革命”看作技术变化的产物。从印刷术到望远镜，这一时期见证了各类新工具的发明，每一种都以前所未有的规模研究自然，并传播科学思想。毕竟，“科学革命”时期的很多伟大思想家，还在某些方面继续依赖着更为古老的思想，如《圣经》或古希腊哲学中的那些思想。[8]

然而直到最近，几乎没有历史学家会停下来思考，他们是否从正确的位置开始了自己的探索。“科学革命”的历史真的只是关于欧洲的故事吗？答案是否定的。从美洲的阿兹特克帝国，到亚洲的明朝，“科学革命”的历史是一个包括了整个世界的故事。这不仅是美洲、非洲和亚洲人碰巧在相同的时间和欧洲人一样发展出先进的科学文化，而是不同文化之间相遇的历史，这样才能准确地解释“科学革命”为何在那个时间点发生。

这些萦绕不去的想法，促使我讲出一个有关“科学革命”的全新故事。在这一章中，我们将探索欧洲和美洲之间的碰撞，如何引发我们重新认真考量对博物学、医学与地理学的认识。我们对新大陆在那一时期产生的科学知识的了解，大多来自欧洲探险者的视角，这也是本章考察的殖民历史遗产。但是如果我们能够更仔细地借助阿兹特克抄本和印加历史资料等进行观察，就会揭示这段历史的另一面，其中突出了土著居民对“科学革命”的隐性贡献。在下一章，我们将移步向东，揭示欧洲、非洲和亚洲之间如何衔接，塑造了数学与天文学的发展。总而言之，这些章节代表了一个课题回归的开始，它牵涉全球历史对于理解现代科学的重要性。最终，为了解释“科学革命”，我们不仅需要着眼于伦敦和巴黎，而且要看到那些连接了现代早期世界的船只与商队。[9]

1.1 新大陆的博物学

在海上漂流了两个月后，克里斯托弗·哥伦布最终看到了大陆。当哥伦布代表西班牙国王驾驶着“圣玛丽亚”号帆船远航之时，他是为了寻找前往印度的西向通道。阴错阳差，他撞见了一个全新的大陆。1492 年 10 月 12 日，哥伦布在岛屿上登陆，那里是巴哈马群岛的一部分，后来被他命名为圣萨尔瓦多。这是欧洲人在美洲开启漫长殖民历史的开端。与后来很多前赴后继来到新大陆的旅行者一样，哥伦布也对自己看到的植物与动物的多样性感到震惊。他在日记里记录道："所有的树都与我们那边的不同，悬殊得有如白天与黑夜，水果、草叶、树根，所有的东西都不一样。"哥伦布也迅速地意识到美洲的商业潜力，注意到这里有"很多种草木可以用于提取染料和药物，它们在西班牙将价格不菲"。最令人担忧的是，岛上已经有人居住。在登陆时，这群西班牙船员遇到了一群土著。然而，哥伦布还是相信已经抵达东方的印度，并将土著称为"*indios*"，也就是"印第安人"。在丰富的动植物资源以及人类生命的鼓舞之下，哥伦布在接下来的几个月里继续探索了西印度群岛，并抵达古巴和伊斯帕尼奥拉岛*。后来，他又先后三次航行回来，最远抵达了中美洲和南美洲。[10]

对美洲的殖民是世界历史中最重要的事件之一，同时是深刻地影响现代科学发展的事件，挑战了长期以来有关科学知识如何获取的假设。在 16 世纪以前，科学知识被认为几乎只能从古代文献中获得。这在欧洲尤其如此，不过在下一章，我们会看到亚洲和非洲的很多地方也有类似的传统。这在今天听起来也许让人惊讶，但对于中世纪的思想家们而言，观测或进行实验的想法在很大程度上是未知的。取而代之的是，中世纪欧洲大学里的学生们花费很多的时间阅读、背诵并讨论古希腊和古罗马作者的著作。这是一种被称为经院哲学的传统。他们通常阅读的文献包括亚里士多德创作于公元前 4 世纪的《物理学》、老普林尼创作于公元 1 世纪的《自然史》。同样的方法在医学中也很常

---

* 即海地岛。

见。在中世纪欧洲大学学习医学，几乎不会囊括对真实人体的接触，当然也就不会有针对特定器官运转功能的解剖或实验。相反，中世纪的医学生们会阅读并背诵古希腊医生盖伦的作品。[11]

那么，欧洲学者为何在1500—1700年的某个时刻抛开了古代文献，转而开始自发地研究自然世界了呢？这个答案和对新大陆的殖民以及随之而来对阿兹特克与印加知识的侵占有着很大关系，这也是传统科学史无法解释的一些内容。很多早期的欧洲探险者很快就注意到，他们在美洲遇到的植物、动物乃至人种，都没有在任何古代文献中有所描述。亚里士多德从未见过哪怕一颗西红柿，更别说阿兹特克皇宫和印加寺庙了。正是这些启示为欧洲人理解科学的方式带来了本质的转变。[12]

"美洲"（America）这个词是根据意大利探险家亚美利哥·韦斯普奇的名字（Amerigo Vespucci）命名的，而他也是最先意识到哥伦布"大发现"对于博物学有意义的人之一。1499年，当他从前往新大陆的航行返回以后，韦斯普奇给佛罗伦萨的一位朋友去了一封信。他讲述了自己看到了各种不可思议的动物，包括一种"蛇"——更像是一种鬣蜥蜴——印第安土著会将其烤熟了吃。韦斯普奇还回忆起看到的鸟儿，"数量惊人，品种繁多，羽毛多变，着实令人震惊"。最重要的是，韦斯普奇让新大陆的博物学与从古代文献中可以获知的内容直接建立了联系。他用一段对老普林尼《自然史》的严厉批评作为结论，而老普林尼正是博物学这一学科的传统权威。正如韦斯普奇所指出的，对于那些在美洲发现的物种，"老普林尼所接触到的物种，还不及那里的鹦鹉品种或其他飞禽走兽中的千分之一"[13]。

韦斯普奇对老普林尼的批评还只是一个开始。在接下来的几年里，数以千计的旅行者从新大陆返回，诉说着古代先贤所不知道的事情。

其中，一位名叫何塞·德·阿科斯塔（José de Acosta）的西班牙传教士，写下了最有影响力的名录之一。1540 年，出生于一个兴盛的商人家庭的阿科斯塔，总是在寻求逃离舒适却无比世俗的成长环境的方法。12 岁那年，他离家出走，并加入了耶稣会，这个天主教传教士组织，在现代早期科学的发展中扮演了重要角色。这一组织的创始人伊纳爵·罗耀拉（Ignatius of Loyola）激励耶稣会士，无论是通过阅读《圣经》还是通过研究自然世界，去“发现存在于万物中的上帝”。因此，这些耶稣会士非常重视对科学的学习，这既是崇拜上帝智慧的方式，又是向潜在的皈依者证明基督教信仰力量的方法。在加入耶稣会后，阿科斯塔进入了阿尔卡拉大学（University of Alcalá），并在这里学习了亚里士多德和老普林尼的古典著作。毕业之时，阿科斯塔被要求作为传教士前往新大陆，并在 1571 年乘船启程。接下来的 15 年，他一直待在美洲大陆，穿梭于安第斯山脉寻求皈依者。回到西班牙后，阿科斯塔开始撰写一部描述其各种见闻的书，从秘鲁的火山到墨西哥的鹦鹉。最终完成的作品被命名为《西印度的自然与道德史》（*The Natural and Moral History of the Indies*，1590 年出版）[14]。

阿科斯塔在美洲看见了很多奇怪的事物，但是他最重要的体验或许还是来自第一次跨大西洋航行。这位年轻的传教士对此次航行忧心忡忡，特别是因为古代的权威人士对于赤道的一些说法。根据亚里士多德的说法，世界被分为三个气象区域，北极和南极的特点是极度寒冷，被称作“寒带”；赤道附近是“热带”，是一片干燥且炎热的地区；处于两个极端气候带之间的剩余区域便是“温带”，大约处于和欧洲相同的纬度。最为重要的是，亚里士多德认为生命只能在“温带”区域中维持，尤其是人类生命。至于其他地域，不是太热就是太冷。[15]

于是，阿科斯塔估计，他在接近赤道的时候恐会经历难以置信的高温。然而现实并非如此。“真实的情况完全不同，当我穿过赤道的那一刻，我感觉竟那么冷，有时还需要走出船舱，在太阳下晒一晒才能维持体温。”阿科斯塔如此解释道。这对古代哲学家的影响是显而易见的。阿科斯塔继续写道：

> 我必须承认，我嘲笑、讥讽过亚里士多德的气象学理论以及他的哲学，因为我看到，在这个根据他的理论万物都应炙热起火的地方，我和我的同伴却感到寒冷。

当阿科斯塔穿过南美洲和中美洲时，他承认赤道附近的区域并不总是那么炎热，当然也不像亚里士多德所相信的那么干燥。实际上，阿科斯塔体验了气候的丰富多样性，并记录了“在基多和秘鲁的平原上”，气候是多么“怡人”，而在波托西，天气却是“非常寒冷的”。不仅如此，最让他感到震撼的是，这片区域充满了生命——不只是植物和动物，还有人类。阿科斯塔总结道：“热带区域是宜居的，而且非常适合居住，尽管古代先贤说这是不可能的。”[16]

毫无疑问，这是对经典权威的一次沉重打击。如果亚里士多德在气候区域方面的描述出现了错误，那么他在其他地方是不是也会搞错？这个想法令阿科斯塔忧心忡忡，在一生中大部分时光里，他都在试图调和自己从古代文献学到的知识与在新大陆所见所闻之间的关系。前所未闻的动物多样性显得尤其难以解释。从秘鲁的树懒到墨西哥的蜂鸟，这里有“上千种鸟类、家禽和森林动物，不管是名字还是外形，都从未被知晓，而且拉丁人和希腊人没有关于它们的记忆，我们现在世界上的任何民族对它们也没有印象”，阿科斯塔解释道。很显然，老普林尼的《自然史》也是不完善的。[17]

阿科斯塔清楚自己的这些发现意义重大。然而，他还没有做好准备彻底放弃经典知识。作为一名基督教徒，阿科斯塔仍然非常重视古代的权威。毕竟，《圣经》才是终极经典文献。与很多早期的美洲旅行者一样，阿科斯塔自此将新学与旧学结合起来。在某些情况下，他宣称虽然亚里士多德可能是错误的，但其他古代资料还是正确的。在热带的这个例子中，阿科斯塔指出，古希腊地理学家托勒密就持有不同的观点，“他相信赤道地区也存在一些适合居住的地方”。阿科斯塔还提到，一些古代文献甚至猜测，在已知的海洋以外还有新的大陆。柏拉图描述了亚特兰蒂斯这座神秘的岛屿，而《圣经》也提到了被称为“俄斐”（Ophir）*的遥远大地，所罗门王曾收到大量从那里运来的白银。实际上，经典文献中充满了很多未知的国家，每一个都可以简单解释说它指的就是美洲。因此，与新大陆的相遇最初并没有让欧洲学者彻底拒绝古代的知识。他们反而被迫根据新的经验重新审视经典文献。[18]

贝纳迪诺·德·萨哈冈（Bernardino de Sahagún）一生中的大部分时间都在美洲度过。1499 年，萨哈冈出生于西班牙，在萨拉曼卡大学（University of Salamanca）读书期间，他加入了方济各会。与何塞·德·阿科斯塔一样，他接受了当时非常典型的教育，学习亚里士多德和老普林尼的古典著作，准备将来从事神职工作。1529 年，萨哈冈横渡大西洋来到新西班牙，成为首批抵达新大陆的传教士之一。他在美洲度过了自己的余生，直到在墨西哥城逝世，享年 90 岁。在萨哈冈居于美洲期间，他帮助编纂了一部有关 16 世纪墨西哥最为全面的著作。他将其称为《新西班牙通史》（*General History of the Things of New Spain*，1578 年出版）。这部不朽的作品还有一个更广为人知的名字叫《佛罗伦萨手抄本》（*Florentine Codex*），其中不仅描述了新大陆的植物

---

* 俄斐是《圣经》中描写的一处充盈着黄金和宝石的地方。

和动物，而且包括阿兹特克的医学、宗教和历史。完整的著作共有 12 册，其中还包括 2000 多幅手绘图。[19]

《佛罗伦萨手抄本》并非萨哈冈独立完成的作品。相反，这是土著居民共同努力的成果。在抵达新西班牙后不久，萨哈冈便在位于墨西哥城郊区特拉特洛尔科（Tlatelolco）的圣克鲁兹皇家学院（Royal College of Santa Cruz）教授拉丁文。这所皇家学院在 1534 年就已建立，用于培训阿兹特克贵族中准备成为神职人员的孩子。超过 70 名美洲土著男孩子生活在学院里，接受着传统学院派教育，就和萨哈冈在西班牙接受的教育一样。这些男孩子学习拉丁文，并阅读亚里士多德、柏拉图和老普林尼的著作。除此以外，皇家学院的阿兹特克学生还被教授用拉丁字母书写他们自己的语言——纳瓦特尔语（Nahuatl）。这是一个非常重要的发展，因为阿兹特克人传统上并不会使用字母书写。与之相反，纳瓦特尔语使用一种图画文字，借助特定的图像代表不同的词汇或短语。西班牙人普遍对阿兹特克的图画文字记载嗤之以鼻，认为它们非常原始，甚至只是一种迷信崇拜。正如另一位传教士所宣称的，阿兹特克人是“一个没有书写，没有字母，没有文字编年史，也没有任何启蒙思想的民族”。根据我们现在已知的信息，这种说法并不正确。但是，当西班牙人试图将阿兹特克人转变成欧洲化的基督徒时，这种态度就让西班牙人心安理得了。欧洲人企图将基督教传播到新大陆，并以此为幌子征服美洲，西班牙人对阿兹特克人的态度正是这种心理的一部分。[20]

不过，萨哈冈比与他同时代的很多人更了解阿兹特克文化的价值。他在 1547 年学习了纳瓦特尔语，开始写作《佛罗伦萨手抄本》。萨哈冈意识到，要想真正理解新大陆的自然界，就必须向那些已经生活在这里的人们学习。本着这一思想，萨哈冈在皇家学院召集了一群学生。现在我们知道其中四个人的名字：安东尼奥·瓦莱里亚诺（Antonio

Valeriano)、阿隆索·维杰拉诺(Alonso Vegerano)、马丁·贾科比塔(Martín Jacobita)以及佩德罗·德·圣·布埃纳文图拉(Pedro de San Buenaventure)。(可惜的是，他们原本的纳瓦特尔语名字已经遗失。)萨哈冈和他的团队一同出发，穿越新西班牙去寻找阿兹特克的知识。每到达一座城镇，萨哈冈就会组织一场针对一群土著长老的采访。通常，这些长老会背诵阿兹特克的古代历史，或是描述一种不为人知的植物或动物。有的时候，长老们还会带来幸存的阿兹特克抄本，每一页都是由一排又一排复杂的象形文字绘制而成的。萨哈冈解释道："他们把我们讨论过的事情，用图像的方式呈现给我，只因那是古人使用过的文字。"由于萨哈冈并不能将其翻译出来，他就只好依赖他的阿兹特克学生将看到的内容翻译成书面的纳瓦特尔语。等他回到皇家学院后，再与他的助手将这些纳瓦特尔文字翻译成西班牙文。他还委托一群土著艺术家为文本绘制相应的插图。1578年，经过20多年的工作之后，萨哈冈最终将这份完工的手稿送达西班牙的菲利普二世手中。[21]

与阿科斯塔一样，萨哈冈也将新老文化相融合。《佛罗伦萨手抄本》以老普林尼的《自然史》作为模板。实际上，萨哈冈在皇家学院所教的学生们应该已经对这部古典著作很熟悉了。与老普林尼的《自然史》一样，《佛罗伦萨手抄本》也是由一系列书籍构成，覆盖了地理学、医学、人类学、植物学、动物学、农业和宗教等领域。主要介绍自然界的一卷被命名为"地上之事"。然而，一打开这卷书，我们就会发现一个古人所不知道的动植物世界。这卷书的插图也最丰富，包括39种哺乳动物、120种鸟类和600多种植物，足以与内容媲美。这些图片栩栩如生，引人注目，不仅描绘了自然世界，而且包括了动物行为和植物用途，以及与之相关的阿兹特克信仰。[22]

《佛罗伦萨手抄本》列举了数百种新大陆的植物，全都根据阿兹特克的分类系统进行了划分。阿兹特克人通常将植物分成四大类：食用植物、装饰植物、经济植物和药用植物。这种分类方式也反映在植物的名字上，例如，以“*-patli*”为后缀的植物可入药，而后缀为“*-xochitl*”的植物就是装饰性的。这种组织方式后来也被复制在《佛罗伦萨手抄本》中。所有药用植物都被罗列在一起，带有“*iztac patli*”（牧豆树，一种可以治疗发烧的药草）之类的名称。随后记录的一些植物都是花卉植物，带有“*cacaloxochitl*”［在欧洲被称为鸡蛋花（frangipani），这种花是由16世纪的一名意大利贵族命名的］这样的名称。[23]

动物在《佛罗伦萨手抄本》中也占有很重要的地位。有一幅插图画的是响尾蛇正在捕捉一只兔子，还有一幅插图画的则是蚂蚁在筑土巢。关于蜂鸟的插图尤其多。有一幅插图画的是蜂鸟在花朵旁吸取花蜜，另一幅则展示了一群蜂鸟为了越冬而向南迁徙。对蜂鸟如此关注，实际上反映了阿兹特克一个举足轻重的信仰。土著语中的“Huitzilopochtli”，翻译过来就是“蜂鸟之神”，是特诺奇蒂特兰的守护神。城市中的大庙便是献给“蜂鸟之神”的，据说那些在战斗中死去的战士都会变成蜂鸟，阿兹特克人因此对蜂鸟进行了深入研究。他们对蜂鸟能够进入冬眠的状态感到着迷，这种状态被称为“蛰伏”（torpor）。欧洲人从来没有见过这种情况，因此萨哈冈就只能依赖阿兹特克情报员的词汇，有些情报员实际上还在蒙特祖玛的鸟舍工作过：

> 冬天，蜂鸟就会冬眠。它把喙插在树里，在那里它会萎缩、起皱、蜕皮……随着阳光暖照，树木发芽，树叶吐翠，到了这个时候，（蜂鸟）也会再一次长出翅膀。等到下雨打雷的时候，它就被惊醒，动了起来——它复活了。[24]

《佛罗伦萨手抄本》中的一幅蜂鸟插图。注意那只蜂鸟正挂在树上，保持着“蛰伏”的状态。

蜂鸟的行为特征与阿兹特克人的世界观完美契合，即个体会被生命与死亡的不断循环所控制。战士们与蜂鸟非常相似，或许也会重生。死亡永远都不会意味着结束。[25]

1.2 阿兹特克的医学

对于贝纳迪诺·德·萨哈冈而言，《佛罗伦萨手抄本》首先是一套宗教著作。通过编纂有关阿兹特克智慧的综合记录，他力求展示“墨西哥人的这种完美程度”。萨哈冈希望这些能够帮助说服欧洲的基督徒，使他们相信阿兹特克人是“文明化”人种，有能力接受上帝的语言。不过，另一些人从更商业化的角度看待新大陆。1580 年，托斯卡纳大公费迪南多·德·美第奇（Ferdinando de'Medici）——他同时是意大利著名的美第奇家族的族长——买下了《佛罗伦萨手抄本》。他将抄本放在佛罗伦萨的乌菲齐美术馆（Uffizi Gallery）展出，这才有了这部抄本现在的名字。在乌菲齐美术馆里，《佛罗伦萨手抄本》和美第奇家族的令人惊艳的收藏品陈列在一起，这些绘画、雕塑、古董等收藏品是从全球搜罗来的，其中包括了绿色羽毛头饰以及绿松石做的阿兹特克面具。在这个时期，美第奇家族对新大陆产生了浓厚的商业兴趣。费迪南多·德·美第奇开始从墨西哥和秘鲁进口胭脂虫（用于制造深红色染料），同时在美第奇家族位于佛罗伦萨的宫殿花园里种植了玉米和西红柿——它们都是美洲大陆的本土植物。对于费迪南多·德·美第奇来说，《佛罗伦萨手抄本》实质上是一份商业名录，一份新大陆所能提供的最有价值的自然资源的清单。[26]

正是对美洲的这种商业态度真正地改变了博物学研究。商人和医生更重视收集和实验而非古典权威。美洲植物代表了潜在的高收益来源，而且把这些新发现当作奇闻逸事也会带来很明显的商业优势。烟草、鳄梨和辣椒都被作为难以置信的新鲜疗法在市面上流行，而土豆在欧洲最早的售出记录来自16世纪西班牙一家医院的账本。同一时期，欧洲各地的大学开始建立自己的植物园。这与西班牙人在墨西哥看到的阿兹特克植物园没什么两样，是研究和种植药草的专门场所。1545年，帕多瓦大学建立了欧洲的第一座植物园，接着便是比萨和佛罗伦萨的花园。17世纪中叶，欧洲每一所主要的大学都有植物园，种植的全是新大陆的植物。一些富有的医生甚至开始建立自己的私人植物园，并交易运用美洲植物治病的新药方。[27]

欧洲人对新大陆植物的医疗用途的很多了解，其实都出自阿兹特克的资料。西班牙国王投入的精力尤其多，他不仅要求对新大陆的样品进行收集和分类，而且还要记录下阿兹特克人对它们的了解。1570

年，西班牙的菲利普二世下令进行一次针对新大陆自然界的大规模调查。在调查开始时，菲利普任命他的私人医生弗朗西斯科·赫尔南德兹（Francisco Hernández）负责此事。赫尔南德兹前往新西班牙，在接下来 7 年多的时间里收集药草并研究阿兹特克的医学实践。[28]

赫尔南德兹出生于1514年，在他于塞维利亚成功开始从医生涯前，曾在阿尔卡拉大学学习。正如前面所说，赫尔南德兹也和 16 世纪的大部分医生一样，接受医学教育时基本没有阅读古典文献以外的内容。他阅读了盖伦和狄奥斯科里德斯（Dioscorides）的著作，而这二位都是古希腊医生。狄奥斯科里德斯的《论药物》（*On Medical Material*）提供了一系列治疗各种疾病的草药方，而盖伦的大量文集则描述了古希腊医学的基本理论。这一理论的核心是实现四种体液之间的平衡，这四种体液指的是血液、痰液、黑胆汁和黄胆汁。当时的医生通常推荐用放血治疗发烧，而月桂叶则可以用来清除多余的黄胆汁。[29]

然而，赫尔南德兹经历了一个医学大变革的时代。很多医生开始远离古代权威，转而更注重解剖学和实验。不少人都受到安德烈亚斯·维萨里（Andreas Vesalius）的启发，他的《论人体结构》（*On the Fabric of the Human Body*，1543 年出版）以解剖学为基础，提出了对人体解剖的新见解。其他一些人则跟着学习了帕拉塞尔苏斯（Paracelsus）*的著作，这位颇受争议的瑞士炼金术士推广了各种新的药草与矿物治疗法。赫尔南德兹本人也是这些医学改革的伟大倡导者，他在西班牙西部一家医院工作的时候，曾进行过解剖，并建立了一座植物园。不过要是认为只看欧洲就能解释这种对医学的新思维方式，

---

* 帕拉塞尔苏斯，文艺复兴初期的著名医师、炼金术士，他看重治疗的实效，对传统的医学理论尤其是盖伦的学说提出了挑战，但是在多数文艺作品中，他是一个举止有些荒诞的医师，这可能与他离经叛道的行为有关。他将炼金术和医学结合，对炼金术的看法后来在一定程度上也成为现代化学的基础。

那可就大错特错了。相反，起源自新大陆的知识，虽是由美洲大陆的土著发展而来的，却帮助形成了这种将医学视为实验与实践科学的看法。[30]

弗朗西斯科·赫尔南德兹在1571年2月抵达墨西哥城，随行的还有他的儿子胡安，以及一支由雕塑家、画家与翻译组成的队伍。这座城市当时正被一场流行病袭扰，土著称之为“*cocoliztli*”，西班牙人将它翻译成“大瘟疫”。患者会在感染疾病后的几天内死去，其间经历常人无法忍受的痛苦，眼睛和鼻子还会流血。赫尔南德兹此时已被任命为西印度群岛的首席医疗官，他花了几个星期的时间，对近期亡故的人进行解剖。在这场瘟疫渐息后，赫尔南德兹和他的团队便开始了在新西班牙的游历，花了7年时间，在这片大陆上寻找新的植物、动物与矿物质，总之就是寻找任何一种可能用于医疗的东西。他甚至造访了一座位于特斯科科湖的废弃植物园，临摹被毁的墙上的一些花朵壁画。赫尔南德兹一共鉴别记载了超过3000种欧洲人此前一无所知的植物。与此相比，希腊医生狄奥斯科里德斯在《论药物》中才列举了500种植物。如此一来，这就真正成为对“古代权威无所不知”这一观点的彻底挑战。[31]

在进行这项调查时，赫尔南德兹绝对依赖土著和他们的医学知识。事实上，菲利普二世早已明确建议赫尔南德兹询问当地人。这次远征的官方指令也命令赫尔南德兹“无论去哪里，都要咨询所有的医生、制药师、草药师、印第安人，以及具有这类物质相关知识的人”。赫尔南德兹严格执行了命令，并开始学习纳瓦特尔语。然后他就开始采访当地的医师，并仔细地记录下他们所描述的植物及动物名称，并确保使用本地术语。赫尔南德兹描述了“*zacanélhuatl*”的特性，这是一种根茎植物，当地医生会将它磨成粉后与水混合，然后就能辅助治疗肾结石。赫尔南德兹指出，这一配方会“刺激排尿并清理肠胃”。他还研究了一种被称为“*zocobut*”的药草，它的“叶子像桃叶，但是更宽也更厚”。这种药草可以被用来治疗偏头痛，消除肿胀，还“对毒剂、毒刺和咬伤有解毒作用”。实际上，这种特殊的药草“被当地人高度推崇”，以至于“当地人很难告诉你它有什么特性”。赫尔南德兹也调查了新大陆动物的医学用途。在描述负鼠的时候，他注意到“这种动物的尾巴是一种极佳的药物”。将其磨碎并与水混合后，“可以清理尿道……治疗骨折和绞痛……让肚子舒服一些”。最有趣的是，当地医师记录，负鼠的尾巴可以用作春药。赫尔南德兹写道：“它可以让性行为更有活力。”虽然我们不能确定赫尔南德兹所列举的每一种植物都是什么，但是今天的科学家已经证明，有些植物确实有疗效。例如，曼陀罗的叶子就含有止痛的成分。其他一些，比如墨西哥苹果的种子，已经被证明能够帮助预防某些类型的癌症。[32]

描述植物和动物的外观与特性当然是非常好的，但是当所有物种都是全新的时候——至少对欧洲人来说是这样——只有图片才能够真正地反映美洲自然界的多样性。和萨哈冈一样，赫尔南德兹因此决定雇用一群本地艺术家为他所见到的每一个物种绘制图片。在 6 年多的时间里，这些艺术家——他们的名字是佩德罗·巴斯克斯（Pedro Vázguez）、巴尔塔扎·伊莱亚斯（Baltazar Elías）、安东·伊莱亚斯（Antón Elías）——绘制了数百幅图片，每一幅都是在现场完成的，其中包括一幅向日葵和一幅犰狳的图片。这些图片中的很多幅后来都在欧洲的博物学著作中被复制，其中也包括赫尔南德兹自己的出版作品。1577 年，赫尔南德兹带着 16 卷手抄书以及画册回到了西班牙。在出版了《新西班牙药用材料宝库》（*The Treasury of Medical Matters of New Spain*，1628 年出版）后，赫尔南德兹的手稿被保存于马德里郊外的埃斯科里亚尔图书馆（Escorial Palace Library）。皇家图书管理员何塞·德·锡古恩萨（José de Sigüenza）因此大受震撼，特别是看到美术作品的时候。“这是可以在西印度群岛看到的所有动物与植物的历史，用当地的颜色来绘制，”他这般解释道，还不忘补充了一句，“这些东西能给观看者带来极大的乐趣，让他们感受到多样性，那些以思考自然为己任的人会从中受益匪浅。”[33]

一只正在抓挠的犰狳，16 世纪墨西哥印第安画家画作的复制品，出自弗朗西斯科·赫尔南德兹的《新西班牙药用材料宝库》。

弗朗西斯科·赫尔南德兹的“宝库”是博物学新流派的代表，这一流派将阿兹特克的医学知识重新包装，然后送到欧洲观众面前。然而，它终归是征服者的作品。赫尔南德兹是一个由西班牙国王派遣的探险者，而探险的核心目的就是寻找知识与财富。实际上，最终选用的书名就已经说明问题——这对于西班牙而言的确是一座“宝库”。不管怎么说，欧洲人并非那一时期杰出博物学作品的唯一创作者。就在赫尔南德兹写作的同一时间，一名阿兹特克学者也编纂了自己的新大陆博物学著作，后来传到欧洲，并影响了相当数量的现代早期医学文献。

马丁·德·拉·克鲁兹（Martín de la Cruz）出生在被西班牙征服

前的墨西哥。不幸的是，我们对他的生涯早期知之甚少，甚至不知道他的纳瓦特尔语名字。克鲁兹后来简单地将自己描述为“一名印第安医生”，他也许是阿兹特克一名中间阶层的医生。我们能确知的是，克鲁兹皈依了基督教，并在特拉特洛尔科的圣克鲁兹皇家学院教授医学，贝纳迪诺·德·萨哈冈也正是在那里开始创作《佛罗伦萨手抄本》的。1552 年 5 月 22 日这一天，克鲁兹将一本题为《印第安药草小手册》（*The Little Book of the Medicinal Herbs of the Indians*）的手稿送给了学院院长。克鲁兹本来是用纳瓦特尔语写的这本书，但是学院里的另一名本土教师胡安·巴蒂亚诺（Juan Badiano）将其翻译为拉丁文。《印第安药草小手册》不同于同一时期的其他任何一部作品，它代表了欧洲与阿兹特克知识的融合。乍一看，它很像是一本典型的草药纲目经典作品，与狄奥斯科里德斯的《论药物》没什么不同。克鲁兹将他的这本书分成 13 个章节，从头部开始，逐渐下移到胴体，直到有关脚的内容。每一页描述了一种特殊的症状，如“牙疼”“排尿困难”，然后描述了用来治疗该症状的草药制备方法。大多数页面中还配有单株药草的插图，有素描也有上色图，都是由克鲁兹完成的。[34]

不过，仔细观察就会发现，很明显克鲁兹吸收了大量阿兹特克的医学知识。所有这些植物的名字都用纳瓦特尔语标出，这与《佛罗伦萨手抄本》一样，反映出阿兹特克的分类方法。在这种情况下，植物的名字不仅说明了它的用途，而且指出了可以找到它的地方，例如，带有前缀“*a-*”（意为“水”）的植物，可以在湖泊或河流附近找到，而那些带有前缀“*xal-*”（意为“沙子”）的植物，则可以在沙漠中找到。在整本书中，克鲁兹还描述了阿兹特克人对身体的传统认知。阿兹特克人通常认为身体包含三种力量，分别位于头部、肝脏和心脏。疾病是三种力量失衡的结果，通常由身体某一特定部位过热或过冷引起。（这与古希腊的四种体液学说也没有太大的区别。）[35]

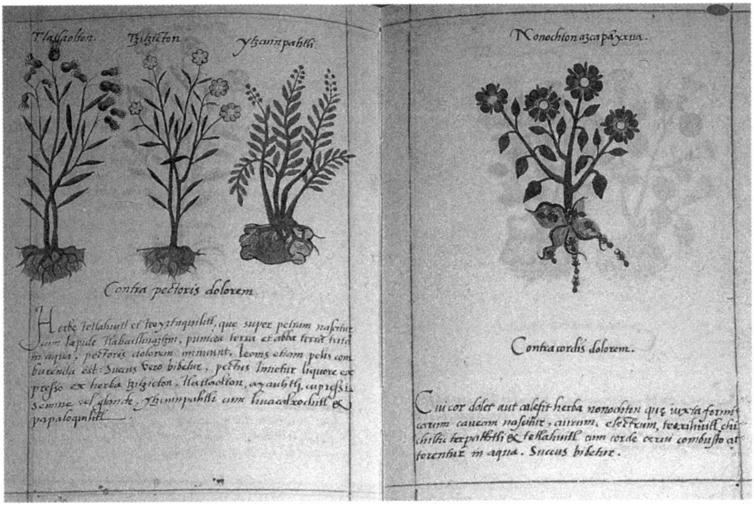

马丁 · 德 · 拉 · 克鲁兹所著《印第安药草小手册》中的一幅插图。植物“*itzquin-patli*”（左数第三）的根部标有代表“石头”的纳瓦特尔字符。

仔细阅读克鲁兹对药草的描述，我们会看到，他所关注的核心就是维持上述平衡。例如，眼睛的疼痛和肿胀被理解成头部过热的结果。在治疗此症的药方中，有一种寒性药草配方，它是将紫露草（***matlalxochitl***，欧洲的名字是 spiderwort）的花与牧豆树的叶子一同磨碎，并与人乳以及“清澈的水”混合，这种药膏涂抹在脸上使用。克鲁兹还建议避免“性行为”并忌口辣椒酱直到病情好转，因为这两种情况同样会引起过热。[36]

阿兹特克的最后一项影响是最重要且最难被发现的。早期的历史学家通常将克鲁兹的插图当作对典型欧洲绘画的模仿，每一幅图画中的植物都是孤立的，根和叶片都清晰可辨。然而最近，阿兹特克文化领域的专家们重新研究这些图片，注意到它们竟融入了纳瓦特尔语的象形文字。克鲁兹实际上试着将欧洲植物插图风格与传统的阿兹特克图像记载抄本相结合。他通篇使用象形文字，标识出可以采到这种植物的地点，加强了前面所说的命名系统。“石头”这个特定的阿兹特克字符，出现在克鲁兹画作中的很多植物根系的周围，“水”的字符也是如此。克鲁兹最终将欧洲与阿兹特克传统结合在一起，从而创造出一种全新的博物学。他的这种做法是16世纪科学实践的典型方法，也是文化交错与碰撞的产物。[37]

16世纪末，新大陆的植物已经可以在遍布欧洲的公园中见到。向日葵在博洛尼亚盛开，而丝兰甚至在伦敦绽放。这些植物不久后就出现在博物学和医学的新作品中，其中很多作品宣扬直接经验的价值比古典文献更重要。在伦敦，药剂师约翰·杰拉德（John Gerard）在他的畅销书《草本志》（*Herball*，1597年出版）中描述了烟草的医学用途；在塞维利亚，尼古拉斯·莫纳德斯（Nicolás Monardes）医生则在他所著的《自我们的西印度殖民地进口货物的医学研究》（*Medical Study of the Products Imported from Our West Indian Possessions*，1565年出版）一书中，建议患者购买可可。（莫纳德斯还在他的私人植物园里种植了美洲植物，生意做得很成功。）安德烈亚斯·维萨里或许是16世纪最出名的解剖学家，就连他都表现出了对新大陆的兴趣，探讨愈疮木（guaiacum，墨西哥本土生长的一种开花植物）的树脂用于治疗梅毒的可能性。这个想法来自一个广泛流传的信念——尽管如今备受争议——梅毒发源于美洲，因此治疗它的药方也最有可能在那里被发现。[38]

欧洲的博物学家和药剂师很快就收集了大量的舶来动植物。他们得到了腰缠万贯的赞助者的支持，比如，佛罗伦萨的美第奇家族和马德里的西班牙国王，就给欧洲的博物馆塞满了来自新大陆的物品与标本。博物学的新方法也反映在越来越丰富地应用图片方面。有关自然界的古代文献一般没有插图，而16—17世纪的博物学充满了绘画与雕刻版画，其中很多都是手工上色的。这在一定程度上也是对已发现的这些新事物的反映，否则其他欧洲人又何以知晓香草植物或蜂鸟看起来是什么样子？但它同时是一种通过象形文字整合现有阿兹特克知识编纂传统的方法。

至关重要的是，这项事业不仅依赖从新大陆收集而来的标本，而且依赖印第安本土知识。阿兹特克人对身体和自然的理解，巧妙地渗透了这一时期的欧洲文献。在那不勒斯，植物学家卡罗勒斯·克卢修斯（Carolus Clusius）在撰写那部意义深远的《稀有植物史》（*History of Rare Plants*，1601年出版）时，参考了赫尔南德兹的手稿。类似的情况也出现在帕多瓦，皮特罗·马蒂奥利（Pietro Mattioli）将克鲁兹的《印第安药草小手册》纳入他对古希腊医学的评论。如今，阿兹特克博物学依然影响着我们。英语中的"tomato"（西红柿）与"chocolate"（巧克力）都源于纳瓦特尔语，其他很多新大陆的植物与动物也是如此，比如"coyote"（郊狼）和"chilli"（辣椒），我们谈论自然世界的方式，最终还是旧世界与新世界相互碰撞的遗产，如果我们只关注欧洲博物学家们的成就，往往就会遗忘很多事情。而且，正如我们在下文中将会看到的，欧洲与美洲在16世纪时的碰撞，塑造的远不只是医学和博物学——这些碰撞还影响了对人类起源的科学理解。[39]

1.3 发现人类

安东尼奥·皮加费塔（Antonio Pigafetta）简直无法相信自己的眼睛。1520年6月，在美洲大陆的最南端，这位意大利探险家与一位"巨人"面面相觑。9个月前，皮加费塔加入了西班牙发起的一场环球航行。航行由费迪南德·麦哲伦（Ferdinand Magellan）指挥，而他们面临的第一个挑战便是驾船横渡大西洋并绕过南美洲海岸。凛冬即至，船员们把船开进了一个被他们称作圣胡安港（Port San Julián）的海湾，它位于现在的阿根廷。“我们在这里度过了两个月，没有看到哪怕一个人。”皮加费塔回忆道。但是在此之后，“有一天我们突然看到了一个赤身裸体的男人，身材高大，在港口旁的海岸上唱歌跳舞，还在他的头上挥洒尘土”。有些不可思议的是，皮加费塔估计这个人超过 8 英尺高。“他实在太高了，我们当中最高的人，也就只能到他的腰。”皮加费塔在日记中这般写道。这名“巨人”的脸“全都涂成了红色，而眼睛被涂成了黄色”。一开始，这些欧洲探险家试着作出和平的手势。他们邀请“巨人”登船，还用食物和饮品款待。但是不久以后，这种友好就变成暴力。几天以后，麦哲伦命令他的船员俘获了两名“巨人”，准备作为战利品献给西班牙国王。战斗一触即发，西班牙船员被击杀，“巨人”则趁机逃跑，显然“比马跑得还要快”[40]。

与美洲的相逢，让欧洲人得以接触新的动物与植物。但是对于很多人而言，最受瞩目的还是新大陆上的人类。16 世纪，从美洲传到欧洲的大量报道都提到了此前无人知晓的人类，而皮加费塔的日记不过是其中之一。对食人行为与活人祭祀的描述激发了人们的想象力，以至于那个时代的戏剧和诗歌中都出现了来自新大陆的角色，其中包括莎士比亚的《暴风雨》。尽管麦哲伦没能带回一个俘虏，其他一些探险家倒是从美洲带了一些土著回到欧洲，通常是依靠暴力。哥伦布也曾俘获过 6 名加勒比群岛的岛民，在 1493 年作为礼物送到西班牙伊莎贝拉女王和斐迪南国王的宫殿里。科尔特斯也曾在特诺奇蒂特兰击败阿兹特克人时围捕了 70 人，并将他们用锁链囚禁，在 1528 年横跨大西洋，将他们送到欧洲。这些人中还有蒙特祖玛二世的三个儿子，他们和鹦鹉以及一头美洲豹被当作礼物送到查理五世位于马德里的宫中。[41]

对于欧洲人而言，美洲土著的存在给他们带来了一系列有关人类的严肃问题。这些人属于人类吗？或者说他们是怪兽吗？如果他们是人类，那么他们是否也如《圣经》所说，是亚当的后裔？或者说他们是独立出现的吗？如果他们起源于欧洲，那么他们又是如何抵达美洲的？回答这些问题，需要一套思考人类的全新方法。因此，古典文献的用处再一次被证明是有限的。毕竟，老普林尼没有思考过未知的人类的存在，而亚里士多德则否认类似于美洲这种地方也会有人居住的可能性。欧洲学者开始用不久前研究自然界的方法来研究人类——收集证据并用实践检验思想。因为这个过程，人类逐渐被视为自然世界中的一部分，而不再是独立于自然的。因此，16 世纪见证了人类学研究最初的发展，这不是对欧洲宗教或知识变化的反应，而是对发现美洲作出的反应。发现新大陆，同样是发现人类。[42]

安东尼奥·皮加费塔对南美洲“巨人”的描述，是很多早期遭遇新大陆居民事件中的一个典型案例。欧洲人非常愿意相信美洲大陆上居住的都是一些怪物。在登陆古巴之时，哥伦布描述道，他看到了“一只眼的人，以及长着狗嘴并且会吃人的人”。亚美利哥·韦斯普奇也宣称，巴西的当地人“长着稀疏的羽毛”，而且能够“活到 150 岁”。这些迷信实质上源于一项古老的传统。老普林尼曾将地中海以外的世界描述成“蛮夷之地”——充斥着巨人、侏儒和穴居人。这种说法后来也融入基督教的思想，即一个地方与耶路撒冷的距离越远，那里的人就越可怕。但是，撇开早期这些荒诞不经的描绘不说，欧洲探险家还是很快意识到一个事实：美洲大陆上的人是真正的人类。1537 年，教皇保罗三世解决了这个问题，宣布“印第安人是真正的人，他们不仅能够理解天主教教义，而且根据我们的信息，他们还极其渴望去接受它”。对于欧洲人而言，这在某种程度上更加令人不安，因为它再一次暗示了古代哲学是有缺陷的，就连《圣经》在这一问题上都让人揪心地避而不谈。何塞·德·阿科斯塔，我们已经介绍的这位耶稣会士就曾注意到这一点，他写道："很多古代先贤都相信，这些地方既不会有人，又不会有土地，甚至不会有天空。"[43]

显然，人们需要一种不同的研究方法。阿科斯塔特别强调了研究美洲土著起源时直接经验的重要性。他责备一些作者"在没有证据时就断言有关印第安人的一切事物都是迷信的结果"。与这些人不同，阿科斯塔提出，要像他研究植物和动物那样研究人类。实际上，阿科斯塔的研究方法在他那本书的书名上就可以发现端倪：《西印度的自然与道德史》。这既是一段"自然"的历史，又是一段"道德"的历史，也就意味着它与人类有关。自然和道德，两者汇聚到了一起。阿科斯塔因此在探索自然世界历史的同时，也开始探索人类历史。他再一次想要融通古今。作为一名耶稣会传教士，阿科斯塔的起点依然是《圣经》。"《圣经》清楚地教导我们，所有人都源于同一个祖先。"阿科斯塔如此解释这个问题。那么他在旅途中所遇到的阿兹特克人、印加人以及其他印第安土著，应当都是亚当的后裔。[44]

然而，这就产生了一个严肃的问题：他们是如何抵达这里的？阿科斯塔拒绝一切有关奇迹的解释。他写道："我们不认为会有第二艘挪亚方舟的存在……更不用说会有某个天使拽着他们的头发把他们带过来，使其成为这个世界里的第一批居民。"阿科斯塔同样拒绝美洲土著是在远古时期从欧洲横渡大西洋漂流至此的想法，他解释道："在任何也许曾经重要且著名的遗迹中，我都没能找到这样的线索。"相反，阿科斯塔提出，"西印度群岛的土地和世界上其他一些地方相连，或者至少距离它们很近"。一言蔽之，阿科斯塔认为，在旧大陆和新大陆之间，一定存在某种形式的大陆桥，大概就在北边的某个地方。（我们今天已经知道，他是对的。人类最初抵达美洲，是在大约 1.5 万年前，通过西伯利亚和阿拉斯加之间的大陆桥实现的。）阿科斯塔指出，这个解释还有个好处，就是可以用于说明新大陆上发现的植物和动物——它们一定也和人类一同跨越了同一座大陆桥。[45]

美洲居民的起源问题并不只是一个科学问题，它也是一个政治问题。纵观整个 16 世纪，欧洲围绕西班牙人征服美洲的道德问题，展开了声势浩大的辩论。一些人基于前文所说的那些受误导的信念，认为阿兹特克人不过是一些野蛮人，必须被武力驱逐。当时有一个典型事件可用于对比，即天主教对西班牙穆斯林的征服，这一事件与西班牙对新大陆的殖民同时发生。然而，另一些人认为，阿兹特克显然是一个发达的文明。这些美洲土著拥有丰富的医学理论，建造了令人印象深刻的城市，而且还发展出复杂的法律与政治系统。因此，西班牙人毁灭特诺奇蒂特兰并奴役那里的人民是不道德的。尽管鲜有欧洲人认为西班牙应当彻底从美洲撤出，但还是有很多人指出，土著应当被赋予更多的权利。一位名叫巴托洛梅·德·拉斯卡萨斯（Bartolomé de las Casas）的西班牙牧师，就是坚持这一观点的人之一。[46]

拉斯卡萨斯第一次看到阿兹特克人的时候只有 9 岁。他的父亲在哥伦布第二次航行时一同去了美洲，1499 年带着“印第安人”和“很多绿鹦鹉、红鹦鹉”回到西班牙，并把他们安置在位于塞维利亚的家中。一开始，拉斯卡萨斯看起来也要步父亲的后尘成为一名西班牙征服者。1501 年，他前去西班牙殖民地圣多明各（Santo Domingo），也就是今天的多米尼加共和国，他在那里经营了一座小种植园，奴役一群加勒比人进行耕作。然而，西班牙殖民主义的现实很快就让拉斯卡萨斯感到无比厌烦。1523 年，他加入多米尼加骑士团，成为一名伟大的土著权利的拥护者。[47]

在接下来的几年里，拉斯卡萨斯 4 次来往于欧洲和美洲之间，徒步穿越秘鲁与新西班牙，试着去理解他所遇到的那些居民的文化。1550 年，拉斯卡萨斯回到西班牙并加入了一场大辩论，辩论由巴利亚多利德（Valladolid）的圣格雷戈里奥学院（College of San Gregorio）举办。辩论的一方是保守派神学家胡安·吉尼斯·德·塞普尔韦达（Juan Ginés de Sepúlveda），他认为美洲的土著是一些毫无理性的人，不值得拥有自由。辩论中，塞普尔韦达几乎咆哮道："我们怎么能够怀疑对这些人的正义的征服？他们是如此冥顽不灵，如此野蛮，如此肮脏，带有那么多的罪恶与污秽！"拉斯卡萨斯持相反的观点，他认为"这些印第安土著"，拥有"天生的良好理性与理解力"，这里的关键词是"天生"。拉斯卡萨斯也和阿科斯塔一样，开始思考人类或许是自然世界的产物。在这次辩论期间，拉斯卡萨斯列举了"印第安人具有理性的天然因素"，这些因素包括"土地的条件""具有外部及内部感觉（意识）部位与器官的构造""气候""食物的品质与健康"。简而言之，拉斯卡萨斯针对欧洲人与美洲人之间的相似性和差异性，提出了完全从自然角度出发的解释。[48]

很明显，美洲人在很多方面都和欧洲人存在相似性。他们都很有智慧，他们都建造了雄伟的城市，而且他们或许都是亚当的后裔——《圣经》上说得很清楚了。与此同时，像阿兹特克人和印加人这样的人，无论是外貌还是行为，都与欧洲人存在很大差异。他们的皮肤颜色通常更深，个子更加高大，而且他们几乎不会有任何面部毛发。他们也会进行活人祭祀并崇拜太阳。但是，拉斯卡萨斯没有从古典文献中寻找答案，转而从气候、地形以及食物方面对这些差异进行解释。他注意到，阿兹特克人的饮食主要是由"根茎类植物、草本植物以及地里长出的其他东西"构成，而西班牙人主要食用面包和肉食。与之相似，拉斯卡萨斯还指出，对于美洲人为什么拥有更深色的皮肤这个问题，炎热的气候是最好的解释。[49]

同样的论点应当也适用于欧洲人。毕竟，如果气候可以解释阿兹特克人为什么与欧洲人有如此大的差异，那么在新大陆上安家的西班牙人又会发生哪些变化呢？我们前面提到的西班牙医生弗朗西斯科·赫尔南德兹，担心欧洲人也许会“堕落到接受印第安人习俗的地步”。围绕着饮食也出现了类似的争论。尽管很多人将新大陆的食物作为神奇的药物来售卖，但是另一些人认为，食用玉米或土豆对于欧洲人而言也许是危险的，或许会导致退化，甚至死亡。在某些方面，这样的观点在经典著作中已有先例可循。古希腊医生希波克拉底早已指出，气候可以影响疾病以及四种体液的平衡。但是在 16 世纪，新一代思想家更进一步，他们发展出环境理论，这不仅是在讨论疾病，而且是在讨论人类本身的自然属性。通过这样做，他们将博物学、医学以及对人类的研究结合到了一起。[50]

还有一群人，这些辩论与他们息息相关。在新大陆殖民活动开展后的多年里，一大批西班牙征服者与土著女性结合后，当上了父亲。在西班牙语中，这些混血的孩子被称作梅斯蒂索人（*mestizos*），而这些混血儿在关于人的自然性质的讨论中，处境十分尴尬。饮食和血统哪一个重要？阿兹特克人是开化的还是野蛮的？这些问题的答案将会决定梅斯蒂索人生活的方方面面，从他们结婚的对象，到能否继承遗产。很多人怀着对土著文化的保护热情，批驳欧洲人对土著所谓野蛮的不理性的指责。一些梅斯蒂索人详细地记载了美洲土著的事迹，其中有很多在后来被欧洲作家作为素材使用。成长在美洲，远离欧洲的研究中心，梅斯蒂索人也不太信奉古希腊和古罗马权威的观点。他们明白，和博物学一样，美洲历史最好的信息来源就是生活在那里的人们。他们要做的一切，就是去询问他们。[51]

加尔西拉索·德·拉维迦（Garcilaso de la Vega）于 1539 年出生在印加帝国的首都，也就是秘鲁的库斯科。他的父亲是西班牙的一名贵族后裔，也是一名征服者。他的母亲则是印加帝国的一位公主，是印加末代皇帝的侄女。加尔西拉索在一片冲突之中降临人世，因为西班牙直到 1572 年才完全征服了印加帝国。不过，库斯科还是相对安全的，早年的加尔西拉索游走于两个世界之间。在他父亲的家里，他学习阅读并书写西班牙语，而在母亲家里，被教育学习印加人的盖丘亚语（Quechua）。不过值得注意的是，加尔西拉索从未读过大学。尽管他后来读过亚里士多德和老普林尼的著作，但并没有特别重视这些古典学者。相反，他有关人类历史和文化的知识主要来自他的母亲，后者告诉他有关印加漫长且灿烂的传统。[52]

1560 年，加尔西拉索离开秘鲁前往西班牙，在那里他被称作“那个印加人”（El Inca）。他的父亲刚刚过世，他需要向西班牙法院申请保留他的贵族头衔。加尔西拉索抵达西班牙时，有关美洲人的性质的争论正达到最高潮。他在这里遇到了拉斯卡萨斯这位捍卫土著权利的多米尼加牧师，并研究了这位牧师与相信土著无异于野蛮人的西班牙神学家塞普尔韦达的辩论。回忆起母亲的故事，加尔西拉索觉得是时候澄清事实了，于是下定决心开始写作《印加皇家评述》（*The Royal Commentaries of the Incas*，1609 年出版）。在这本书中，他批评了欧洲的学者们没有证据和经验就妄自提出观点。加尔西拉索在书中写道：“尽管也有西班牙饱学之士写过新大陆国家的评述……但他们并没有完整地描写这些国家，尽管他们本来或许能够做到。”他还补充道：“与之前的那些作者相比，我提供的信息更全面，也更准确。”印加和阿兹特克不同，这里没有出现书写系统。于是，对印加历史的记忆与背诵，就成为印加年轻贵族教育中很重要的一部分，加尔西拉索和他的家族显然很重视这一点。《印加皇家评述》中的大部分内容是根据记忆写成的。“在我看来，这是最好的计划……让我得以重温孩提时期经常从母亲、她的兄弟与她的叔父口中听到的故事。”加尔西拉索解释道。根据这段口述历史，加尔西拉索承诺要揭开“印加的起源”。[53]

《印加皇家评述》的起点是12世纪时印加帝国的建立，这要远早于西班牙征服印加的时间。加尔西拉索以传统起源的神话开篇，神话讲述了第一位印加国王曼科·卡帕克（Manco Cápac），从一个大湖中冉冉升起的太阳神创造了他。曼科·卡帕克随后带领他的子民深入安第斯山脉，建立起库斯科这座首都城市，并由此发展为印加帝国。加尔西拉索和同时代的一些欧洲人很像，也讨论了气候在塑造人类历史过程中的重要性。库斯科被认为是人间天堂，它坐落在一片"美丽的山谷之中……四周围绕着高耸的山脉，四条溪流滋养着这片土地"。因为地处安第斯山脉高处，库斯科既不太热，又不太冷。"这里的气候宜人，空气清新柔和，天气总是很好，远离酷暑严寒。"加尔西拉索如此解释。不同于低洼地区，这里"几乎没有苍蝇"，也"没有叮人的蚊子"。在这片田园般的环境中，曼科·卡帕克将加尔西拉索那些四处流浪的祖先带入了一个先进的文明。此后不久，印加人开始耕耘土地、种植庄稼，还修建了寺庙——这一切在当时都被欧洲人理解为文明的标志。加尔西拉索解释道，印加开始"像理性的人类一样利用大地的果实"。信息非常明确——塞普尔韦达是错的，美洲土著不是野蛮人。[54]

1.4 绘制美洲地图

1493年5月，教皇亚历山大六世将世界一分为二。自新大陆被"发现"以来，西班牙和葡萄牙就一直争论不休，双方都声称加勒比群岛以及巴西的沿海地区都是自己的。为了解决这一争端，教皇亚历山大颁布了一项法令，一条线沿着新大陆中间直直地画下。在这条线以西的所有土地都将属于西班牙，这条线以东的所有土地则将归属于葡萄牙。西班牙和葡萄牙对此表示同意，并在一年后的1494年，双方签署了《托尔德西拉斯条约》(*Treaty of Tordesillas*)。他们在佛得角群岛以西刚好 1000 英里的位置画了一条线，葡萄牙得到了巴西，而西班牙得到了墨西哥与秘鲁。这样就只剩下一个问题——没人拥有一张还说得过去的世界地图。[55]

16 世纪以前，欧洲制作的大部分地图基于古希腊地理学家克劳狄乌斯·托勒密的著作。托勒密的《地理学》最初写作于公元 2 世纪，直到 1000 多年后，仍然被 15 世纪的欧洲人广泛阅读。这本书通常附有一张世界地图，从西非海岸一直延伸到最东面的泰国湾。托勒密知道印度和中国，他也知道地球是圆的。然而，托勒密并不知道美洲大陆。他简单地估计大西洋会一直延伸到东印度群岛。事实上，正是这个观点在一开始激励了克里斯托弗·哥伦布。当哥伦布于 1492 年 8 月起锚之时，他希望发现的是一条通往中国的西向贸易路线，而不是发现一个新大陆。[56]

哥伦布本人也从未完全放弃这个想法。1506 年在他临终之时，他仍然坚信自己已经抵达了东印度群岛。但是，其他人很快就指出了新大陆被“发现”对于地理学的意义。“古人的观点认为，世界上位于赤道以南的一大片地区不是陆地，只是一片汪洋大海，”当亚美利哥·韦斯普奇在1503年从巴西返回的时候，他如此解释，然后又总结道，“但是这一观点是错误的，与事实完全相悖。”与博物学和医学领域的情况一样，与美洲的相遇给地理学研究带来了转变。很多人开始质疑古典文献中的权威，取而代之的是开始强调收集证据并根据经验检验观点的重要性。[57]

一开始，欧洲的制图师们发现，想要调和美洲地理中的很多矛盾非常困难。如今保存下来最早的世界地图可以追溯到 1500 年，地图将美洲大陆描绘成一系列岛屿。这在很大程度上是以哥伦布对自己第一次与第二次航行的记录，以及他宣称自己已经抵达“恒河外的印度群岛”为根据的。其他一些16世纪早期的地图则将北美洲和南美洲划分为独立的区域，认为两者之间或许可以通行船舶。绘制这些比例尺远超从前的世界地图，制图师还必须努力应对由此带来的各种挑战。绘制加勒比海地区的地图是一件事，但是要想绘制整个世界的地图，还要囊括一片新的大陆，就是一件截然不同的大事了。[58]

最基本的问题是地球是圆的，而地图是平面的，这一事实现在变得更加紧迫。那么，哪一种方法能够在二维平面上最完美地代表三维空间呢？托勒密曾经使用的方法被称为“圆锥投影法”，在用这种方法绘制的地图上，世界是以从北极向外放射的弧线切分，整个图就像一把扇子。在绘制半球的时候，这个办法很不错，但是对两个半球而言就不奏效了。这种地图对于遵循罗盘方位的航海家而言也极为不便，因为这些线在从北极点向外延伸的过程中，变得越来越长。16世纪，欧洲的绘图师们开始尝试一种新的投影方式。1569年，佛兰德斯制图师赫拉尔杜斯·墨卡托（Gerardus Mercator）制作了一种很有影响力的地图，他将其命名为“一种新型的、更全面代表地球的、适用于航海的地图”。墨卡托成功地将地球的两极拉伸，将中间部分缩小，从而构建出一张经线和纬线始终相互垂直的地图。这对于水手而言特别有用，因为这让他们可以在地图上沿直线来参照罗盘指示的方位。如今，最初设计用于帮助水手们航行到美洲的墨卡托投影法，已经成为所有现代世界地图的基础。[59]

航海事关重大，西班牙王室很快意识到有必要采取更系统的方法去研究美洲。1503年，伊莎贝拉女王和斐迪南国王在塞维利亚建立了西班牙贸易厅（House of Trade），它充当了自新大陆而来的所有信息的中枢。新的岛屿、新的动物、新的植物，有关它们的每一份报告都会被送往塞维利亚，在那里进行登记并分类。西班牙贸易厅与成立于

1524年的印度群岛委员会（Council of the Indies）紧密合作，由此加强了西班牙帝国的管理。这两个机构共同提供了欧洲大学以外第一批享有薪金的科学研究职位。地理学家、天文学家、博物学家以及航海家都直接受雇于西班牙王室。他们鼎力合作，制作新的海图与地图，所有这些努力的终极目标，是在《托尔德西拉斯条约》规定下保护西班牙领土。每一位从新大陆返回的船长最好前去西班牙贸易厅报告，指出他的航程与提供给他的地图之间所存在的任何差异。于是，现代科学第一次在欧洲实现了完全的制度化。这不是在大学或学术机构里发生的，而是作为西班牙了解并征服美洲计划的一部分而实现的。[60]

胡安·洛佩兹·德·韦拉斯科（Juan López de Velasco）是一个极为博学的人。他在印度群岛委员会中担任首席宇宙志专家，这是由西班牙王室所支持的新职位之一。宇宙志结合了地理学、博物学、人类学以及制图学的方方面面。实际上，它将我们在这一章里已经展开的很多科学汇聚在一起。韦拉斯科的工作，实质上是将所有的知识收集起来，并提供有关西班牙帝国在美洲最完整的资料，其中的一些将有助于帝国的统治。绘制地图是事务清单上的头一条。然而，韦拉斯科很快就意识到，要想制作一张真正精确的美洲地图，可能需要动员整个西班牙帝国，这正是他在1577年尝试去做的工作。

通过自己在印度群岛委员会中的职位，韦拉斯科设计了一份调查表，分发到西班牙在美洲的每一个总督区。调查表上有50个问题，覆盖了从该地区的天然产品到主要城镇精确经纬度的各种问题。“沿着海岸有哪些海港和登陆点？”韦拉斯科问道，“给出山脉、山谷和地区的名称，并说明这些名字在土著语言中的含义。”一些问题也会直接要求被调查者画出一张地图。调查表还会要求当地总督或辖区长官答复，通常还要他们附一张本地的手绘区域地图，它们都将被送到远在西班牙的韦拉斯科手上。这些回复被称作“地理报告”。韦拉斯科最终收到了 208 份报告，报告来自从秘鲁到伊斯帕尼奥拉岛的各个地方。不过，大多数回复还是来自最大的殖民地：新西班牙。[61]

问卷调查看似一种显而易见的收集地理信息的方法，但是在 16 世纪，这是一个全新的概念。就像这一时期其他更通用的科学，它代表了一种研究地理的新方法，一种越来越不依赖古希腊和古罗马权威的方法。它也代表了一种高度集中化与制度化的科学方法，这是欧洲从未尝试过的。尽管如此，“地理报告”最吸引人的地方还是土著对这一项目的贡献方式。就像博物学和医学一样，真正了解美洲地理的唯一方式就是询问世世代代生活在这里的人。

欧洲人经常会被土著所掌握的地理知识所震惊。哥伦布本人曾描述过加勒比海地区的阿拉瓦克人（Arawak）如何“在每一片海域都能航行，而且令人惊奇的是，他们对每一件事的描述都如此优秀”。哥伦布甚至报告称，他已经发现了“能够绘制沿海海图”的人。无独有偶，16 世纪 40 年代，西班牙探险家弗朗西斯科·巴斯克斯·德·科罗纳多（Francisco Vázquez de Coronado）在美洲祖尼人（Zuni）的土著部落获取了一张新墨西哥的地图。这张地图绘制在鹿皮上，这在各色土著部落中很常见。其他一些土著会记忆简单的地图，当需要使用的时候，在沙地上画下地图，或是在营地里用木棍摆出地图。但是在所有美洲居民中，仍旧是阿兹特克人具备格外高超的地图绘制技术。这在一定程度上是由于阿兹特克帝国是一个大型中央集权朝贡体系国家。[62]

和西班牙人一样，阿兹特克人也意识到地图作为管理工具的重要性。蒙特祖玛本人曾在 16 世纪第一个 10 年委托制作了大量阿兹特克帝国的地图。这些地图被绘制在布上，图上囊括了整个墨西哥湾，标记了首都特诺奇蒂特兰周边的所有道路、河流和城市。在针对帝国重要的地理与历史信息进行调查之后，阿兹特克人制作了这些地图，所有调查被记录在一系列纳瓦特尔语图像抄本里。阿兹特克人绘制地图的史料传承，后来成为呈给西班牙印度议会*的“地理报告”的重要资料来源。实际上，在韦拉斯科从新西班牙收到的69份地图中，其中的45份都是由美洲当地画师绘制的。这并不令人意外，毕竟大多数西班牙总督从未离他们所工作的城市太远。韦拉斯科敏锐地察觉到这一点，因此，他在附于调查表的填写说明中指出，如果总督不能回答这些问题，应当“将它们分发给了解该地区事务的聪明人”。通常来说，“聪明人”指的是阿兹特克长老。[63]

自此以后，绘制美洲地图的过程与萨哈冈对博物学的研究没什么两样。当地的西班牙管理者需要向一群土著长老问询。这些长老会收到调查表，有时还需要有人先将调查表口头翻译成纳瓦特尔语，再要求这些长老回答。长老会叫出一名“土著画师”来绘制地图——通常是从一份已有的阿兹特克手抄本上临摹而来。与博物学和医学作品一样，这些手抄本往往包含纳瓦特尔象形文字或传统的阿兹特克意象。比如在1582年，韦拉斯科就收到一份令他震惊的地图，绘制的是一片被称为米纳斯·德·祖姆潘勾（Minas de Zumpango）的区域。乍一看，它和当时欧洲的地图没什么区别，但是如果看得更仔细些，就能够又一次看到纳瓦特尔象形文字。在地图的顶端有一系列象形图，记录了周边城镇的纳瓦特尔语名字。这些图又被一串小脚印分开，这是阿兹特克人用来代表边界的传统符号。[64]

韦拉斯科收到的其他地图也遵循了类似的模式。一名土著艺术家在兽皮上绘制了米斯奎亚瓦拉（Misquiahuala）地区的地图，上面有一系列纳瓦特尔字符。和米纳斯·德·祖姆潘勾的地图一样，边缘围绕

* 西班牙印度议会全称是印度皇家最高议会（Realy Supremo Consejo de Indias），是西班牙帝国管辖美洲和亚洲事务的重要行政机构。——编者注

着一圈象形图，标识出附近城镇的名字。一条大河从中间穿过，西边则是一座大山——同样采用了纳瓦特尔象形文字。绘制地图的艺术家随后用图形回答了韦拉斯科关于博物学的很多问题，用代表仙人掌和动物的象形图填满了图中的大山。一名西班牙传教士知道韦拉斯科在解读纳瓦特尔语象形文字时也许会有困难，便在地图上写上注解："这是米斯奎亚瓦拉山，山里遍布着狮子、蛇、鹿和野兔。"这张地图也是绘有土著的罕见地图之一。在地图中央米斯奎亚瓦拉教堂的旁边有一位阿兹特克长老，他戴着羽毛头饰坐在宝座上。这张图也让人注意到，西班牙发现其自身正处于矛盾之中。一方面，西班牙人想要绘制美洲的地图，以便更轻松地主张对殖民地的所有权并管辖那里；另一方面，要是西班牙想取而代之的那些人不给予帮助，这样的项目是显然不可能完成的。[65]

1.5 结论

1500年，结束了自己的第三次美洲航行以后不久，克里斯托弗·哥伦布写下一句话："走得越远，学得越多。"他说的没错。自16世纪早期以来，西班牙征服者、传教士以及梅斯蒂索人，他们或登陆美洲，或自美洲而来，共同改变着科学。在本章中，我们开始揭示全球历史对于理解现代科学史的重要意义。我们以始于1492年的美洲殖民开篇，至此已经看到，要想真正解释"科学革命"，就必须审视欧洲与更广阔世界之间的联系。我们看到了博物学、医学以及地理学的发展，是如何紧密地与西班牙帝国在美洲的政治目标及商业目标结合在一起的。地图被用来主张领土所有权，而探险家搜寻更有价值的植物与矿物。这些征服并殖民美洲的活动点燃了变革的星星之火，这不仅

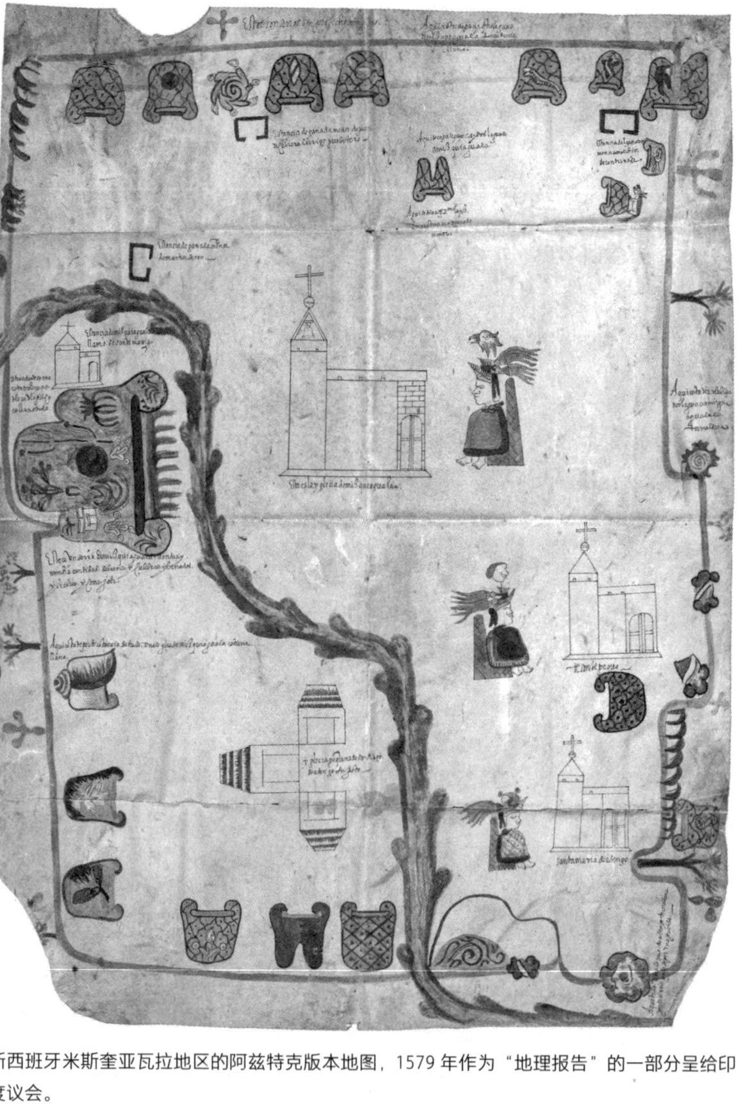

新西班牙米斯奎亚瓦拉地区的阿兹特克版本地图，1579 年作为“地理报告”的一部分呈给印度议会。

改变了我们所认知的东西，而且改变了科学实际开展的方式。[66]

在 16 世纪以前，欧洲学者几乎是以很排外的态度依赖着古希腊及古罗马的文献。他们学习老普林尼的博物学，学习托勒密的地理学。然而，随着殖民在美洲的开展，新一代思想者开始更加强调将经验作为科学知识的主要来源。他们开展实验、收集标本，并组织实地调查。如今看来这不过是一种显而易见的科学研究方式，在当时却是一场革命。这种对经验的全新强调，在一定程度上是对古代先贤完全不知道美洲的一种回应。老普林尼从没见过土豆，而托勒密相信大西洋一直延伸到亚洲。如今，我们还在讨论着作出“大发现”（discoveries）的科学家。“大发现”这个比喻源于 16 世纪，那时科学大发现与地理大发现齐头并进。不管怎么说，“科学革命”并不是简单地从那些与古代文献相矛盾的新证据中产生的，它同样是不同文化相互碰撞的产物。[67]

今天的人们经常会遗忘，那些美洲的土著也曾拥有过属于自己的灿烂的科学文化。欧洲人被阿兹特克与印加的思想以及这些思想可能提供的东西深深地迷住了。利用这些知识，探险家和传教士——当然还有土著——创作了有关博物学、医学和地理学的新著作。这里颇有些讽刺意味的是，回到欧洲的学者逐渐宣扬拒绝古代文献，以此为自己脸上贴金，声称他们用第一手经验取代了老普林尼和托勒密的著作。但事实上，很多人只是简单地从信奉一本文献变成信奉另一本文献。像贝纳迪诺·德·萨哈冈这样的传教士，搜罗阿兹特克抄本，并将它们从纳瓦特尔语翻译成拉丁语和西班牙语。这些抄本中有很多在 16 世纪被天主教传教士销毁了，因为他们将这些抄本视为对天主教教义的威胁，而欧洲于 1500—1700 年产生的那些最重要的现代早期科学作品，其中一部分就是以此为基础的。

欧洲人并不只是在美洲碰到了思考科学的新方式。1497 年，在哥伦布第一次抵达美洲仅仅 5 年后，葡萄牙航海家瓦斯科·达·伽马绕过好望角航行，第一次抵达印度洋海域。由此开启了欧洲与亚洲相互接触的新纪元，而亚洲也对科学发展具有同等重要的影响力。欧洲人在当时并非唯一碰到其他文化的人群，意识到这一点也是至关重要的。我们将在下一章看到，遍布亚洲和非洲的科学思想家，也在游历世界并交换思想观点。随着宗教传播和贸易网络在16世纪和17世纪的扩张，“科学革命”很快就转变成一场全球运动。

第二章

天与地

HEAVEN AND EARTH

兀鲁伯（Ulugh Beg）站在天文台的最高处，凝望着天空。每天晚上，这位年轻的穆斯林王子都会步行来到位于撒马尔罕郊区的观星天文台。撒马尔罕天文台位于今日的乌兹别克斯坦境内。它是伊斯兰世界科学进步的中心，对基督教统治下的欧洲天文学及数学的发展产生了非常重要的影响。1420 年，这座天文台建立在一座可以鸟瞰整个城市的山丘之上，这是一处观察星星的完美位置。站在穹顶上，兀鲁伯可以识别星座并发现彗星。和 15 世纪的欧洲、亚洲与非洲的很多统治者一样，他对占星学怀着极大的信任。如果星星以不利的方式排列，如果巨蟹座在天空中的方位太低，都可能意味着灾难，瘟疫和粮食歉收也许就会接踵而来。尽管今天我们会将占星术与迷信联系在一起，但是在现代早期，它是宗教和政治生活的重要方面。统治者在占星预测的帮助下作出重要的政治决定，如何时出征，或与谁结盟，因而世界上大多数宗教将关键的节日与天文现象联系在一起——无论是斋月还是复活节。

1420—1447 年，撒马尔罕的天文学家开展了一个项目：对恒星与行星的运动进行细致的观察、测量与预测，且持续了 25 年以上。撒马尔罕天文台的主体建筑由一座三层高的巨塔构成，外墙贴满了闪闪发光的绿松石瓷砖，镶嵌成当时伊斯兰建筑典型的几何图案。天文台的中央矗立着巨大的“法赫里六分仪”（Fakhri Sextant），六分仪高达 40 余米，是当时世界上最精确的科学设施之一。法赫里六分仪由砖块和大理石修建而成，被用于测量恒星和行星在天空中的精确方位。如今，如果你造访撒马尔罕天文台，还会看到这些庞大的石构建筑的基座。虽然只留下几米高的残基，但你还是能够很快地感受到它的规模。法赫里六分仪深入地下，刚好建在基岩之中。[1]

法赫里六分仪，1420 年修建于撒马尔罕，位于如今的乌兹别克斯坦境内。

兀鲁伯出生于 1394 年，是帖木儿帝国缔造者帖木儿的孙子。14 世纪，帖木儿征服了中亚的大部分地区，希望使这些地区在一位伊斯兰统治者手中统一。兀鲁伯早年跟着他的祖父南征北战，也正是在这段时间里，他第一次开始对天文学感兴趣。这位年轻的王子在旅途中参观了马拉赫（Maragheh）天文观象台的遗迹。这是 13 世纪建立于北波斯地区的天文台，以巨型石制象限仪为特色。受此启发，兀鲁伯回到撒马尔罕后下令建造一座类似的机构。在兀鲁伯成为撒马尔罕的统治者时，他开启了一项雄心勃勃的奇观计划，这不过是其中一部分而已。从学院和公共浴室到清真寺和观赏花园，兀鲁伯将撒马尔罕打造成一座富有活力的文化中心，这里恰好位于丝绸之路*——从非洲经过欧洲和中亚一直延伸到中国的漫长贸易路线——的中心。[2]

对于兀鲁伯而言，这座天文观象台不只是科学探索的场所，还是宗教祈祷的场所。在伊斯兰世界里，科学和信仰总是齐头并进。从每天五次礼拜的时间，到斋月的开始与结束，伊斯兰教也许比其他任何一种宗教都更依赖精确的天文信息。正因如此，多数大型清真寺会任用一名计时员，而且多数伊斯兰宫廷也会聘用一名天文学家。如今我们往往认为，天文学家（追踪恒星与行星运动轨迹的人）的工作与占星学家（基于天空运动对未来进行预测的人）的工作完全不相关，但在现代早期，这两种角色是相互重叠的。在伊斯兰宫廷里，天文学家也会兼任占星术士——实际上，阿拉伯语的“占星术士”（*munajjim*）同时包含这两层意思。他们进行占卜，并提供宗教和政治指导。在撒马尔罕建立天文台的时候，兀鲁伯也因此履行了他所认为的宗教义务。[3]

对科学特别是天文学进行资助，是伊斯兰统治者长期保持的一种传统，可以追溯到中世纪时期。在 9 世纪的巴格达，阿拔斯王朝哈里

* 丝绸之路指古代由中国通向欧洲的商路，在历史上促进了欧、亚、非各国和中国的经济文化交流和友好往来。——编者注

发建立了“智慧宫”（House of Wisdom）。正是在这里，一批伊斯兰科学思想家在从数学到化学的各个领域，作出了不可磨灭的贡献。这些贡献包括代数（algebra）的发明、光学定律的发展等。我们今天用到的很多科学术语，包括代数、炼金术（alchemy）和算法（algorithm），都源于阿拉伯语，或者是由伊斯兰思想家命名的。正因如此，科学史学家通常将9—14世纪视为中世纪伊斯兰的“黄金时代”。[4]

然而，伊斯兰“黄金时代”的观点还存在一个主要问题。该观点依赖于一个错误的概念，即伊斯兰科学——通常也包括伊斯兰文明——在中世纪以后立即进入了衰退期。这是为了将穆斯林世界和发生在15—17世纪的“科学革命”的故事分离开来。实际上，如序言所述，伊斯兰“黄金时代”的观点是在19世纪才被发明出来的，是为了让欧洲帝国入侵中东的扩张行为变得合理。后来在“冷战”期间，西欧和美国的科学史学家又进一步巩固了这个观点，他们都倾向于将穆斯林的成就倒推到遥远的过去。毫无疑问，伊斯兰学者在中世纪科学的发展中扮演着举足轻重的角色，但他们的贡献并没有在14世纪突然中断。兀鲁伯和他的天文台就很明显地为我们展示了这一点。他遵循穆斯林前辈统治者创立的传统，对科学进行资助，而且将这种传统连同伊斯兰科学一起，推到了远超中世纪“黄金时代”的高度。[5]

兀鲁伯不同于那些只作为资助者的穆斯林统治者，他本人也是水平出众的数学家和天文学家。当时的记录将他描述为“天文台先生”，说明他在指挥这项天文研究计划时扮演了非常活跃的角色。根据兀鲁伯的说法，他每天都要观测太阳和月亮，每五天观测一次水星，每十天观测一次其余行星。我们也知道，他会仔细地研究前人留下的天文学著作。他拥有一本中世纪阿拉伯天文学手册抄本，书名叫《恒星志》（*Book of the Fixed Stars*，964年出版），在页边空白处用波斯文潦草地写着笔记。同时代的天文学家也很钦佩兀鲁伯的数学能力，有人甚至描述了这样一个场景：兀鲁伯显然是“骑在马背上时，只通过心算就能推导出两分钟内太阳直射经度的夹角”。不久之后，来自全中亚的学者都会聚到撒马尔罕，要和这位伟大的“国王天文学家”共事。[6]

阿里·卡什吉（Ali Qushji）是这场盛会中的明星。1403年，他出生于撒马尔罕，在宫廷里度过了舒适的童年。他是一名王室养鹰人的儿子，在一所由兀鲁伯新设立于这座城市里的学院里读书。阿里·卡什吉很快就研究了如何操作星盘，这是一种经典的伊斯兰科学仪器，用于天文观测，还能辅助数学运算。他同时学习阅读了记录着行星运动规律的波斯文手稿。不久之后，阿里·卡什吉已经准备好学以致用。他徒步穿过沙漠来到阿曼湾，研究月亮与潮汐之间的关系。这次旅行促成了他的第一部天文学著作——关于月相的简要手稿。任何一位能够更准确地预测月亮运动的天文学家都会受到穆斯林资助者的青睐，尤其要考虑到伊斯兰历法是以阴历为基础的。兀鲁伯对此印象深刻，很快便邀请阿里·卡什吉回到撒马尔罕并加入天文台。在这里，他帮助编纂了天文史上最有影响力的著作之一：《苏丹历表》（*The Tables of the Sultan*，1473年出版）。[7]

《苏丹历表》用波斯文书写，在问世后的150年间，它都是最精确的天文学观测数据汇编。阿里·卡什吉本人完成了这部天文学著作中的很大一部分，而兀鲁伯也慷慨相助，沿着天文台中心的楼梯跑上跑下，根据法赫里六分仪追踪特定恒星或行星的轨迹。最终的成品是一份超过15年日常观测结果的合集，还包括一份清单，列出了1018颗恒星的坐标，以及5颗已知行星（水星、金星、火星、木星和土星）各自轨道的数据。除此以外，《苏丹历表》还包含了太阳年长度的计算方法，这是编制年历的关键数据。《苏丹历表》中的这个数据是365天5小时49分钟15秒，而它与500多年后的今天我们所知道的数值的误差不超过 25 秒。[8]

尽管兀鲁伯的祖父帖木儿通过军事征服寻求伊斯兰世界的统一，他本人却把注意力转向了科学。《苏丹历表》影响了帖木儿帝国各地穆斯林的日常生活。无论是在巴格达还是在布哈拉，兀鲁伯制作的这张表都决定着礼拜的时间，决定着主要的宗教节日。《苏丹历表》也让天文学家能够更精确地确定麦加的方向，这是伊斯兰礼拜仪式另一个基本要素。兀鲁伯希望通过天文学，将中亚的人民统一在同一个宗教下，让他们受同一个统治者管理。不久之后，《苏丹历表》还流传到帖木儿帝国以外，沿着丝绸之路向东、西两个方向传播。在埃及，马穆鲁克苏丹订购了一份《苏丹历表》，当地的天文学家随后将历表从波斯文翻译成阿拉伯文，在此过程中还重新计算了很多星星相对于开罗的坐标。我们后面将会看到，《苏丹历表》的复制品后来一直传播到伊斯坦布尔和德里，帮助规范了全世界的伊斯兰宗教活动。[9]

然而，就在兀鲁伯迫切地寻求统一之时，帖木儿帝国开始土崩瓦解。也许这正是星星的预言。1447 年，兀鲁伯的父亲去世后，内战随即爆发。敌对派系争夺控制权，于是兀鲁伯最终对他的叔叔和堂兄弟发动了战争，每一方都试图夺取王位。甚至他自己的孩子都开始反对他。兀鲁伯的长子阿卜杜尔·拉提夫（Abdul Latif）受到一群宗教狂热分子的影响，他们助长了他的嫉妒，让他相信自己受到了不公正的对待，应当为自己夺取王位。愤怒且不肯安分的阿卜杜尔·拉提夫，下令刺杀自己的亲生父亲。1449 年 10 月 27 日，兀鲁伯这位伟大的撒马尔罕天文学家，被人从马上拽下来，遭遇了谋杀。[10]

兀鲁伯的死，宣告了撒马尔罕天文学的终结，但是对于人们理解天空的方式而言，这不过是一场更普遍的转变的开始。正如我们在前一章所看到的，“科学革命”应当被解释为全球文化交换的产物。在本章中，我们不说西方，转向东方继续讲述这个故事。1450—1700 年，欧洲、亚洲和非洲之间的联系如何塑造了天文学和数学的发展？我们将顺着这一线索前行。这段时间里，宗教和贸易网络显著扩张，让不同的人群都能接触到新的科学观点。沿着丝绸之路徐行的商队，以及横渡印度洋的传教士，带回各种复制品，包括阿拉伯的手稿、中国的星象目录以及印度的天文表。

几乎是兀鲁伯在撒马尔罕建立天文台的同一时间，欧洲的观星者也在步入文艺复兴时代。这是艺术和科学都取得长足进步的一段时期，时间从 15 世纪绵延到 17 世纪。文艺复兴（Renaissance）这个词的字面意思是“重生”，在这段时期里，欧洲科学思想者重新翻译了古希腊和古罗马作家的作品。著名的天文学家尼古拉斯·哥白尼，第一次提出太阳是宇宙的中心，如他一样的天文学家最终都否定了古人的智慧，提出了关于行星运动的彻底的革新理论。

这个故事是大多数传统科学史的核心。但我们将看到，如果不关注其他地方正在发生的事情，就不可能正确地解释欧洲发生的“科学革命”。哥白尼本人依赖从阿拉伯和波斯手稿中发现的观点，这些手稿则是从撒马尔罕或伊斯坦布尔等地传入的。而且在同一时期，中国、印度和非洲的天文学家也将他们的观点和那些源于欧洲及伊斯兰世界的观点相融合。当我们放眼欧洲、非洲和亚洲时，实际上就会看到很明显的相似性，比如科学思想家如何将新旧观点结合起来，以及如何从不同的文化中汲取灵感。于是这就成为全球性文艺复兴，从罗马一路延伸到北京。随着不同的思想在海洋以及丝绸之路沿线来来回回地传播，欧洲、非洲和亚洲的诸个帝国也目睹了一场科学的重大变革。为了理解“科学革命”中天文学和数学的历史，我们不能从欧洲哥白尼这样的传统故事开始，而要从启发了他的伊斯兰世界科学说起。[11]

2.1 翻译古代经典

很长时间以来，欧洲天文学家都依赖阿拉伯的资料来源。毕竟，穆斯林学者最先对古希腊科学展现出严肃的兴趣，古希腊科学日后成

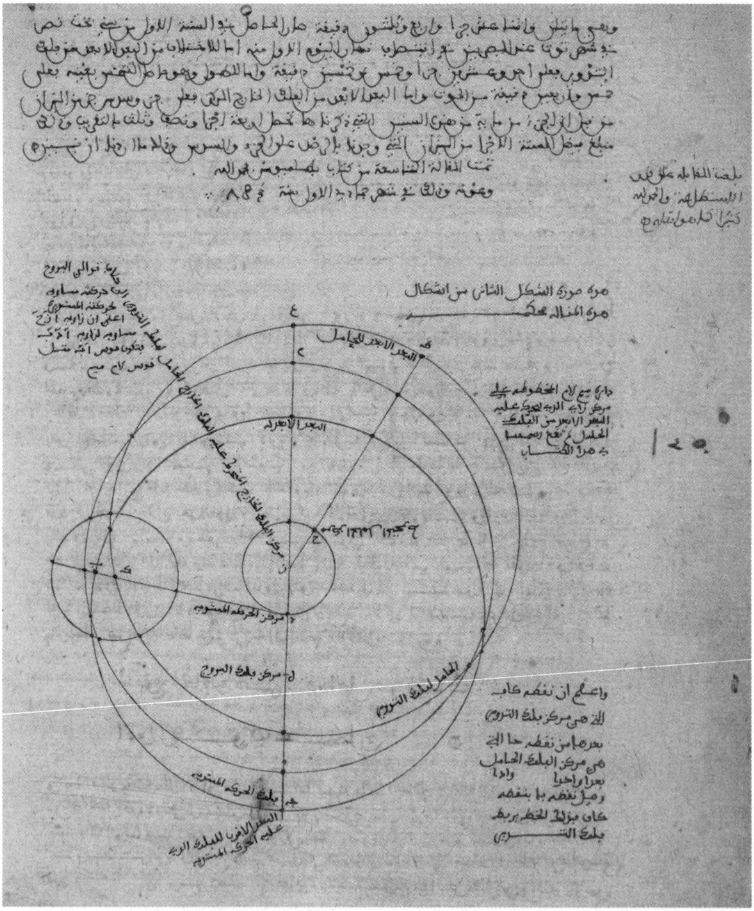

克劳狄乌斯 · 托勒密作品的阿拉伯文译稿，其阿拉伯文的书名为《至大论》，1381 年在西班牙复制。这张图说明了托勒密的宇宙模型，地球处于中心，其中还运用了本轮和偏心点。

为中世纪欧洲大学多数课程的基础。在 9 世纪的巴格达，一群穆斯林学者率先将克劳狄乌斯·托勒密的著作从古希腊文翻译成阿拉伯文。托勒密的《至大论》（*Almagest*）最初写于公元 2 世纪的埃及，却被证实对中世纪的欧洲及伊斯兰世界产生了令人难以置信的影响。托勒密描述了宇宙的一种经典模型，中心是地球而非太阳。然而，托勒密的天文学并非没有问题。从一开始，它就出奇地复杂。这些复杂性很多都源于托勒密对亚里士多德宇宙哲学的认同。在亚里士多德创作于公元前 4 世纪的《物理学》中，他描述了地球与天空之间本质的差异。天空是完美的、不变的、永恒的。太阳、恒星和行星因此会以恒定的速度、以完美的圆圈绕着地球运动。与之相对，地球是“会腐朽的”。因此地球上的运动是不连续且线性的，地球上的物体以直线方式运动，速度不断变化，而且还会休息。[12]

此时，就连托勒密也意识到，行星并不会按照完美的圆圈运动。相反，行星似乎在摆动，在一年的时间里，行星与地球之间的距离或近或远。而且它们在运动的过程中似乎还会加速或减速，至少从地球固定的视角来看是这样。（如今，我们知道这是因为它们都沿着绕日轨道运动，而且轨道不是圆形而是椭圆。）为了让这一点变得协调，托勒密加入了各种数学技巧。他让行星环绕一个略有些偏离地球的点，这个点被称为“偏心点”。托勒密还引入了“本轮”（epicycle）的概念，其字面意思是指“圆圈之上”，行星在本轮上做双重旋转。每一颗行星都会绕着一个小圈移动，而小圈本身会沿着更大的绕地轨道运动。最终，托勒密引入了另一个假想的点：“等分点”（equant）。从这个点观察，行星似乎是以恒定的速度运动的，这与从地球上看截然不同。托勒密经历了一番心理建设，通过这些假设来捍卫亚里士多德的思想，也就是天空中的每个事物都以恒定速度绕着完美的圆圈旋转，由此他也提供了一个行星运动的合理模型。[13]

阿拉伯的翻译家完全知晓托勒密模型的缺陷。伊本·海什木（Ibn al-Haytham）是一位生活在11世纪开罗的天文学家，他写了一篇措辞尖锐的评论，题为《质疑托勒密》(*Doubts on Ptolemy*，1028年出版)。海什木没有被托勒密的技巧蒙混。他争辩道，引入诸如等分点和偏心点这样假想的点，是对匀速圆周理想运动的一种嘲弄。海什木猜测，这些行星很显然没有做完美的圆周运动。“托勒密假设了一种不可能存在的排布。”他总结道。这开启了伊斯兰世界漫长的点评传统，后来这一传统又发展到欧洲，于是古希腊科学的翻译家也会进行评论和批判。在这当中，最有影响力的当数纳西尔丁·图西（Nasir al-Din al-Tusi）执笔的作品。图西出生于1201年，是波斯北部马拉赫天文台的首席天文学家，这里后来成为蒙古帝国的一部分。这里正是青年兀鲁伯后来拜访过的地方，启发了兀鲁伯在撒马尔罕建立一项类似的伟业。在马拉赫，图西每天都会对天空进行观察，并编纂天文表，阿拉伯语称之为“历表”(*zij*)。他还接触到大量古希腊和阿拉伯手稿，特别是在1258年蒙古军队入侵巴格达以后。[14]

图西很快就发现了托勒密体系的缺陷。在他所著的《天文学札记》（*Memoir on Astronomy*，1261年出版）中，图西追随海什木，指出了托勒密宇宙模型与亚里士多德物理学之间的矛盾。但是图西做得更完善。他不但批评了托勒密，而且提出了一种解决方法。他发明了一种几何工具“图西双圆”。它是两个圆圈的组合：一个较小的圆围着另一个更大的圆绕圈，后者的尺寸刚好是前者的两倍。图西意识到这种运动几乎能完美地模拟行星摆动的特征，不再需要托勒密发明的本轮或等分点。“图西双圆”还能说明，亚里士多德对线性运动与圆周运动的区分毫无意义。如果你在较小的圆圈上取一个点并跟随它，那么它看起来就像是沿着一条直线上下振荡。由此图西证明，将旋转的圆圈简单地组合就可以形成线性运动，也就是沿着直线运动。我们在后面将会看到，“图西双圆”后来对于欧洲天文学新思想的发展产生了举足轻重的影响。[15]

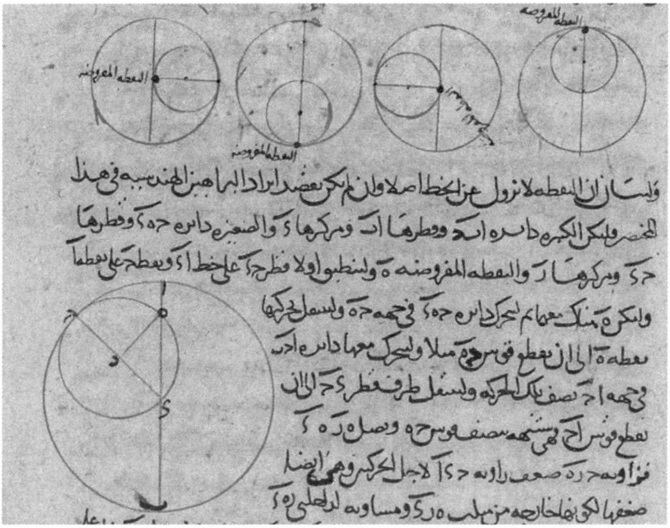

“图西双圆”的说明图，取自纳西尔丁 · 图西的《天文学札记》(1261 年)。

12 世纪，大多数古希腊文集被翻译成阿拉伯文译本，覆盖的范围从毕达哥拉斯的数学到柏拉图的哲学。正是通过这些阿拉伯文译本，以及海什木和图西写下的评论，中世纪的欧洲学者第一次接触到古代先贤。克雷莫纳的杰拉德（Gerard of Cremona）是一位生活在卡斯蒂利亚王国的意大利人，他在 1175 年完成了托勒密著作的拉丁文翻译。他把收集于穆斯林西班牙的阿拉伯文手稿文本全都拼合起来，这才完成此事。杰拉德甚至决定保留阿拉伯文标题中的“*Almagest*”，其意思简单来说就是“最伟大的”。其他古希腊文献的拉丁文版本很快跟进，全都是从中世纪的阿拉伯文手稿翻译而来。15 世纪初，欧洲天文学家早已接受了必须靠阿拉伯文资料工作，一般是将其翻译成拉丁文。很多人相信，古希腊原始资料已经永远地消失了。但他们都错了。[16]

2.2 文艺复兴时期欧洲的伊斯兰科学

君士坦丁堡的人们正准备迎来最坏的结果。在接近两个月的时间里，拜占庭帝国的首都一直遭受围攻。在帖木儿帝国垮台以后，一股新的穆斯林力量开始执掌中亚与西亚，这就是奥斯曼帝国。苏丹穆罕默德二世包围了这座城市，驻扎在博斯普鲁斯海峡的战船倾泻炮火，巨大的铁炮炸毁了城市的罗马城墙。1453 年 5 月 29 日，城市陷落。很多基督徒逃跑了，而希腊东正教的索菲亚大教堂被改建成清真寺。这标志着奥斯曼帝国在此地区 400 年统治的开端，帝国的疆域从伊斯坦布尔一直延伸到开罗。这同时标志着欧洲与伊斯兰世界重新开始接触，这也将改变科学。

1453 年底，伊斯坦布尔已沦为废墟，几周的炮轰过去，空气中弥漫着浓浓的硝烟。奥斯曼帝国的军队将城市洗劫一空，很多拜占庭基督徒都认为逃跑才是最安全的。大多数人渡过亚德里亚海，在威尼斯和帕多瓦等意大利城邦定居。他们带来了宝藏——一些书和手稿，其中很多都已经在教堂的地下室里锁了几个世纪。这其中包括了亚里士多德和托勒密的作品，都是古希腊文的副本。在当时的欧洲，很少有人曾经见过或读过这些书。突然间很多人开始质疑，只依赖阿拉伯文译本来阅读古代文献是否明智，特别是这些译本往往还被大幅编辑。还有另一种担忧——错误也许是在多次翻译中产生的，或许回到一手资料，情况就会有所好转，这个想法成为被称为“人文主义”的文艺复兴运动的基础。人文主义者相信，振兴欧洲文明的唯一途径就是回到遥远的过去，这个想法也很快传播到科学领域。1456 年，一位生于克里特岛的拜占庭人——特拉布宗的乔治（George of Trebizond），完成了一部托勒密的《至大论》拉丁文新版译作。这一版本完全基于古希腊手稿，绕过了阿拉伯文译本。[17]

然而，文艺复兴从来都不是简单地拒绝接受阿拉伯文知识。相反，这正是传统全面崩塌的时期。除了拜占庭难民，意大利城邦还接待了寻求建立贸易网络或进行军事谈判的奥斯曼使节。与此同时，欧洲人已经向东方派驻了贸易和外交使节。在大马士革与伊斯坦布尔的街头，可以找到威尼斯商人与梵蒂冈使者。正是通过这些交流，新的阿拉伯文手稿以及拜占庭对伊斯兰资料的翻译也传播到了欧洲。如今，很多最有价值的阿拉伯与拜占庭手稿收藏品都是由威尼斯与梵蒂冈的图书馆保存。也正是通过整合这些资料来源，文艺复兴时期的天文学家改变了我们对天空的理解。[18]

约翰内斯·冯·柯尼斯伯格（Johannes von Königsberg）有点儿像神童，他还有个更为人熟知的名字——雷格蒙塔努斯（Regiomontanus）。1448 年，他还只有 12 岁，就被莱比锡大学录取了。在发现那里的数学课程太过简单以后，雷格蒙塔努斯决定转学到维也纳大学，那是一座在当时更有威望的学术机构。这位年轻的数学家兼天文学家于 1450 年抵达这里，利用业余时间编纂年历，并用占星术为富有的赞助人算命。正是在维也纳大学，雷格蒙塔努斯第一次见到了他的伟大导师格奥尔格·冯·佩尔巴赫（Georg von Peurbach）。佩尔巴赫是一位典型的文艺复兴全才，从古罗马诗歌到亚里士多德物理学，都可以成为他的讲课内容。佩尔巴赫与雷格蒙塔努斯一起对天文学进行了一次重大的重新评估，评估从托勒密的《至大论》开始。[19]

奥斯曼帝国征服伊斯坦布尔后，逃离拜占庭的希腊人巴西里奥·贝萨里昂（Basilios Bessarion），给两人提供了支持。贝萨里昂在 1460 年抵达维也纳，寻求神圣罗马帝国皇帝腓特烈三世的接见。教皇庇护二世此前刚刚宣布了一次新的针对奥斯曼帝国的十字军东征，贝萨里昂就被派往维也纳，以确保获得神圣罗马帝国的支持。他在那里遇到了佩尔巴赫，后者当时是腓特烈三世的御用天文学家。贝萨里昂是一位才华横溢的学者，已经读过特拉布宗的乔治翻译的新版《至大论》，这本书却没有给他留下很深的印象。佩尔巴赫也有同样的感触。经过仔细调查，特拉布宗的乔治翻译的版本漏洞百出，也没能精确地表达出古希腊文的含义。考虑到这一点，贝萨里昂邀请佩尔巴赫完成《至大论》新译本，并保证佩尔巴赫可以不受限制地接触当时所有来自伊斯坦布尔的最新手稿，包括希腊文和阿拉伯文版本。这是一个不容错失的好机会，佩尔巴赫开始了工作。[20]

1461 年，翻译开始仅仅一年后，佩尔巴赫就患上了重病，而他才完成了一半的新译本。因为担心自己的所有艰苦努力付诸东流，佩尔巴赫便让年轻的雷格蒙塔努斯承诺，完成他未竟的事业。雷格蒙塔努斯很好地履行了承诺，在接下来的十年里，他遍访意大利，收集所有能够获得的手稿。最终的成果是他完成了历代天文学中最新的作品。这本书的题目是《至大论摘要》(*Epitome of the Almagest*，1496 年出版)，它是一部经典的文艺复兴科学作品。正如标题所示，这部“摘要”远非一部新译本而已。雷格蒙塔努斯把所能找到的所有资料中最精彩的部分——古希腊文、阿拉伯文以及拉丁文——结合起来，由此创作了一个比托勒密天文学先进得多的版本。诚然，地球依然处于宇宙的中心，但是雷格蒙塔努斯已经能够解决一些困扰了欧洲天文学家好几个世纪的问题。[21]

雷格蒙塔努斯最主要的一个创新，实际上是直接借鉴了撒马尔罕天文台的首席天文学家阿里·卡什吉的作品。1449 年，在兀鲁伯被刺身亡以后，阿里·卡什吉从帖木儿帝国逃了出来。他在沙漠里漂泊多年，寻求中亚地区各个王宫的庇护。1471 年，他抵达伊斯坦布尔，这里刚被奥斯曼帝国征服不久。苏丹穆罕默德二世收到撒马尔罕大天文学家到来的消息后，便派人去邀请阿里·卡什吉。卡什吉将在伊斯坦布尔城内新设立的一座伊斯兰大学（*medreses*）* 担任数学教授。正是伊斯坦布尔和奥斯曼帝国的这一层关系，让阿里·卡什吉的作品吸引了欧洲天文学家的注意。在《至大论摘要》中，雷格蒙塔努斯从阿里·卡什吉的手稿中复制了一幅图，卡什吉最初是在 15 世纪 20 年代的撒马尔罕创作了这幅图。图上是复杂的圆形阵列，证明托勒密的本轮可以被分解。阿里·卡什吉认为，这其中所需的一切就有偏心点。简而言之，阿里·卡什吉认为，所有行星的运动都可以被简单地建成模型，只要想象它们的轨道中心位于地球以外的点即可。他和雷格蒙塔努斯都没能更进一步地指出这个点实际上是太阳。但是通过反对托勒密有关本轮的概念，阿里·卡什吉为关于宇宙结构更本质的观点开启了一扇门。[22]

尼古拉斯·哥白尼于 1473 年出生于波兰。他的家人希望他有朝一日成为天主教神父，并且在 1497 年将他送到博洛尼亚大学，以获得教会法领域更高级别的学位。但哥白尼很快就发现，文艺复兴时期的意大利能够提供的东西远不止于此。在博洛尼亚，哥白尼参加了多梅尼克·玛丽亚·诺瓦拉（Domenico Maria Novara）的讲座，她曾经跟随雷格蒙塔努斯学习过，是一位颇受争议的占星家。此时对托勒密的批评越来越多，受其影响，诺瓦拉认为地轴的细微变化也可能被探测到。这或许能够解释，为什么恒星似乎会在很长的时间里逐渐移动。（这一现象被称为“分点岁差”†。）这再一次与托勒密认为地球彻底固定的经典教义相矛盾。诺瓦拉还给哥白尼介绍了雷格蒙塔努斯的《至大论摘

---

* medreses，也叫 madrasa 或 madrasah，特指奥斯曼帝国时期成立的学术机构。

† 分点岁差，也叫分点进动，具体是指以春分点或秋分点为参考点，地球上观察到的太阳年与恒星年之间存在偏差。造成这一差别的原因是，地球除了自转、公转，还因其他天体的引力作用而发生缓慢连续的“进动”，于是每一年观察到的恒星相对位置并不完全一致。

要》，哥白尼在博洛尼亚买了一本。自此以后，哥白尼就被天文学迷住了。他在接下来的几年里游历了意大利，在帕多瓦短暂地学习过，雷格蒙塔努斯曾在此演讲并传授波斯天文学。在 1503 年毕业前，哥白尼返回波兰，在弗龙堡（Frombork）定居，并成为城市大教堂的教士。正是在这里，哥白尼发展出科学史上最为著名的理论之一。[23]

尼古拉斯·哥白尼的《天体运行论》（1543 年出版）以拉丁文出版，提出了“日心说”的宇宙模型：现在处于中心的是太阳，而不是地球。果然，它至少是一种会引发争议的理论，同时挑战了宗教和科学对天的理解。哥白尼所做的工作是把现有的所有著作汇集起来，推动这场在几个世纪里围绕托勒密学说展开的争吵不休的辩论，达成符合逻辑的结论。他借用了从波斯传来的哲学思想、从穆斯林西班牙传来的天文表，以及埃及数学家构建的行星模型。从这一点看，《天体运行论》是文艺复兴时期一部同时借鉴了欧洲与伊斯兰研究并进行综合的经典作品。哥白尼以当时已经广为人知的批评开篇：托勒密的天文学是前后矛盾的。它未能保留亚里士多德对于匀速圆周运动的理想，而且引入各种各样的数学技巧，使其变得复杂起来。

正如我们所看到的，这些观点自从 9 世纪开始就已经在伊斯兰世界流传，此时正逐渐渗透入欧洲天文学。哥白尼在《天体运行论》中引用了不少于 5 位伊斯兰作者的观点，其中不少都对托勒密持批评态度。这其中包括 9 世纪的叙利亚数学家塔比·伊本·库拉（Thabit ibn Quarra）以及 12 世纪穆斯林西班牙的天文学家努尔丁·比特鲁吉（Nur ad-Din al-Bitruji）。哥白尼本人看不懂阿拉伯文，但他也没有必要看懂。阿拉伯天文学主要作品的拉丁文及希腊文译本，在 16 世纪的欧洲已经广泛流行。而且哥白尼在意大利学习期间，有足够多的机会向那些能看懂阿拉伯文的学者请教，比如帕多瓦大学的安德里亚·阿尔帕戈（Andrea Alpago），他曾在大马士革生活了超过 10 年。[24]

哥白尼接下来提出，托勒密的模型与行星的实际运动并不吻合。在提出这一观点时，哥白尼在很大程度上依赖已有的天文表，他几乎没有进行一手观察。他的很多工作基于《阿方索星表》(*Alfonsine Tables*)，这是应卡斯蒂利亚王国的阿方索十世的要求，于13世纪50年代对伊斯兰早年间的星表进行的汇编。这是一个文化交流实际行动的典型案例：一群犹太数学家整理了一系列阿拉伯星表，此时它们还没被翻译成西班牙文和拉丁文。最终，哥白尼提出，如果我们把太阳想象成宇宙的中心，那么所有问题都将迎刃而解。在迈出这一步之前，他直接受到了《至大论摘要》的启发。雷格蒙塔努斯吸收了阿里·卡什吉的想法，已经证明所有行星的轨道中心处于地球以外的某个地方。哥白尼则踢出了临门一脚，提出这个点实际上就是太阳。哥白尼描述了一个具有神圣秩序的场景，总结道："太阳，仿佛就坐在王座之上，统治着这个行星家族，所有行星都围绕着它旋转。"[25]

提出这一主张之后，哥白尼仍有很多工作需要完成。就观点本身而言，将太阳放置在中心，并不能收获一个完全精确的宇宙模型。首先，与亚里士多德和托勒密一样，哥白尼仍然坚持一个想法，即天体会作完美的圆周运动。但是，即便太阳处于中心，行星似乎还是会摆动。为了解决这个问题，哥白尼转而关注一位伊斯兰天文学家的工作，他就是我们此前讲到的纳西尔丁·图西。《天体运行论》中有一幅图，和图西的阿拉伯文作品中的一幅图几乎一模一样。这种相似性令人印象深刻，甚至他们分别用来标记要素的拉丁文和阿拉伯文字母选择，很多都是一致的。哥白尼最有可能从一部阿拉伯文原始文献的拜占庭希腊文译本中知道了图西。这些手稿的副本，在奥斯曼帝国征服君士坦丁堡后流失了，在当时很多意大利的图书馆里都可以找到。《天体运行论》的插图还展示了运行中的"图西双圆"。哥白尼利用这个观点精确地解释了图西提出的那个问题。他想要一种方法，既能产生振荡运动，又遵循匀速圆周运动规律。于是，哥白尼又向前跨出了一步。他利用“图西双圆”模拟行星绕着太阳运动，而不再让它们绕着地球旋转。这个13世纪发明于波斯的数学工具，如今找到了一条路，走入欧洲天文史上最重要的工作。没有它，哥白尼或许就不能将太阳置于宇宙的中心。[26]

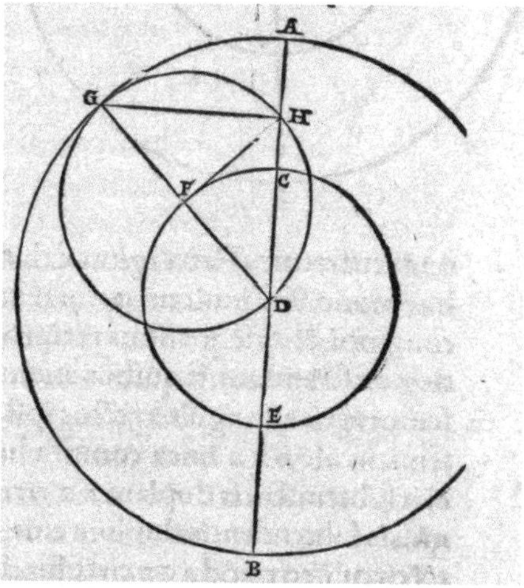

尼古拉斯 · 哥白尼创作的《天体运行论》(1543年)中有关“图西双圆”的说明图。

《天体运行论》在1543年的出版，很长时间以来都被认为是“科学革命”的起点。然而，很少有人认识到，尼古拉斯·哥白尼实际上是在更久远的伊斯兰传统之上构建这一切的。11世纪埃及的伊本·海什木的著作，早就指出了托勒密宇宙模型的矛盾，特别是行星进行完美圆周运动的思想。13世纪波斯的纳西尔丁·图西的著作，则以想象行星绕着两个圆圈旋转为基础，进而提出了解决问题的方案。阿里·卡什吉于15世纪在撒马尔罕所写的内容，提供了另一种解决方案，他认为，如果假设地球不是轨道的中心，那么建立行星运动的模型就要简单得多。甚至就连太阳是宇宙中心的想法也不是全新的。回溯到公元 9 世纪，一些穆斯林天文学家已经讨论了这种可能性，尽管这个想法在中世纪的伊斯兰世界从未被广泛接受。[27]

与其认为哥白尼是一个遗世独立的天才，单枪匹马地引领了“科学革命”，我们更应当将他视为全球文化交流这个更大格局故事中的一部分。这里的关键事件是东地中海地区奥斯曼帝国的兴起，特别是在 1453 年征服君士坦丁堡之后，拜占庭难民和威尼斯商人从奥斯曼的土地离开，带回数以百计的科学手稿。其中有一些是古希腊原文，其他则是晚近的阿拉伯文和波斯文评述。正是欧洲接触到所有这些新文本和新思想之后，欧洲的“科学革命”才真正启动了。哥白尼就是一个完美的例子。《天体运行论》综合了阿拉伯文、波斯文、拉丁文以及拜占庭希腊文的各种资料中的思想，从而创建了一个全新的宇宙模型。

文化交流对欧洲文艺复兴时期科学的发展产生了意义深远的影响。但是世界其他地区呢？接下来，我们将会纵横亚洲和非洲，探索“科学革命”的全球历史。从伊斯坦布尔和廷巴克图，到北京和德里，世界各地的科学思想者开始重新评估遥远的古代，进行新的观察，并发展出新的天文学与数学理论。这一切成为可能，要归功于 15 世纪以来贸易和宗教网络的显著扩张。这些网络让人们接触到新思想和新文化，将“科学革命”改造成一次全球运动。正如我们将看到的，在欧洲和世界其他地方发生的“科学革命”故事中，实际上有很多非常相似的特点。我们先记住这一点，然后从海上的奥斯曼天文学家开始。

2.3 奥斯曼的文艺复兴

从亚历山大港出发，塔奇·丁（Taqi al-Din）正在横渡地中海前往伊斯坦布尔。在埃及，他花费很多年的时间掌握了天文学技巧，此时希望能够赢得奥斯曼朝廷新苏丹穆拉德三世的青睐。1526 年，他出生于大马士革，在开罗接受教育，并计划以天文学家的身份效力，比如他可以决定每天 5 次礼拜的时间或是麦加的方向。或许，他甚至能运用占星学为苏丹提供服务，这是一项要价高昂的服务。塔奇·丁是如此计划的，但是他很快就发现，去伊斯坦布尔的任务并不轻松。对于旅行者而言，16 世纪的地中海是个很危险的地区，因为欧洲和北非的海盗在这片水域横行，被抓的俘虏要么被当作奴隶出售，要么被用来勒索赎金。突然，一艘帆船停靠在塔奇·丁乘坐的船边。海盗跳上甲板，一场遭遇战迅速爆发。大多数船员被杀了，他们的尸体则被抛入海中。但塔奇·丁幸免于难。海盗们知道，作为一个饱学之士，他应该会值很多钱。[28]

几个月后，塔奇·丁作为一位学者被卖到了文艺复兴时期的罗马。因为能够翻译来自东方的天文学新手稿，受过教育的穆斯林总是得到高度重视。当塔奇·丁在罗马的时候，他被要求翻译阿拉伯文版欧几里得和托勒密的著作。与此同时，这一经历也让塔奇·丁这样的穆斯林得以接触文艺复兴时期的科学文化。当塔奇·丁最终重获自由之时，他已经知晓欧洲最新的天文学理论。他甚至还学了一点意大利语，塔奇·丁离开罗马后终于得偿所愿，完成了前去伊斯坦布尔的旅程。1571 年，在离开埃及 10 多年后，他来到这里并被任命为奥斯曼苏丹麾下的首席天文学家。塔奇·丁随后让穆拉德三世相信，基督教欧洲的科学正在飞速地追上伊斯兰世界。为了科学的进步，也为了获得不错的占星结果，奥斯曼苏丹需要一座新的天文台。[29]

穆拉德三世同意了这一计划，并于1577年在伊斯坦布尔建立了一座新天文台。天文台坐落于一座可以俯瞰博斯普鲁斯海峡的山丘上，无论是白天的城市还是夜间的星空，从那里看到的景观都让人屏气凝神。尽管原始结构早已荡然无存，但是多亏了一系列美丽的波斯彩绘版缩微画，让我们对这座天文台的运转情况知之甚详。这些都和一首题为《万王之王记》（*Book of the King of Kings*）的史诗一同，在1580年由阿拉丁·曼苏尔（Ala al-Din al-Mansur）记载下来。这首史诗正如其标题所示，描绘了穆拉德三世的统治，记录了他的所有伟大事迹。“当他下令观测并编纂天文表时，群星倾泻而来，在他的面前五体投地。”曼苏尔这般写道。天文台本身也被涂上了一层装饰性黄铜与紫铜，成为伊斯坦布尔天际线上一处金色的穹顶。这里还因为一座巨大的“法赫里六分仪”而闻名。六分仪有50米高，甚至比撒马尔罕的那一座还要大。设备里也有一口独立的井，有25米深，这让天文学家得以在白天通过遮挡周围的阳光来观测星星。

在天文台内部，塔奇·丁把时间都花在阅读天文学著作并编纂新表上。他拥有一部兀鲁伯所作《苏丹历表》的副本，阅读时还在手稿上进行更正。在一张波斯缩微画中，塔奇·丁和其他15位天文学家、数学家及书记员并肩站立。每个人都穿着典型的奥斯曼服饰——红色与绿色的长袍，配上纯正的白头巾。有些人举着星盘观测星空，其他人则在测量流逝的时间。中间有一只沙漏，底部有一座地球仪，有趣的是，一个角落里摆着一台机械钟。[30]

乍一看，这台钟微不足道。但它实际上是一个风向标，说明了奥斯曼帝国的科学与欧洲的联系紧密到何种程度。具有机械结构、由弹簧驱动的钟发明于14世纪的欧洲。它们主要被安装在教堂的钟楼上，或者用作王宫里的陈列品。然而，塔奇·丁看到了这种新发明对于天文学的潜在价值。毕竟，分秒不差地测量一颗恒星或行星穿越天空的

塔奇 · 丁（最上面一排右数第三位）正在伊斯坦布尔天文台工作。

时间，对于编制一张精确的天文表而言十分必要。为了实现这一点，马拉赫与撒马尔罕等地的早期天文台，曾经用过水钟与日晷，而塔奇 · 丁却建立了一台机械装置。通过这样做，他也成为欧亚大陆上最早在天文台安装专用机械钟的天文学家之一。我们在绘画上看到的这台钟，很可能是由欧洲工匠建造的。在整个 16 世纪，荷兰与法国的钟表匠为了迎合不断发展的奥斯曼机械装置市场，就用土耳其数字制作钟表。有一些工匠甚至以不同的月相为特色，从而让钟表与伊斯兰阴历的历法相对应。这些钟往往是欧洲大使赠送的礼物，以表示与奥斯曼宫廷交好。天文台里还备有一座钟，专门为穆拉德三世而修建。根据一位官员所说，它有“一座城堡的外形，一到整点，城堡的大门就会打开，出现骑在马背上的苏丹形象”。[31]

塔奇·丁被这些新型装置迷住了。他检查了苏丹收藏的所有钟表，很快就明白它们是如何制作出来的。他被囚于罗马的时候也可能接触到了机械钟。因为担心对欧洲工匠的依赖，塔奇·丁随后开始自行设计并制作钟表。他的手稿包含非常详细的图表，精确地说明如何去制作一台带有秒针且走时准确的时钟，这对天文学工作而言至关重要。有一份手稿甚至描述了一种时钟——像是用来烤羊肉串的机器。很明显，塔奇·丁的脑海里充满了机械力学。实际上，他开始想象宇宙本身或许就是一只巨大的时钟。（事实证明，同样的想法在欧洲具有令人难以置信的影响力，特别是它在 17 世纪被勒内·笛卡儿采纳的时候。）在一部融合了神学、哲学与数学的作品中，塔奇·丁阐述了自己对机械宇宙的想法，“希望能够组建出一台机械和一台钟，从而反映天堂的神圣结构”。实际上，伊斯坦布尔天文台就是这样一台机械。在另一幅波斯缩微画上，我们看到一座由金属制成的巨大球形装置，由木框架支撑着。它被称为“浑天球”（armillary sphere），本质上是一台天空的机械模型，天文学家可以用它快速执行复杂的几何演算。“浑天球”在古代已经被使用过，但大多数人只认为它是某种实用工具，而且认为它还有点像计算器。然而，塔奇·丁是最早提出这种仪器的哲学内涵的人之一。宇宙真的就像是一台机械。[32]

在配备了最新的机械之神力后，伊斯坦布尔天文台成为东地中海科学发展的中心。但这里并不只是伊斯兰科学的圣地，犹太人和基督教徒也在天文台里工作，这也反映了扩张中的奥斯曼帝国在种族和宗教方面的多样性。一些人是作为奴隶被带到这里的，有份报告称，有

“12 名被俘的基督徒”工作在伊斯坦布尔天文台。其他人则是因为在其他地区遭受宗教迫害逃到这里的。在这其中，有一位名叫“达吾德·阿尔里亚蒂”（Dawud al-Riyadi）的犹太男子，他也被称作“数学家大卫”。[33]

1577 年，就在天文台建成之际，塔奇·丁已经打算观测一次日食。然而，那天的伊斯坦布尔阴云密布，因此塔奇·丁没办法开展他所需要的观测。然而，他刚刚听说，有一位伟大的天文学家、数学家就居住在向西 300 英里的萨洛尼卡。那个人的真名是大卫·本-叔山（David Ben-Shushan），自 16 世纪 50 年代就已在奥斯曼境内居住。他是一位意大利犹太人，和其他很多人一样，在反犹太主义兴起期间逃离了欧洲。1492 年，西班牙驱逐了犹太人，葡萄牙很快也在 1497 年效仿了这一做法。很多人一开始先跑到了意大利，但是 1542 年罗马宗教裁判所的建立又标志着新一轮的迫害。犹太难民再度被迫逃离。很多人向着东方的奥斯曼帝国占领的土地进发。在萨洛尼卡，本-叔山成为当地约两万人口的犹太人的一员。他是当地奥斯曼政府官员的儿子们的数学老师，因此他便有了阿拉伯语名字和土耳其语名字。正是通过这些宫廷关系网，塔奇·丁得知了本-叔山回到伊斯坦布尔的消息。[34]

两个人兴奋地交换了天文学数据，讨论着最新的科学理论。让塔奇·丁特别高兴的是，本-叔山已经能够观测 1577 年的日食并进行详细的测量。塔奇·丁大受震撼，忙邀请本-叔山加入伊斯坦布尔天文台的工作团队。本-叔山随后便去往奥斯曼帝国的心脏。作为一名能够阅读拉丁文、希伯来文和土耳其文的意大利犹太人，他代表了——也许比其他任何人更有代表性——16 世纪文化交流对于科学发展的重要性。本-叔山将文艺复兴科学领域所有最新的作品都介绍给塔奇·丁，其中包括托勒密作品的新译本。他也非常熟悉各种机械科学，这让塔奇·丁非常着迷，特别是欧洲钟表的操作令他印象深刻。于是，本-叔山很快就升职为伊斯坦布尔天文台的助理天文学家。在波斯缩微画中，可以看到他就坐在塔奇·丁的右边。[35]

本-叔山来得正是时候，他恰好协助开展了一次重要的观测工作。1577年11月，一道燃烧的白光出现在夜空中。这是一颗彗星，全世界各地陆续观测到了这颗彗星，从秘鲁到日本，无一例外。塔奇·丁和本-叔山观察着这颗彗星在伊斯坦布尔的上空划过，有一张波斯缩微画描绘了它刚好处于索菲亚大教堂正上方的场景。作为苏丹任命的首席天文学家，塔奇·丁立即向奥斯曼宫廷汇报了这一消息。穆拉德三世想要知道天空中突然有此异变究竟意味着什么。伊斯兰的新千年正在临近，这件事将发生在基督教历法纪年的1591年，因此奥斯曼苏丹需要确保一切太平。塔奇·丁向他的君王保证，这颗彗星预示着好消息。很明显，这颗彗星出现在斋月的第一天，这是个吉祥的兆头。这就"像是小熊星座上扎着的伊斯兰头巾、腰带"，象征着穆拉德三世将要同时统治天地。最后，塔奇·丁认为奥斯曼苏丹最终将在和基督教欧洲的斗争中获胜。根据塔奇·丁的说法，这颗彗星"从东方向西方发出一道光芒……光之箭迅速地落在了宗教敌人身上"。[36]

就在尼古拉斯·哥白尼在欧洲掀起风暴的同一时期，奥斯曼帝国的天文学家和数学家也走进了自己的文艺复兴时代。15—16世纪，奥斯曼帝国的科学思想家创作了超过200部天文学原著，又一次挑战了伊斯兰科学随着中世纪"黄金时代"一同终结的观点。在1453年君士坦丁堡被征服以后，众多穆斯林学者在奥斯曼苏丹的赞助下前去工作，塔奇·丁只是其中之一。在兀鲁伯去世以后，撒马尔罕天文台的首席天文学家阿里·卡什吉前往伊斯坦布尔，在那里受雇于一所伊斯兰大学，而这只是奥斯曼帝国在这座城市里建立的数百所伊斯兰大学之一。其他学者也从整个伊斯兰世界的各个地区来到伊斯坦布尔，包括波斯和莫卧儿王朝时期的印度。与此同时，值得记住的是，伊斯坦布尔从来都不是一座排外的穆斯林城市。犹太人和基督教徒也在奥斯曼的统治下寻得庇护所。犹太天文学家本-叔山在伊斯坦布尔天文台和塔奇·丁一同工作，而穆罕默德二世的私人医生也是一名犹太人，是文艺复兴时期意大利的难民。坐落于欧洲和亚洲的十字路口，现代早期的伊斯坦布尔是一座国际化大都市，15—16世纪宗教网络及贸易网络的扩张，引领了伊斯坦布尔的科学的革命，正如我们在其他地区已经看到的那样。[37]

事实上，奥斯曼的故事和欧洲“科学革命”的历史之间存在很多相似性。与文艺复兴时期的欧洲非常相似的是，奥斯曼帝国的科学思想家对古希腊先贤的作品产生了浓厚的兴趣。穆罕默德二世拥有大量古希腊手稿的收藏品，这是在君士坦丁堡被征服时抄没的。基于长期以来的伊斯兰传统，苏丹安排了一系列将这些古希腊作品翻译成阿拉伯文新译本的活动。为了与奥斯曼朝廷的世界主义特性保持一致，这些翻译工作由拜占庭希腊人完成。与欧洲一样，在这段时间里，奥斯曼的科学思想家也开始阅读并翻译伊斯兰早期思想家的作品。阿里·卡什吉的天文学手稿被翻译成奥斯曼的土耳其语，纳西尔丁·图西的作品也不例外，这位13世纪的天文学家，其思想曾对哥白尼产生深远的影响。17世纪中叶，奥斯曼的科学思想家也开始阅读欧洲的天文学著作。“哥白尼假设地球处于运动之中，由此创建了一项新的基础（理论），并编写了一本小历书。”一位名为特兹基勒奇·高斯·易卜拉欣（Tezkireci Köse Ibrahim）的奥斯曼天文学家在1662年如此解释道。易卜拉欣甚至画了一幅草图，展示哥白尼著名的日心说宇宙模型。[38]

因此，我们可以看到与欧洲“科学革命”传统故事相似的一些事。奥斯曼科学思想家正在阅读并翻译古希腊文献，而且他们也会参考伊斯兰学者近期的著作，由此学会批判那些更陈旧的思想。毕竟，多亏了伊斯坦布尔在丝绸之路上的特殊位置，这座城市才可以让人轻松地接触到各种语言的科学手稿，从拉丁文和希腊文，到波斯文和阿拉伯文，一应俱全。不仅如此，就连欧洲文艺复兴的核心思想，也可以在伊斯兰世界中找到与之媲美的理念。在阿拉伯语中，这种思想被称为“革新”（*tajdid*，字面含义为“更新”）。这在传统上是一个由宗教学者用来指代伊斯兰宗教改革的术语。但是从 15 世纪开始，“革新”的思想便开始被更广泛地传播，成为革新运动的一部分，不局限于宗教领域，也包括了伊斯兰科学。这场运动并不局限于伊斯坦布尔。正如我们即将在下一节中看到的那样，天文学、数学与伊斯兰教相互交织，沿着丝绸之路一路向西，穿过撒哈拉沙漠直抵非洲。[39]

2.4 非洲天文学家

1577 年 11 月，一场壮观的流星雨出现在廷巴克图的城市上空，这座城市位于今日马里境内。西非地区对这一天文学现象的报告，从 16 世纪一直持续到 17 世纪。“一颗彗星出现了。一开始，它在黎明时分从地平线上升起，随后，它一点一点爬升，一直来到太阳与星空之间的天空中。最终它消失不见了。”16 世纪早期的西非编年史作家阿布德·萨迪（Abd al-Sadi）写下了这样的报告。在本章中，我们已经看到包括从撒马尔罕到伊斯坦布尔在内的整个伊斯兰世界，知道了它们的统治者在这段时期里对天文学产生了何等浓烈的兴趣。撒哈拉以南的非洲也是如此。桑海帝国是一个曾在 16 世纪控制了西非大部分地区的伊斯兰苏丹国，阿斯基亚王朝的统治者穆罕默德（Askia Muhammad）的朝廷，也雇用了一大批天文学家。通过协助编写年历并提供宗教指导，这些天文学家为桑海帝国的崛起作出了贡献。作为一名虔诚的穆斯林，穆罕默德本人对他的天文学家也非常慷慨，支付丰厚的报酬，请他们帮助计算礼拜的时间以及斋月的日期。其他一些人则被要求确定麦加的方向。[40]

16 世纪的廷巴克图生活着天文学家，这是一个重要提示，告诉我们不要忘记现代科学史中还有撒哈拉以南非洲的一席之地。这片地区被排除在“科学革命”的历史以外，比其他任何地区更甚。即便有些科学史承认更广阔世界的重要性，撒哈拉以南非洲的缺席依然十分刺眼。然而，认为非洲在欧洲殖民时代以前就没有科学的观点不过是凭空捏造的，是一个亟须纠正的荒诞故事。非洲和世界上其他地区一样，拥有丰富的科学传统，并且随着 15—16 世纪宗教网络与贸易网络的双重扩张，经历了一场重大变革。在本章中我们一直关注的这个故事中，我们不再将撒哈拉以南非洲视为一座与世界其他地区相隔离的孤岛，而是将其视为同一个故事中的一部分——这是一个讲述全球文化交流的故事。[41]

廷巴克图这座城市建立于 12 世纪。15—16 世纪，它经历了一轮显著的扩张，特别是在桑海帝国崛起并于 1468 年控制了这座城市以后。这一轮扩张主要是因为穿越撒哈拉沙漠的贸易增长，商队运输着黄金、食盐以及奴隶从廷巴克图出发，送抵埃及和更远的地方，通过丝绸之路贯穿西非和亚洲。与此同时，西非的其他王国开始在沿海地区与欧洲进行贸易。这标志着跨大西洋奴隶贸易的开始，我们将在接下来的两章里更详细地探讨其影响。廷巴克图很快就变得非常富有，这也让桑海帝国的统治者能够养活“一座宏伟、富丽堂皇的宫廷”与其中的“大量医生、法官、学者（与）牧师”。除了贸易，宗教是连接非洲和更广阔世界的另一个关键因素。在穆斯林于 7 世纪征服北非以后，伊斯兰教在 10 世纪开始跨过撒哈拉沙漠向西非地区传播。14 世纪以后，它开始被越来越多的人所接受，特别是在农村地区。这段时期也是西非的伊斯兰学者产出越来越多本土原创手稿的时期。这些工作就在廷巴克图这样的城市里开展，而不只是依靠引进。非洲统治者很早就意识到伊斯兰教对于巩固政权的重要性。阿斯基亚王朝的穆罕默德甚至在 1496 年完成了前往麦加的朝圣，跟随他的是很多来自廷巴克图的学者。[42]

贸易和朝圣带来了知识。穆罕默德从麦加带回了数百份阿拉伯文手稿，其中详细地介绍了从天文学新观点到伊斯兰教教义的大小诸事。商人们还从伊斯坦布尔和开罗买来阿拉伯文手稿集，穿过撒哈拉沙漠带回西非。“这是从巴巴里（Barbary，北非的伊斯兰地区）带回的书稿，它们所能换来的利润，比其他任何商品都高。”16 世纪著名的旅行家里奥·阿非利加努斯（Leo Africanus）到访廷巴克图时记载道。许多伊斯兰学者在天主教征服穆斯林西班牙时，于逃难途中携带了其他一些手稿，这场征服在 15 世纪时以格拉纳达酋长国被击溃告终。我们将会看到，阿拉伯文手稿在西非的传播，最终引起一场“科学革命”，这段故事与欧洲的文艺复兴有着惊人的相似之处。[43]

甚至在伊斯兰教传播到此处以前，非洲人民就已经在观测天象了。古代马里地区的多贡人（Dogon）给所有星星都起了不同的名字，而南部非洲的科萨人（Xhosa）利用木星作为夜间行路的向导。地处今日尼日利亚的古代贝宁王国，中世纪的统治者甚至雇了一个特殊的天文学家团队，名为“升起之月研究会”（*Iwo-Uki*），以追踪太阳、月亮以及行星全年的运动。这对设计农业历法尤为重要。中世纪贝宁王国首都里的天文学家，密切监测着猎户座的“腰带”* 在天空中通过，并

* 猎户座是天空中最亮的星座之一，北半球的大部分地区可以在冬季前半夜很清楚地看到猎户座全貌，其外形如同打猎的猎户，猎户腰带上并排的三颗亮星是其最显眼的标志。

宣布“当这颗恒星从天空中消失时，人们就知道是时候种植他们的山药了”。同样在今日尼日利亚境内的中世纪王国伊费王国（Kingdom of Ife，由约鲁巴人建立），其统治者也认识到天文学对于农业和城市中宗教生活的重要性。在作为约鲁巴文化中心的伊费城中有很多座寺庙，国王在寺庙附近建造了巨大的花岗岩柱，用它们跟踪太阳的运动轨迹，由此确定宗教节日的时间以及每年的收获时节。[44]

这些已存在于世的天文学传统，自 15 世纪开始便经历了一场重大的变革。与欧洲非常相似，非洲的学者开始通过阿拉伯文译本，学习亚里士多德及托勒密等古希腊思想家的著作。晚上，成群结队的学生围着篝火，看着斗转星移，将他们的观测结果与各种阿拉伯文手稿中的天文表进行对比。有一份很可能是 16 世纪在廷巴克图用于教学的手稿，其标题为“关于恒星运动的知识”，开篇就解释了古希腊及古罗马先贤的天文学理论，接着介绍时代更近的伊斯兰思想家，如 11 世纪对托勒密天文学提出深刻批评的作者伊本・海什木。这份手稿随后解释了如何确定特定恒星的位置，以及它们对于占星术的意义。[45]

另一份由廷巴克图学者穆罕默德・贝格哈耶格（Muhammad Baghayogho）撰写的手稿，阐释了如何计算白天（使用日晷）和晚上（利用月亮的位置）礼拜的时间。贝格哈耶格在 16 世纪初完成了前往麦加的朝圣，拥有廷巴克图最多的阿拉伯文手稿藏品，还为 16 世纪奥斯曼天文学家穆罕默德・阿尔塔朱里（Muhammed al-Tajuri）的作品撰写了评论。事实上，在廷巴克图，你看到的不只是用阿拉伯文撰写的手稿，还有奥斯曼土耳其语手稿，这表明奥斯曼帝国和西非的科学发展在这段时间里有着很密切的联系。[46]

廷巴克图无疑是现代早期西非大地上科学发展最重要的地点，但它绝非独一无二的。其他一些非洲的城市，特别是那些与更广阔的世界存在贸易往来和宗教联系的地方，其科学也在这段时间里经历着相似的发展。根据后来的一份记录，在博诺苏丹国（Sultanate of Borno，今尼日利亚境内）这个伊斯兰王国里，大清真寺的学者研究了“几部科学著作”。与之类似，另一个伊斯兰王国卡诺苏丹国（Sultanate of Kano, 也在今天的尼日利亚）的统治者，邀请来自整个穆斯林世界的学者到他的宫廷里教书。15 世纪初，有人从麦地那远道而来，给他带来了一大批阿拉伯文手稿，其中有很多涉及科学，如天文学和数学。和廷巴克图的情况一样，15 世纪生活在卡诺苏丹国的非洲学者也会阅读古希腊文献的阿拉伯文摘要，以及像伊本・海什木这样影响深远的穆斯林科学思想家的作品。[47]

正如我们在其他地方看到的那样，在卡诺朝廷里工作的天文学家帮助编纂了年历。一位名叫阿卜杜拉・本・穆罕默德（Abdullah bin Muhammad）的学者，甚至写了一份详细的手稿来讲述传统的伊斯兰占星历法，其中记录了月球会在一年里经过不同的星座。除此以外，阿卜杜拉・本・穆罕默德还描述了“行星的革命”及其丰富多彩的占星学意义。最重要的是，这份手稿是用豪萨语（Hausa）撰写的，这正是卡诺王国主体民族豪萨人的语言。阿卜杜拉・本・穆罕默德甚至在每个恒星与行星的传统阿拉伯语名称以外，标记了豪萨语名称。比如，水星在豪萨语中写作“Magatakard”（意为“抄写员”），太阳则写作“Sarki”（意为“国王”）。这再一次郑重地提醒我们，非洲在伊斯兰教传播以前就出现的天文学传统，随着 15—16 世纪新的阿拉伯文手稿的到来也发生了改变。[48]

西非大地上的科学新思想不断发展，一直延续到 18 世纪初。1732 年，一位在卡齐纳（Katsina，也位于现在的尼日利亚）工作的数学家写下一份手稿，题为《字母表中字母神奇用法专论》。这位名叫穆罕默德・伊本・穆罕默德（Muhammad ibn Muhammad）的作者曾接受过天文学、占星学和数学方面的教育，师从于卡齐纳以东约 800 英里的博诺苏丹国的著名穆斯林学者。他也和我们在本章讲过的很多非洲科学思想家一样，刚刚完成了麦加朝圣之旅。尽管标题有些神秘，穆罕默德·伊本·穆罕默德的手稿实际上是一部数学著作。它详细地叙述了“幻方”（magic squares）背后的原理。这是一种你可能在学校里就见过的游戏。最简单的幻方是 3×3 的格子，格子里分别填入数字“1”至“9”。通过将数字放到正确的位置，你可以让幻方所有的纵列、横排以及对角线的数字加起来都是相同的结果。虽然排列的方式有很多种，但是它们最终相加得到的“魔幻数字”只有一个。（在 3×3 幻方情况下，魔幻数字就是 15。）一旦你熟练地掌握了技巧，就可以开始问一些更复杂的数学问题。例如，在更大的幻方中，比如 9×9 幻方，甚至是 n × n 这样任意大的幻方中，魔幻数字是多少？你也可以开始计算不同尺寸的幻方的解，各有多少种排列方式，以及解决这些问题的最佳算法又是什么。[49]

幻方问题早已被中世纪的伊斯兰数学家广泛讨论，几乎可以肯定的是，穆罕默德·伊本·穆罕默德是从那些被卖到卡齐纳的阿拉伯文书稿中了解到幻方的。他显然对幻方非常着迷，连文稿的封面都采用了它，他还提供了一个公式，用于填充不同尺寸的幻方。他还说明，对于 3×3 的幻方，你可以简单地通过旋转和反转获得所有解。然而，除了对数学的兴趣，穆罕默德·伊本·穆罕默德还将幻方视作自己的宗教职责的一部分。幻方被看作真主赐予的礼物。“这些数列得到真主保佑。”他这样写道。事实上，他认为这些幻方非常特殊，甚至建议数学家“应当秘密地工作……你们不能不分内外、亲疏地传播真主的秘密”。这也反映了许多人由幻方联想到的神秘学属性。很多科学思想家，无论是来自非洲、亚洲还是欧洲，都和穆罕默德·伊本·穆罕默德一样，认为幻方运转起来就能成为某种护身符，可以预防不祥

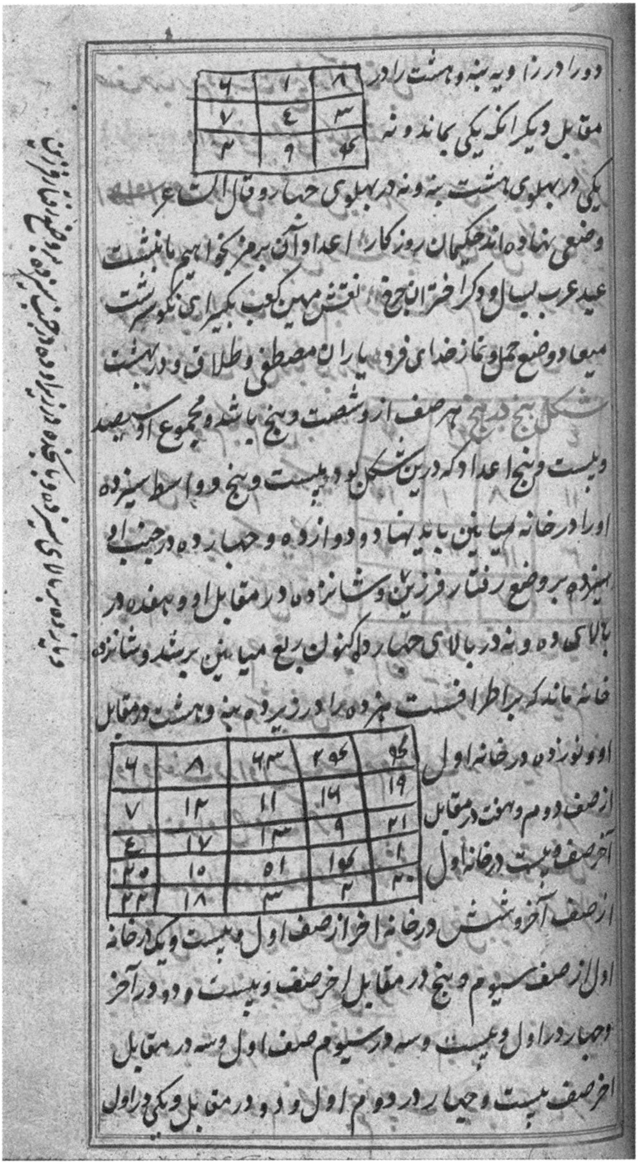

现代早期波斯博物志《造物奇观》手稿中的两个“幻方”。类似的手稿也在 17 世纪的廷巴克图和卡诺苏丹国被制作出来。

之兆。这就是为什么这份手稿的标题指出了数学的“神秘用途”。幻方也被广泛地用于探索和预测未来。穆罕默德·伊本·穆罕默德也许曾在现代早期的卡齐纳提供这种测算“卜辞”*的服务，通常是将特定数字替换为单词或字母。有些人甚至把幻方缝在他们的衣服上，用以驱邪除祟。[50]

很长时间以来，撒哈拉以南的非洲都被排除在“科学革命”的历史以外。然而，一旦开始探索这一地区丰富的科学文化后，我们实际上就会看到，这里发生了很多和欧洲同时期一样的事情。和欧洲人一样，非洲人也通过阿拉伯文译本与摘要本，了解古希腊和古罗马的科学思想家，比如亚里士多德与托勒密。与欧洲人一样，非洲人也学会了对这些古代思想家提出批评，借鉴更近时期的伊斯兰天文学家及数学家的观点，如伊本·海什木。与欧洲一样，非洲的“科学革命”并没有完全替代陈旧的思想：天文学、占星术与占卜常常交织在一起无法区分。相比将非洲视为“科学革命”以外的孤岛，我们更应该将它视为这段共享历史中的一部分——15—16世纪，丝绸之路沿线贸易与朝圣者增加，继而导致“科学革命”发生。

廷巴克图同卡诺、撒马尔罕、伊斯坦布尔一样，伊斯兰学者在这里得到支持——富有的非洲资助人意识到天文学和数学的宗教价值，对他们倾力相助。“这些科学的用途之一就是知道礼拜的时间。”桑海帝国宫廷里的一位天文学家记录了这句话。与此同时，天文学家也在协助指引商队穿越撒哈拉沙漠，这进一步促进了该地区贸易的增长。商队穿越无垠的沙漠，“就像是在大海上漂泊，依靠星星作为向导指引

* 卜辞，原文为 reading，指的是用幻方预测未来的结果。

着方向”，一名作家曾这样写道。非洲位于丝绸之路的最西端，最终在15—16世纪经历了自己的“科学革命”。此刻，我们将沿着丝绸之路向东前行，揭示类似的商业、宗教与知识交流如何帮助中国和印度促成了“科学革命”。[51]

2.5 北京的天文学

利玛窦穿着丝质红袍，走进了紫禁城。这一小步，让他成为进入中国皇室内廷的欧洲第一人，那里位于北京的正中心。利玛窦选择了儒家学者的服装，希望能给皇帝留下深刻的印象。为了这场会面，他甚至特意蓄起长长的胡须，因为这是中国文人的象征。1601年2月，利玛窦走进这座大理石装饰的宫苑，实现了他这份可以追溯到近20年前的雄心夙愿。1582年，他作为一名耶稣会士来到中国。正如我们在前一章所看到的，耶稣会士的传教活动与现代早期科学的发展息息相关。他们将研究天空视为领会上帝智慧的一种方式，同时将它看作向潜在皈依者宣示基督教信仰力量的一种手段。这也正是利玛窦在中国传教的方式。

1552年，利玛窦出生于教皇国的马切拉塔（Papal State of Macerata）*，16世纪70年代早期，他在罗马学院跟着耶稣会首席学者克里斯托弗·克拉维斯（Christopher Clavius）学习数学和天文学。成为一名天文学家，这是很让人兴奋的。哥白尼的日心说模型引发了一场轰动，而在1572年11月，天空中出现了一颗“新星”，进一步挑战了“天空

---

* 马切拉塔为今意大利马切拉塔省省会，利玛窦出生时，此地属于教皇国，后因战乱多次易手，最终归属意大利。

完全不会改变”的观点。（这颗“新星”实际上是一次超新星爆发。）完成学业以后，利玛窦被要求参加耶稣会在远东的传教活动。1577 年，利玛窦离开罗马前往里斯本，在那里登上一艘前往中国的船。算上在印度的停留时间，这趟旅程总共花了将近 4 年的时间。最终，利玛窦在 1582 年 8 月抵达中国澳门。他在中国度过余生，并对基督教与科学在亚洲的发展发挥了重要作用。[52]

利玛窦确信天文学与数学将帮助耶稣会在中国站稳脚跟。大明王朝在 14 世纪中叶问鼎中原，长期以来对欧洲的访客抱有警惕之心。1572 年，万历皇帝即位，容许葡萄牙人出现在澳门，但每年只允许两艘船舶向内陆航行。跟葡萄牙商人一样，耶稣会士最初努力树立自己的形象。这些经常被称为“洋鬼子”的人，通常来说不是很受欢迎。最后，利玛窦总算在南方的肇庆建起一所小传教会所。即便如此，这也不过是昙花一现，当 1589 年新的官员上任后，耶稣会便被驱逐了。利玛窦决定，为了确保中国境内耶稣会的未来，他必须向皇帝本人请愿。正是想到这一点，利玛窦在 1601 年来到北京。他随身携带了各色礼物，其中包括圣母玛利亚油画，以及镶嵌有珍珠与玻璃珠的十字架。利玛窦也带来两台机械钟——大的一台由铁砝码驱动，小的一台则由弹簧驱动。

万历皇帝对油画及十字架的印象都不深，但确实很喜欢这两台钟。这些被他称作“自鸣钟”的机械，着实令他着迷。他命令将较大的一台安装在后花园，较小的那一台就放在寝宫。齿轮旋转而弹簧被压缩，万历皇帝试图弄明白背后发挥作用的机制。然而，不久以后这两台钟就停了下来，再也不响了。皇帝心情很低落，要求利玛窦返回宫廷维修它们。这次礼物的选择非常精明，从意大利远道而来的机械钟，显然令人印象深刻。但是操作机械钟还需要熟悉欧洲数学，比如日常校正和定期上发条。皇帝很快就意识到，如果他想让这些钟保持“自鸣”，就得允许利玛窦进入紫禁城。万历皇帝遂要求耶稣会每年四次返回宫中以维护这些钟，作为赏赐，利玛窦获准在北京定居，并成立一个布道团体。[53]

利玛窦对科学的信仰已经获得成功。1605年，他寄信到罗马，认为天文学和数学被证明是赢得中国精英青睐的最佳手段。“因为我制作了世界地图、机械钟、地球仪、星盘以及其他东西，并传授了它们的用途，我已经获得了世界上最伟大数学家的荣誉。”利玛窦这样解释道。他随之建议，这一战略应该得到扩张，并认为，“最好的主意就是，派一些身为优秀占星家的神父或兄弟来到这座宫廷”。根据利玛窦的意见，这将“提高我们的声誉，让我们能更畅通无阻地进入中国，并确保我们拥有更多的安全与更大的自由”。利玛窦得偿所愿，在接下来的50年里，耶稣会派出了一位又一位杰出的天文学家、数学家前往中国。这标志着欧洲与东亚之间开始更广泛地交流科学知识。随着欧洲与中国在天文学与数学研究方面接触的开始，很多有关“天的本质”及此时古代知识在不同国情下所发挥的作用的争论，都在相互接触的过程中改变着对方。[54]

不久之后，耶稣会举办了第一次高规格的皈依活动。1601年，北京布道团成立后不久，徐光启就皈依了基督教。他是一名进士，也是一位高级官员。耶稣会称徐光启为“保罗博士”，他正是利玛窦希望吸引的那种皈依者——作为一位颇有影响力的学者，他能够在庙堂之上帮助耶稣会的事业向前推进。徐光启也表现出对科学的无比钦慕，与利玛窦和其他耶稣会士一起工作，协助将很多古希腊和文艺复兴时期重要的科学著作翻译成中文。徐光启出生在一个农民家庭，在爬升到政府高位前，曾在一座小小的佛教庙宇中学习。如今，他在北京与利玛窦合作，帮助完成了欧几里得《几何原本》第一部中文译本，这部古希腊文献是欧洲数学大部分内容的基础。

利玛窦认为，对欧几里得的翻译将进一步扩大耶稣会士的影响，因为“数学学科在中国所赢得的尊重，可能比在其他任何国家都要多”。徐光启和利玛窦并没有以古希腊原文进行翻译，而是采用了一部拉丁文版本，这个版本由利玛窦在罗马的导师克里斯托弗·克拉维斯撰写而成。当时，利玛窦可以熟练地用中文交谈，但对写作并没有信心。于是，两个人组成了一支团队。利玛窦口头将拉丁文翻译成中文，而徐光启再将利玛窦的翻译记载下来，并改写成儒家学者所期望的中国古典风格。其他作品的翻译也紧随其后，其中包括克拉维斯的主要作品《星盘》(*The Astrolabe*，1593 年出版)。1610 年利玛窦去世时，古希腊科学的很多重要作品，以及中世纪与文艺复兴时期的一系列著作都已经被翻译成中文。[55]

这些翻译作品很容易被视为欧洲科学传播到中国的一段插曲。然而，真正的故事要更复杂。正如我们在伊斯兰世界所看到的，文艺复兴时期重新发现古代知识所蕴含的思想，并非欧洲所独有的。在中国学者眼中，他们的工作价值，正与文艺复兴传统相类似。徐光启认为，凭借他和利玛窦的合作，可以恢复那个消失的中国科学世界。正如欧洲依赖于伊斯兰世界才能找到通往过去的入口，中国可能也需要借助于欧洲的知识。徐光启在欧几里得中文译本的序言中，提出了自己对恢复古代知识的愿景。徐光启认为从夏商周三代往前追溯，数学曾经非常繁荣，老师会教授完整的知识。他在《刻〈几何原本〉序》中说道：“故尝谓三代而上为此业者。盛有原原本本、师传曹习之学。”他的描绘上溯到公元前 3 世纪，那时中国哲学与数学曾达到鼎盛。这是四书五经的时代，儒家著作后来构成了中国官僚制度的基础。这同时是经典数学著作成书的时期，比如《九章算术》《算数书》，都已经在此时完成了写作。然而，与古希腊的科学与数学一样，这些知识也都已经遗失，“而毕丧于祖龙之焰”，在秦始皇焚书中彻底散佚。尽管如此，徐光启认为，通过和利玛窦这样的欧洲人士合作，可以让这些知识重见天日。“岂非礼失而求之野乎？”徐光启如此反问道。[56]

因此，徐光启这样的中国学者，其行为与欧洲的人文主义学者非常相似。他们翻译古希腊科学，但这样做，有着重新发现失落世界的视角。而且中国的翻译家与人文主义者一样，也提供了注解与批评，希望不仅重现原作，而且在此基础上有所改进。徐光启甚至撰写了一部名为《测量异同》（1608 年出版）的著作，其中对比了中国与欧洲的数学方法。徐光启认为中国早期数学只能够陈述其方法，却不能陈述其原理，他在《勾股义》中写道：“勾股自相求，以至容方容圆，各和各较相求者，旧九章中亦有之，第能言其法，不能言其义也。”徐光启认识到，很多已有的中国数学著作都是关注具体问题的实际解决方案，而不是可以被归纳的理论。而且，没有一般的数学理论，就很难产生新的知识，同时也没有简单的方法能够将一个人已经学到的知识应用于新的场景。正如徐光启的一位同辈人所说：“中国的数学文稿只包含范例，却没有证明。”[57]

古希腊著作吸引了徐光启，因为它们似乎为当时的中国数学提供了理论依据。例如，欧几里得的《元素》就包含了毕达哥拉斯定理（直角三角形两直角边的平方和等于斜边的平方：$a^2+b^2=c^2$）。徐光启采纳了这一观点，但他随后证明，古代中国的数学文献已经包含了这一定理的实例，其中包括《九章算术》，但都没有明确的证明。阅读欧几里得的作品后，徐光启认为中国数学家可以重现那些已经被人们遗忘的知识，甚至还有可能提升其水平。正如另一位与徐光启同时代的人所说：“通过向西方学习，我们可以回到《九章算术》那个时期。”这就是一次中式文艺复兴。[58]

徐光启所有辛勤的付出终于得到了回报。1629 年，他被任命为礼部左侍郎，成为明代最高级别的官员之一。耶稣会最终在内阁中有了自己人。徐光启所在的礼部，负责管理宫中庆典、宗教仪式和科举考试。同时，它监管着近代早期中国最重要的科学机构之一——钦天监。利玛窦在1601年的日记中曾经绘声绘色地描述了这处地点，其遗址如今还可以在北京参观：

> 在这座城市的一侧，但仍在城墙以内，耸立着一座高坛。坛顶是一处宽敞的露台，主要用于天文观测，周围环绕着古色古香的雄伟建筑。一些天文学家每天晚上都会站在这里，观察天空中可能出现的现象，无论是出现了火流星还是彗星，都会向皇帝详细地报告。*

正如利玛窦所描述的那样，钦天监是一个兼具重大政治意义与重要科学性的机构。在中国，皇帝也被理解为"天子"。他的工作，就是协调天国与地上的国家，确保人、自然以及宇宙之间的和谐。实际上，这意味着皇帝需要颁布年历，除了确定农业节气，还要确定关键的宗教节日的日期。因此，历法就是施展政治权力的工具。臣民们接受历法，也是一种对皇帝展现忠诚的方式，对于朝鲜等中国的朝贡国而言尤其如此。不过与此对等的是，如果皇帝未能预测出类似于日食这样的天象事件，那他就要被迫"罪己"，这会削弱、动摇他的地位。考虑到这一点，新登基的皇帝几乎都会重新修订历法，以巩固皇位。[59]

这正是崇祯皇帝在1627年登基时所做的事。对于之前未能预测的包括一系列日食在内的诸多重大天文事件，他感到非常焦虑。1610年，钦天监错误地预测了一次日食的出现，与实际时间相差了半小时。（这听起来似乎无关紧要，但是如果天公作美，欧洲和中国的天文学家都

---

* 此处指今北京建国门内大街的古观象台。

能够将日食的时间精确地预测到误差不超过 1 分钟。）自那以后，钦天监未能预测接下来发生的 10 次日食。天上的麻烦也反映到了地上，这正符合儒家哲学的理论。崇祯之前的两位皇帝都享祚不长，其中一位更是登基不到一个月就驾崩了。* 随着后金势力逼近长城，北方也受到威胁。所有这些事让崇祯皇帝担心不已，命令钦天监修订历法。[60]

徐光启把握住了这次机会。他充分利用了自己新的官职，请求皇帝派他领导历法的修订。徐光启还认为，北京的这些天文学家需要向耶稣会学习，而不能仅依赖现有的传统。很明显，这个时候的中国历法存在一个根本性问题。它是一个“阴阳合历”，意味着它需要协调太阳年和阴历月份的长度。地球绕太阳轨道运行一圈大约需要 365 天，这就是一个太阳年。而月球大约需要 29 天可以绕地球运行一圈，这也就是阴历的月份。不幸的是，阴历的月份并不能完美地组合成一个太阳年。12 个月可以近似为一年，但仍然需要在各个月份增加额外的天数，让阴、阳两种历法“对齐”。任何以两者组合而成的历法，都会随着时间推移而产生偏差，这也就是为什么预测日食等天文事件的确切时间在明朝会越来越难。[61]

这个问题并非中国所独有。1582 年，教皇格里高利十三世（Pope Gregory XIII）要求耶稣会士帮助修订欧洲的基督教历法。耶稣会士是天文学家中的佼佼者，同时是天主教的仆人，他们应是承担这一任务的理想团体。利玛窦在罗马学院的导师克里斯托弗·克拉维斯领导了这次修订。除了在哥白尼天文表中获取的数据，他还整合了最新的数学方法。最终的成果就是格里高利历，也就是公历，至今仍在世界许多国家使用。和在中国一样，采纳格里高利历也被视为对天主教会效

---

* 这两位皇帝指的是明光宗和明熹宗，明光宗因红丸案登基仅 29 天就暴毙，而明熹宗在位也仅有 7 年。

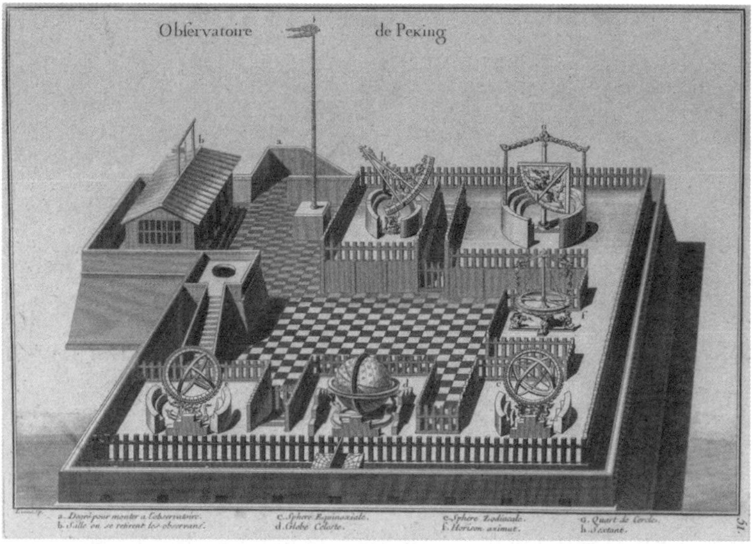

17 世纪北京的钦天监。许多科学仪器都用中国传统图腾装饰，其中包括龙。

忠的一种方式，因此，许多新教国家拒绝使用克拉维斯重新修订的历法，直到 18 世纪才采纳。耶稣会士最终希望崇祯皇帝也能采用格里高利历，从而表明对天主教的心迹。[62]

最后的结果让他们很失望。和对欧几里得的翻译一样，徐光启提倡耶稣会天文学可以帮助修正历法的观念，但其结果基本上还是符合中国特色的。徐光启说：“镕彼方之材质，入大统之型模。”* 他还指出，中国人长期以来一直依赖于外来者。与文艺复兴时期的欧洲天文学家一样，中国天文学家在很大程度上也需要伊斯兰世界。北京天文台的许多天文仪器是在 13 世纪时由波斯天文学家修建的。其中包括巨大的砖石结构设备，类似于撒马尔罕的“法赫里六分仪”。即便到了 17 世

* 此句出自徐光启编纂《崇祯历书 · 总目》。—— 编者注

纪，钦天监里仍然设有一个穆斯林部门*，负责处理伊斯兰天文表。徐光启只是建议进一步运用这样的策略，与耶稣会的科学研究达成类似的合作，中国天文学家将从中受益。[63]

最终，崇祯皇帝批准了徐光启与耶稣会作为重修历法的最佳人选。1629年，徐光启被任命主持钦天监新设的历局。两名德意志耶稣会士也加入了他的团队，他们都曾在罗马的克拉维斯那里学习过。他们一起制作了一套新的星表，以及一本名为《崇祯历书》（1645年颁布）的科学著作文集，影响深远。诚如其所言，徐光启确保了新历法融合了中国和欧洲的思想。历法本身还是围绕着太阳历与阴历月份的结合来组织的。然而，这些数据是全新的，以从欧洲引进的数学方法与星表为基础。[64]

例如，《崇祯历书》中的《恒星历指》（1634年完成）将已有的中国星座与欧洲著作中新出现的星座结合在一起。在耶稣会士到来以前，中国的星表中并没有包含在南半天球发现的任何恒星，因为这些恒星只有在赤道以南才是可见的。为了填补这一空白，徐光启前往北京的耶稣会图书馆，查阅了这里所收藏的大量欧洲天文学家著作。当徐光启开始命名南方星座时，他采纳了与欧洲天文学家所列星座名相对应的中文名称。“凤凰座”（Phoenix）译作了火鸟座，而“苍蝇座”（Musca）被译作了蜂座。徐光启还根据欧洲与中国各自的系统，列出了每一颗恒星的坐标。虽然中国天文学家采纳的是所谓的“赤道”坐标系，而欧洲天文学家倾向于采用“黄道”坐标系。二者各有优点，取决于你想测量什么。中国的系统更适合追踪恒星，而欧洲系统更有利于追踪行星与卫星。徐光启在星表中同时列出两种坐标系，确保中国天文学家可以从这样的两全其美中获益。而18世纪，大多数欧洲天文学家实际上已经采纳了中国的“赤道”坐标系。[65]

---

* 这是指回回历科，明朝钦天监的下属机构。

现代早期中国天文学及数学的发展，遵循着我们在欧洲和伊斯兰世界所看到的相似模式。随着长距离贸易网络与宗教网络在15—16世纪的扩张，中国天文学家接触到了新的科学思想。从16世纪开始，耶稣会传教士和中国学者相互帮衬，将古希腊科学引进了北京的钦天监。而在17世纪初，古希腊科学的所有主要著作都已被翻译为中文，如欧几里得的《元素》。

正如我们在其他地方已经看到的，通过与其他文化接触以恢复古代历史的荣光，这场翻译运动是一个更广泛的趋势的一部分。在钦天监工作的学者们认为，通过学习古希腊的文献，可以更好地理解中国古典数学。“他们可以相互照亮对方。”17世纪的一位中国天文学家如此论述道。然而，“科学革命”从来都不只是简单地恢复古代知识，它还包括开展新的观察，这一趋势我们也可以在中国看到。“真理不仅要在书本上寻找，也要通过仪器、进行实际的实验去寻找……所有新的天文学，后来都被发现是精确的。”17世纪在钦天监工作的一群中国数学家这样认为。与欧洲和伊斯兰世界相反，正是这种新与旧、文献与实验的交融，才是中国“科学革命”的真正特征。而且我们还将看到，莫卧儿印度的情况也非常相似。[66]

2.6 印度的天文台

印度王公看着葬礼的柴堆熊熊燃烧。1737年，杰伊·辛格二世（Jai Singh Ⅱ）穿越印度北部数百英里，抵达了圣城贝纳勒斯（Benares）。这座城市位于恒河岸边，很多印度人都在这里火化死者。送葬者高呼着“罗摩（Rama）之名是真理”，然后将他们亲人的骨灰撒入河中。对于印度教徒来说，恒河能够净化灵魂，让人获得救赎，或者说是

"灵魂的解脱"（*moksha*）*。杰伊·辛格二世抵达贝纳勒斯后，加入了由数千名印度教徒组成的朝圣大军。他甚至在圣水中沐浴。但杰伊·辛格二世不仅是一名朝圣者，而且是一名天文学家、数学家。正是在贝纳勒斯这个印度教最神圣的城市里，他选择建造印度最早的专业天文观测站。

杰伊·辛格二世建造于贝纳勒斯的天文台就处在火葬场主体的南侧，俯瞰着恒河，是一张更大网络中的一部分。1721年至1737年，杰伊·辛格二世下令建造5座天文台，称其为简塔·曼塔（Jantar Mantar），横跨整个印度。与撒马尔罕一样，印度的这些机构也兼有科学、政治和宗教职能。除了贝纳勒斯，杰伊·辛格二世还在乌贾因（Ujjain）和马图拉（Mathura）建造了天文台，而这两个城市也都是印度教的朝圣地。杰伊·辛格二世还下令在斋浦尔（Jaipur）和德里（Delhi）这两座具有重大政治意义的城市修建天文台。莫卧儿帝国自16世纪中期开始统治印度，皇宫就建在德里，斋浦尔则是杰伊·辛格二世的领地安伯（Amer）的首府。通过建立这个天文台网络，杰伊·辛格二世希望在天文学方面取得进展，编制出比以往任何时候都要更精确的表格。他的思路是通过在不同的地点进行测量，可以识别误差并予以纠正。与此同时，这些天文台也让杰伊·辛格二世得以在印度各地传播其影响力，将自己塑造成印度次大陆上最强大的统治者之一。在印度，和其他地方一样，想要掌控地面上的权力，你需要先掌控天国。[67]

与中国一样，这一时期的印度也因为一个伟大帝国的崛起而被重塑，这对科学产生了深远的影响。1526年，巴布尔（Babur）建立莫

* moksha来自梵文，在印度教等多种印度宗教中都有出现，表示从轮回中获得解脱。

卧儿帝国。巴布尔出生在中亚，是兀鲁伯的祖父帖木儿的后裔。16世纪初，巴布尔征服德里，将伊斯兰的学问带到了印度。波斯语和阿拉伯文的手稿——其中包括图西的天文学手稿与兀鲁伯的星表——都汇入了德里与阿格拉（Agra）的图书馆。与此同时，莫卧儿帝国的统治者们也和已有的印度科学思想发生了碰撞。这其中有一些相当现代化。早在5世纪时，印度天文学家阿耶波多（Aryabhata）就提出，昼夜循环的原因是地球在绕着其轴线旋转。这一想法被证明是正确的，但是托勒密与大多数中世纪欧洲天文学家拒绝接受，他们认为地球必须保持完全静止。[68]

1556—1605年在位的莫卧儿皇帝阿克巴大帝（Akbar the Great），努力将伊斯兰教与印度教结合起来，在科学方面也是如此。他下令将兀鲁伯的作品翻译成梵语，而梵语正是印度教经文的传统语言。与此同时，阿克巴还任命一位名叫尼拉坎塔（Nilakantha）的印度数学家担任自己的宫廷天文学家。阿克巴本人虽然是穆斯林，但他知道自己需要尼拉坎塔这样的人，以满足他辖下印度教臣民的要求。尼拉坎塔被委以颁布印度教历法的任务。在此期间，欧洲人也在进军印度。耶稣会的天文学家希望他们在中国获得的成功得到复制，于是他们来到了阿克巴的宫殿。游客与商人也接踵而来。1658—1670年，法国医生弗朗索瓦·伯尼尔（François Bernier）担任了莫卧儿皇帝奥朗则布（Aurangzeb）的宫廷医生。伯尼尔报告称，莫卧儿精英对科学表现出极大的兴趣。德里的长官显然读过勒内·笛卡儿和皮埃尔·伽森狄（Pierre Gassendi）近期著作的波斯文版本，这两位都是法国思想家当中提倡以经验方法研究宇宙的佼佼者。最终，伊斯兰教、印度教和基督教文化的融合，激发了印度科学研究的蓬勃发展，这又是15世纪以来席卷世界的全球文艺复兴的一个绝佳例子。[69]

杰伊·辛格二世的天文台代表了这场运动的巅峰。斋浦尔是这五个地点中最大的一个，杰伊·辛格二世在这里召集来自世界各地的天文学家，汇集全世界的仪器与书籍，从而创建了当时最先进的科学机构之一。斋浦尔天文台于1734年竣工，至今仍然屹立不倒。它由19件巨大的石制仪器构成。其中有一些是以传统的伊斯兰设计为基础的。杰伊·辛格二世曾参观过撒马尔罕兀鲁伯天文台，斋浦尔天文台的其中一台仪器简直就是法赫里六分仪的翻版。然而，当时印度教天文学还在发挥着重要的作用。斋浦尔的石制仪器都标有伊斯兰教与印度教对时间的划分刻度。伊斯兰世界和欧洲一样，将一天划分为24小时，每小时为60分钟。然而，印度教天文学家将一天分为60个部分（称为噶提卡，*ghatikas*），每一个部分又被细分为60个部分（称为帕拉斯，*pālas*）。这个系统实际上非常合理。如果所有的值都是同一个数字的整倍数，那就更容易快速计算，比如这个例子中的数字是60。考虑到这一点，杰伊·辛格二世下令在他的每一件石制仪器上，除了小时和分钟，都刻上噶提卡和帕拉斯的刻度。[70]

简塔·曼塔天文台的仪器并不都是早期伊斯兰设计的复制品。有一些其实是由杰伊·辛格二世发明的。杰伊·辛格二世令人印象最深刻的设计是萨缪拉日晷（Samrat Yantra），也被称为“最高仪器”。在斋浦尔，萨缪拉日晷的高度超过了27米。它本质上就是一台巨大的日晷，也是世界上现存最大的一例。但这样的描述有损于其设计的独创性。在中央石柱的两侧，杰伊·辛格二世建造了一个弧形结构，太阳的投影可以透射在上面。相比将阴影透射到平面的传统日晷，这台日晷要精确得多，弧形设计功不可没。因此，斋浦尔的萨缪拉日晷能将当地时间精确到误差最多不超过两秒的程度，实现了比同一时期大多数机械钟更高的精确度。杰伊·辛格二世发明的另一种主要仪器被称为杰伊·普拉卡什·杨特拉（Jai Prakash Yantra），意思是“杰伊之光”。这个仪器的设计要复杂得多，其中包括一只宽度超过8米的巨大大理石

位于印度斋浦尔简塔·曼塔天文台的萨缪拉日晷，也被称为“最高仪器”。

碗，这只碗沉入地下。大理石上刻着星星与星座，表现了头顶星空的样子。一颗小金属环被悬挂在碗上方的丝线上，可以投射出阴影，让天文学家能够全天跟踪特定天体的运动。[71]

除了建造仪器，杰伊·辛格二世还收藏书籍。他的图书馆位于斋浦尔的皇宫，藏有拉丁文、葡萄牙文、阿拉伯文、波斯文以及梵文著作。在这里，来自东方和西方的科学知识汇聚起来，多过世界上其他任何地方。杰伊·辛格二世拥有托勒密《至大论》的阿拉伯文译本，以及很多后世天文学家的评论，也包括我们前面提到的图西和海什木的作品。与这些伊斯兰作品摆放在一起的，还有 100 多份梵文的天文学手稿，其中包括一份阿耶波多在 5 世纪时描述地球自转的经典文本。杰伊·辛格二世也对源自欧洲的天文学新思想表现出越来越浓的兴趣。1727 年，他向葡萄牙派出了一个科学使团，希望能在印度以外了解更多的天文学知识。使团于 1730 年抵达里斯本，其中有一位名叫谢赫·阿卜杜拉（Sheik Abdu'llah）的穆斯林天文学家，还有一位名叫曼努埃尔·德·菲格雷多（Manuel de Figueredo）的葡萄牙耶稣会士。菲格雷多与阿卜杜拉获准与葡萄牙国王若昂五世会面。他们在1731年回到斋浦尔，带来了最新的欧洲天文学作品副本，其中包括菲利普·德·拉·希尔（Philippe de La Hire）的《天文表》（*Astronomical Tables*，1687年出版）以及约翰·纳皮尔（John Napier）的《论对数的奇妙法则》（*A Description of Wonderful Law of Logarithms*，1614年出版），这两部作品都已被杰伊·辛格二世翻译成梵文。最后，杰伊·辛格二世的图书馆中还囊括了来自更遥远的东方的作品。印度的耶稣会士与中国的耶稣会士长期保持联络。北京天文台的一名法国耶稣会士甚至送来了一本名为《中国天文学史》（*A History of Chinese Astronomy*，1732年出版）的书，其中阐述了中国人对天空理解的最新发展。[72]

所有这些知识，无论是取自东方还是取自西方，在杰伊·辛格二世制作新天文表的过程中，都被收罗在一起。它们是用波斯文写的，被称作《穆罕默德·沙阿天文表》（*The Tables of Muhammad Shah*，1732年出版），献给莫卧儿皇帝穆罕默德·沙阿。杰伊·辛格二世选择将这部作品集献给皇帝，是希望在巨大的政治动荡期间，保障自己在莫卧儿宫廷的地位。1707年奥朗则布皇帝驾崩以后，莫卧儿帝国就陷入了混乱。多位莫卧儿皇帝被谋害，有时还是被自己的家人谋害的，而战争在印度北部蔓延。杰伊·辛格也被卷入了这场冲突，与其中一位短命皇帝的军队交战。终于，穆罕默德·沙阿在1719—1748年的统治带来了一段相对稳定的时期。杰伊·辛格二世渴望在冲突后巩固自己的地位，便将《穆罕默德·沙阿天文表》献给了新皇帝，并写下："赞美真主……让我们献身于万王之王的祭坛吧。"[73]

杰伊·辛格二世直接以《苏丹历表》作为范例制作天文表，而这份历表是由本章开头提到的穆斯林王子兀鲁伯在撒马尔罕制作的，距离当时正好 300 年。星表上也有同样的 1018 颗恒星。然而，考虑到撒马尔罕和斋浦尔之间的经度差异，杰伊·辛格二世重新修订了坐标。此外，杰伊·辛格二世的天文表还列出了印度教的星座以及伊斯兰与古希腊天文学中所使用的星座。这一点很重要，因为杰伊·辛格二世希望他的天文表不仅能赢得莫卧儿宫廷的好感，而且能得到贝纳勒斯这样的印度教宗教中心的青睐。杰伊·辛格二世甚至为此制作了一份梵文版本的天文表。这个版本与献给莫卧儿皇帝的波斯文版不同，杰伊·辛格二世的梵文版作品以“献给神圣的伽内什”* 开始。[74]

除了伊斯兰教与印度教的天文学，杰伊·辛格二世还使用了他学到的欧洲知识。《穆罕默德·沙阿天文表》也包含了法国天文学家拉海尔（La Hire）的天文表副本。他所采用的所有天文表都得到更新，以反映出印度教对于一天的划分方式。《穆罕默德·沙阿天文表》还讲述了杰伊·辛格二世使用望远镜的经历，而第一台望远镜是在 1689 年由法国一位耶稣会士带到印度的。“望远镜能够让人在强烈光照的白天看到明亮的恒星。”杰伊·辛格二世解释道。他还提到如何“利用望远镜发现那些与著名文献相矛盾的确切事实”[75]，并描绘了木星卫星与土星环。

《穆罕默德·沙阿天文表》中记载，杰伊·辛格二世提出了一个观点，这也是当时自罗马到北京的天文学家都在讨论的问题。杰伊·辛格二世声称，古人错误地相信天空总是一成不变的，但天文学家需要进行新的观测，并重新阅读古代文献，以便达成对宇宙更完美的理解。在他看来，古代天文学的问题是少了一些思想性，过于偏重实用性。这是由所用仪器的精确性不同造成的。“这也就是为什么喜帕恰斯

* 伽内什即印度教的象头神犍尼萨，为印度神话中的智慧神、破除障碍之神。——编者注

（Hipparchus）* 与托勒密等古人的判断被证明是不准确的。”杰伊·辛格二世如此解释道。作为回应，他在印度北部建立了庞大的天文台网络，也就是简塔·曼塔，他从中获取新的测量数据并相互对比。最重要的是，杰伊·辛格二世还汇聚了纵横东西方的科学知识。正如莫卧儿皇帝本人的夸赞：“信奉伊斯兰教的天文学家与几何学家，婆罗门与梵学家，以及欧洲的天文学家”全都聚集在杰伊·辛格二世的天文台。这是一场全球性“科学革命”。[76]

2.7 结论

18 世纪上半叶，天文学与数学的面貌已经因为世界的四大帝国——奥斯曼帝国、桑海帝国、明朝与莫卧儿帝国——发生了巨大改变。从廷巴克图到北京，贸易之路与朝圣之路将这些帝国彼此相连，也让它们与欧洲相连。商人、传教士与使节，或是沿着丝绸之路完成他们的旅途，或是登上帆船驶向印度洋。他们带来了新的思想、新的文献，以及新的科学仪器。他们由此将文艺复兴转变成一场全球性知识运动。这场运动的核心思想是古代科学亟须改革，特别是在天文学方面。从基督教统治下的欧洲，到明朝时期的中国，古代著作不再被视为信仰。取而代之的是天文学家开始寻找矛盾，并提供古代著作的替代解答。统治者也将天文学理解成一门具有重大政治意义与宗教意义的科学。结果就是伊斯坦布尔、廷巴克图、德里以及北京的宫廷，都成为科学交流与文化交流的重要场所。正是这种与其他宗教和文化

---

* 喜帕恰斯是公元前 190—前 125 年的古希腊天文学家，他曾编制出记录 1022 颗恒星位置的天文表，首次以“星等”来划分星星。——编者注

相互接触并碰撞的经历，引发了天文学和数学研究的革命，这场革命不只席卷了欧洲，也席卷了亚洲和非洲。

这一运动发端于伊斯兰世界，这里最早将古希腊科学著作翻译成阿拉伯文。随后这些著作传播到欧洲，尤其是在 1453 年奥斯曼帝国征服了君士坦丁堡之后。从雷格蒙塔努斯到尼古拉斯·哥白尼，这个时代所有伟大的欧洲天文学家，都在某种程度上受到了来自伊斯兰世界的一些思想的影响。这场运动也可以在更遥远的东方被发现。在北京，从罗马远道而来的耶稣会士带来了机械钟与望远镜，明朝皇帝对此惊叹不已。最后，随着莫卧儿对印度的征服，欧洲和伊斯兰科学与印度教融合，最终结果是杰伊·辛格二世建造了简塔·曼塔天文台。

然而，这个世界即将发生剧变。权力平衡已经开始倾斜。在接下来的 200 年里，欧洲帝国开始越来越富侵略性地进行扩张，尤其是在亚洲与非洲地区，再加上奥斯曼帝国、桑海帝国、明朝以及莫卧儿帝国逐步衰落，科学史将再一次迎来重大变革。这条丝绸之路，不可能一直这样走下去。

第二部分

帝国与启蒙运动，约 1650—1800 年

Empire and Enlightenment, c. 1650–1800

第三章

牛顿的奴隶

NEWTON'S SLAVES

艾萨克·牛顿投资了奴隶贸易。18 世纪初，牛顿——这位英国著名的数学家——购买了南海公司超过 2 万英镑的股份。这是一笔令人难以置信的巨资，在今天相当于超过 200 万英镑的金额。南海公司成立于 1711 年，用以帮助筹集资金，以偿还英国的国债。在与法国和西班牙进行的多年的代价高昂的战争结束后，英国的国债发行也不断增加。因为南海公司获得了英国与南美之间贸易的特许专营权，所以其承诺的巨额利润吸引了许多投资者。大多数时候这种贸易以人类为货物。1713—1737 年，南海公司将超过 6 万名非洲奴隶运送到大西洋彼岸的西班牙殖民地，其中包括新格拉纳达和圣多明各。[1]

18 世纪，奴隶贸易达到了顶峰。1701—1800 年，600 多万名成为奴隶的非洲人渡过了大西洋。在遭受极端身体暴力的胁迫下，这些男男女女在加勒比海地区的种植园以及南美洲的矿山劳作。牛顿和大多数投资奴隶贸易的英国投资者一样，可能很少会操心自己的钱用于何处。端坐在伦敦，他便与残酷的奴隶制现实隔绝开来。对于牛顿而言，南海公司不过是一项金融投资。（事实上，当其股票价格在 1720 年暴跌时，情况变得相当糟糕。）牛顿还管理着英国东印度公司以及英格兰银行的股票，前者在与亚洲的贸易中占据垄断地位。他甚至在生命的最后 30 年里，担任伦敦皇家铸币厂厂长，管理海外的金银贸易。[2]

牛顿的金融交易暗示了一个常被人忽视的 18 世纪的科学世界：一个充满了奴隶制、殖民贸易与战争的世界。与 18 世纪的大多数科学人物一样，牛顿的典型形象总是一位遗世独立的天才。我们被告知，在剑桥大学工作的牛顿，孤身一人就能够实现一系列重大突破。人们相信，他发现了地心引力，发明了微积分，而且提出了运动定律。1687年，牛顿出版了那本不朽的《自然哲学的数学原理》(*Mathematical Principles of Natural Philosophy*)，其更为人所熟知的书名是《原理》(*Principia*)。这一著作借助详尽的数学细节，阐述了牛顿的理论，而这些正是以我们在前一章中探索过的很多思想为基础。牛顿在这本书中彻底废除了古代哲学，并为宇宙的运行提供了一个全面系统的数学解释。因此，牛顿和他的《原理》，通常被理解为启蒙运动的开端。启蒙时代也是瑞典博物学家卡尔·林奈（Carl Linnaeus）的时代，他发明了一种新的植物与动物分类方法；启蒙时代也是法国化学家安托万·拉瓦锡（Antoine Lavoisier）的时代，他改变了对物质的研究方法。启蒙时代也是伟大哲学家的时代——约翰·洛克（John Locke）在研究思维活动，托马斯·潘恩（Thomas Paine）则在研究“人权”。这是一个理论高于一切的时代。[3]

然而，启蒙时代也是帝国的时代。在18世纪的进程中，欧洲大国相互竞争，在大西洋、亚洲以及太平洋上奋力拼搏。旧帝国及其王朝——桑海帝国、大明王朝、莫卧儿帝国与奥斯曼帝国——要么崩溃，要么被严重削弱。与此同时，奴隶贸易呈指数级增长，它在16世纪刚出现时还只是相对小规模的经营，后来迅速转变为一套产业体系的剥削方式。18世纪50年代，每年有超过5万名非洲奴隶被运送到大西洋彼岸。因此，18世纪欧洲各帝国的崛起，是全球历史上的一个关键时期。与前两章一样，通过思考全球历史这个角度，我们可以更好地理解这一时期的科学史。[4]

1660年，英格兰查理二世（Charles Ⅱ）颁发了两条王室特许令。第一条是成立新的国家科学院，也就是位于伦敦的皇家学会，牛顿后来成为该学会的主席。第二条则是准许皇家冒险贸易公司（Company of Royal Adventurers Trading）进入非洲，后来它也被称为皇家非洲公司。这是与西非进行贸易的另一个商业手段，主要是买卖奴隶。这两个机构的成员构成有着很大程度的重叠。皇家非洲公司的创始人中，有三分之一成为皇家学会的成员。不仅如此，皇家学会还在皇家非洲公司投入了超过 1000 英镑的自有资金。此外，皇家学会的个别成员也与类似的商业机构和殖民机构建立了密切联系。事实上，牛顿的金融交易行为在当时非常典型。1668 年加入皇家学会的约翰·洛克拥有皇家非洲公司的股份，而以气泵实验闻名的罗伯特·波义耳（Robert Boyle）则担任了东印度公司的董事。[5]

上述人物不仅在机构之间建立联系，产生经济关系，而且创造了思想知识的关联。关于帝国的观念在这一时期是许多欧洲思想家理解科学的核心。经常被描述成“经验主义之父”的英国哲学家弗朗西斯·培根（Francis Bacon），在他那部很有影响力的作品《新工具》（*The New Organon*，1620 年出版）中进一步明确了这一点。培根这本书的标题引用了亚里士多德的《工具论》（*Organon*），他试图用新理论取代这部著作和其他古代哲学。培根断言：“科学的发展，取决于对世界的探索。”培根直接比较了科学大发现和地理大发现，接着提出其观点：

> 如果在我们这个时代，物质世界的各个领域都已经向我们敞开大门，得到了充分揭示，而知识世界依然在旧发现的狭窄界限内停滞不前……那显然是很让人羞愧的。

培根在 17 世纪写下这段话时，实际上借鉴了早期殖民的案例，我们在第一章中已经有所触及。培根想到的是 15—16 世纪的西班牙帝国。他对科学的看法直接来自塞维利亚的西班牙贸易厅。这恰恰是人们对皇家学会的设想：它就相当于西班牙在早些时候用来集中收集信息的机构。培根当时正在阅读有关新大陆旅行的西班牙文报告，并将这个想法完整地转移入科学研究与科学机构组织。他甚至从塞维利亚的一位宇宙学家创作的西班牙文早期航海作品中，借用了一幅插画作为《新工具》的封面。这幅版画插画描绘了一艘船航行于神话中的赫拉克勒斯双柱之间，而这些石柱就代表了古代已知世界的边界。* 在随后的说明文字中，培根还引用了《圣经》，与一个世纪前哥伦布的话相呼应："必有多人来回奔走，知识也必将增加。"[6]

18 世纪初，科学与帝国之间的这种联系已经根深蒂固。在本章中我们将探讨，那些由国家赞助的探险航行是如何帮助物理学发展的。如果没有这些航行，牛顿及其后继者将无法解决一些关于宇宙性质的最基本问题。与此同时，物理科学的发展提供了一系列实际的收益，特别是在测量与导航领域，这使得欧洲帝国不断扩张，涉足新的疆土。这就是启蒙科学的新历史。这段历史不是孤胆英雄应用理性原则的历史，而是将 18 世纪的科学与因帝国、奴隶制和战争而面目全非的世界连接起来的历史。牛顿和他的《原理》正是一个很好的起点。[7]

---

* 赫拉克勒斯是希腊神话中的大力神，传说直布罗陀海峡就由其凿开，大西洋与地中海得以连通，扼住海峡口的两座山峰就是神话中的赫拉克勒斯双柱，因直布罗陀海峡是地中海的最西端，而希腊的主要航行区域都在地中海，因此在古代神话中，这里就代表了已知世界的边界。

弗朗西斯·培根于1620年出版的《新工具》（左图）的标题页，复制了安德烈斯·加西亚·德·塞斯佩德斯（Andrés García de Céspedes）于1606年出版的《航海法则》（*Rules of Navigation*，右图），图中描绘了一艘行驶在赫拉克勒斯双柱之间的帆船。

3.1 戈雷岛的引力

1642年的圣诞节，艾萨克·牛顿出生在林肯郡。他从未离开过英国，他成年后大约有一半时间在剑桥度过，并在剑桥获得卢卡斯数学教授（Lucasian Professor of Mathematics）职位，其余时间便待在伦敦，在那里担任皇家铸币厂厂长。然而，牛顿绝不是独自做研究的。我们仔细研究牛顿的著作，很快就会恍然大悟，他完全依赖来自全世界的信息。事实上，在同一个世界里，牛顿自己的钱也通过他对奴隶贸易和东印度公司的投资而流通。牛顿在《原理》中所使用的大部分信息来自乘坐奴隶船和商船旅行的探险家与天文学家。[8]

《原理》的核心是牛顿的万有引力理论。如今，我们对于引力的概念习以为常，以至于很难精确地理解它是什么。人们一直都知道，重的物体会掉落在地上。牛顿的理论比这更为复杂。他认为，无论是苹果还是地球，所有物质都会产生一种无形的力量，吸引其他物质向它靠近。因此，当苹果落到地面上时，地球和苹果实际上相互吸引。更重要的是，牛顿能够以数学形式描述这个想法：你只需将两个物体的质量相乘，再除以它们之间距离的平方即可。这就解释了为什么质量大的物体（比如地球）会比质量更小的物体（比如苹果）引力更大。这也解释了为什么相距较远的物体，彼此之间产生的引力比那些距离较近的物体更小。

牛顿从何处得出这个思想？与人们普遍相信的故事相反，牛顿并不是在一个苹果落在他头上之后才有了这个伟大的发现的。实际上，在《原理》的一篇重要文章中，牛顿引用了法国天文学家让·里歇尔（Jean Richer）的实验。1672 年，里歇尔前往法国位于南美洲的殖民地卡宴（Cayenne）。这次航行由国王路易十四通过巴黎皇家科学院赞助。探险队还得到了法国西印度公司的支持，公司给里歇尔提供了横渡大西洋的船。一到卡宴，里歇尔就进行了一系列天文观测，重点关注行星的运动，并对赤道附近的恒星进行分类。接下来，领航员利用这些新的天文数据就能计算他们在海上的位置，从而增强法国海军在世界范围内扩张的能力。皇家科学院成立于 1666 年，正是为了支持这类科学航行而诞生的。让·巴普蒂斯特·科尔贝尔（Jean-Baptiste Colbert）是路易十四宫廷里的财政部部长，是他说服了法国国王建立一座皇家科学院，因为这有利于法兰西帝国的发展。选择卡宴作为这些早期航行的其中一个目的地，是很有说服力的——在 1665—1667 年的第二次英荷战争之后，这块殖民地才刚刚回到法国手中。里歇尔前往卡宴的行为，既表明法国政府对领土的所有权，又表明其科学研究的决心。[9]

在卡宴期间，里歇尔还用钟摆完成了一系列实验。钟摆是一项相对较新的发明，最初由荷兰数学家克里斯蒂安·惠更斯（Christiaan Huygens）在 1653 年发明。惠更斯已经意识到，钟摆的摆动速度是恒定的，与钟摆的长度成正比，因此钟摆是测量时间的理想工具。特别需要指出的是，长度略短于一米的钟摆刚好每秒都会从左向右摆动一次。这种钟摆被称为“秒摆”，后来人们发现它可以极大地帮助那些想要追踪恒星与行星行进轨迹的天文学家。但是这里还有个问题。里歇尔在卡宴注意到，尽管经过他仔细校正，钟摆却摆动得更慢，每一次摆动都需要一秒以上的时间。在一整天的时间里，钟摆慢了两分钟多。这很怪异。在巴黎时，里歇尔一再地检查了钟摆的长度是否正确。但是现在，他发现在南美洲需要将钟摆长度缩短，才能使摆动时长符合正确时间。[10]

出于兴趣，里歇尔在几年后重复了这些实验。1681 年，皇家科学院赞助了第二次航行，这一次去的是西非。奴隶制和殖民扩张的世界又一次促成了里歇尔的探险。他乘坐了一艘法国塞内加尔公司的帆船，在海上度过了两个月，最终抵达戈雷岛（island of Gorée），这座岛就位于现在塞内加尔的塞内冈比亚（Senegambia）海岸附近。与卡宴一样，戈雷岛也是法国的殖民地，是不久前刚从荷兰人手中夺回的。这个小岛为法国的奴隶贩子提供了一处便捷的基地。数千名非洲男子、妇女与儿童被塞进空气稀薄的地下室，等待被运往美洲。里歇尔本人就在某个地下室的上方工作，而他的助手则用当时很典型的种族主义的说法抱怨道：“我们将不得不和黑鬼们生活在一起。”在戈雷岛进行了四个月的钟摆实验后，里歇尔开始了最后一次跨越大西洋的航行。他乘坐另一艘法国塞内加尔公司的船前往加勒比海地区的瓜德罗普岛（Guadeloupe），这一次船上还装载了超过 250 名非洲奴隶。就在这座法国奴隶交易的核心岛屿，里歇尔确认了早些时候的观察结果。“秒摆”的确会在赤道附近摆得更慢。里歇尔发现，在戈雷岛和瓜德罗普岛上，他都需要将钟摆缩短大约 4 毫米，才能让它跟正确时间吻合。[11]

如何解释这种变化？没有明显的理由能够解释，为何南美洲和西非的钟摆与法国的钟摆相比有不同的表现。毕竟，物理定律本来应该是恒定的，而里歇尔已经仔细地控制了气候的影响，确保钟摆本身并不会因为热带的高温而膨胀。然而，牛顿很快意识到里歇尔所观察的现象背后的意义。在《原理》中，牛顿提出地球表面的引力实际上是不同的。正如牛顿所说："这些北部地区的引力超过了赤道地区的引力。"这是一个激进的推测，似乎违背了常识。但是牛顿进行了计算，并展示了他的引力方程与里歇尔在卡宴和戈雷岛得到的实验结果恰好吻合。更靠近赤道地区的引力确实更弱一些。[12]

所有这些都说明存在另一个结论，一个可能更富争议的结论。如果引力是可变的，那么地球就不可能是一个完美的球体。但与之相反，牛顿认为地球必须是一个"椭球体"，就像南瓜一样两极扁平。这也就解释了为什么地球在赤道附近的引力会更弱，因为地球在这里向外鼓出去了一点。"地球赤道上的位置要比两极处高出大约 17 英里。"牛顿解释道。因此，当里歇尔在戈雷岛测试他的钟摆时，他就如同站在一座非常高的山上（实际上这座山要比地球上任何一座真实存在的山都要高）进行测试。根据牛顿的平方反比定律，当钟摆位于戈雷岛这样显然比巴黎距离地心更远的位置时，引力就会减小。[13]

牛顿有句名言："全世界都知道我自己不会进行任何观察。"传统的历史学家将这句话理解为，牛顿是一位遗世独立的理论家。实际上，牛顿的意思是，他依赖于其他人的观察，而这些观察延伸到了全球。里歇尔在赤道附近进行的实验，只是牛顿在其《原理》中所仰仗的数百个数据点中的一例。牛顿还收集了东印度公司官员从中国返回时带来的潮汐数据，以及马里兰州的奴隶主们对彗星的观察。也许最有说服力的是牛顿拥有很多有关旅行的书籍，其中大部分详细地介绍了海外航行，它们的数量是牛顿拥有的天文学书籍的两倍。通过伦敦的皇家学会与皇家铸币厂，牛顿与更广阔的科学世界和帝国世界联系在一起，从而能够收集大量信息。正是这一点，让他能够从根本上改变我们对支配宇宙的基本物理作用力的看法。[14]

如今，人们毫不怀疑《原理》是一部科学杰作，其正确性无人能够否认。但在当时，牛顿的思想饱含了让我们难以置信的争议性。虽然大多数英国思想家确实相对迅速地接受了《原理》中的结果，但欧洲大陆的很多人依然保持怀疑态度。瑞士著名数学家尼古拉斯·伯努利（Nicolaus Bernoulli）抨击牛顿的理论"难以理解"，而牛顿在德意志的劲敌戈特弗里德·莱布尼茨（Gottfried Leibniz）则批评引力"超自然的性质"。许多人更偏爱法国数学家勒内·笛卡儿的"机械哲学"。笛卡儿在《哲学原理》(*Principles of Philosophy*，1644 年出版）一书中，否认任何一种像引力这样的无形之力存在的可能性。相反，他认为作用力只能通过直接接触来传递。笛卡儿还建议，根据他的物质理论，地球应该以另一种方式伸展，像鸡蛋那样两极拉长，而不是像南瓜那样被压扁。[15]

这些异议并不单纯是国家敌对或科学无知的表现。当牛顿在 1687 年发表《原理》之时，他的理论实际上也是不完整的。其中还有两个主要问题亟待解决。第一,一些报告的内容与上述提到的地球形状相矛盾。如果牛顿对地球形状的看法是错误的，那么他对引力的看法也是错误的。第二，牛顿的理论暗示了对行星运动的新解释，即所有行星都和太阳一样，相互之间会施加引力。(这将有助于解释行星轨道的特征性摆动，自托勒密时代以来的天文学家一直在尝试解释这个现象。)为了彻底证明这一点，天文学家需要进行新的观测。他们尤其需要知道每颗行星之间的精确距离。同样，这也将是牛顿所要面临的关键考验。[16]

18 世纪物理学的历史因此可以被视为一场围绕牛顿思想的斗争，这场斗争在他于 1727 年去世后仍然持续着。这也是一场从南美洲延伸到太平洋的战争。在 18 世纪的进程中，欧洲国家赞助了数百次探索航行，不断宣称自己对新领土的所有权，并沿途进行科学观察。和我们在第一章看到的情况类似，18 世纪欧洲的探险家们也依赖土著——包括印加的天文学家与塔希提岛（Tahiti）的领航员——的科学知识，才能开展这些观测，并寻找穿越全球这些新地区的道路。没有这些土著的知识，牛顿的理论仍将是不完整的。没有帝国以及随之而来的剥夺和暴力，就不会有启蒙运动。[17]

3.2 印加天文学家

查尔斯–马利·德·拉·孔达明（Charles-Marie de La Condamine）能够感觉到他的牙龈正在流血。在爬上安第斯山脉一座名为皮钦查山（Pichincha）的活火山顶峰时，这位法国探险家出现了高原反应。在秘鲁向导的帮助下，拉·孔达明沿着火山继续爬，同时咀嚼着古柯叶以保持清醒。在抵达超过 15 000 英尺的高度后，拉·孔达明所到之处，已经比此前任何一位欧洲人所到达的都要高。到达山顶后，他命秘鲁向导打开一大箱科学仪器。拉·孔达明随后安装了象限仪——一台四分之一圆形的金属仪器，按度数分割，用于测量两个物体之间的角度。他注意到下方的山谷中，一座小型木结构金字塔被漆成了白色。拉·孔达明随后睁大满是血丝的眼睛，向上观察象限仪，测量山谷中的金字塔和帕姆巴马尔卡山（Mount Pambamarca）之间的角度，这是地平线以上的另一座高峰。这正是他所需要的一切：在跨越安第斯山全长 150 英里的区域进行大规模测量时，一个可以提供数据的数据点。[18]

两年多之前的 1735 年 5 月，拉·孔达明乘坐一艘船离开法国，前往南美。他是一支国际团队的成员，而这支团队被委派开展有史以来最雄心勃勃的调查之一。他们的工作是测绘地球的形状。在路易十五的支持下，位于巴黎的皇家科学院在 18 世纪 30 年代组织了两次重要探险。第一次是前往北极圈内的拉普兰（Lapland）。第二次则是前往基多，这里靠近赤道，位于现在的厄瓜多尔境内，在当时则是秘鲁总督辖区的一部分。测绘地球形状这个想法在理论上很简单，但在实践中异常困难。每一方都会测量从北到南的 1 纬度的精确距离。然后对照测量结果。如果牛顿是对的，也就是地球在两极是扁平的，那么赤道附近的 1 纬度长度就将小于北极地区 1 纬度长度。[19]

多亏了法国和西班牙新近的结盟，安第斯山脉的探险才能成功开展。1700 年，菲利普五世（Philip V）加冕为西班牙国王。他出生在法国的凡尔赛宫，是路易十四的孙子。因此，西班牙的菲利普五世就成为波旁王朝的王室成员。波旁王朝是个古老的法国王朝，可以追溯到 13 世纪。1733 年，法国与西班牙根据《埃斯科里亚尔条约》（*Treaty of El Escorial*）迅速成立了同盟。因此，法国皇家科学院的成员才得以和他们的西班牙同行紧密合作。菲利普五世本人颁布许可令，准许法国人在西班牙的美洲领地上旅行。秘鲁总督辖区正是进行这项调查的理想地点：靠近赤道，有许多山脉和火山可作为观察的有利地点。[20]

抵达安第斯山脉，共花费了一年多的时间。一开始，拉·孔达明与法国远征队穿越了大西洋，1735 年的夏天在西印度群岛停留了几周。在那里，团队校准了他们的仪器，并登上了培雷山（Mount Pelée），这是马提尼克岛（Martinique）上的一座火山，团队此举是为了练习即将在南美洲使用的技术。法国的探险家们还在圣多明各——位于海地岛——购买了一些非洲奴隶。拉·孔达明自己也买了3名奴隶。虽然我们并不知道他们的名字，但我们知道，这些非洲男性在接下来的探险经历中一直陪伴着拉·孔达明，他们被迫为这位法国天文学家服务了近10年，最后又被卖了回去，继续做奴隶。这些非洲奴隶以及法国人在安第斯山脉拉拢入伙的秘鲁印第安人，提供了科学探险所需的原始劳动力。他们扛着沉重的工具，赶着骡子爬上陡峭的峡谷，划着独木舟，并与当地人沟通协商。如果没有这种强迫劳动，远征队就无法抵达基多。在离开西印度群岛后，法国人的团队在今天属于哥伦比亚的卡塔赫纳（Cartagena）会见了两名西班牙海军军官。接着，他们穿越了太平洋沿岸的巴拿马，随后乘船向南抵达了秘鲁总督辖区。最终，拉·孔达明和他的向导又沿着埃斯梅拉达斯河（Esmeraldas River）向上游行进了150英里，于1736年6月抵达基多。这下总算可以开始测量了。[21]

开展这种测量的基本技术最先在17世纪的法国确立。首先，团队需要构建所谓的基线。这是一条非常直的沟渠，只有几英寸深，但至少有几英里长。随后，他们通过人工测量其长度，并将木杆首尾相连。接着测量员会选择远处的一个点，比如山顶。他们接下来会使用象限仪测量基线两端与该点之间的角度。这些测量结果会得出一个假想的三角形。在具备一些基本的三角学知识后，测量员就可以根据已知的基线长度，计算出三角形其余两条边的长度。

在此之后，他们需要重复这个过程。然而，测量员不必再实际构建另外一条基线。与之相反，他们可以从最北端的点开始，直接使用已经构建的假想三角形。同样，他们还将测量这个点与远处另一个物体间的角度，如另一座山或火山。他们可以根据第一个三角形的边长，再次计算出这两点之间的距离。通常来说，每次测量都需要攀登一座高山，从而将测量进程向前推进一点，构建出一系列相互嵌套的假想三角形。只要测量走得足够远——很可能需要超过100英里——测量员就可以把各种假想三角形的长度相加，从而精确测量他们所经过的距离。最后一步是计算出这个距离代表了多少纬度。为了实现这一点，测量员通过简单地观察恒星来确定起点与终点的纬度。最后，将这两个结果相除——覆盖的距离除以纬度差，测量员就可以得到他们想要的数字：一个纬度所相当的精确长度测量值。[22]

知易行难。最重要的一件事就是要在开始时确保基线的正确。在建造或测量基线时出现的任何误差都会被放大很多倍，因为其他任何计算都仰仗于它。尤其重要的是，所需的基线必须完全笔直。安第斯山脉的地形复杂多变，山脉沿着太平洋海岸绵延起伏，于是这一点变得越发困难。最后，拉·孔达明在基多郊外的亚鲁奇高原（Yaruquí plateau）选择了一块7英里长的狭长地带。此处相对平坦，至少在安第斯山脉中算是平坦的，这就为基线提供了一个理想的位置。也许毫不令人奇怪，拉·孔达明并没有亲自建造基线。挖一条7英里长的沟渠，这项累人的工作被交给了当地的秘鲁印第安人，他们被迫在米塔（*mita*）制度下为欧洲测量员工作。所谓米塔制度，最初是一种在印加帝国发展起来的公共服务制度，但被西班牙人改造成强迫劳动制度。拉·孔达明对于在自己手下工作的秘鲁印第安人并没有太多想法，描述他们“几乎无法与野兽区分”。另一位法国测量员则认为，他们“只能够盲目模仿，并不能创造任何新事物”。秘鲁印第安人显然对于欧洲探险家们的动机“全都感到很困惑”。[23]

如果非要说的话，真正感到困惑的应该是拉·孔达明等人。安第斯山脉的土著远不是欧洲人所描述的无知“野兽”。事实上，秘鲁印第安人对于天文学和测量都有着复杂的理解。拉·孔达明并没有意识到这一点，而他不仅依赖土著居民的劳作，而且依赖土著居民的知识。最为明显的是，建造笔直的长沟渠以开展天文测量的想法，本就是安第斯传统的一部分，并且可以追溯到数千年前。如果拉·孔达明再往前走，抵达秘鲁海岸的纳斯卡（Nazca Pampa）沙漠，那么他将看到地面上的一系列令人难以置信的雕刻线条。这些“地理标志”中的一些已经有两千多年的历史，从上方鸟瞰，会看到其中描绘了几何设计图案，混杂了一些更易辨认的动物图形。其中有一只猴子和一只蜘蛛，还有一只蜂鸟。这些图案刻在地面上，是一些大约 6 英寸深的浅沟。有趣的是，有一些图案只是长直线，笔直地延伸了好几英里，笔直地穿过山丘与山谷。尽管它们的确切功能尚不清楚，但现在许多历史学家都认为，它们的作用是校准天文观测，恰如拉·孔达明期盼自己的基线所实现的功能。[24]

15 世纪，印加帝国崛起并掌权，这种操作方法已经发展成为一个复杂的科学系统，将天文学与测量学相结合。印加帝国的中心是太阳神庙，位于首都库斯科。在这里，印加人在地面上刻了一系列直线，向四周辐射。这些线被称为塞奎斯（*ceques*），或者“宗教祭祀线”。这里总共有 41 条“宗教祭祀线”，指向四面八方，其中有许多至今仍然可以在库斯科周边找到。与早期的几何图案一样，这些浅沟长达数英里，是完美的直线。“宗教祭祀线”有许多功能，但最为重要的是，它们起到了辅助天文观测与测量的作用。首先，这些“宗教祭祀线”将印加帝国划分为不同的地区。这些地区对应不同的社会群体，每个地区都由一个家族或一位祭司来监管。除此以外，每条“宗教祭祀线”都指向一组被称为瓦卡斯（*huacas*）的圣地。印加一共有 328 处圣地，每一处都代表了印加历法中的一天。有些圣地是自然景观，如山顶或火山；而在其他情况下，圣地是印加人选出来用于宗教目的的场所，他们会建造神庙，使之在地平线上清晰可见。[25]

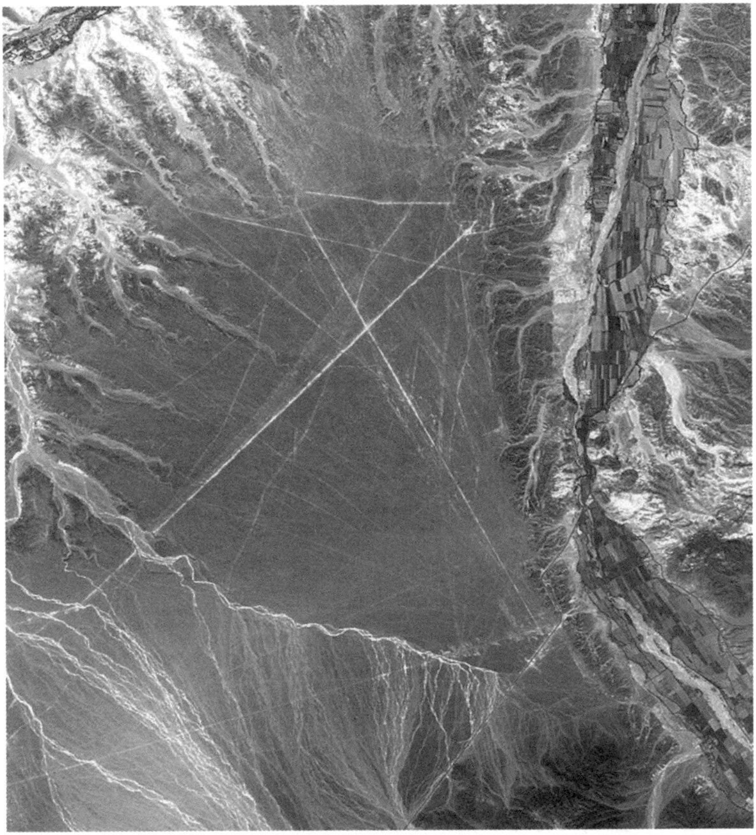

“纳斯卡线”可以追溯到公元前 500 年，位于秘鲁南部。历史学家如今认为，这些线条的用途是校准天文观测。

最为重要的是，这些圣地中有很多都与特定的天文事件相一致。从太阳神庙向外辐射的“宗教祭祀线”，可以用来校正库斯科的观测结果。例如，“太阳节”是印加历法中最重要的事件之一。节日在 6 月举行，刚好与南半球的冬至吻合。印加人称自己为“太阳之子”，他们庆祝冬天的结束，同时庆祝白天变得更长的预示。为了协助筹备这个节日，印加人建造了一系列石柱和金字塔，从太阳神庙的地平线上就可以看到。其中一条“宗教祭祀线”指向这些建筑，让库斯科的天文学家可以精确地记录逐渐临近冬至日时太阳的升起过程。[26]

建造基线的秘鲁印第安人一定会认为拉·孔达明是要建造他的“宗教祭祀线”，就和早期的印加统治者一样。秘鲁印第安人白天工作，晚上就睡在地上，不到一个月的时间就完成了这段 7 英里的沟渠。拉·孔达明的等待是值得的。当他测量基线时，发现这条基线笔直得堪称完美。在接下来的数个月里，还是这些人帮助了拉·孔达明以及法国探险队的其他成员完成了这次测量，测量的里程从北方的基多直到南部的昆卡（Cuenca），共 150 英里。从印加天文学更古老的传统来看，拉·孔达明要求秘鲁印第安人所做的很多事情都不无道理。在很多地方，拉·孔达明命令秘鲁印第安人在关键地点建造木构造金字塔，如山顶或基线末端，这些建筑被涂成白色，然后被当作测量点使用。他的目的就是让建筑从远处也很容易观察，从而确保法国测量员可以在地平线上找到正确的山峰。[27]

拉·孔达明选择了建筑金字塔，这一点令人瞩目。他或许是借鉴了年轻时在埃及旅行的经验，但印加人也建造过金字塔。他们这样做正是为了帮助对齐天文观测点。陪同拉·孔达明的秘鲁印第安人也非常清楚自己应该做什么。正是他们具备的知识与专业能力，最终让法国探险家们得以开展如此精确的测量。因此，土著的知识并没有因为 18 世纪欧洲帝国的发展而被扫地出门。事实上，正如我们将在本章其他案例中看到的，启蒙运动的探索者经常会以各种方式依赖土著，即便这很少会得到承认。特别是在天文学方面，土著——不只是南美土著，也包括太平洋和北极的居民——都是牛顿时代科学发展的关键合作者。[28]

1742 年 1 月，测量结果公布了。拉·孔达明计算出，基多和昆卡之间的精确距离是 244 856 米。通过观测调查区域两端的恒星，拉·孔达明还发现基多和昆卡之间的纬度差略大于 3 度。拉·孔达明将两者相除后得出结论，认为赤道纬度的每 1 度长为 110 613 米。相比近期返回巴黎的拉普兰探险队得出的结果，这个数字少了 1000 多米。法国人无意间利用了安第斯山脉土著的科学，发现了地球的真实形状。地球是一个“扁球形体”，其两极较扁平，而赤道却隆起了。牛顿是正确的。在下一节中，我们将讨论一个与此同时发生的故事，欧洲帝国、土著知识以及牛顿时代的科学在太平洋上联系了起来。我们要从 18 世纪的波利尼西亚说起，两位天文学家正在那里观察太阳。[29]

3.3 太平洋航海家

塔阿罗阿（Ta’aroa）透过望远镜凝视天空，看着一块黑色的小圆盘划过太阳的表面。这是一幅美丽又令人不安的景象。一名肤色苍白的陌生男人向塔阿罗阿解释说，这是“太阳上面的一颗行星”。这位外国人似乎为之着迷，通过望远镜观察这颗行星长达 6 个多小时。他称这颗星星为金星。但塔阿罗阿更愿意称它为“伟大欢宴”（Great Festivity）。1769 年 6 月 3 日，莫雷阿岛（Mo’orea）上的最高级酋长塔阿罗阿观测了金星凌日。这是一次罕见的天文现象，金星刚好从地球和太阳之间通过。[30]

莫雷阿岛坐落于太平洋，是波利尼西亚这条巨大群岛链的一部分。塔阿罗阿本人对于恒星和行星非常熟悉。根据波利尼西亚的传说，阿提亚神（Atea，意为“光明使者”）创造了金星。作为天空中最亮的星星之一，这颗行星常被用作引航星。古代的太平洋水手根据金星的指引横渡大海，花费数月前往风平浪静的波利尼西亚群岛。但塔阿罗阿此前从未见过这样的事件。金星凌日会成对出现，两次之间相差 8 年，但是再想看到另一对金星凌日，就需要等上100多年。17世纪有两次金星凌日，分别是在1631年和1639年。接下来的一对金星凌日中，前一次发生在1761年，但在太平洋上只能看到一部分。而下一对则要至少再等上100多年。[31]

邀请塔阿罗阿通过望远镜观察的陌生男人名叫约瑟夫·班克斯（Joseph Banks）。后来他成为18世纪最有影响力的科学人物之一，并担任英国皇家学会主席的职务长达40余年。班克斯于1769年4月乘坐"奋进"号抵达波利尼西亚。在船长詹姆斯·库克（James Cook）的带领下，"奋进"号的这趟航行，开启了欧洲与太平洋接触的新纪元。这也是一次从根本上与18世纪科学有关联的航行。航行由伦敦皇家学会组织，由国王乔治三世赞助，库克前往太平洋有两个目标。第一个目标是观测金星凌日，第二个目标则是寻找传说中的"南方大陆"，即"澳大利斯地"（Terra Australis，指未知的南方大陆），欧洲人认为那里蕴藏了大量黄金白银。这个想法可以追溯到中世纪，15—16世纪，前往亚洲与太平洋的早期欧洲探险家又将这个观念广为传播。因此，与法国人远征安第斯山一样，"奋进"号的航行也融合了帝国扩张的野心与科学探索的需要。[32]

金星是解决牛顿提出的第二大问题的关键。自17世纪初以来，天文学家就已经知道了行星之间的相对距离。然而，他们无法测算出绝对距离。这个问题困扰着牛顿。在《原理》中，他证明了万有引力理论如何被用于解释行星沿椭圆形轨道绕日运行。同时牛顿还提出，当行星之间非常接近时，也会相互施加引力，这也就是为什么轨道有时候看起来不规则。月球与木星的诸多卫星也是如此。然而，牛顿只能抽象地谈论这一切，在给出复杂的数学公式时辅以几何证明，只有很少的具体数据。在《原理》中，牛顿曾描述过太阳对木星和土星的引力。但是，他只能描述两个引力之比，而不能算出其绝对值。[33]

金星凌日将解决这个问题。1716 年，牛顿的朋友埃德蒙·哈雷（Edmond Halley）提出了一种方法，可以测量出地球与太阳之间的精确距离。哈雷意识到，对于南半球的观测者而言，金星在太阳表面掠过所需的时间，相比北半球更少一些。这是一种被称为“视差”的效应，指的是在不同位置的观察者看来，同一观察对象似乎处于不同的位置。（如果你轮流睁开一只眼睛，你也可以体验同样的事情，观察对象就像是在移动。）比较南北半球的结果，天文学家就能计算出金星与各个地点之间的角度。根据这个角度以及已知的各观察地点之间的距离，就可以使用三角学来计算缺失的数值，即地球与太阳之间的距离。这种方法本质上是在地球与金星之间构建了一个巨大的假想三角形，与法国人在安第斯山脉所应用的原理是基本相同的。然而，这一次这个原理被放大到了太阳系的尺度。[34]

地球与太阳之间的距离被称为“天文单位”，被当作一种宇宙学尺度使用。天文学家此前已经知道了所有行星之间的相对距离。因此，他们只要简单地取用这个数值，就能计算出其他距离的绝对值，从而第一次获取太阳系的精确大小。这些计算可以在事实上为牛顿的理论提供坚实的证据。知晓太阳系的确切大小，也可以为海上航行提供许多实际好处。事实上，这也是为什么欧洲国家愿意在一个看起来相对学术化的问题上投入巨额资金。在努力测量金星凌日这件事上，英国人并不是唯一的。法国皇家科学院也向圣多明各派去了观测人员，而沙皇俄国的圣彼得堡科学院则选择西伯利亚作为目的地。总而言之，欧洲科学机构总计向全球各地派去了 250 多名观测人员，西至加利福尼亚，东至北京。[35]

自 18 世纪初以来，欧洲航海家越来越多地被鼓励采用天文观测方法来计算他们在海上的位置。1714 年，英国国会专门成立了经度委员会。委员会开出高达 2 万英镑的悬赏金额，征求一种确定海上经度的精确方法。在应征的方法当中，有一些依赖长途航行过程中持续地精确测量时间。钟表匠约翰·哈里森（John Harrison）因为采用了这种方法而出名，他开发了一种特殊的航海计时器，并在 1761 年前往牙买加的航行中通过了测试。人们期望哈里森计时器能够在西非与加勒比海之间的航海过程中提供帮助，这又一次提醒了我们，跨大西洋奴隶贸易在塑造 18 世纪科学中所起的作用。然而，经度委员会偏爱的大多数方法还是以天文观测为基础的。这些测量包括对木星卫星的观测，以及对月球与特定恒星之间角度的观测。将这些结果与格林尼治皇家天文台制作的表格进行对比，就可以计算出海上的经度。因此，精确测量太阳系的大小尤为重要，这不只是为了证实牛顿的预测，也是为了促进航海技术发展。[36]

詹姆斯·库克船长将金星凌日视为军事行动。从很多方面来说的确如此。皇家学会选择了塔希提岛作为主要观测地点。塔希提岛位于太平洋中部，大概是英国有可能抵达的最远位置。然而，它还是南半球少数几个能够从头到尾观测整个金星凌日的观测点之一。塔希提岛对皇家海军而言也是战略利益之所在。西班牙探险家费迪南德·麦哲伦在 16 世纪第一次穿越了太平洋。然而直到 18 世纪，欧洲帝国才真正开始寻求在领土上向这一地区进军。人们希望像塔希提岛这样的岛屿可以作为进一步探索的基地，特别是在寻找南方大陆的过程中。法国、荷兰和英国都在争夺控制权。事实上，根据法国人的说法，塔希提岛是他们的。几年前的 1767 年，法国探险家路易·安托万·德·布干维尔（Louis Antoine de Bougainville）登陆该岛，代表路易十五声索该领土。[37]

库克不会容许法国人的声索阻止自己登岛。1769 年 4 月，在抵达塔希提岛后，他下令建造一座小型军事基地，并巧妙地给这个堡垒起名叫“维纳斯堡”（Fort Venus）。“我很小心地以这样的态度保护我们自己人，避免他们集全岛之力驱逐我们。”库克在日记中如此写道。英国人与塔希提人之间的紧张关系不断升级。自从“奋进”号抵达此地，已经发生了一系列暴力冲突。库克不希望任何事情干扰他的观测。维纳斯堡由一道高高的木栅栏构成，栅栏顶上有尖刺，外面还有深沟包围。一顶帐篷在堡垒中央支起来，帐篷里摆放着天文仪器和一台摆钟。库克命令他的船员在帐篷顶上升起一面英国国旗，以提醒当地的塔希提人和法国人，告诉他们，这座岛现在已被认定是英国的领土。库克随后命令一队皇家海军陆战队士兵荷枪实弹地站岗。[38]

金星凌日发生的当天异常炎热，气温高达 48 ℃。库克穿着船长制服，汗流浃背，抱怨说这高温“无法忍受”。但总的来说，他对天气还是很满意。此前一天还是多云，如果金星凌日期间太阳被挡住了，那么整个航程就将一无所获。作为备用方案，库克还嘱咐约瑟夫·班克斯前往附近的莫雷阿岛进行一次额外的观测，希望他在那里的视野更清晰。巧合的是，1769 年 6 月 3 日清晨，塔希提岛上空云开日现。库克记录道：“这一天对于我们的目标观测非常有利，一整天都看不到一片云，空气也非常清新，一切正合我意。”随着金星凌日预计的时间临近，库克通过望远镜仔细观察。果然，就在当地时间上午 9 点 21 分，一个小黑影出现在太阳的边缘。金星来了。[39]

但是有些事似乎不太对劲。金星看起来并不是完美的圆形，在接近太阳的时候，就像是在向太阳的边缘输血。库克早已被提醒过这一点。1761 年，人们尝试观测金星凌日时就受到了一种后来被称为“黑滴效应”的现象阻碍。俄国天文学家米哈伊尔·罗蒙诺索夫（Mikhail Lomonosov）是 1761 年的一名观测人员，他意识到这是金星的大气造成的。在行星本体移动到太阳前方以前，其大气开始折射并吸收光线，从而给人一种被库克描述为“朦胧阴影”（dusky shade）的视觉印象。尽管事先已经得到提醒，库克也必须承认，仍然“很难精确判断”金星凌日实际上从何时开始。为保险起见，他将所看到的现象绘制成图，并记下金星凌日不同阶段的不同时间。这张图将来可以和其他天文学家的描述进行对比，尽其所能地确保他们正在观测相同的现象。6 个小时后，金星凌日结束了。库克和班克斯收拾好仪器，对他们取得的结果感到满意。[40]

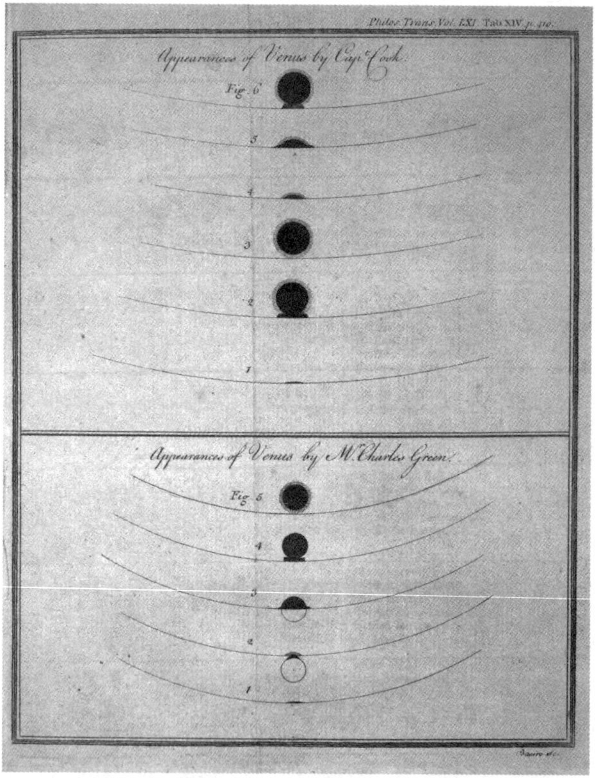

1769 年由詹姆斯 · 库克绘制的金星凌日。其中标记出由这颗行星上的大气层所引起的“黑滴效应”。

1771 年，“奋进”号终于回到了英国，库克将自己的发现提交给英国皇家学会。通过对比塔希提岛和北半球的观测结果，皇家学会的数学家们计算出地球和太阳之间的距离。最终的结果是 93 726 900 英里。这是一个相当准确的数字，和现代测算出的 92 955 907 英里这一结果之间的误差不到 1%。最终，在《原理》出版近百年后，牛顿的追随者总算获得了他们所需要的数字。通过将库克派遣到太平洋，皇家学会现在能够确定太阳系的大小了。[41]

英国人并不是太平洋上唯一的观星者。波利尼西亚的土著也拥有自己的复杂文化，其中很大一部分与天文和航海有关。就和安第斯山脉中的法国探险家依赖土著知识一样，太平洋上的欧洲探险家也依赖这类知识，尤其是当他们穿越辽阔的海洋时。在塔希提岛时，詹姆斯·库克和约瑟夫·班克斯与当地一位名叫图帕亚（Tupaia）的祭司交上了朋友。在波利尼西亚，宗教与航海的知识携手并进。图帕亚是该地区地理方面的专家，并且拥有数十年在岛屿间航行的经验。他还表示愿意成为“奋进”号的船员。起初，库克还是持怀疑态度，但班克斯让他相信，图帕亚的知识会是一座巨大的宝藏，尤其是在他们寻找南方大陆期间。“他具备其他人的航海经验，并且了解这片海域的岛屿，这让他比其他所有人都可贵。”班克斯解释道。一名欧洲探险家居然明确承认了土著的专业知识，这是很罕见的例子。班克斯意识到，如果他们想成功地在未知水域中航行，还得活着返航，那就需要一个了解太平洋的人。库克同意了，于是图帕亚于 1769 年 7 月 13 日乘坐“奋进”号离开了塔希提岛。[42]

1725 年，图帕亚出生于附近的赖特阿特岛（Ra’iatea）上的一个社会上层家庭。他的童年在岛上的塔普塔普阿泰（Taputapuatea Marae）

神庙中度过。这座神庙由黑珊瑚建造而成，有1000多年的历史，是波利尼西亚文化的中心。祭司、使者和商人从四面八方远道而来，在这里朝贡并学习海上航行的路线。图帕亚研究天文学、航海学与历史。实际上，这三个主题是结合在一起的。波利尼西亚的航海家需要远离陆地去航行，有时候会漂流数周之久。他们不需要海图或航海仪器的帮助来完成这一切。图帕亚接受的是另一种训练，他通过一系列圣歌和星表记住了航行方向。这些航行方向代代相传，常常会让人回忆起祖先的远航。大约4000年前，古波利尼西亚人第一次离开了东南亚，逐渐遍布整个太平洋，他们大约在公元前1000年抵达了塔希提岛。[43]

蕴藏在波利尼西亚航海术背后的思想非常简单，但非常高效。图帕亚并没有计算自己在海上的确切位置，而是回忆起某一条特定的路线：例如，在塔希提岛和夏威夷岛之间旅行时需要参照一些恒星。（实际操作时会更复杂一些，因为恒星的位置随季节而发生变化，这就意味着需要记住多个星表。）这些“恒星路线”，也就是当地人所说的阿维亚（*aveia*），后来便构成了导航的基础。如何理解这种导航？这就好比你知道自己在全球定位系统（GPS）上的精确坐标，与你记住“沿着路线一直前行，在红绿灯处径直通过，在接下来的路口左转”之间的区别。波利尼西亚人更喜欢使用方向而非坐标。像图帕亚这样的航海家在两个岛屿之间旅行时，首先会识别与该路线有关的特定恒星。这颗恒星需要位于相对较低的天空，靠近地平线。接着，水手开始朝着这颗恒星驶去。经过一段时间后，水手可能就要看另一颗恒星，在长途航行中尤其如此。在海上经过数天乃至数周的航行后，他们最终会到达目的地。[44]

波利尼西亚的水手喜欢在夜间航行。但是如果有必要，像图帕亚这样的航海家也能够在白天航行。在南半球，正午由太阳投射而成的阴影应指向南方。因此，根据太阳的位置，你就能相对容易地对自己的行进方向有一个更明确的认识。但波利尼西亚的航海家并不只是观察天空。他们还会密切关注海面的涨落。这些海洋的涌浪会被陆地影响，有时海浪碰到大型岛屿会反弹回来，有时会拐弯绕着岛屿推进。波利尼西亚的水手训练有素，从而能够识别出海洋涨落的细微差异，以及不同涌浪模式之间的相互作用。在马绍尔群岛（Marshall Islands），航海家甚至用棕榈叶脉制作海洋图，并用椰丝纤维勾勒边界，以代表海洋的涌浪。接下来他们用小贝壳代表岛屿，系在海图上。他们称这些图为“马塘”（*mattang*），意为“木棍图”，但这些海图并不在海上实际应用。相反，它们被当作神庙里的训练设备，帮助年轻的航海员记住不同的潮汐与涌浪模式。值得注意的是，18 世纪的欧洲航海家还没有掌握一套可行的海洋涌浪理论，而牛顿本人也只是在《原理》中刚刚开始发展更复杂的海潮理论。[45]

归根结底，尽管欧洲人倾向于认为太平洋是一片空旷无垠的空间，其中点缀着一些小岛，但波利尼西亚人将海洋本身理解为一种地形。太平洋充满了纹理、涌浪和洋流，从而形成了相当于丘陵与山谷的地形。识别出这种地形，并记住头顶上经过的恒星，这便是水手们在这片让人绝望的浩瀚海洋上航行的要义。

12 岁时，图帕亚接受了他的第一次文身。这些文身标记覆盖了他的腿和后背下半部，以表明图帕亚成为博学之人。他已经掌握了航海的基本技术，并准备加入一个名为阿里奥利（*ariori*）的旅行者组织，而该组织供奉的是塔普塔普阿泰神庙的保护神——战神“奥罗”（Oro）。图帕亚接下来开始在岛屿之间旅行，将其所学付诸实践，穿越宽广的海洋，目的是传播“奥罗”的教义。每当他们抵达一座岛屿时，阿里奥利的成员都会在沙滩上表演舞蹈，索取贡品，有时甚至会进行人祭。随后，阿里奥利还会在这里逗留数月，以巩固不同岛屿之间的宗教与外交关系，直到下一次出海。[46]

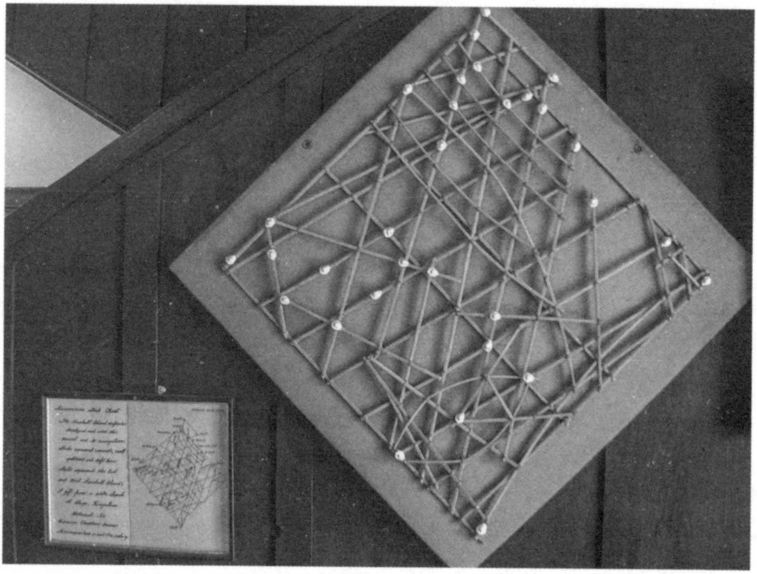

密克罗尼西亚的“木棍图”，也就是“马塘”，代表了海洋的涌浪与岛屿之间的路线。

图帕亚在旅行者组织中待了近20年，对太平洋的地理形成了卓越的认识。然而，他的确经历过一次重大挫折。1757年，来自波拉波拉岛（Borabora）的士兵入侵了赖特阿特岛。数百人被杀害，其中包括最高酋长。此前图帕亚还很富有，但他因战争失去土地，被迫出逃。夜深人静时，图帕亚小心翼翼地抱着“奥罗”的神像，乘着独木舟出发了。当他在塔希提岛找到一处庇护所时，已经独自一人在开阔的海面上航行了100多英里。一到那里，他就成为当地女王的宠臣，而女王是“奥罗”神教的皈依者。图帕亚很快就让自己再一次当上大祭司，为女王及其丈夫提供宗教与政治指导。因此，当英国人抵达之时，图帕亚扮演的正是类似于外交官的角色。他陪同塔希提女王登上了“奋进”号，与詹姆斯·库克及约瑟夫·班克斯谈判后，方才允许英国人登岸。图帕亚显然对英国的船很着迷，塔希提人将这艘“奋进”号描述成“没有弦外托架的独木舟”。他还和库克交流了对于天空的兴趣，当他们一起绕着岛屿航行时，为库克指出不同的恒星。但最为重要的是，图帕亚希望英国人能帮助他回到赖特阿特岛。[47]

离开塔希提岛后，库克全心全意地信任图帕亚。他请求这位波利尼西亚祭司担任“奋进”号的首席领航员。10 年前，图帕亚被迫驾着一艘小型独木舟逃离了家园。如今，他回到了海上，充分发挥关于恒星与涌浪的知识。当海浪拍打着船舷之时，可以看到图帕亚正在船尾高声祈祷：“奥塔恩，阿拉麦马太，阿拉麦马太！”（“O Tane, ara mai matai, ara mai matai!”，其含义为“我主奥塔恩，给我来一阵顺风吧！”）他在夜里追逐着恒星，一路之上仔细观察着海面的涨落。库克则开始理解图帕亚航海方法的一些精妙之处。他对此印象深刻，并写道：“这些人在这片海域航行数百里格*，在岛屿之间穿梭，白天太阳就像是他们的罗盘，晚上月亮就是他们的指南针。”“奋进”号上的另一名成员则描述，“他们的全部航行技术，取决于他们对天体运动细致入微的观察”。他接着指出，“这些航海家能够描述天上发光体的运动与变化，其精确程度令人感到吃惊”。根据这位英国人的说法，“图帕亚是一位真正的天才”。[48]

接下来的几周里，图帕亚驾驶着“奋进”号驶向塔希提岛西北 150 英里的赖特阿特。岛上的局势已经安顿下来，图帕亚得以查看塔普塔普阿泰的神庙。这是他小时候学习航海的地方。进入珊瑚神庙时，图帕亚向众神祈祷，并祝福库克和船员为旅程的下一阶段做好准备。图帕亚随后同意帮助库克绘制太平洋岛屿地图，然后向南寻找那片未知的大陆。1769 年 8 月 9 日，图帕亚最后一次离开故土。“我们再一次驶入大海，寻找机会，图皮亚（Tupia，原文如此）也许能够指引我们

* 里格，早期的陆地及海洋距离单位，海洋中 1 里格相当于 5.56 千米。

的方向。”库克在日记中如此写道。在图帕亚的帮助之下，“奋进”号继续向南行驶了 500 英里，抵达南方群岛（Austral Islands）。正是在这里，图帕亚制作了科学史上最令人难以置信的手工艺品之一，这正是文化交流中的一个真实案例。[49]

图帕亚坐在“奋进”号的海图桌前，开始绘制地图。正如我们所看到的，波利尼西亚航海家更习惯于不使用地图或海图，他们只是凭借对恒星轨迹的记忆。因此，采用代表经纬线的网格划分绘制地图的想法，在很大程度上并不适合图帕亚。然而，在库克的指示下，他还是试了一试。图帕亚总共绘制了 74 个岛屿，海域面积相当于如今整个美国大陆的面积。这是一片辽阔的海洋，也是波利尼西亚航海知识深度的力证。[50]

乍一看，这张图和典型的欧洲海图并没有太大的区别。然而，只要再仔细看一看，我们就会发现图帕亚如何巧妙地通过调整格式来满

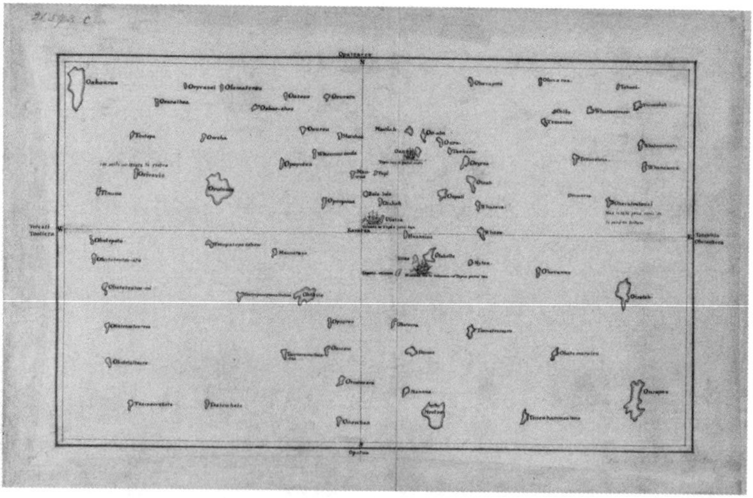

图帕亚绘制的学会群岛（Society Islands）海图，由詹姆斯·库克船长在 1769 年用墨水摹写到纸张上。

足自己的需要。图上写有一些波利尼西亚文字。在图的正中央，也就是网格线的交叉处写有“*eavatea*”这个单词，在塔希提语中翻译成“中午”。图帕亚还用塔希提语中代表日落、日出、北风、南风的单词，替代了罗盘中的方向——北、南、东、西。由此，这张海图代表了波利尼西亚人对航海的理解。它的使用方法：首先，你需要确定自己位于哪个岛屿上，比如塔希提岛。然后画一条直线连接到中间代表“中午”的“*eavatea*”，接着你可以从起点的位置绘制一条直线，直抵你想要前往的岛屿，比如赖特阿特岛。这两条线之间的夹角会给你提供方向感。由于风和洋流，这种方向感得到了很巧妙的修正。你所要做的就是保持前进方向，与中午时太阳照射船桅杆形成的影子形成相同的夹角。图帕亚的创造完全是独一无二的。他结合了欧洲和波利尼西亚的航海技术，不仅创造了太平洋海图，而且还让海图充当了有效的计算工具。[51]

图帕亚的地图和典型的欧洲海图之间还有一个细微的区别。当历史学家第一次研究这幅图时，多少有些失望。尽管图帕亚确定的岛屿全都存在，但是它们之间的相对距离似乎差了很远。但是，这样解读海图完全没有抓住重点。图帕亚并没有试图固定岛屿之间的距离，也就是说，他没有采用绝对空间来表示这些岛屿。岛屿之间的距离实际上代表的是时间而非空间。这很有道理。当它应用于实际航行时，岛屿之间的距离是 100 英里还是 300 英里，并没有什么区别。重要的是，在它们之间航行需要多少天。任何一个乘坐过长距离航班的人都知道，朝某个方向飞行会比往另一个方向飞花费更多的时间。海上航行也是如此。风向和洋流，意味着航行时间总是与旅途的方向有关。波利尼西亚人的航海方法再一次完美地适应了太平洋，其距离代表了航行时间而非英里数。历史学家后来明白了这一点，他们最近发现，图帕亚的地图为太平洋许多重要岛屿群提供的指引，是极其准确的。[52]

海图在手，詹姆斯·库克船长朝着更远的南方航行。1769年10月，“奋进”号抵达了新西兰。在绘制了几个月的海图之后，库克最终找到了一直寻找的目标。1770年4月29日，“奋进”号渡过了塔斯曼海（Tasman Sea），在澳大利亚的植物湾（Botany Bay）登陆，这里正是伟大的南方大陆。完成这项伟业后，库克又花了几个月的时间探索澳大利亚海岸，然后返回英国。不幸的是，伟大的波利尼西亚航海家图帕亚在途中去世。他很可能是死于疟疾，而当时“奋进”号正停泊在巴达维亚（Batavia）*。[53]

尽管如此，图帕亚对太平洋的深刻理解并未消失。在随后的多次航行中，他的海图还在被使用。库克在第二次太平洋航行中随身携带了这张海图的复制品。1772—1775年，库克遵照图帕亚的海图，造访了他在第一次航行中错过的很多岛屿，并代表英国声索其领土主权。库克返回伦敦后，很快用雕版印刷了这张海图，使读者得以观看这张“根据奥-塔希提居民观念绘制的，代表了南方岛屿的海图……主要收集自图帕亚（Tupaya，原文如此）的记载”。图帕亚海图在伦敦的印刷，标志着科学史上一次重大变革。18世纪初的欧洲人对太平洋几乎一无所知，然而，18世纪末，任何有些闲钱的伦敦人都能买到一份由波利尼西亚航海大师绘制的海图。[54]

在图帕亚的海图上，我们最终可以看到18世纪科学的两面。一方面，欧洲探险家越来越多地依赖土著的知识，特别是他们在天文学与航海方面的知识；另一方面，正是这些知识让欧洲的帝国扩张，并最终征服了这些从未被欧洲人知晓的地区。帝国和启蒙运动似乎总是齐

---

* 今雅加达。

头并进的。现在，从南太平洋的热带移步俄国位于北极的冰冻地带，我们来探索这个故事的另一部分。

3.4 牛顿在俄国

在 17 世纪的大部分时间里，俄国似乎都被卡在了过去的时光中。即便是受教育程度最高的俄国人，也仍然相信地球是宇宙的中心。当时的沙皇俄国没有科学院或大学，学术知识也只包括混合了俄国东正教神学的古希腊哲学。1682 年，彼得大帝掌权时，决心改变这一切。在几十年的时间里，彼得大帝让俄国变成了启蒙科学的一个枢纽。[55]

对于彼得大帝而言，没有什么比艾萨克·牛顿和他的《原理》更能代表进步的了。我们几乎可以肯定，这位俄国沙皇的确见过牛顿本人。1698 年 1 月，彼得大帝抵达伦敦。他的这趟旅程是外交任务的一部分，目标是在对奥斯曼帝国的战争中获得欧洲列强的支持。与此同时，彼得借机见识了欧洲各国正在发展的各种新科学。在伦敦，彼得参观了皇家天文台与皇家学会。最重要的是，就在牛顿于铸币厂工作的同一时期，彼得也造访了这里。1698 年 2 月，牛顿收到一封信，其中写着“沙皇计划明天前往这里……他也希望能够拜访您”。虽然牛顿和彼得都没有亲自记录这一次会面，但我们确实知道牛顿对沙皇给予了非常高的评价，并将自己后来出版的书寄到了沙俄宫廷。彼得大帝甚至为自己的私人图书馆专门要了一本牛顿的《原理》。[56]

1698 年，带着对牛顿科学学说重新燃起的激情，彼得回到了俄国。他很快就建立起一系列机构，旨在将俄国的科研和教育现代化。其中第一所是 1701 年成立于莫斯科的数学与航海学院。此时，俄国工程师和海军军官都根据牛顿的《原理》学习数学科学。彼得大帝还下令，改掉使用西里尔文字（Cyrillic script）书写传统俄文数字的习惯，俄国学生被要求书写欧洲数学家使用的阿拉伯数字。最后也最为重要的是，彼得在1724年成立了圣彼得堡科学院，它的职能就相当于英国皇家学会，这是一个每周都会召开会议并定期出版刊物的国家科学院。用彼得自己的话来说，这所学院“将为我们在欧洲赢得尊重和荣誉”，挑战那些认为“我们是无视科学的野蛮人”的观点。[57]

当时，鲜有俄国人能接受某种先进的科学教育。因此，圣彼得堡科学院的学者最初几乎都是外国人。彼得大帝说服一些欧洲顶尖学者迁居俄国，用高薪和专业科学设备的承诺吸引他们。圣彼得堡科学院甚至有一个专门的天文观星台，是一座建立在瓦西里耶夫斯基岛（Vasilyevsky）的三层塔楼。该学院的早期成员包括瑞士顶级数学家莱昂哈德·欧拉（Leonhard Euler）和丹尼尔·伯努利（Daniel Bernouli）。不过，18世纪30年代，俄国人也开始加入学院，其中包括斯捷潘·鲁莫夫斯基（Stepan Rumovsky），他在1769年观测到北极圈内的金星凌日。圣彼得堡科学院在很多方面都表现得像是启蒙运动的缩影。英国、法国、德国、瑞士以及俄国的思想家汇聚一堂，为最新的科学理论展开讨论和争辩。和更广泛的启蒙运动中的人们一样，他们最初对牛顿的万有引力理论意见不一。伯努利支持牛顿的观点，而欧拉与罗蒙诺索夫持怀疑态度。[58]

巧合的是，圣彼得堡科学院发出的第一份官方信函就是给牛顿本人的。科学院秘书告诉牛顿：“我们希望我们的观测结果至少对于天文学的发现是有用的。”牛顿已经对俄国的科学表现出兴趣。1713年，作为皇家学会的主席，他帮助成立了“俄国委员会”，该机构与俄国学者及探险家交换信息和邮件。像牛顿这样的欧洲天文学家尤其需要更多的来自遥远北方、基于北极圈周边科学观测的数据。事实上，虽然牛顿的《原理》确实使用了来自全球的信息，但他的主要数据来自赤道周围的地区，如西印度群岛、西非和东南亚。牛顿与他的追随者真正需要的是一系列同样精确但来自遥远北方的信息。正如我们前面看到的，这将让他们能够对比南北半球的信息，确定太阳系的大小与地球的真实形状。[59]

在整个18世纪，俄国天文学家和探险家为多项国际科学事业作出了贡献。与此同时，俄国也开始转变成一个有影响力的帝国。在16—17世纪的大部分时间里，乌拉尔山脉以东的土地只是松散地处于俄国的掌控之下。一小股哥萨克人占领了遍布西伯利亚的堡垒，而贸易商奔向遥远的东方寻找毛皮，以便在欧洲销售。17世纪初，俄国探险家抵达太平洋海岸，在鄂霍茨克（Okhotsk）建立了一座小型堡垒。然而，这座堡垒随后就被当地的土著袭击并烧毁。即便在18世纪早期，俄国远东地区的精确地图仍然没有被绘制出来。在过去的诸位沙皇看来，这一地区只是一片未知且未开化的蛮荒之地。然而，彼得大帝有着不同的想法。他不只打算将俄国转变为一个现代国家，而且想让它转变为一个强大且自信的帝国，一个西到欧洲、东到美洲的帝国。[60]

圣彼得堡科学院在支持沙俄帝国领土扩张方面发挥了重要作用。18世纪，该学院协助组织了一系列前往西伯利亚以及太平洋西北部的科学考察。其中，最著名的探险队由维图斯·白令（Vitus Bering）带队。彼得大帝亲自任命白令这位丹麦航海家负责探险，而1724—1732年的这次探险也成为盛名在外的首次堪察加探险（Kamchatka Expedition）。白令的任务是探索俄国远东堪察加半岛北部的陆地和海洋。在此之后，他要“寻找一处可能和美洲相连的土地”。最后，白令还被要求绘制一张地图，精确地展示他所发现的一切。

正如我们在第一章中所看到的，自15世纪新大陆被“发现”以来，亚洲和美洲是否连接在一起的问题，一直困扰着欧洲地理学家。据一些未被核实的消息称，一位名叫塞门·德日涅夫（Semen Dezhnev）的哥萨克航海家成功地从西伯利亚北部航行到太平洋。不过，大多数人仍然不确定是否存在能通行的海峡。如果俄国能一劳永逸地解决这一问题，势必能提高欧洲人眼中俄国在科学领域的地位。彼得大帝自然深知这样一次探险的战略重要性。准确地了解西伯利亚及太平洋西北部地理，将使俄国有能力控制利润丰厚的皮毛贸易，并在太平洋地区建立更广泛的联系，尤其是和西班牙控制的美洲以及日本的联系。最为重要的是，彼得大帝希望白令能够确保俄国在美洲大陆上的领土。[61]

白令于 1725 年 2 月离开圣彼得堡，穿越 6000 英里的林海雪原，花了三年多的时间才抵达堪察加半岛。一到那里，白令就乘着“圣加夫利尔”号（*Archangel Gabriel*）驶入太平洋。在向北航行时，他终于证实，亚洲和美洲并没有相连。一条狭长的海峡将两片大陆隔开，其宽度刚刚超过 50 英里。如今，这片海域被称为白令海峡。然而，白令还是无法一睹美洲大陆的真容。1732 年，他回到圣彼得堡，决定为了自己第二次更具雄心的冒险争取支持。[62]

这个时候，彼得大帝已经去世了。但是后来的统治者同样有意将俄罗斯帝国东扩。彼得大帝的继任者安娜一世也是这样认为的。女皇命令白令率领一支更大规模的团队重返堪察加半岛，由 3000 多名成员组成。圣彼得堡科学院还就如何考察该地区提供了准确的指示。白令被要求每 24 小时进行一次天文观测，计算他在海上的经纬度，并将其绘制在海图上。此外，科学院还教他如何在海上进行与在陆地上相同的测量，穿梭于不同的岛屿之间并用象限仪测量岛屿之间的角度。最后，科学院还派遣了一些主要成员加入探险队并协助观测。这其中就包括法国天文学家路易·德·里尔·德·拉·克罗埃（Louis de l’Isle de la Croyère），他是一位牛顿物理学的专家，曾在俄国北部开展过重力实验。[63]

1733 年 4 月，第二次堪察加探险队从圣彼得堡启程。白令本人再也没有返回，于 1741 年 12 月死于堪察加海岸附近的一座岛屿上——可能是死于坏血病。尽管白令已经离世，但他还是出色地完成了任务。1741 年 7 月 16 日，也就是在他去世前的几个月，白令发现了美洲海岸。在地平线上，他瞥见了一座巨大的山脉，这里如今被称为圣埃利亚斯山脉（Saint Elias Mountains）。几天后，白令和他的团队在附近的一座小岛登陆，成为第一批抵达阿拉斯加的欧洲人。他们进行了一系列天文观测，在路易·德·里尔的协助之下，白令带领的俄国航海家终于能够在地图上定位自己的精确位置。[64]

维图斯·白令这次探险的成功，引发了俄国政府资助的新一轮航行。在整个 18 世纪，俄国共计进行了 5 次大规模探险，向北延伸到北极圈，向南延伸到日本周边的群岛。其中最重要的一次探险是在 1785 年，由叶卡捷琳娜大帝委托进行。当时，叶卡捷琳娜大帝担心英国在太平洋西北地区的势力日渐强大。1778 年，在詹姆斯·库克船长第三次发现之旅期间，他曾抵达白令海峡，并在阿拉斯加海岸附近的一座岛屿登陆。法国人也在向北航行，西班牙人则继续从加利福尼亚北上推进海岸线。考虑到欧洲不同帝国之间的竞争，叶卡捷琳娜意识到需要确保俄国在白令海峡周边的存在。她还明白，实现这一目标的最佳途径是开展重大的科学调查，派遣军事人员，并在行进过程中绘制该地区的地图。这次调查被称为“东北地理大发现与天文大探险”，由英国航海家约瑟夫·比林斯（Joseph Billings）领导，而他实际上已经作为助理天文学家在库克的第三次航行中去过阿拉斯加。一位名叫加夫里尔·萨雷切夫（Gavril Sarychev）的俄国海军军官也参与进来，他承担了大部分测量任务。[65]

和在波利尼西亚一样，欧洲探险家在北极的探险，也将牛顿科学与土著知识相结合。圣彼得堡科学院在“东北地理大发现与天文大探险”的官方命令中也明确了这一点。18 世纪 80 年代，牛顿的理论在俄国被广泛接受。因此，比林斯和萨雷切夫被要求通过天文观测手段“确定经度和纬度”。科学院希望这样的手段能让他们更精确地测量白令海峡的宽度。不过探险家同时获得指示，要求他们向土著了解当地地理情况。科学院甚至列出一些问题，其中包括“他们经常前往的地点叫什么名字”“这些地区或岛屿的方位在何处，距离有多远”。科学院的后续指令解释道：“当他们用手指路时，你应该悄悄地用指南针进行精确测量。”[66]

比林斯在这方面更进一步。他没有满足于向土著询问当地的地理情况，而是招募了一名土著男子加入了探险队。尼古拉·道尔金（Nikolai Daurkin）大约出生在 1730 年，是一个叫楚科奇（Chukchi）的土著部落成员。数千年来，这些人一直生活在西伯利亚东北部的海岸附近。他们拥有关于这一地区地理情况的知识超出比林斯的预期，当然了，早在白令到来之前，他们就已经知道了白令海峡。[67]

楚科奇的航海技术与波利尼西亚的技术有着很多共通之处。和北极的多数土著居民一样，楚科奇人会观察恒星，记住它们的序列，以便利用它们辨识特定岛屿之间的方位。然而，波利尼西亚地区和北极地区的航行也有一些细微的差别。在遥远的北方，季节变化要极端得多。在夏天的几个月里，太阳不会落下，而在冬天的数周里，太阳又不会升起。至少对于欧洲航海家而言，更令人困惑的是北极日出日落的位置在一年里发生了极大的变化。你可能已经猜到了，三月份，太阳会从东方升起，从西方落下；但是到了五月份，太阳实际上是从北方升起，从南方落下。这些差别让根据太阳位置进行的导航变得异常困难。[68]

北极的土著居民开发出一系列技术来解决这些问题。像道尔金这样的楚科奇航海家会花费大量的时间，利用太阳和恒星来确定一年中的准确时间。在特定季节来临之前，特定的恒星会在天空中移动。例如，天鹰座被楚科奇人称为“*Peggitlyn*”，它恰好在冬季几个月里，于黎明前出现在星空中。与之类似，猎户座会随着白天变长而向南移动。只要知道了一年中的准确时间，哪怕太阳的位置发生变化，楚科奇的航海家也能够正确地利用太阳。例如，如果你知道现在是五月中旬，那么日出方向实际上就差不多指明了北方。但是，如果你不知道现在是一年中的什么时候，当你觉得自己是在向东旅行时，实际上却有可能跟着太阳向北移动。[69]

除了恒星，北极地区的土著居民还会密切关注水、雪和冰。与波利尼西亚的图帕亚非常相似，道尔金会通过解读海水的涌浪来寻找附近陆地的迹象。楚科奇人还观察了海草与冰的动向，以便更好地掌握水流。最后也是最具创造性的一点是，北极的土著居民研究了雪的图案。像道尔金这样的人需要能够在暴风雪中航行。遇到这种情况，能见度可以降到几英尺，对恒星的了解此时就派不上用场了。相反，在陆地上，楚科奇人会根据脚下的雪来确定方向。在北极圈里，风蚀形成了一种由雪构成的漫长山脊，被称为雪脊或冰浪。这些雪脊在南、北方向上延伸，和西伯利亚的“北方狂风”（Northern Master）方向相同。通过感受这些雪脊，楚科奇人即便在能见度为零的时候也能够确定北方的方向。[70]

道尔金与众不同，他融合了楚科奇和俄国的文化。在他还是个孩子的时候，就被一名俄国探险家俘虏，并被送往雅库茨克（Yakutsk），这是距离他的家乡数千英里的一座西伯利亚港口城市。到了那里之后，道尔金接受了洗礼，并学会了俄语的读写。随后，道尔金又到了西伯

雪脊是由北极的风蚀形成的。像楚科奇人这样的土著居民，会在低能见度时利用雪脊找到他们的方向。

利亚的伊尔库茨克（Irkutsk）航海学校接受训练，这所学校正是彼得大帝改革后成立的新科学机构之一。学业结束后，18 世纪 60 年代的早些时候，道尔金划着一艘小型独木舟在白令海峡附近盘桓，访问当地的楚科奇人并对这一地区进行考察。在工作期间，道尔金将自己在航海科学方面接受的训练和来自楚科奇的土著知识相结合。最后的成果就是他所绘制的白令海峡周围地区的地图，这是第一幅包含了阿拉斯加北部海岸细节的地图。（值得注意的是，道尔金的地图是在 1765 年完成的，比库克抵达阿拉斯加的时间还要早了 10 年，而后者通常被认为是第一个为该地区绘制地图的人。）[71]

比林斯在圣彼得堡为“东北地理大发现与天文大探险”作准备时，研究了道尔金的地图。地图给他留下了深刻印象，让他立即意识到船员中有一名土著航海家是多么有用。道尔金此时仍在伊尔库茨克航海学校工作，他同意并加入了探险队伍。1790 年 5 月，比林斯、萨雷切夫和道尔金乘上“俄国荣光”号（*Glory of Russia*）进入太平洋。船员队伍展现的是18世纪科学的世界：船长比林斯是英国人，测量员萨雷切夫是俄国人，而领航员道尔金是楚科奇人。在接下来的三年时间里，这群人一同绘制了白令海峡的导航图。总体而言，“东北地理大发现与天文大探险”项目一共绘制了50多张新地图，范围包括从西伯利亚直到阿拉斯加的地区。这些信息非常清楚，而美洲这时也成为沙俄帝国的一部分。[72]

3.5 结论

人们通常认为，艾萨克·牛顿的《原理》在1687年出版，这是启蒙运动开始的标志。在这个故事中，牛顿通常被描述成一位独自进行研究的天才，只会运用理性的原则。然而这是不准确的，只要阅读《原理》的原文就可以一清二楚。在本章中，我认为牛顿代表了启蒙运动的开始，并不是因为他遗世独立，而是因为他的人际关系广泛。牛顿能够取得重大的科学突破，恰恰是由于他与由帝国、奴隶制以及战争等构成的更广阔世界有密切的联系。牛顿在发展万有引力理论时，所依赖的数据来自乘坐奴隶运输船远航的法国天文学家，还有在中国进行贸易的东印度公司管理人员。即便今天这些事情常常会被人们遗忘，但在当时，人们很清楚这些事情。伏尔泰可能是法国启蒙运动时期最著名的一位哲学家，他这样写道：“如果没有路易十四派遣的航行和实验……牛顿可能永远都不会有那些关于引力的发现。”[73]

本章以牛顿为出发点，展示了科学启蒙的新历史。18世纪，欧洲的各个科学院组织了一系列由国家赞助的探险之旅。这些航行为牛顿和他的追随者提供了所需的数据，让他们能够回答物理科学中一些最基本的问题。法国对安第斯山脉的远征，证明了牛顿关于地球形状的观点是正确的；而詹姆斯·库克船长的太平洋之旅，最终确定了太阳系的绝对尺寸。除了这些更具理论性的问题，与此相关的一些实用科学也在18世纪得到了发展，如航海学和测量学。借助于最新的牛顿科学，英国、法国和俄国的帝国统治都扩展到了新的地域，库克从塔希提岛向南航行，直到抵达澳大利亚，而维图斯·白令得以绘制阿拉斯加的海岸图，首次将美洲大陆的一部分纳入了沙俄帝国的版图。

然而，这不仅是欧洲科学胜利的故事。当欧洲的探险家横渡陌生的海洋、攀登壮阔的山脉之时，他们不断依赖土著居民已有的知识，其中不少土著民族都拥有各自先进的科学文化。在秘鲁，法国的测量员无意间仰仗了印加的天文传统。在太平洋，库克船长依靠一位波利尼西亚祭司的航海技术。在北极，俄国探险家招募土著居民，带领他们穿越冻土。认识到这些人的贡献，将帮助我们描绘出一幅完全不同的18世纪科学图景。归根结底，科学启蒙运动的发展，需要被理解为全球历史的一部分，这是一部融合了奴隶制与帝国的历史，也是一部融合了土著知识的历史。牛顿可能是个天才，但他并非独自做研究。[74]

我们从牛顿对奴隶贸易的投资开始了这一章，但是这个故事还有另一面，如今也常常被遗忘。1745年，一位名叫弗朗西斯·威廉姆斯（Francis Williams）的男子在他位于牙买加的书房里挂出一幅肖像。从很多方面来看，肖像上的人物都像是一位典型的18世纪学者。画像中的威廉姆斯面前的桌子上，摆着一本《牛顿的哲学》，旁边还有指南针和地球仪。然而，这幅肖像还有重要的一点很值得注意，尤其是考虑到非洲人后裔经常被错误地排除在传统的科学史叙事以外。毕竟，威廉姆斯是一名黑人。就在威廉姆斯出生之前，他的曾经是名黑人奴隶的父亲，已经获得了自由。因此，威廉姆斯也是一名自由人。他似乎很富有，后来还继承了牙买加的土地与奴隶。1720年前后，威廉姆斯已经有充足的资金前往英国，而且进入了剑桥大学攻读数学与古典文学。正是在这里，大约就在牛顿去世前后的那段时间，威廉姆斯读到了《原理》。数年之后，他为了创办学校而重返牙买加，并带回了许多最新的科学书籍，其中包括牛顿的一些著作。需要澄清的是，威廉姆斯的情况并不典型。当时加勒比地区的大多数黑人没有机会学习牛顿时代的科学。但他依然能够提醒我们，奴隶制时代的科学史还存在另外一面，这非常重要。在下一章中，我们将更详细地关注这一主题，探索被奴役的非洲人及其后代，看看即便是在最绝望的情况下，哪怕他们后来被人为地从故事中抹去，他们又是如何不断地为现代科学的发展作出贡献的。[75]

第四章

自然的经济

ECONOMY OF NATURE

在种植园的边缘寻找食物时，格拉曼·克瓦西（Graman Kwasi）偶然发现了一株从未见过的植物。鲜艳的粉红花朵吸引了他的目光。克瓦西割下这株矮小灌木的样本，将它带回自己的小屋收藏起来。当时他并不知道，这种植物最终会改变他的一生。格拉曼·克瓦西在1690年前后出生于西非，是某个讲阿坎语（Akan）的部落成员，其部落位于现在的加纳。年仅10岁的他，在一次突袭中被敌对部落中的非洲奴隶贩子抓获。随后，克瓦西就和其他人被锁成一队，一同被押到海岸。到了那里之后，他就被一名荷兰船长买下，然后被运到大西洋彼岸——他只是18世纪运往美洲的600万名被奴役的非洲人中的一员。抵达南美洲后，克瓦西就被安排在荷兰殖民地苏里南的一家糖厂工作。他还只是个孩子时，就被迫成天在炎热的天气里除草。当克瓦西成长为一个年轻男子后，便开始参加艰苦的收割工作，用手里的弯刀砍断甘蔗。[1]

然而，克瓦西的实际天赋还是远远超出了他的荷兰主人最初对他的称赞。在南美洲多样的动植物群中，他开始对自然界有了深入的了解。通过融合非洲与美洲的治疗传统，克瓦西采集植物并制备药品。他在种植园里接待非洲人和欧洲人，因此还赚了一笔小钱。然而，一种植物给他带来的声望尤为巨大。他在苏里南这座种植园里采集到一种带有粉红花朵的小灌木，这种灌木最终被证明具有不可思议的治疗效果。其树皮在水中煮成苦茶后，可以有效地治疗疟疾。它似乎还能增强胃部功能，恢复食欲。克瓦西很可能是从同一座种植园中的美洲印第安人奴隶那里，了解到这种植物的药用特性的，因为当时已有的南美草药学传统——正是我们在第一章中了解到的医学知识——就已经用到了这种植物。不久之后，克瓦西的发现就传遍了苏里南，很快就传到了欧洲。当时，治疗疟疾的唯一有效药剂就是金鸡纳树树皮的提取液，然而，西班牙人垄断了这种珍贵的产品，金鸡纳树树皮只能在秘鲁的总督府中找到，也因此拥有了“秘鲁树皮”的别名。事实上，18 世纪初，金鸡纳树树皮是世界上最昂贵的商品，它的实际价值甚至超过了同等重量的黄金。因此，疟疾的替代治疗方案有着利润丰厚的前景。[2]

1761 年，克瓦西发现的灌木样本被送到了当时欧洲最有影响力的科学思想家卡尔·林奈手中。林奈是瑞典乌普萨拉大学（University of Uppsala）的医学和植物学教授，通过新的分类系统，他改变了时人对自然界的研究。这一系统是他在《自然系统》（*System of Nature*，1735 年出版）中首次提出的。在这本书中，林奈将自然界划分为三个主要“王国”：动物、矿物和植物。而在每一类下面又有四个级别的分类，每个级别都能用来更准确地鉴别特定的动物或植物。最上层的分类是纲，接下来是目、属和最下端的种。在这个系统中，自然界中的一切都有属于自己的位置。在此之后，林奈建议用属和种的名称，给每一种动物和植物一个正式的“双名”或“二名”。例如，狮子的学名是“*Panthera leo*”，这就是说，狮子是豹属（*Panthera*，包括虎、豹和美洲豹）的一员，而物种是狮（*leo*，包括非洲和亚洲不同的亚种）。这一系统的优势在于，它提供了一种简单且统一的方法来对自然界分类。它也让博物学家能够表达不同动植物之间的相似性，例如狮子就和老虎在同一属。林奈的“双名”系统至今仍然是所有现代生物分类学系统的基础。[3]

林奈从苏里南的一位瑞典种植园园主那里，收到了这种植物的一份样本。在确认了这种植物的药用属性后，林奈颇受震撼。他在新版的《自然系统》中正式记录了这一发现，不仅将它看作未知的物种，而且也视其为全新的属。为了纪念克瓦西，林奈将这种植物命名为“*Quassia amara*”，也就是苏里南苦木。（“Quassia”是克瓦西的阿坎语名字的拉丁文写法，而拉丁文中的“Amara”意为苦味的，指的是药物的味道。）林奈的支持，再加上发现了这种革命性治疗方法，克瓦西发现自己的生活发生了改变。随着对这种植物了解的不断传播，苏里南苦木成为苏里南种植园主最主要的出口作物，他们培育这种植物用于销售，以替代更为昂贵的金鸡纳树树皮。克瓦西很快就获得了自由。随后，他应邀前往荷兰与奥兰治王子威廉五世会面。为了表彰克瓦西的成就，威廉五世赠送他一件华丽的外套以及一枚金奖章。回到苏里南后，克瓦西拥有了自己的小种植园，园中还有奴隶劳作。他也开始收到欧洲博物学家的来信，信中说他们渴望了解南美洲的更多植物。有一些寄给克瓦西的信件，甚至称他为“苏里南的草本植物学教授”。不管怎么说，突破了重重困难后，格拉曼·克瓦西还是摆脱了奴隶身份，并发现自己在南美洲植物的药用特性方面是一位令人尊敬的权威专家。[4]

格拉曼·克瓦西的故事在很多方面十分特殊。18世纪，一名被奴役的非洲人在欧洲被公认为科学知识的来源，这是极其罕见的。在博物学领域，植物往往都是以发现它们的欧洲人的名字来命名的。在大多数情况下，欧洲人只是将非洲人视为商品而已，买卖非洲人也只是为了将他们送到种植园工作。克瓦西与众不同的地方在于，他通过对植物治疗特性的了解，成功地从这个世界逃脱了，或者至少说最终抵达了这个世界的另一边。然而，从另一层意义而言，格拉曼·克瓦西的情况又极为普遍。

卡尔·林奈以“发现”新植物和发明新的分类系统而闻名于世，启蒙运动时期有关博物学的传统故事，几乎也只关注像他这样的欧洲人的成就。然而这样的故事误人子弟。科学史上常常被忽视的一点就是，来自非洲、亚洲和美洲的各色人等，都为 18 世纪博物学的发展作出了贡献。他们带来了自己的科学传统，欧洲人通常依靠这些传统来理解并鉴别国外的环境。在某些情况下，欧洲人只是直接盗用了这些科学，因为很多植物学的信息，是由那些被奴役的非洲人在暴力胁迫下提供的。但在另外一些情况中，他们的科学交流关系更具合作性，我们将在德川幕府时期的日本看到这一点。从非洲的医生到印度的祭司，本章将揭示启蒙运动时代，像格拉曼·克瓦西这样的人对博物学作出的业已被遗忘的贡献。

前一章主要关注的是国家赞助的探索之旅，而这一章揭示的是全球贸易在科学启蒙运动发展过程中的作用。17—18 世纪，欧洲贸易公司的扩张重塑了世界：东南亚和日本的荷兰东印度公司、大西洋的皇家非洲公司，以及最为著名的位于印度和中国的英国东印度公司。这些利润丰厚的企业，通过控制商品供应攫取了巨大利润：糖、香料、茶和靛蓝染料，都是通过贸易公司的船抵达欧洲的。最关键的是，交易的大部分货物是源于自然界的产品。这为更详细地研究博物学提供了动力，因为贸易公司需要对交易的商品进行分类和评估。

我们不妨了解一下规模的变化：17 世纪初，欧洲博物学家已经鉴定出大约 6000 种植物。18 世纪末，他们已经鉴定出 50 000 多个物种，其中多数起源于欧洲以外。正如我们在前一章中所看到的，像皇家非洲公司和英国东印度公司这样的贸易公司，都与当时主要的科学机构保持着密切的联系，如位于伦敦的英国皇家学会。了解黄金与铂金的差别，或是肉桂与肉豆蔻的差别，这不只是一个科学问题，更是商业问题的关键所在。在某些情况下，贸易公司甚至会委托进行化学测试，使用最新的实验技术来确定金属或染料的纯度。[5]

因此，启蒙运动时期的博物学，既是一门生物学，又是一门经济学。林奈肯定是这样看待自己的工作的。与其他很多人一样，他担心全球贸易正在削弱欧洲的经济，使欧洲更依赖其他国家的商品。林奈特别担心“贸易平衡”对欧洲不利——比如他的祖国瑞典，进口的货物远远超过出口。对此，林奈建议瑞典开始种植替代作物，甚至尝试在当地种植正在进口的商品。“自然界以这样一种方式对自身进行安排，每个国家都会生产一些特别有用的东西；各个经济体的任务就是从其他地方收集并培育那些不在当地生长的东西。”林奈这样论证道。对于他而言，这就是博物学的意义所在：不仅要对世界进行分类，而且还要找到一种方法，使贸易平衡朝着有利于欧洲的方向倾斜。林奈甚至表示，瑞典有可能种植桑树，这样就能减少对进口中国丝绸的依赖。[6]

毫不令人意外的是，林奈发现在瑞典种植热带植物非常困难，因为瑞典的冬天非常寒冷。不过，帝国统治疆域更大的国家就更容易成功。18 世纪，欧洲博物学家帮助在殖民地建立了数百座种植园。建立这些种植园的明确目标就是种植热带植物，以减少对进口商品的依赖。例如，1735 年，法国东印度公司在法兰西岛建立了一座种植园，也就是现在的毛里求斯岛。那里的法国博物学家负责种植辣椒、肉桂和肉豆蔻，希望以此打破荷兰对于香料贸易的垄断。（当时欧洲唯一能够买到这些香料的地方，就是荷兰东印度公司控制的东南亚地区。）法国东印度公司甚至雇了一位名为皮埃尔·波夫尔（Pierre Poivre）的传教士，将种子和树苗从东南亚走私到新的花园里进行种植。英国人在印度也有类似的行动，1786 年英国人在加尔各答建立了一座植物园，希望种植肉桂，打破荷兰的垄断。18 世纪末，大多数欧洲殖民地——包括牙买加、新南威尔士和开普殖民地——都有植物园。这些植物园与欧洲主要的植物园——如伦敦的邱园（Kew Gardens）*——相互交流联络，是世界博物学中重要的信息来源。[7]

4.1 奴隶制与植物学

1687年，汉斯·斯隆（Hans Sloane）抵达牙买加后，便一头扎进了山区。他骑在马背上，在一位非洲黑奴向导的陪同下，开始收集尽可能多的植物：蕨类、兰花和其他野草已经填满了他的袋子。斯隆需要格外小心，因为这些山脉对于欧洲人而言是一个危险的旅行场所，逃跑的奴隶以及海盗都可能袭击他们。但是，冒险是值得的。在接下来的一年时间里，斯隆收集到800多份植物标本，他小心翼翼地将每一份标本进行干燥处理，再装订成册。斯隆来到牙买加，其官方身份是担任岛上新任总督阿尔贝马尔公爵（Duke of Albemarle）的私人医生。不过，斯隆对总督的健康状况并不特别上心。（事实上，斯隆上任不到一年，总督就逝世了。）斯隆真正想做的事情，是研究岛上的自然界。1689年，斯隆回到伦敦后，开始写下他所发现的这一切。这部配有插图的两卷大开本著作，书名为《牙买加的博物学》（*The Natural History of Jamaica*，1707—1725年出版）。[8]

斯隆后来成为18世纪早期最有影响力的博物学家之一。在斯隆的作品出版后不久，他就被选为皇家学会会长以及皇家内科医学院院长。卡尔·林奈也向斯隆咨询，到伦敦拜访他，并将《牙买加的博物

---

* 邱园，英国皇家植物园，1759年始建，现已成为全世界植物品种最多的植物园之一，2003年入选联合国教科文组织《世界遗产名录》。

学》中的一些信息纳入自己的《自然系统》。1753 年，斯隆离世，他的全部收藏品——其中包括超过 70 000 种植物、动物、矿物与文物的标本——都被英国国会买下了，这些藏品也成为大英博物馆以及后来伦敦自然历史博物馆的基础。斯隆之所以成功，是因为他理解了博物学和经济之间的关系。在有关牙买加的这本书的开篇，斯隆就提醒他的读者，这座岛是“女王陛下在美洲那些种植园中最大也最壮观的一座”。《牙买加的博物学》描述了各类很有价值的作物，而就在这一时期，英国人正通过奴隶制的扩张，将西印度群岛转变为一个完全成熟的种植园经济体。斯隆自己也从这个世界中获利。他通过联姻，获得了牙买加一座大型糖厂三分之一利润分成的权利。他还在美洲投资了一系列金融计划，其中包括出售“牙买加树皮”，这是金鸡纳树树皮另一种可能的替代品。[9]

斯隆的成功，还要仰仗他在西印度群岛遇到的那些非洲奴隶。然而，这些事实在当时只有一部分能得到承认。和我们将在本章中遇到的许多欧洲博物学家一样，斯隆对待非洲知识的方式，以及他对语言的运用，都反映了这一时期典型的种族主义态度。在《牙买加的博物学》中，斯隆描述了自己如何向“当地居民获取植物学信息，不管他们是欧洲人、印第安人还是黑人”。一株植物引起了斯隆的额外注意。他于是解释道：“科罗曼汀黑鬼（*Coromantin* Negroe，原文如此）称这种植物为‘比奇’（Bichy），它既可食用，又可用于治疗腹痛。”这种被牙买加人称为“比奇”的可乐果（kola nut），能起到兴奋剂的作用。它似乎也能让腐坏的水喝起来仍然新鲜，还能让胃不那么难受。后来在 19 世纪，可乐果就成了软饮料可口可乐的原始配方成分之一。尽管这种可乐果出现在了斯隆的《牙买加的博物学》中，但它实际上并不是牙买加的本土植物。相反，它来源于西非。斯隆自己也意识到了这一点，指出可乐果是用“几内亚商船携带的种子”种出来的。在西非，

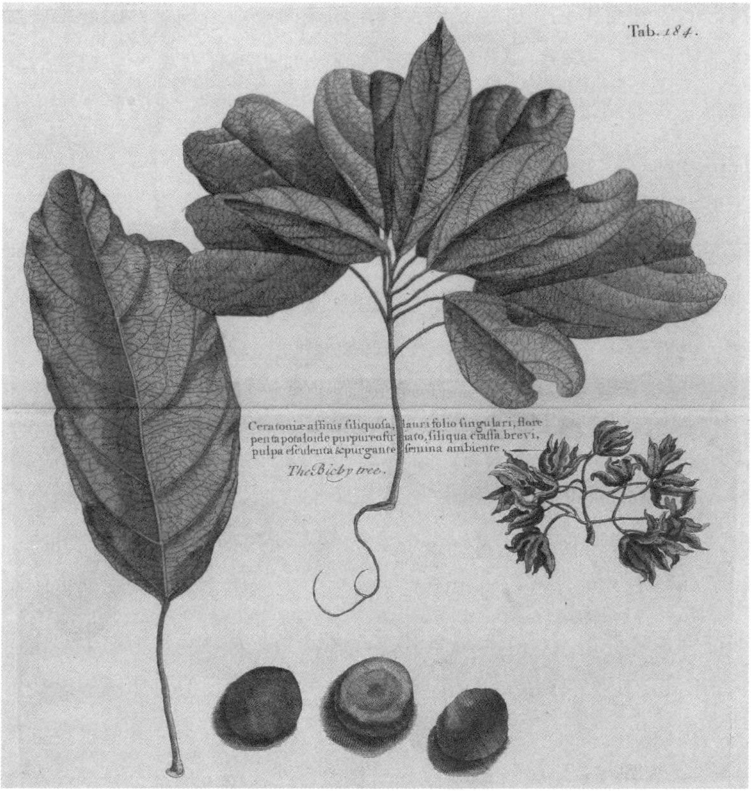

从“比奇”树上摘下的可乐果，由汉斯·斯隆在《牙买加的博物学》中描绘。

这些可乐果早已被用于医药，也会在庆祝仪式上作为友好的象征，在邻里和亲朋好友间交换。“谁带来了可乐果，谁就带来了生命。”西非的伊博族（Igbo）中流传着这样一句经典的话。具有残酷且讽刺意味的是，可乐果作为传统的友谊象征被带到了牙买加。非洲奴隶则咀嚼可乐果，试图在令人难以忍受的环境中坚持活下去。[10]

斯隆很快注意到，牙买加有很多植物实际上都原产于非洲。斯隆往往是在给奴隶分配“粮食供应地”的时候遇到这些问题的。欧洲种植园的管理者不会提供足够的食物，而是简单地给奴隶分配一小块贫瘠的土地，让奴隶自己种植口粮。在牙买加，斯隆花费了大量的时间考察这些被他称为“黑人种植园”的地方。他会询问在这些土地上劳作的非洲人，了解他们从本国带来的不同食物。在牙买加，斯隆对西印度群岛的了解有多少，他对西非植物学的了解就有多少。在“粮食供应地”里，他看到了山药、小米和黑眼豆，所有农作物都是通过奴隶船跨越大西洋而来的。对于在牙买加被奴役的非洲人而言，这些蔬菜、粮食代表了一种家乡的味道，哪怕他们身处最绝望的环境。[11]

在美洲各地，欧洲博物学家向奴隶们提问，希望发现一些有可能拿来交易盈利的植物，特别关注它们能不能入药。我们一定要记住，粗暴的权力关系在这一过程中起了作用。欧洲奴隶主将非洲的人民和非洲的知识都视为可以剥削的财产。1773 年，苏格兰种植园主亚历山大・J. 亚历山大（Alexander J. Alexander）描述道，他对非洲奴隶使用的药用植物进行了一系列实验，而这些药物被他称为“黑鬼医生的药物”。亚历山大曾在爱丁堡大学学习化学，在他位于格林纳达的种植园里，他听说奴隶会使用一种树皮。据说这种树皮是一种有效地治疗雅司病（yaws）的药物，而雅司病是一种导致皮肤大面积感染的令人痛苦的疾病。亚历山大解释道：“黑鬼们的方法是让患者站在木桶里，用小火加热木桶使患者大量出汗，每天两次，并用当地称为博伊斯罗耶尔（Bois Royale）和博伊斯费尔（Bois fer）的两种木材煎药，给患者服下。”在给爱丁堡大学化学教授约瑟夫・布莱克（Joseph Black）的信中，亚历山大报告了这一“惊人”的结果。所有接受药物治疗的人都在两周内痊愈。亚历山大还给布莱克发送了一份样品，建议他对树皮的成分进行化学测试。[12]

与斯隆有信件来往的医生亨利·巴勒姆（Henry Barham）也报告了他在牙买加的类似经历。在经历高烧和腿部发炎后，巴勒姆几乎放弃了希望。然而，种植园中的一名非洲奴隶建议他使用一种叫“猪李子”（hog plum）的树皮。巴勒姆回忆道：“我在洗澡的时候，一个黑鬼穿堂过屋……对我说：‘主人，我能治好你的病。’于是他立即给我拿来这种树的树皮，还有一些叶子，让我用它们泡澡。”巴勒姆说，在用这种药物汤浴之后，“我完全康复了，我的腿就和从前一样有力，能够发挥全部功能”。无独有偶，牙买加另外一位医生帕特里克·布朗（Patrick Browne）描述过一种“杀虫草”的疗效。“这种蔬菜已经被黑鬼和印第安人使用了很久，他们也最早了解到它的优点，它也正是因为在杀灭蠕虫方面的特殊功效而得名的。”布朗如此记录道。回到欧洲的博物学家也会关注非洲人了解的植物知识。18世纪初，伦敦一位有影响力的博物学家詹姆斯·佩蒂弗（James Petiver）发表了一篇有关“一些几内亚植物”的文章，他提到的植物是由皇家非洲公司的雇员在西非收集的。佩蒂弗列举了每一种植物的非洲名称与药用价值，包括能够杀虫的“concon”和用于恢复体力的补品“acroe”。[13]

18世纪末，一些欧洲医生暂且承认，非洲人可能比他们更了解某些植物。在苏里南，一位荷兰医生写道：“黑鬼们，无论男女……都了解一些植物的优点，他们提出的一些疗法让来自欧洲的医生们蒙羞。”但也有些人不服气。他们认为，虽然非洲人明显对植物有很多了解，但他们仍然缺乏一种基于分类学的系统方法。爱德华·龙（Edward Long）是牙买加的一个臭名昭著的种植园主，他就持有这样的观点，声称“畜生天生就是植物学家”。然而，龙错了。非洲的植物学知识被记录下来的很少，但它是系统的。西非的伊博族治疗师会根据栖息地对植物进行分类，区分出生长在“森林”和“大草原”上的植物。这种植物分类方法随后会反映在不同的疾病类型中，不同的疾病需要使用来自不同环境的植物。不管龙怎么说，无论后来的很多历史学家如何学舌，非洲人不仅知道植物的药用特性，而且已经将这些知识整合为一个复杂的分类系统了。[14]

并非所有的植物都能用于治疗。1705 年，德意志博物学家玛丽亚・西比拉・梅里安（Maria Sibylla Merian）发表了一篇文章，其中提到苏里南的一种用于诱导堕胎的植物。作为一名欧洲女性，梅里安与众不同。18 世纪，很少有女性能够长途旅行，因而贸易公司的工作是为男性保留的。梅里安早年与丈夫离婚，在她最小的女儿的陪同下，她于 1699 年前往苏里南。她仅靠售卖一本书的订阅权来维持自己的生计，而这本书她打算在回国时创作，书名为《苏里南昆虫变态图谱》（*The Metamorphosis of the Insects of Suriname*，1705 年出版）。（那个时代很多最著名的博物学家后来都参阅过梅里安的这部作品，其中包括卡尔・林奈和汉斯・斯隆。）在接下来的两年里，梅里安和她的女儿走遍苏里南，居住在种植园里，采集植物和昆虫。在她的书中，梅里安描述了一种名为"孔雀花"的植物，她是从种植园的一些"奴隶妇女"那里了解到的。根据梅里安的说法，苏里南的奴隶妇女使用孔雀花的种子"让孩子流产，这样她们的孩子就不用像自己一样成为奴隶"。她还讲述了非洲奴隶如何利用孔雀花的根部自杀，这种行为在男女中都有——这正是反抗奴隶制的实际行动，也是对他们所处绝望境地的另一种警醒。根据梅里安的说法，"他们相信自己将会重生，获得自由，生活在故土之上"。[15]

对这些危险植物的报道，让身在美洲的欧洲医生震惊。毕竟，如果一朵花可以被用来诱导堕胎或自杀，那么它也可能被当作毒药。1701 年，亨利・巴勒姆描述了牙买加的一位医生同行"被他的黑鬼女人下毒……"。在喝下一杯掺有稀树草原花朵（savanna flower）汁液的茶后，这名男子突然"感到一阵剧烈刺痛，很想呕吐……身体好几个部位轻微抽搐”。因此，非洲的植物学知识就是反抗奴隶制的一部分。然而，欧洲人对中毒的恐惧，造成了一种有些自相矛盾的局面。正如我们所看到的，欧洲博物学家依赖非洲人去了解他们在美洲发现的许多植物，与此同时，殖民地政府正在通过法案，想要切实地禁止非洲人使用药用植物。1764 年，法国殖民政府在圣多明各（Saint-Domingue），也就是现代的海地，禁止所有非洲人后裔“行医或接诊，任何情况下都不得治疗任何疾病”。南卡罗来纳也通过了类似的法律，“如果出现任何奴隶教学或指导另一名奴隶了解任何有毒的根、植物、草本植物或其他有毒物质的情况”，建议判处死刑。类似这样的法律，是传统的科学史将非洲人排除在外的原因之一，当然这里也存在着结构性种族主义等更深层次的问题。可以理解的是，许多奴隶因为害怕惩罚，就将他们的植物学知识秘而不宣。直到最近，我们才开始发现一位历史学家所说的“奴隶的秘密疗法”。[16]

大西洋奴隶制在 17—18 世纪的兴盛，对于欧洲社会的发展产生了深远的影响。强迫非洲奴隶劳动形成的财富，资助了从艺术与建筑到港口和工厂的一切。奴隶制也改变了科学世界。正如我们在前一章所看到的，艾萨克·牛顿和他的追随者，依赖于那些乘坐奴隶运输船旅行的人开展的天文学观测。而在这一章中，我们看到著名的欧洲博物学家，如卡尔·林奈和汉斯·斯隆，依赖于非洲奴隶向他们讲述的西印度群岛和南美洲的植物知识。奴隶制是一种具有深度剥削性的制度，它依赖的是持续的暴力威胁。从更广泛的层面说，帝国也是如此，我们将在本章的其余部分，更详细地探讨这一主题。随着欧洲贸易帝国的扩张，人们对亚洲博物学的兴趣也在提升。在某些情况下，科学交流是在更平等的基础上进行的。但在其他时候，欧洲博物学家仍然依靠胁迫。尽管如此，无论我们观察哪里，这一时期博物学的发展都离不开贸易和帝国的商业世界。在下一节中，我们将探讨帝国与博物学之间的关系如何在东印度群岛演绎。我们的故事就从一位荷兰军事指挥官和他的印度仆人开始。

4.2 东印度群岛的博物学

亨德里克·范·里德（Hendrik van Rheede）看着自己的印度仆人爬上附近的一棵棕榈树。就在即将爬到将近 30 米高的棕榈树顶端时，这名仆人抽出一把刀，切开嫩枝，开始收集一些树汁。顺着树爬下的时候，这名印度仆人告诉范·里德，这棵特别的树被称为“卡里姆-帕纳”（Carim-pana）。这些树汁可用来制作一种酒精饮料，这种酒被称为棕榈酒或“托迪酒”（toddy）。范·里德记下这棵树的名字与用途，在他日益增多的印度植物汇总中又添加了一个片段。“卡里姆-帕纳”就是今天人们所知的糖棕，它只是范·里德的不朽著作《马拉巴尔花园》（*Garden of Malabar*，1678—1693 年出版）所列举的 780 种植物之一。这部作品由 12 卷组成，包含 700 多幅插图，是第一本全面介绍印度植物学的欧洲著作。启蒙运动时期许多最重要的博物学家都曾参考过《马拉巴尔花园》，其中就包括卡尔·林奈。同时，这部作品也深入地借鉴了印度的科学和医学传统。[17]

范·里德并不是作为一名博物学家来到印度的，他是一名军事指挥官。他出生于乌得勒支省的一个富商家庭，年仅 14 岁时，就加入了荷兰东印度公司。1670 年，在行伍中出类拔萃的范·里德，被任命为荷兰殖民地马拉巴尔的指挥官，马拉巴尔位于印度西南端。他看见到处都是棕榈树和香料，对自己身边草木繁盛的环境感到惊讶。范·里德回忆说：“没有一块地上没有植物，哪怕就是最小的地方也是如此。”马拉巴尔的“高大茂密的森林显露出如此欣欣向荣的景象”。他总结道：“印度这一地区的确是全世界最肥沃的地区。”从椰子与香蕉，到豆蔻与胡椒，马拉巴尔有着丰饶多产的环境，荷兰东印度公司热衷于此地的商业开发。[18]

“卡里姆－帕纳”（糖棕），来源于亨德里克 · 范 · 里德的《马拉巴尔花园》。图片上方用三种语言（以四种字母系统）表达这种棕榈树的名字。

考虑到这一点，范 · 里德开始实施一个雄心勃勃的项目，对马拉巴尔所有种类的植物进行收集、绘制并描述。只凭范 · 里德自己，这件事不可能完成。于是，与美洲和非洲一样，东印度群岛的欧洲博物学家也依靠当地人已有的知识来了解这一地区的动植物群落。毕竟，当地人关于南亚博物学方面的专业知识，远远超过任何欧洲人可能的期望。首先，范 · 里德征募了一支庞大的队伍，由 200 多名印度收集者组成，四处搜寻不同的植物。作为一名军事总督，他有能力获得自己想要的东西，必要时还可以使用武力。范·里德还利用自己的外交关系，写信给当地的印度王子，要求他们转交标本。科钦（Cochin）国王和特库姆库尔（Tekkumkur）国王也都来帮忙，送来数量惊人的稀有植物。范·里德随后又聘请了三位印度艺术家，为不同的标本绘制素描图。当《马拉巴尔花园》在阿姆斯特丹出版的时候，这些印度绘画便出现在书中。最为重要的是，范·里德还召集了一组印度学者来给不同的植物命名，并确定它们的用途。这支团队由三位婆罗门组成——兰戈·布哈特（Ranga Bhatt）、维娜雅卡·布哈特（Vinayaka Bhatt）和阿普·布哈特（Apu Bhatt）。他们都是印度教的高种姓教徒，擅长古代宗教和科学文献。除了婆罗门，范·里德还聘请了一位名叫伊蒂·阿楚登（Itti Achuden）的当地医生。阿楚登接受过印度传统医学体系“阿育吠陀”（Ayurveda）的教育，是一位鉴定马拉巴尔植物不同治疗特性的专家。[19]

印度植物学与非洲不同，其中大部分知识都被记录下来了。阿楚登保存着范·里德所述的“著名医学书籍”，这又提醒了我们南亚人已有的科学知识。不过，这些书并非常见的印刷书籍。在 17 世纪的印度南部，人们并不在纸上写字。相反，他们在晾干的棕榈叶上书写，再用绳子捆在一起。这样做的好处是，只要在一沓棕榈叶中插入一片棕榈叶，就可以随时添加资料。伊蒂·阿楚登的医学资料是用本地的马拉雅拉姆语（Malayalam）写成的，已经传承了很多代。资料有数百片棕榈叶，详细地描述了当地植物的各种药用价值。同样，婆罗门也动用了他们从《吠陀》（*Vedas*）中获取的知识，《吠陀》是一系列古老的印度教经文，其中有许多是用梵文写的，描述了植物的药用价值。例如，最初整理于公元前第二个千年某个时间的《阿萨瓦吠陀》（*Atharva Veda*），包含对 288 种植物的描述。其中包括法兰绒草，据说有助于伤口愈合；还有一种叫“山羊角”的灌木，据说能够驱赶蚊虫。[20]

范·里德重视《吠陀》中囊括的知识，并指出："关于医学和植物学的科学知识被保存在经文之中。"这些古代文献显然包含了丰富的信息。范·里德解释道："第一行……从植物的专有名称开始，这些植物的种类、属性、纹理、形状、组成部分、采摘地点、季节、疗效、用途等，都得到了高度准确的描述。"咨询过婆罗门后，范·里德开始了解植物的命名如何反映出印度的分类系统。植物的名字通常带有一个表示物种的后缀。例如，"Atyl-alu""Itty-alu""Are-alu"，都是不同类型无花果树在当地的名字，后缀"alu"就标明了它们是无花果树。这些名字后来在《马拉巴尔花园》中被沿用。在作品的最终版中，这些植物以三种语言列出：马拉雅拉姆语［用阿拉伯文字和本地的雅利安祖图（Aryaezuthu）文字书写］、康卡尼语（Konkani，用梵文书写，这种文字被用于书写宗教经书，如《吠陀》）和拉丁语（用罗马字母书写）。[21]

《马拉巴尔花园》是一部典型的启蒙科学作品。它汇集了不同文化的科学传统，展示出印度南部博物学的独特视角。与此同时，《马拉巴尔花园》也是一部反映了欧洲贸易公司影响力日益增长的作品。范·里德的著作列举了各种有价值的商品：檀香、豆蔻、生姜和黑胡椒。正是这种对经济的关注，在17世纪末激发了人们对自然界研究的新兴趣。

乔治·埃伯哈德·鲁姆菲斯（George Eberhard Rumphius）感到大地在颤抖。起初只是轻微的颤动，但是后来，整个房子开始剧烈摇晃。1674年2月17日，"最可怕的地震"袭击了安汶岛（island of Ambon），这座岛屿是现在印度尼西亚的一部分。鲁姆菲斯是荷兰东印度公司的一名商人，当时已在岛上生活了20多年。他从未经历过这样的事情，但是更糟糕的事情还在后头。在最初的震动过后，鲁姆菲斯发现地平线上出现了什么东西。“令人胆寒的三股巨浪……看上去就跟几面高墙一样。”他后来回忆道。这是一场海啸。安汶岛的居民遭了大灾，整个村庄被冲走了，记载称有2000多人因此死亡，其中大部分是当地的安汶人。对于鲁姆菲斯而言，这是一个特别悲惨的日子，他的妻子苏珊娜以及两个孩子也罹难了。他决定给一朵花命名，以纪念妻子。毕竟这对伉俪经常一起在岛上采集植物。鲁姆菲斯选择的是一种白色兰花，将其命名为“*Flos susannae*”（苏珊娜花，中文称龙头兰）。“谨以此花，纪念第一位向我展示这朵花的人，她在世时是我采集草药与植物的最好伴侣兼助手。”[22]

地震发生时，鲁姆菲斯对安汶博物学开展的一项重大研究已进入中期。这项研究后来分为两本书出版。第一本书涉及贝类和矿物，名为《安汶人的奇异小屋》（*The Ambonese Curiosity Cabinet*，1705年出版）；第二本则囊括了植物，名为《安汶本草》（*The Ambones Herbal*，1741—1750年出版）。这两部作品都有精美的插图，包括数百幅描绘各种植物和动物的版画，从鲎到榴莲，一应俱全。卡尔·林奈也参考了这两部作品，甚至将《安汶人的奇异小屋》中的一些图片复制到他那本很有影响力的《自然系统》中。[23]

与马拉巴尔的亨德里克·范·里德一样，鲁姆菲斯也认为，了解安汶的自然界会对荷兰东印度公司很有帮助。欧洲人在东南亚的死亡率是出奇地高，而药品也很难买到。鲁姆菲斯特别提到：“我们每天都在经受煎熬，而且对我们十分不利的是，公司花费高昂的代价配送欧洲药物，但当它们送到时，要么已经过期，要么已经变质。”作为替代方案，他建议欧洲人研究当地药用植物的特性。鲁姆菲斯宣称，这些药物不仅更容易获取，而且更有可能对当地疾病有效。“所有国家都有各自特殊的疾病，应该用当地药物治愈。”他力证道。与此同时，东南亚的许多植物被认为特别有价值。荷兰人已经控制了来自马鲁古群岛

（Moluccas）的丁香、肉豆蔻和肉豆蔻衣的供应。鲁姆菲斯正在寻找具有潜在价值的其他商品。[24]

鲁姆菲斯要依靠当地人教给自己有关东南亚动植物群的知识。一开始他就从妻子那里学到了很多。尽管苏珊娜有个欧洲人的名字，但她实际上是安汶本地人。苏珊娜很可能是个混血儿，在鲁姆菲斯于1653年抵达该岛后不久，她就皈依了基督教，并与他结婚。她对当地的植物学知晓甚多，因为印度尼西亚的妇女经常充当治疗师和草药医师，这也是当地已经存在科学专业知识的又一个证明。苏珊娜是最早带着鲁姆菲斯在安汶四处走动的人，她会指出哪些植物或可列入他的《安汶本草》。此时的鲁姆菲斯已经失明，因此他完全依赖苏珊娜以及其他安汶向导来识别、收集甚至绘制后来出现在他书中的植物。苏珊娜辞世后，鲁姆菲斯不仅失去了他的灵魂伴侣，而且失去了植物学信息的主要来源。[25]

鲁姆菲斯与范·里德非常相似，他也用多种语言列出了自己所发现的所有植物。《安汶本草》以拉丁语、荷兰语、安汶语和马来语给植物命名。在某些情况下，鲁姆菲斯还记下了同一种植物的汉语、爪哇语、印度语或葡萄牙语名称。这反映出17世纪末东南亚民族和文化的多样性。除了荷兰人，中国、印度和非洲的统治者也向东南亚派遣商人以获取香料。因此，了解植物在不同地方的名称至关重要，这不仅是为了科学，而且是为了贸易。[26]

不在郊外采集植物的时候，鲁姆菲斯也会去市场。在安汶的集市上，鲁姆菲斯——他会说好几种亚洲语言——只是通过与商人及旅行者聊天，就能了解当地很多野生动物。当地渔民告诉他有一种巨大的章鱼，被称为船蛸（Argonaut），或者在马来语中被叫作“Ruma gorita”。雌性章鱼会长出一个复杂的螺旋形卵壳，看上去就像是某种贝壳生物。“如果能钓到一条，渔民们都会视它为上苍的巨大恩惠。”

鲁姆菲斯解释道。他还提到："船蛸的螺壳极少会被发现，即使是在印度尼西亚，其价格也很高。"类似的情况还出现在附近的布鲁岛（Buru）上，一位伊斯兰教职人员教鲁姆菲斯如何从当地树木的木材中提炼油脂。鲁姆菲斯还记录了马尼拉的中国商人如何销售一种糖渍的兰花根。[27]

乔治·埃伯哈德·鲁姆菲斯的《安汶人的奇异小屋》，描绘了"Ruma gorita"，也就是大船蛸及其卵壳。

不久之后，鲁姆菲斯编制了东南亚许多最有价值的天然产品目录。事实上，鲁姆菲斯的工作被认为在经济上非常重要，以至于荷兰东印度公司一开始还将《安汶本草》列为“秘密文件”。这也导致该书的印刷推迟至鲁姆菲斯逝世之后。荷兰东印度公司希望保持自己在香料贸易上的垄断地位，不想让其他具有潜在价值的商品的相关消息传出。即便当《安汶本草》最终出版之时，荷兰东印度公司也只是同意将某些章节删除后再出版，其中就包括对收获肉豆蔻的详细描述。

荷兰人对竞争的担忧是对的。17 世纪，许多欧洲贸易公司在亚洲开展业务。然而，18 世纪，英国开始占据主导地位，尤其是在印度。英国东印度公司通过一系列军事征服，控制了印度次大陆的大部分地区。18 世纪末，荷兰势力和法国势力基本被驱逐，其活动只限于小型贸易站。甚至在过去 200 年中统治印度大部分地区的莫卧儿人，最终也被英国打败。英国东印度公司的扩张，部分要归因于博物学领域正在开展的新的科研工作。英国人看到了荷兰人取得的成就，并希望迎头赶上。而英国人的想法就是将印度转变成一个热带种植业经济体，这个经济体可供应所有本应由亚洲提供的商品，从香料到糖，再到木材和茶叶。[28]

秉持着这样的想法，英国东印度公司于 1786 年建立了加尔各答植物园。加尔各答位于印度东北部，是孟加拉的首府，英国东印度公司刚刚击败当地统治者，控制了这一地区。植物园的第一任园长罗伯特·基德（Robert Kyd）确切地说是一名军官。他向身居伦敦的英国东印度公司董事们解释了建设新植物园的目的。建设加尔各答植物园“并不是为了满足好奇心…… 收集稀有植物”；相反，这是为了“建立一座储备库，以散播可能对当地居民以及英国本土居民有益的物品”。

基德相信，这样一座植物园最重要的用途就是储存“有用”的植物，“最终将扩大国家的商业和财富”。[29]

因此，建立加尔各答植物园，不仅是一项科学计划，而且是一项经济计划。它旨在巩固英国东印度公司在孟加拉的地位，并提供一些将来可在印度各地种植园里种植的有价值的作物。基德立即开始工作。他派人从马拉巴尔取来黑胡椒，又从东南亚得到了肉桂。每一次行动都是为了打破现有的垄断，减少英国对国外进口的依赖。英国东印度公司希望通过自己种植这些有价值的植物降低成本，从而提高利润率。1790 年，加尔各答植物园中共有 4000 多种植物，涵盖了 350 个物种，其中大多数不是孟加拉本地植物。[30]

1793 年，基德去世，加尔各答植物园园长的职位便由一位名叫威廉·罗克斯堡（William Roxburgh）的苏格兰外科医生接任。罗克斯堡与基德不同，接受过博物学和医学方面的教育。作为爱丁堡大学的一名学生，他学过如何解剖植物，并根据林奈分类法识别不同的物种。1776 年，罗克斯堡抵达印度，担任助理外科医生。在被调到加尔各答之前，他已在印度南部马德拉斯管辖区（Madras Presidency）内的萨马尔科塔（Samalcottah）建立了一座小型实验种植园。在种植园里，罗克斯堡种植了黑胡椒、咖啡和肉桂。他还尝试种植从塔希提岛引入的面包果，许多博物学家认为这种植物可能成为廉价的高热量食物的来源。[31]

除此之外，罗克斯堡还找到了另一种有价值的商品——靛蓝染料——的替代品来源。这种深蓝色的染料过去是用靛蓝植物的叶子制成的。当时，靛蓝植物主要在美洲种植，其贸易线路主要由西班牙人控制。印度也曾种植过靛蓝植物，但规模不大，也没有取得多大成功。因此，罗克斯堡更想推广一种来自当地的替代品。他宣称发现了一种完全不同的植物，卡尔·林奈将这种植物归类为夹竹桃属，其叶片似乎也能分泌类似的蓝色染液。罗克斯堡很快给伦敦的英国东印度公司董事写信，将他的“夹竹桃靛蓝”标本送去，进行化学测试，他认为人们可以发现这种植物具有“无限盈利”的价值。[32]

从这方面来说，罗克斯堡是接管加尔各答植物园的无可争辩的候选人。他将基德对商业的重视和自己对生物分类学最新科学工作的深刻理解结合在一起。罗克斯堡一上任就开始扩建花园。他开始种植其他各式各样的热带植物，其中有许多起源于距离印度很遥远的地方。其中包括牙买加的多香果，以及来自南美的红薯和木瓜。罗克斯堡还向马鲁古群岛派出了收集者，负责将肉豆蔻和丁香样品偷运出来。有了这么多不同的植物，罗克斯堡开始扩充花园的员工数量。许多外来的植物都需要专业的照料。与其他欧洲博物学家一样，罗克斯堡很快意识到，对亚洲植物了解最多的人正是来自该地区的人。为此，罗克斯堡还从安汶招募了两名马来人园丁，分别叫穆罕默德和高隆（Gorung）。很可能是因为他们作为草药医师或香料农场主而拥有专业特长，罗克斯堡才招募他们的。这两个人被雇来专门照料肉豆蔻，这种植物已经被证实，在东南亚以外的地区生长格外困难。同样，罗克斯堡还雇用了一批来自中国的园丁来帮助种植茶树，他也雇用了泰米尔人来种植出产于印度南部的香料。[33]

这种文化的多样性，在罗克斯堡第一份重要的科学出版物中也得到了反映。在英国东印度公司的支持下，罗克斯堡出版了《科罗曼德尔海岸的植物》（*Plants of the Coast of Coromandel*，1795 年出版）。这本书详细地描述了他早期的诸多植物学发现。植物使用英语、拉丁语和当地印度人的泰卢固（Telugu）语命名。这本书还收录了 300 多幅手工上色的插图，描绘了罗克斯堡介绍的每种植物，插图中的植物尺寸与实际大小相同。然而，这些插图并不是罗克斯堡本人绘制的，而是由“两位当地艺术家”创作而成。自创立以来，加尔各答植物园就聘请了印度艺术家，对不同种类的植物进行描摹并分类。英国人雇用他们，是因为他们熟悉当地的环境，还因为他们在描绘欧洲人未知的物种方面颇有技巧。这些艺术家通常会结合欧洲和印度的传统，形成一种后来被称为“公司派”（Company School）的风格。许多在加尔各答受聘的艺术家，此前都为莫卧儿人工作，经常以植物园或动物园为主题创作插图手稿。因此，从某种程度上说，《科罗曼德尔海岸的植物》的插图看上去就像一幅典型的莫卧儿宫廷绘画，具有清晰的色块和相对平淡的外观。与此同时，这些插图也反映了林奈分类法的要求。罗克斯堡确保这些印度艺术家会仔细地分别画出植物的生殖器官以及种子，因为这些对于识别林奈体系下的不同物种至关重要。[34]

在加尔各答植物园，我们最终可以看到启蒙时代科学的缩影。这座机构由不断扩张的大英帝国建立，其目的是攫取经济利益。它建立在英国人用军事武装从当地印度统治者手中豪夺来的土地上。与此同时，从苏格兰的外科医生到印度的艺术家，加尔各答植物园也是一个汇集了各种文化和科学传统的地方。在下一节中，我们将探讨中国在17—18世纪的博物学。中国也是英国东印度公司努力开拓的一个地区，尽管难度要大得多。而且，中国还有一种植物，让英国的商人和博物学家都不顾一切地想要得到它。[35]

4.3 中国饮料

1658年，一种异国风味的新药来到伦敦街头。有些医生宣传它有神奇的疗效，它能治疗从肾结石到抑郁症的各种疾病。然而，其他一些人认为它可能是一种有害的麻醉剂，可能与酒精甚至鸦片一样危险。英国人显然已经对此上瘾。有位医生声称，这种药物是“导致一系列神经疾病”的罪魁祸首。另一位医生却说：“抿一口这种汤剂，有时就能工作一整个晚上……不会被睡眠的需求所征服。”这种有争议的新疗法是什么？著名的日记连载作家塞缪尔·佩皮斯（Samuel Pepys）称之为“中国饮料”。对于它，我们更熟悉的名称是茶。

17 世纪中叶，茶叶首次抵达英国时，它还是一种舶来商品。它从中国一路进口而来，每磅的价格是咖啡的 10 倍。然而，18 世纪末，茶已经成为日常消费品。英国人被认为是“饮茶民族”，各界人士都有饮茶的习惯。1610 年，第一批抵达欧洲的茶叶是由荷兰东印度公司的货船运来的。最初，英国人从荷兰人那里购买茶叶。然而，随着需求持续增长，英国东印度公司开始想方设法直接从中国采购茶叶，并在 1713 年带回了第一批茶叶。除了茶叶，欧洲贸易公司还进口了大量中国丝绸和瓷器，以及银杏等草药。事实上，18 世纪的人们对所有中国商品都很狂热。欧洲医生在试验针灸，而英国的花园里种满了中国灌木，包括牡丹和木兰。[36]

与中国贸易的增长，也激发了欧洲博物学家的兴趣。特别是茶，引发了许多科学争论，因为人们对茶的分类感到困惑。欧洲人在中国购买的茶叶有许多品种。18 世纪，这些茶被称为“bohea”（红茶，指武夷岩茶）、“singlo”（绿茶，指松萝茶）和“bing”（皇家茶，一种专门用于进贡的绿茶，也叫宝茶，bing 取自首创者的名字音译）。每个品种的叶子都有不同的颜色，泡出的茶也会产生不同的味道。然而，当时很少有欧洲人能真正看到生长在原本环境中的茶树。相反，茶叶是从中国沿海港口——如广东和厦门——采购来的，此时的茶叶已经加工完成。茶叶的加工过程包括手工反复挤干并搓揉树叶。因此，欧洲博物学家不确定这些不同种类的茶究竟是来自同一种植物，还是来自许多物种。卡尔·林奈也与人合作撰写了一本书，书名为《茶饮料》（*The Tea Drink*，1765 年出版），书中提出了这个疑难问题。他错误地认为，不同种类的茶叶必须代表不同的物种。（事实上，所有的茶叶都来自同一种植物，欧洲博物学家直到 19 世纪才完全确定这一点。）[37]

正如我们在别的地方所看到的，这些科学问题也有其商业维度。抵达中国的欧洲贸易商需要能够区分不同的茶叶，从而识别出假货。这一点对于避免被敲诈至关重要。如果你只想喝一杯普通的绿茶，那你就不会为一杯昂贵的贡茶买单。英国东印度公司的一些管理人员甚至报告称，在茶叶的货箱中发现了鼠尾草叶或其他廉价的替代品。在欧洲试种茶叶，也有着巨大的经济刺激。林奈本人也促成了这一想法，他抱怨说，巨额的资金从欧洲流出只是为了交换中国商品。林奈写道："我们不妨从中国把这种茶树带回来。"他希望"将来不会有一分钱是我们必须留下来给这些叶子买单的"。这些都是我们之前提到的"贸易平衡"的部分论点。中国人只接受银锭付款，林奈和其他许多人担心，与中国的贸易正在削弱欧洲经济。茶叶等商品的进口额，远远超过出口额。[38]

出于这种考虑，欧洲博物学家花费了大量精力研究中国植物。1699 年，詹姆斯·奥文顿（James Ovington）出版了第一本详细描述茶叶的英文作品。在一篇有关茶的性质和品质的文章中，奥文顿描述了茶树的不同品种以及茶树的栽培。然而，他并没有实际看过茶在它的原生环境中生长。相反，他是在印度西部古吉拉特邦（Gujarat）的英国东印度公司工作时，对茶有一些了解。几个世纪以来，古吉拉特邦的商人一直与中国人进行着茶叶、香料和丝绸的贸易。据奥文顿说，茶是"印度所有居民的一种常见饮料"，那里的人将它与糖和柠檬混合。在古吉拉特邦期间，奥文顿还在当地宫廷遇见了一位中国特使。特使看起来"带了好几种茶"。从特使在印度的交流中，奥文顿拼凑出一些有关茶叶的基本事实，包括茶叶是怎样加工的。"茶叶一开始是绿色的，但经过两次炒制后变得又脆又干……从火上取下以后，立即用手在桌子上搓揉茶叶，直到其卷曲。”奥文顿解释道。他还提议，只要能获得一株标本，就有可能在欧洲种植茶叶，对此，他这样写道：“这种灌木本身生命力强，能耐严寒……英国的冬天，并不比它现在生长的一些地区更冷。”[39]

奥文顿说的很对，但在欧洲人还没有真正去过中国的情况下，对茶的了解也就这么多了。好在这本书出版后不久，问题就解决了。1700年，詹姆斯·卡宁厄姆（James Cuninghame）在舟山岛登陆，成为第一批观察茶在中国原产地种植情况的欧洲人之一。卡宁厄姆是一名受雇于英国东印度公司的外科医生，他被派往舟山——中国东部沿海的一座小岛——以协助建立一座早期的贸易站。贸易站的建设最终以失败告终，英国东印度公司也很快放弃了这个项目。然而，卡宁厄姆决定留下来，他希望了解一些关于中国博物学的知识。逗留期间，卡宁厄姆还与英国很有影响力的博物学家詹姆斯·佩蒂弗通信，承诺自己将获取茶树标本。佩蒂弗还要求卡宁厄姆“咨询武夷岩茶与普通茶的品种及产地有什么区别”。简而言之，佩蒂弗想知道红茶和绿茶是否来自同一种植物。卡宁厄姆尽力回答了佩蒂弗的问题。他参观了很多座茶园，记住了连绵起伏的丘陵上整齐分布的一排排绿色灌木，中国的男男女女徒手采摘茶叶。卡宁厄姆解释说，茶是“一种开花的植物，其叶片带有像荨麻那样的锯齿，背面则是白色的”。他在舟山花了不止一年的时间，最终观察到茶树的完整生命周期，包括茶叶的收获和加工。这也让他能在中国以外的地方，首次准确地描述茶树。[40]

卡宁厄姆对茶树的描述，发表在皇家学会于伦敦发行的著名期刊《自然科学会报》（*Philosophical Transactions*）上。在这篇文章中，卡宁厄姆提出了一个至关重要的评论。“运到英国的三种茶，通常都来自同一种植物。”他解释道。重要的是，茶叶是什么时候被采摘的，随后是如何被加工的。在这篇文章中，卡宁厄姆接着解释了“岩茶”，也就是红茶，这种茶是“三月初的头茬嫩芽，随后放在阴凉处晾干”。而宝茶，即皇家茶，“是四月份生长的第二茬……放在炒锅或平底锅里拿到火上烤一烤”。除了这篇文章，卡宁厄姆还将数百份不同的中国植物标本送回了英国。事实上，如今伦敦自然历史博物馆中保存着中国境外现存最古老的茶叶标本，它们就是由卡宁厄姆收藏的。茶叶被放在一个小木盒里，旁边还有一张可以追溯到18世纪的标签，上面写着“一种中国茶”。[41]

这一时期开发出的自然世界新的分类方法，卡尔·林奈并非唯一的那一个。在中国，博物学的研究已经很好地确立了传统，并可以追溯到几千年前。中国人甚至发展出专门的文献，致力于茶叶的科学研究。其中最著名的一本书叫《茶经》，是由一位名叫陆羽的学者在8世纪写的。陆羽的这本书，列出了你可能想知道的关于茶的一切：茶的种植地，不同的品种是如何被加工的，它的药用特性，甚至还包括应该如何食用。据陆羽说，茶是“家家户户的普通饮料”。而且，与饮酒不同，它“不会让人过于奢侈”。在中国出版的100多本“茶学经典”中，《茶经》是头一部，其他很多则写于17—18世纪，正值欧洲人开始从事茶叶贸易的时期。[42]

与欧洲一样，自15世纪以来，中国与世界各地贸易纽带的发展，引发了中国博物学研究的一场“革命”。商人从美洲进口玉米，从印度进口香料，从东非进口水果。所有的这些，都增加了对新编博物学著作的需求。其中，最重要的一部于16世纪末在南京出版。这本题为《本草纲目》（1596年出版*）的巨著共有超过200万个汉字——涵盖了1892个植物、动物和矿物条目，其中有许多从未被分类。该书的作者

* 《本草纲目》撰成于1578年，初刊于1596年。

李时珍，于1518年出生于中国中部的一个医生家庭。李时珍想进入地位显赫的官员队伍，却没有通过科举考试。然而，李时珍因为有医学背景，所以在北京皇宫内的太医院谋得了一个职位。[43]

李时珍的任务是协助管理中国各地的药物、设置考试、颁发准许文书并评估新药。在宫廷太医院工作时，李时珍获得了大量药品。他也能够阅读许多中国古代博物学著作，如《茶经》。然而，他很快意识到，植物命名在不同地域的多样性，使得太医院的工作异常困难。如果相同的植物名称不同，明朝政府如何评估新药或对药物征税？茶就是一个很好的例子。在广东，茶被读作“ch’a”（因此英语中用“chai”代表茶）；而在厦门，茶被读作“te”（因此英语中也用“tea”代表茶）。随着中国与世界其他国家的贸易往来，各种海外植物也进入中国，这一切变得更加困难。李时珍决定，需要用一种标准化方法来描述在明朝境内发现的所有种类的植物、动物和矿物。[44]

在后来的30年里，李时珍走遍中国，收集标本，并探访当地的医生和农民，为写作《本草纲目》收集信息。在这本书的“凡例”中，李时珍解释了自己的分类系统，他写道：“今通列一十六部为纲，六十类为目，各以类从。”纲这个层级是围绕“五行”构建的，五行是中国传统的世界划分方式，很像古希腊哲学中的四元素。这五行是金、木、水、火、土。五行与特定的性质（如温或凉）以及特定的口味（如酸或甜）相对应。在五行基础上的细分，通常以特定植物或动物可能所在的环境为依据，如“山地草药”或“水生鸟类”。李时珍还需要对各种海外植物进行分类，如玉米。茶树也占有一席之地，它被正确地识别为单一物种，书中还说它有很好的抗炎症效果。事实上，作为一名医生，李时珍花了很多时间，详查了书中列出的所有植物和矿物质的药用特性。他甚至单独写了一章，交叉引用了数百种针对不同疾病的特效药物。[45]

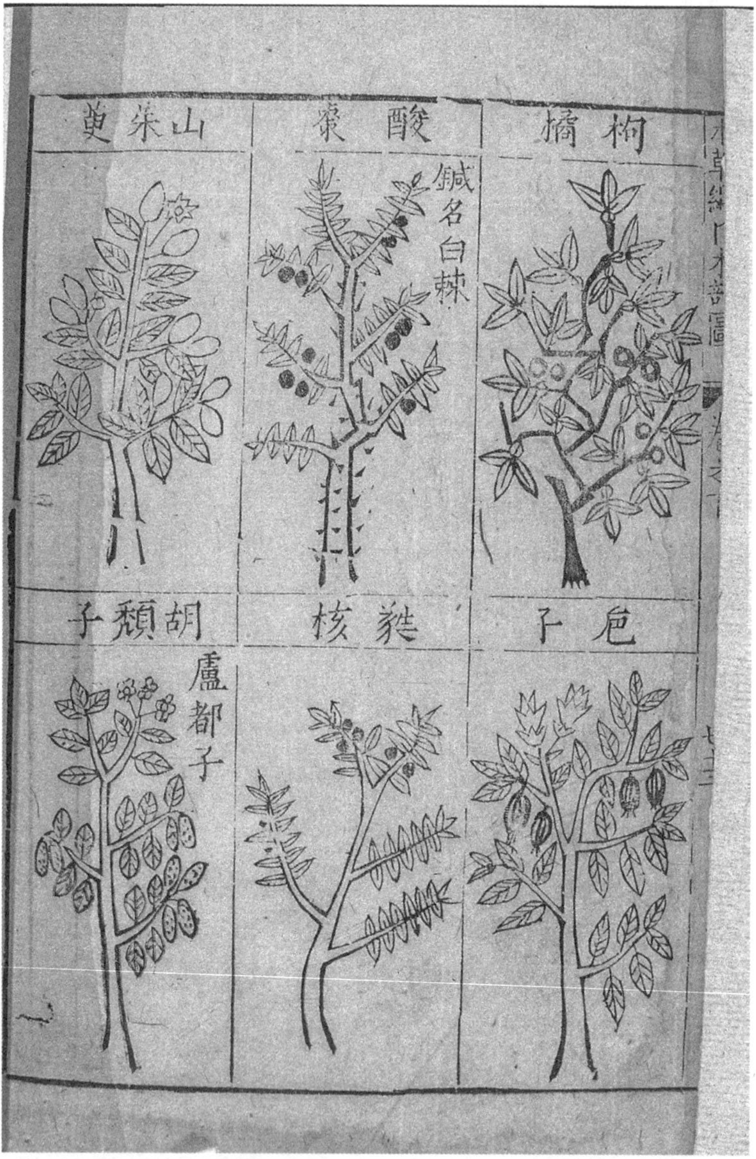

李时珍著《本草纲目》中不同植物的插图。

李时珍最终提供了一种对自然界进行分类的标准方法，整个明朝的医生和官员都可以使用这种方法。他的书获得了惊人的成功。最终的刊印本中附有两卷详细的插图，绘制了书中描述的许多植物和动物。明朝皇帝在17世纪得到了一套，与此同时，经过增删后的多个版本也逐渐刊印出来。1644年，清军入关后，这部著作在中国更加流行。18世纪中叶清朝的疆土面积大大多于明朝，这主要得益于对西部的一系列军事统一。中国博物学家得以接触更多新的动植物，产生新的分类体系。由于18世纪中国的博物学家都谋求增补李时珍的著作，所以科学出版再次出现爆炸式增长。[46]

在此期间，中国博物学著作的副本也开始流传到欧洲。1742年，法国一位名叫汤执中（Pierre Le Chéron d'Incarville）的博物学家在北京写了一封信，描述他如何“发现了一本包含中国药用植物、一些动物以及昆虫绘图的书：一本真正有关博物学的书”。这正是李时珍的《本草纲目》。汤执中很快购买了两卷，并将其转交巴黎的国王花园*。《本草纲目》摘录的法文版和英文版译作很快就出现了。英国皇家学会会长约瑟夫·班克斯甚至购买了一套李时珍的著作，希望这套书能帮助自己识别英国商人送往伦敦的各种中国植物。19世纪，欧洲博物学家对此问题的求教仍持续不断，我们还将在下一章更详细地探讨这一问题。[47]

《本草纲目》是一个重要的例子，它提醒我们，欧洲和中国的博物学的发展是如何密切联系、相互反映的。归根结底，李时珍与卡尔·林奈没有太大的区别。他是一位训练有素的医生，在贸易与国家不断发展的背景下，他注意到对自然界标准化分类系统的需求。李时

---

* 国王花园是法国路易十三时期修建的皇家园林，现已作为巴黎植物园纳入法国国家自然博物馆。

珍的分类法和林奈的分类法一样，其分类基础都融合了有形特征和环境因素。而且，这是由经济和官员的要求推动的。的确，它们在一些细节上存在差异，尤其是李时珍对五行的运用非常特别。但是归根结底，当我们在全球范围内思考时，能够明显地看到欧洲博物学的发展并不是独一无二的。亚洲的科学思想家也在开发新的方法来对自然进行分类，从而了解一个联系日益紧密的世界，正如我们将在下一节中看到的那样，现代早期的日本也是如此。

4.4 德川时期日本对自然的了解

幕府将军想拥有一头大象。1717 年，日本统治者德川吉宗在位于江户城——现代东京——的图书馆内读书。他偶然发现了一本荷兰商人给他叔叔的书：约翰·约斯通（Johann Jonston）的《四足动物自然史》(*Natural History of Quadrupeds*, 1660 年出版)。这部插图丰富的著作最初在莱顿出版，书中绘制了许多动物，如骆驼、狮子和驯鹿，都是这位幕府将军从未见过的。不过，最让德川吉宗着迷的还是大象的图片。德川吉宗当即命令自己的私人医生野吕元丈将约斯通的书从荷兰语翻译成日语。他特别想知道大象来自哪里，可能用来做什么。“在荷兰人到访过的国家里，这些动物大量存在……其象牙具有医疗用途。”野吕元丈报告说。[48]

书中的内容都很不错，但德川吉宗真正想要的是一头属于自己的大象。1729 年，他终于等到了机会。荷兰东印度公司渴望与日本确立有利的贸易关系，同意从越南进口两头亚洲象，一头公象，一头母象。4 月，大象被运抵长崎，荷兰东印度公司顺势在那里占据了一座小型贸易站。两头大象一路横穿日本，所到之处，人们夹道欢呼。两头大象先从长崎被送到京都，最终交给江户的德川吉宗。不幸的是，公象在抵达江户后不久就死了。但这头母象又活了 13 年，它被安置在江户城附近美丽的滨离宫恩赐庭园中。大象只是个开始。在接下来的几十年里，德川吉宗和他的继任者们又收罗了一系列异国动物，其中许多是日本人一无所知的。18 世纪末，江户城里住着一只来自北非的豪猪、两只来自婆罗洲的红毛猩猩、一匹来自波斯的马，以及一群从欧洲进口的羊。[49]

启蒙运动是博物学研究的一个重大变革时期，不仅在欧洲如此，在亚洲也是如此。这一说法对于日本而言尤其恰当。在古代和中世纪，日本的大多数博物学研究，都是由佛教僧侣或神道教神官进行的。博物学具有重要的宗教功能。神道教的神社通常会供奉一些神圣的动物，而佛教徒则认为博物学可以帮助他们更好地理解轮回。然而，18 世纪初，情况发生了很大变化。随着全球贸易的增长，日本的博物学与欧洲一样，开始更多地在商业维度中呈现出来。在 1600 年德川幕府统治建立以后，日本各地的割据势力归于一统，这种情况变得尤其突出。尽管德川幕府奉行“锁国”政策，外国人进入日本受到限制，但这并不意味着贸易就完全中断了。有些违反直觉的是，“锁国”政策实际上促进了贸易的增加，只有少数来自欧洲、中国和日本的商人得到幕府的特许，控制着贵重商品在日本的流进流出。[50]

因此，德川吉宗对异国动物的兴趣不仅仅是出于好奇。他深切地关注着日本经济和政治的未来，并且相信对自然界的研究有可能帮助他找到繁荣的关键因素。更重要的是，日本也深受“贸易平衡”问题的困扰，进口量远远超过出口量，而其中部分原因正是“锁国”政策。德川吉宗因此安排开展了一系列关于日本博物学的调查，希望找出一些能在日本本土种植的商品，作为高档进口商品的替代品。其中规模最大的一次调查发生在 18 世纪 30 年代，由德川吉宗的另一位太医丹羽正伯进行。丹羽正伯在日本各地旅行，就像李时珍在中国的旅行一样。他给每个领地分发了调查问卷，要求地方领主上报“土地上出产的一切”以及“该地区的所有物种，不得遗漏”。调查问卷还附有一封由德川吉宗本人签署的信，提醒日本领主对江户幕府负有的义务。最终的调查结果被称为《江户诸国产物账》，共有3590个条目，不仅包括植物和动物，而且包括金属矿物和宝石。丹羽正伯的调查证实了德川吉宗的猜测。日本确实拥有令人难以置信的自然财富，其中的铜和樟脑油，是欧洲贸易公司尤为热衷于采购的商品。[51]

德川吉宗还支持扩建日本的植物园，特别是江户郊外的小石川植物园。这座植物园始建于17世纪，在18世纪转变为贸易植物的研究场所。这与欧洲发生的事情有着惊人的相似之处。在乌普萨拉，卡尔·林奈试图种植异国植物，与此同时，日本博物学家在江户做着同样的事情。18世纪30年代，小石川植物园已经种植了数千种异国植物，其中许多在此之前都要以高昂的价格进口，比如来自中国的人参、来自东南亚的甘蔗以及来自美洲的红薯。这个植物园非常成功，18世纪80年代，日本实质上已经从人参进口国变为人参出口国。[52]

贸易联系不仅让日本接触到异国的商品，而且还让它接触到各种科学文化。最初，与中国的联系是日本最重要的海外联系。中日两国有着悠久的知识和商业交流历史，可以追溯到一千多年前。日语以及日本哲学的很大一部分都深度地借鉴了中国。商品和思想的流动在17世纪得到加强，尤其是在1600年德川幕府统治确立后。除了丝绸和茶叶，中国商人开始销售越来越多的书籍。他们带来了中国天文学、医学和博物学著作。1604年，李时珍的《本草纲目》在南京出版刚刚几年后，就已经出现在长崎了。幕府将军购买了一本，并将其添置到江户城的图书馆里。1637年，李时珍的书在日本得到全本重印。事实证明，它有着难以置信的影响力，并构成了 17 世纪日本大多数博物学研究的基础。[53]

18 世纪初，一位日本博物学家决定写作一本新书，将中国博物学的精华与关于日本植物的最新调查结果相结合。贝原益轩出身卑微。1630 年，他出生于九州岛南部，是一名乡村郎中的儿子。然而，贝原益轩后来成为日本德川幕府最有影响力的博物学家之一。与当时日本的其他博物学家不同，他并不满足于简单地遵循中国学者的教导。贝原益轩抱怨说《本草纲目》中“讨论的许多外国物种并未在日本生长”。因此，他决定离开九州，到日本各地旅行，想要“用一本文献记录下人们在本国能实际看到的所有物种”。贝原益轩的方法代表了日本博物学发展的一个重要转折点。贝原益轩强调个人经验的重要性，而不只是依赖已有的中国书籍。“我登上高山。我遁入深谷。我沿着陡峭的狭路，走过危险的路面。我在雨中被打湿，在雾中迷失方向。我忍受着最冷的寒风和最热的阳光。但我能够观察到 800 多座村庄的自然环境。”[54] 贝原益轩如此抒怀道。

旅途归来，贝原益轩出版了《大和本草》(1709—1715 年出版)。这是不同科学传统之间的经典融合。贝原益轩仍然向李时珍借鉴了很多。《大和本草》的结构就是《本草纲目》的翻版，尤其是借鉴了对五行的运用。在日本和中国都很常见的许多物种，他也是直接从李时珍的书中复制过来的。在原样复制的条目下，贝原益轩也列出了物种的日文名称以及方言变体，没有单纯地依赖汉字文本。除此之外，贝原益轩增加了 358 种他认为仅在日本才能找到的植物。这其中包括日本著名的樱树（*sakura*），这种植物因其美丽的粉色与白色花朵而闻名。“不管怎么说，我在长崎询问中国商人时证实，日本樱树在中国并不存在，”贝原益轩解释道，“如果这种树的确存在，中国的书中就应该会提到它。”[55]

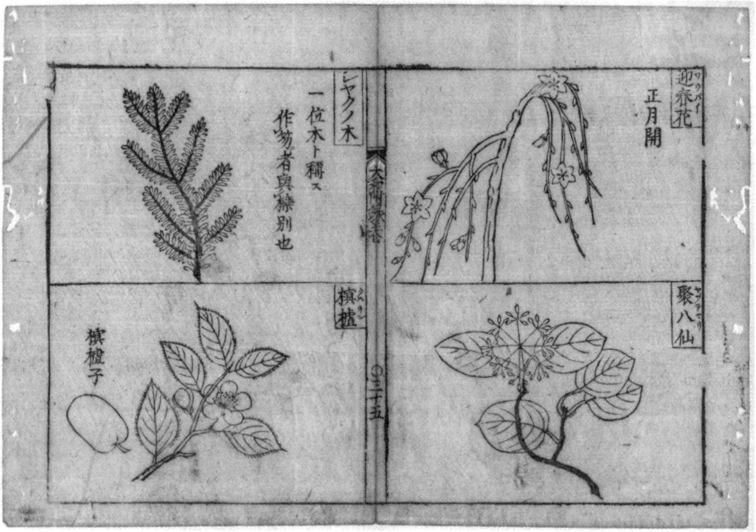

贝原益轩《大和本草》中的植物插图。

事有凑巧，贝原益轩只说对了一半。尽管很少有中国的博物学著作专门鉴别樱树，但实际上樱树确实也生长在中国以及朝鲜半岛的一些地区。不过真正重要的是贝原益轩开始提倡的想法。只依靠现有的汉字文本是不够的。日本博物学家需要旅行、观察和收集。贝原益轩认为，只有这样，博物学日后才能“对我国的人民产生具体的帮助”。[56]

除了中国，日本科学知识的另一个重要来源是荷兰东印度公司。如前所述，德川幕府自 17 世纪初以来一直实行“锁国”政策。根据这项政策，欧洲人进入日本受到了严格限制。和大多数欧洲商人一样，基督教传教士也被完全排斥在外。只有荷兰东印度公司获准可以和日本进行贸易，即使如此，当时的荷兰人仍被限制在长崎海岸附近一座名为“出岛”的小岛上。不过，随着时间的推移，日本和欧洲的科学文化开始相互接触。荷兰商人不仅能在江户宫廷展示科学书籍，日本博物学家也开始学习荷兰语，希望自己能够对遥远的国度了解更多。

事实上，“锁国”政策最终创造出一种特别激烈的文化交流形式，少数日本和荷兰思想家形成了密切合作。

正如我们所看到的，荷兰人的知识给德川吉宗留下了深刻印象。他不仅拥有一本约斯通的《四足动物自然史》，而且拥有许多其他的荷兰语博物学作品，包括鲁姆菲斯的《安汶人的奇异小屋》。因此，德川吉宗决定放宽一项禁止进口欧洲书籍的陈旧法律。（这项法律最初是在17世纪制定的，其目的是阻止基督教的传播。）德川吉宗精心挑选了一批学者，允许他们购买荷兰书籍，以便将其翻译成日文。不久之后，甚至出现了教授“兰学”的专门学校，意在“学习荷兰”。然而，至关重要的是，这不是一种单向关系。在日本博物学家向欧洲学习的同时，欧洲博物学家也在向日本学习。[57]

卡尔·彼得·通贝里（Carl Peter Thunberg）渴望逃离出岛。1775年8月，作为一名外科医生，通贝里乘坐荷兰东印度公司的船抵达日本。他打算立即开始收集日本的植物。然而，通贝里很快发现，自己的行动受到了严格限制。“勤劳的日本人耕种出这些珍稀而又美丽的丘陵，我只能望着它们，满心悲怆……没有前去那里一观的自由。”在给朋友的信中，通贝里如此抱怨道。出岛只有两条街道，街道两旁是木屋和仓库。其中有一座小楼，供荷兰人雇用的日本翻译人员使用，一座孤零零的桥梁连接了出岛和长崎城。通贝里绝望了。他曾在乌普萨拉大学向卡尔·林奈求学，希望成为第一个将“双名”分类系统应用于日本植物的人。但是，如果通贝里不能探索长崎以外的地方，甚至连出岛都走不出，那么将一事无成。“我的确从未被限制在如此狭小的范围内，从未感到如此不自由，从未如此远离我心爱的植物群。”他对此充满抱怨。[58]

通贝里很快就意识到，他需要交一些朋友。他每天都会闯入日文翻译所在的小楼。幸运的是，许多日文翻译也接受过医学教育，他们会在岛上以官方身份协助贸易事务。在日本，也有一些医生会选择学习荷兰语，以便阅读欧洲的博物学和医学著作。通贝里的平生所学给翻译人员留下了深刻印象，因为他能给各种新的医疗方法提供建议，其中包括使用水银治疗当时正在日本流行的梅毒。（不幸的是，这种治疗方法或许弊大于利。）通贝里还带来了一些希望交易的异国标本，包括在爪哇购买的犀牛角。[59]

其中一名日本翻译员重右卫门最终同意帮助通贝里。为了交换书籍和医疗方面的建议，他承诺向通贝里提供来自日本本土的标本。这是一件极其危险的事情，因为任何一个被抓获的走私人员都会遭到严厉的惩罚。每天，重右卫门都会走过桥，来到出岛，祈祷警卫不要搜查他的包，因为包里装满了种子和干燥的植物。晚上，两个人约在翻译小楼见面，在桌子底下迅速交换包裹，希望没人留意。通贝里对此非常高兴，他记载了重右卫门给他带来"各种美丽且稀有的植物，它们是日本所独有的，过去无人知晓"。其中包括一种日本栗子的种子，还有日本的各种博物学出版物。[60]

不过，从区区一个人身上，通贝里也只能学到这么多东西。他仍然想要亲自探索日本，很幸运的是，他的机会终于在1776年3月降临。荷兰东印度公司每年都会派代表团访问江户幕府。通贝里第一次被允许离开他已经安家的出岛。通贝里遐想着，或许他终于可以真正地探索日本。事实证明，一切并没有那么简单。通贝里被迫乘坐一顶"乘具"前往江户。这是一种木制大车厢，由仆人抬着，类似于印度的轿子。如果没有日本警卫的允许，通贝里就不得离开车厢，当然他也就不能随心所欲地四处走动。在接下来的几个月里，他坐在"乘具"里，一路被抬了700多英里，从长崎抵达江户。美丽的风景从他的身边掠过，而他在"乘具"里左摇右晃，一定非常沮丧。只要有可能，通贝里就会试着从车厢跳出来，并采集一些植物。在翻越江户附近的箱根山时，他甚至设法甩开日本警卫一段时间，在被召回“乘具”之前，在灌木丛中肆意探索。最后，通贝里努力收集到 62 种植物，都是当时欧洲所未知的，其中包括一种日本枫树。[61]

到达江户后，通贝里在宫廷中现身。为了这个正式的场合，他穿了一件金色镶边的黑色丝绸斗篷，很像是传统的日本和服。尽管通贝里很享受这个仪式，也很高兴逃离了出岛，但他发现自己再次被监禁了。他和荷兰东印度公司代表团的其他成员一起，被迫居住在江户城郊外的一所小房子里。他想去城市和周围的乡村漫游，却不被允许。尽管如此，他还是充分地利用了当时的条件。在宫廷里，通贝里和两位有影响力的日本医生交上了朋友：中川淳庵和桂川甫周。这两位医生都能流利地说荷兰语。他们也在一个翻译团队里，负责将首批欧洲解剖学教科书中的一本翻译成日文。在近一个月的时间里，中川淳庵和桂川甫周每天都会拜访通贝里，探讨最新的欧洲医学理论，并分享他们有关日本博物学的知识。中川淳庵给通贝里带来了“一小部分药物与矿物质，以及许多新鲜植物”，并给他指出每一种物质的日语名字。他还送给通贝里一本名为《物产博览》(*Splendours of the Earth*)的日文书籍。这本书于 18 世纪早期在江户出版，包括数百种日本植物的插图，以及有关正确种植它们的建议。

在江户逗留了一个月后，通贝里回到了长崎。在回去的路上，他参观了大阪的一座植物园，里面都是“种在花盆里的极稀有的灌木和树木”。他甚至设法说服植物园负责人卖给他一些标本，其中包括西米棕榈。(严格地说，这也是非法的，通贝里指出，“这种植物被严格禁止出口”。) 1776 年 11 月，通贝里终于离开了日本，登上了一艘荷兰东印度公司开往欧洲的船。尽管障碍重重，他还是努力收集了大量的日本植物和书籍。通贝里总共带着 600 多个标本回到了欧洲。这些构成了他那本《日本植物志》(*Flora of Japan*, 1784年出版)的基础。这是首次将林奈分类系统应用于日本植物。这件事让通贝里一举成名。这本书出版后不久，通贝里就被任命为乌普萨拉大学的医学和植物学教授。[62]

乍一看，《日本植物志》就像是一部典型的欧洲博物学著作。但是更仔细地看过以后，我们就会发现通贝里在日本所花费的大量研究时间。很多植物都交叉参考了它们传统的日本名字。西米棕榈就是一个很好的例子。通贝里给西米棕榈起了个拉丁名字叫"*Cycas revoluta*"，也就是苏铁，表明它与亚洲其他棕榈属植物是同类。然而，通贝里还标记道，西米棕榈在日语中被称为"苏铁"(*sotetsu*)。当然，这些只能从他在长崎和江户遇到的日本博物学家那里学到。因此，通贝里的《日本植物志》是一个绝佳的案例，说明18世纪的科学依赖于不同文化之间的知识交流。一方面，这是一部欧洲博物学著作，将林奈分类法的体系扩展到日本这样的远东地区；另一方面，如果在旅途中没有遇到许多日本博物学家，并得到他们的帮助，通贝里不可能写出这本书。[63]

4.5 结论

正如本书所示，了解现代科学史最好的方法，就是研究全球历史上的关键时刻。就博物学而言，我们需要关注17—18世纪全球贸易的扩张。这种扩张是由欧洲帝国的发展而推动的。为皇家非洲公司和英国东印度公司等贸易公司工作的代理人，从极其遥远的地方带回了标本。与此同时，遍布世界各殖民地的博物学家帮助建立了植物园，希望种植异国植物以供出口。欧洲帝国的扩张也使各种科学文化相互接触。来自非洲和亚洲各地的人们，对于自然界有着复杂的理解，而这在今天常常会被遗忘。在汉斯·斯隆的《牙买加的博物学》中，许多植物都是由非洲医生鉴别的，而亨德里克·范·里德依靠印度婆罗门来创作自己的《马拉巴尔花园》。在中国和日本，博物学知识尤其先进，这是1000多年来科学文献悠久传统的一部分。18世纪末，欧洲博物学家不仅收集了外来植物，而且收集了外国书籍。伦敦皇家学会会长约瑟夫·班克斯甚至拥有一套李时珍的《本草纲目》。尤其重要的是，这一切恰好发生在中国和日本的科学文化因为与更广阔世界的联系而发生转变的同一时期。

那么，我们究竟应该如何描述启蒙运动时期的科学史呢？传统上，启蒙运动被理解为“理性时代”。然而，正如前两章所示，我们需要记住，启蒙时代也是帝国时代。在我看来，正是这种与帝国的联系——以及随之而来的暴力和掠夺——最能解释启蒙时代科学的发展。对于天文学和博物学这两门18世纪最重要的科学而言，这一点显然是正确的。没有帝国，艾萨克·牛顿就不可能发现运动定律，因为这依赖于奴隶贩子在航程中的观察。同样，没有帝国，卡尔·林奈就不可能发展他的生物分类法，因为这也依赖于欧洲贸易帝国在亚洲和美洲扩张期间所收集的植物学信息。在接下来的两章中，我们将跟随科学史的发展来到19世纪，在这一时期，科学与帝国之间的联系越来越紧密。这是一个工厂与机器的世界。这是一个民族主义与革命的世界。这也是一个资本主义与冲突的世界。科学即将进入工业时代。

第三部分

资本主义与冲突，约 1790—1914 年

Capitalism and Conflict, c. 1790–1914

第五章

为生存而斗争

STRUGGLE FOR EXISTENCE

埃蒂安·若夫华·圣伊莱尔（Étienne Geoffroy Saint-Hilaire）从一把临时搭起来的梯子上爬下来，来到一座古埃及陵墓里。陵墓外阳光灿烂，但是竖井的底部几乎是一片漆黑。当若夫华走到梯子最底部时，他点燃了一把火炬，并让它照亮墓室的墙。他简直不敢相信自己的眼睛。这些墙壁上覆盖着象形文字，其中大部分似乎描绘了动物：鸟、猴子、甲虫以及鳄鱼。前景充满了希望。从一些当地人那里，年轻的法国博物学家若夫华了解到“神圣动物墓地”的存在。也许这就是传说之地？他注意到墓室一侧有个小开口。他爬了过去，现身于墓室的另一侧，发现这里堆满了陶罐。这正是他一直在寻找的。他捡起一个罐子，将它砸在地上。正如他所期望的那样，罐子中放着某种小鸟的木乃伊遗骸。若夫华随即向一群守卫陵墓入口的法国士兵喊话。其中一名士兵有些不情愿地爬下来，开始搬运一些罐子，而这些罐子后来被送往巴黎自然历史博物馆。当时若夫华并不知道，他刚才完成了一项大发现，这将引发 19 世纪最重要的科学辩论之一。[1]

1798 年那个炎热的夏天，拿破仑·波拿巴率领的法国军队入侵埃及。法国人希望通过夺取埃及，进而更好地控制地中海和通往印度的陆路，挑战英国在该地区的主导地位。然而，这不仅是一次军事行动，而且是一个科学问题。除了 36 000 名士兵，拿破仑还招募了一批学者——数学家、工程师、化学家和博物学家——组成了科学和艺术委员会。当时只有 26 岁的若夫华，抓住了去埃及旅行的机会。在接下来的三年里，委员会跟随着军方，调查土地并鉴定有价值的自然资源，所做的这些都是希望将埃及变成一个有利可图的殖民地。法国人还在开罗建立了埃及研究所，位于拿破仑军队占领的一座豪华宫殿内，科学和艺术委员会每周在那里举行会议，甚至出版了一本科学杂志。[2]

如今，若夫华被认为是最早提出演化论的欧洲博物学家之一。他在《解剖哲学》（*Anatomical Philosophy*, 1818 年出版）中论证了物种不是固定的实体，而是随着环境的变化而发生变化的。他甚至声称，通过研究胚胎的生长，或是通过对比看似不同动物的解剖结构，可以确定现存物种演化的证据。所有这些都为 19 世纪现代演化论思想的发展奠定了基础。这在传统的科学史中是一个只关注欧洲的故事。我们被告知，若夫华研究了巴黎自然历史博物馆所藏的大量解剖学藏品，并与 19 世纪其他法国博物学家一道，开始为演化论提出证据。然而，人们很少认识到，若夫华第一次开始思考演化论是在埃及，而不是在法国。事实上，他早期最重要的一些作品，是由开罗的埃及研究所出版的。因此，要想了解演化论的历史，我们需要从若夫华和北非的法国军队开始。[3]

抵达开罗后不到一年，若夫华就开始了尼罗河探险。一群士兵陪同他前行，因为拿破仑想确保占领更多的南部领土。然而，若夫华对拿破仑的军事目标并不特别感兴趣。相反，他想探索位于萨卡拉（Saqqara，也称塞加拉）的遗址，那是尼罗河上历史最悠久的古埃及遗址之一。若夫华听说那里的陵墓中有动物木乃伊，尤其是古埃及人认为与他们的神灵有关的动物木乃伊。这个传言最终被证实是真的。在萨卡拉，若夫华发现了数百个罐子，其中装有鸟、猫甚至猴子的木乃伊。[4]

若夫华也在那里收集了他最重要的标本——一种名为“埃及圣鹮”的木乃伊。这件标本现在仍在巴黎自然历史博物馆展出，最终成为演化论提出早期欧洲人辩论的中心。若夫华认为，木乃伊化的“埃

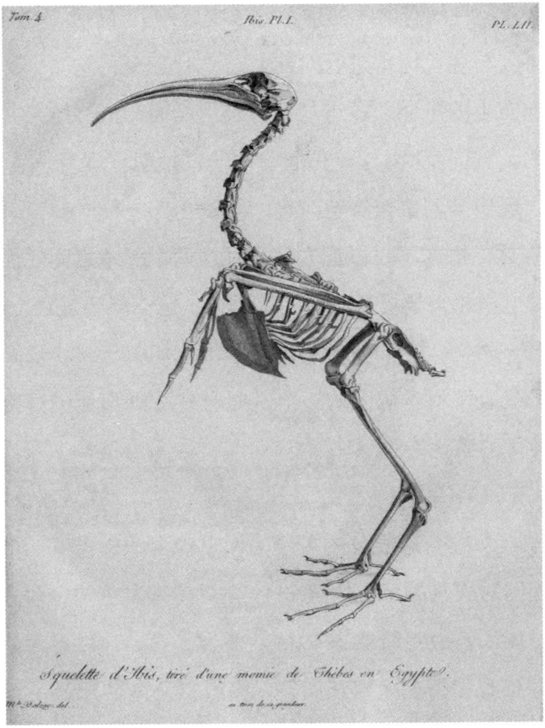

埃蒂安·若夫华·圣伊莱尔于1799年在埃及收集的“埃及圣鹮”骨骼。

及圣鹮”可能提供了所需的关键证据，可支持自己的新理论。毕竟，众所周知，这些标本已有3000多年的历史。由于经过木乃伊化处理，鸟的尸体得到了完美的保存，甚至达到可观察羽毛和皮肤的程度。考虑到这一点，若夫华建议将木乃伊化的“埃及圣鹮”与当时在埃及发现的现代圣鹮进行对比。他猜想，或许有可能识别出两者之间的某种解剖学差异。这样就能证明物种确实演化了。[5]

不幸的是，对于若夫华而言，事情并没有那么简单。回到巴黎后，法国另一位顶尖博物学家乔治·居维叶（Georges Cuvier）开始检查在萨卡拉收集的木乃伊标本。居维叶记录说：“很长一段时间以来，人们想知道是否有物种随着时间的推移而改变形态。”随后，他开始测量木乃伊，并将其与现代标本进行对比。居维叶甚至将这两个标本与雕刻在古埃及神庙上的圣鹮形象进行了比较。然而，最终结果并不是若夫华所希望的。“这些动物与现在的动物非常相似。”居维叶写道。最后他总结说，现代圣鹮“与法老时代的圣鹮仍然一模一样”。事实证明，3000 年的变化，根本不足以让人们发现这两个标本之间任何有意义的解剖学差异。演化需要更长的时间来进行，这一事实直到 19 世纪晚期才得到承认。然而，正如我们将看到的，这场关于“埃及圣鹮”木乃伊的辩论，代表了科学史上的一个重要时刻。18 世纪的博物学，即将让位于新时代的演化论思想。[6]

1798 年，拿破仑对埃及的入侵，标志着全球历史下一个关键时期的开始。法国对埃及的战役是整个 19 世纪持续发生的一系列灾难性战争中的第一场，其最终结果是 1914 年爆发了第一次世界大战。随着各国为了争夺资源和领土而相互竞争，民族主义也在升温。同时，19 世纪也是工业化的世纪。这首先始于西北欧，尤其是英国，但很快扩展到亚洲和美洲。从孟买的棉纺厂到阿根廷的铁路，工业化改变了全球人民的生活方式和工作方式。

战争、民族主义和工业的发展，对 19 世纪的人们理解自然界的方式产生了深远的影响。埃蒂安・若夫华・圣伊莱尔甚至将大自然描述为“在与它自身交战”，因为他在埃及的法国军队中有过这样的经历，所以才会选择这样的惊人之语。这也反映了若夫华的信念：从化学的原子到生物的物种，一切事物都在经历着毁灭与更新的循环。19 世纪后期，英国博物学家查尔斯・达尔文也使用过类似的语言，他将演化描述成“为了生存而斗争”，并因此而闻名。这些想法随后被欧洲内外的一系列科学思想家采纳，并融合成广义上的达尔文主义哲学。

在后来的这些思想家中，最有影响力的当数英国社会达尔文主义者赫伯特·斯宾塞（Herbert Spencer），他在《生物学原理》（*Principles of Biology*, 1864年出版）中创造的“适者生存”这个词汇，就能很好地概括那个时代的情绪，而这本书后来也在日本和埃及拥有大量读者。这种社会达尔文主义往往被用来固化现有的歧视，尤其是种族歧视，其破坏性后果一直延续到20世纪，这也是后面我们还会谈到的主题。不过，在接下来的两章中，我们将揭示资本主义世界和冲突如何影响了19世纪的科学发展。在本章中，我们将跟踪战场上的演化历史，而在下一章中，我们将探索工业增长与现代物理科学发展之间的密切联系。[7]

当我们想到演化论的历史时，往往会想到达尔文和他乘坐“小猎犬”号完成的航行。1831—1836年，这位年轻的英国博物学家环游世界，在穿越太平洋返回英国之前，他的大部分时间是在南美洲度过的。加拉帕戈斯群岛距离今天的厄瓜多尔西海岸大约600英里，在访问群岛期间，达尔文开始注意到，有些物种与自己在南美大陆遇到过的物种之间存在着细微差异，如知更鸟。在接下来的25年里，达尔文将这些早期的观察转化为自然选择演化理论，并最终出版了《物种起源》（*On the Origin of Species*, 1859年出版）。在这部知名的著作中，达尔文认为，同一物种的成员为生存而竞争，并最终繁衍后代。如果有些个体的特征更有助于生存，它们就更有可能将这些特征传递给后代。如果繁衍时间足够长，特别是在地理相互隔绝的情况下，那么新物种就会形成，也就会产生达尔文在航行中观察到的差异。我们被告知，《物种起源》是现代演化论思想的起点。[8]

达尔文当然很重要，但是在本章中，我想提出另一种思考演化论历史的方式，这种方式发端于《物种起源》出版之前，远远超出了达尔文和他乘坐“小猎犬”号的旅行。毕竟，达尔文并不是第一位演化论思想家，甚至在欧洲都不是。在古埃及纪念碑和木乃伊遗骸中，法国博物学家若夫华开始发展自己的演化理论，这个时间几乎比达尔文的诞生还早了 10 年。事实上，19 世纪初，全世界对演化的思考都非常普遍。在莫斯科，一位俄国植物学家早在 19 世纪 20 年代就提出了演化论，将自然界描述为“不断变化”的世界。同样，在 19 世纪初的京都，一位日本哲学家也发表了一篇有关演化的论述，他不仅解释新物种，而且解释整个地球。受佛教教义的启发，这位哲学家描述了地球本身是如何从火与水的结合演变而来的。在此之后，就是动植物生命的发展。“一种草木发生变化，变成千万种草木。一种禽兽虫鱼发生变化，变成千万种禽兽虫鱼。”* 他解释道。[9]

因此，为了正确地理解演化论的历史，我们需要认识到，在达尔文登上“小猎犬”号之前，人们就已经在讨论物种发生变化的可能性了。与此同时，我们还应当记住，《物种起源》并不是对演化论的一锤定音。事实上，达尔文还留下了许多悬而未决的问题，尤其是遗传的实际机制以及人类的演化起源。这些是达尔文本人后来试图解决的问题，而且他也取得了不同程度的成功，但世界各地的科学家也都在研究这些问题。本章将揭示一段被遗忘的演化论思想史，从拉丁美洲到东亚，突出了现代生物科学在冲突时代的全球起源。

5.1 阿根廷的化石猎人

弗朗西斯科·穆尼兹（Francisco Muñiz）在徒步穿越阿根廷平原

---

* 这句话出自德川时代中后期心学、佛学思想家镰田柳泓的著作《心学蕴奥津梁》。——编者注

时，遇到了一头凶猛的野兽。这头“野蛮的丛林之王”长着一副“巨大的尖牙”，任何蠢到走得太近的人，很快会被它击败。1845 年，穆尼兹在本地一家报纸上警告称，这种动物“整个身体结构的力量无可匹敌”，即便是“非洲狮……也会被它割断喉咙，那些尖牙一挑，最深处的内脏就会溅出来”。谢天谢地，阿根廷的人民不必担心。他提到的这头野兽——剑齿虎——早在一万多年前就灭绝了。穆尼兹实际上是在描述自己最近在布宜诺斯艾利斯省卢汉城（Luján）附近发现的一组化石。这片地区早已被化石猎人所熟知。1788 年，在卢汉河附近工作的西班牙劳工，发现了一种超大的陆地哺乳动物的化石，那是一种巨大的树懒，后来被命名为大懒兽（*Megatherium*，字面意思就是“巨兽”）。大懒兽的骨骼被运抵大西洋彼岸马德里的自然博物皇家珍奇室（Royal Cabinet），这些骨骼抵达马德里后，在欧洲博物学家中引发了如痴如狂的兴奋。法国博物学家乔治·居维叶确信这些化石是一项确凿证据，说明“古代世界的动物与今天地球上看到的动物完全不同”。居维叶本人并没有说，新物种可能是从早期物种演化而来的。但是在 19 世纪初，许多人开始相信自然界并不像早期科学思想家所设想的那样是静态的。[10]

穆尼兹当然相信演化的可能性。毕竟，还有什么理论能解释现存物种和已灭绝物种之间惊人的相似性？穆尼兹在关于剑齿虎的文章中解释道：“我认为这副骨骼属于某种猫科动物，其结构中有许多细节与狮子相似。”这个“新物种”无异于“猫科动物中的第一个怪物”，可能是现代狮子或老虎的远古祖先。与达尔文不同，穆尼兹没有一套完整的自然选择理论。尽管如此，他还是一个很好的例子，说明即使在 1859 年《物种起源》出版之前，世界各地的博物学家就已经开始努力解决物种可能演化的问题。[11]

1847 年 2 月，穆尼兹有关剑齿虎的文章传到达尔文本人手中。当时《物种起源》尚未出版，达尔文主要因为他所撰写的《研究日志》（*Journal of Researches*, 1839年出版）而出名，他在其中讲述了“小猎犬”号的旅程。穆尼兹知道，19世纪30年代，达尔文在南美期间曾收集了大量化石。然而，穆尼兹指出，剑齿虎“并不在令人尊敬的达尔文先生所描述的猫之列”。考虑到这一点，他决定转交一份自己的文章给达尔文，询问可不可以将他的文章从西班牙文翻译成英文，并在英国的科学杂志上发表。不出所料，达尔文得知新发现了一种已灭绝的哺乳动物，非常高兴。在写给皇家外科学院亨特博物馆馆长理查德·欧文（Richard Owen）的信中，达尔文描述了穆尼兹所发现的“奇妙的骨骼化石收藏品”。他甚至建议欧文试着为皇家外科学院买下这些化石，至少也要买下石膏模型，以便与达尔文几年前收集的化石进行比较。达尔文还安排将穆尼兹的文章翻译成英文。尽管它从未在英国发表过，但它的一份译本保存在皇家外科学院的图书馆里，欧文和其他英国博物学家都在那里查阅过它。在整个19世纪40年代，达尔文和穆尼兹持续交换信件，讨论一切问题，无论是阿根廷牛的起源，还是野狗的繁殖习惯。达尔文甚至在自己的许多著作中都提到了穆尼兹的工作，后来出版的《物种起源》一书也有提及。[12]

穆尼兹于18世纪末出生于阿根廷，是新一代拉丁美洲博物学家中的第一人，在这批博物学家中，很多人都对演化思想的发展作出了贡献。1814年，就在阿根廷独立战争中期，穆尼兹进入了布宜诺斯艾利斯的军事医学院。1821年，当他毕业时，阿根廷、智利、秘鲁和墨西哥——还有其他很多前殖民地——已经宣布脱离西班牙独立。与此同时，葡萄牙在美洲的帝国也瓦解了，最终导致了1822—1824年的巴西独立战争。18世纪末19世纪初，更宏大的革命时代席卷了大西洋世界，这些战争都是其中的一部分。穆尼兹本人曾多次在军事行动中担任军医，也正是在早期任职的这段时间里，他第一次收集化石。[13]

穆尼兹的大部分标本，已经被他捐赠给布宜诺斯艾利斯公共博物馆，而这座博物馆于1825年在省政府的支持下成立。过去，一件令人叹为观止的大懒兽化石标本可能会被运回西班牙或葡萄牙，但现在随着国家逐渐独立，拉丁美洲的博物学家得到鼓励，将自己的工作视为建设新国家馆藏进程中的一部分。获悉近期有一批珍贵的化石被出口到英国时，布宜诺斯艾利斯的一家报纸批评道："当我们得知，一件只有在我们的土地上才能找到的、价值极大的化石藏品，竟被放在外国博物馆展出时，我们确实难以按捺心中的情绪。"这一切都是为了建立新科学机构而进行的更广泛行动的一部分，而这些科学机构被大众视为实现经济繁荣和提高军事实力的关键。"没有自己的科学，就没有强大的国家。"布宜诺斯艾利斯的阿根廷科学协会的一名会员如此宣称。[14]

弗朗西斯科·莫雷诺（Francisco Moreno）是19世纪在阿根廷发现化石最多的人之一。1852年，莫雷诺出生于一个富裕的家庭，从小就开始收集化石，他曾在卢汉河岸的土中挖掘，就像弗朗西斯科·穆尼兹10年前所做的那样。14岁时，莫雷诺已经在他父母位于布宜诺斯艾利斯的家中组建了一座小型私人博物馆。他有一个玻璃柜，里面放的是牙齿化石、宝石，以及闪闪发光的贝壳标本。1873年，莫雷诺在阅读查尔斯·达尔文的《研究日志》时受到启发，决定开始自己的科学考察。在阿根廷科学协会的赞助下，莫雷诺计划前往南方的巴塔哥尼亚（Patagonia），达尔文曾在那里收集过许多有价值的标本，其中包括一具大懒兽的遗骸。在接下来的5年里，莫雷诺沿着达尔文的足迹，在圣克鲁斯河（Río Santa Cruz）划船溯流而行，一路向南抵达麦哲伦海峡。他收集了大量标本，包括一种已灭绝的巨型犰狳甲壳，以及各种海洋动物的化石。[15]

就和在埃及的法国博物学家一样，没有军事支持，莫雷诺对巴塔哥尼亚的探索也是不可能的。在整个19世纪70年代，阿根廷都在寻求将领土向南扩张。政治领袖担心，如果阿根廷不主张巴塔哥尼亚的主权，那么国外其他力量可能会这样做。智利已经占领了大部分太平洋沿海地区，而英国主张南大西洋上的一些小块领土的所有权，其中包括福克兰群岛 *。达尔文本人在乘坐“小猎犬”号航行时，曾在福克兰群岛停留过，而“小猎犬”号被派去考察南美洲海岸，正是为了确保英国在该地区的利益。考虑到潜在的竞争对手，阿根廷政府于 1875 年批准采取军事行动。在一系列残酷的战争中，阿根廷军队向南挺进巴塔哥尼亚，杀害了数千名土著居民，那些没有被杀的人被迫成了劳工。莫雷诺本人协助军方行动，并提前开展地理调查，侦察地形。他得到了人员、武器和补给作为回报。阿根廷军队甚至给莫雷诺派遣了一艘轮船，使他能够更近距离地探索巴塔哥尼亚的海岸线。[16]

正是在这段时期，莫雷诺开始对人类的演化有了兴趣。莫雷诺后来回忆道：“1873 年，当我第一次造访巴塔哥尼亚的土地时，我被古代印第安部落的坟墓中多种多样的死者所震惊。”对于自己即将在文化层面和现实层面实施的暴行，莫雷诺并不在意，他决定开始收集土著的颅骨。“我收获了大量的头骨和身体骨架。”莫雷诺在日记中热情地写道。需要说清楚的是，这些不是人类化石，而是近期死者的尸体。大多数头骨是从土著的坟墓里搜刮的，而其他头骨是从阿根廷军事行动后的战场上收集的。有一次，莫雷诺甚至挖出了一名土著向导的尸体，死者曾护送他穿越了巴塔哥尼亚。“在一个月明之夜，[我] 挖出了他的尸体，他的骨架现保存在布宜诺斯艾利斯人类学博物馆。”莫雷诺冷冷地记录道。[17]

莫雷诺收集颅骨的行为，强烈地提醒了我们演化论历史的黑暗面。19 世纪下半叶，特别是在达尔文的《人类的由来》(*Descent of Man*)

* 即“马尔维纳斯群岛”，英国称“福克兰群岛”。——编者注

于1871年出版之后，世界各地的博物学家都开始讨论人类的演化起源。在讨论中，他们往往固化了现存的种族差异的等级体系，错误地认为土著就代表了早期人类演化的“遗迹”。这也是莫雷诺如此痴迷地获取土著头骨的部分原因。他相信，自己在巴塔哥尼亚收集的头骨，可能会讲述关于生活在美洲的“史前印第安人”起源的某些事情。莫雷诺解释说：“在我看来，这里大体上是所有美洲种族被迫迁移到最南端后的一处坟地。”[18]

所有这些都强化了在19世纪末的拉丁美洲司空见惯的一种叙事，它将土著民族描述成一种垂死文明的遗民，即将被现代民族国家取代。曾担任过阿根廷总统的多明戈·萨米恩托（Domingo Sarmiento）甚至用达尔文著名的比喻来说明这一点。1879年，就在阿根廷征服巴塔哥尼亚的巅峰时刻，萨米恩托宣布：“一旦他们与文明民族接触，他们注定要灭绝。”他还总结道，这是“竭力生存的斗争”。在这里，萨米恩托故意将自然选择与军事侵略混为一谈。巴塔哥尼亚的土著民族并不是自己逐渐灭绝的。相反，是阿根廷军队正在试图消灭他们。[19]

回到布宜诺斯艾利斯后，弗朗西斯科·莫雷诺被任命为新拉普拉塔博物馆（Museum of La Plata）的第一任馆长，阿根廷政府于1884年建立了这座博物馆。他的大量私人收藏品，构成了这座致力于研究演化论的新公共博物馆的基础。他在巴塔哥尼亚收集的化石得到整理，以证明不同物种随时间推移而发展的进程。莫雷诺对这些遗骸也作了同样的处理，它们被陈列在一个玻璃柜中，旁边的说明文字是“阿根廷男子——现代人和史前人”。和许多阿根廷博物学家一样，莫雷诺将这片区域描述为一个特别丰富的演化研究地点。“这些动物的遗骸在海洋和河流中翻滚，直到沉积在巴塔哥尼亚的地表以下，它们显示出丰富的物种多样性，这些物种曾经阔步穿梭在第三纪的景观中。”[20]

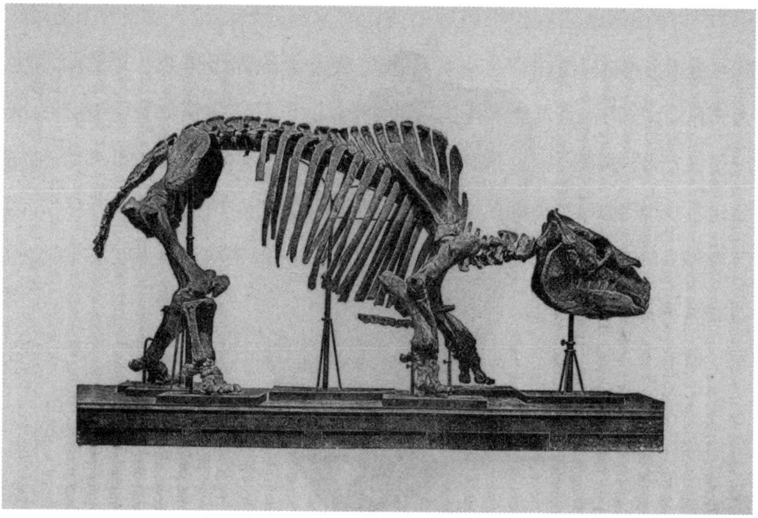

19 世纪 80 年代，在阿根廷拉普拉塔博物馆展出的一副已灭绝的陆地哺乳动物“乳齿象”（Toxodon）骨架。

1886 年，另一位雄心勃勃的阿根廷化石猎人弗洛伦蒂诺·阿梅吉诺（Florentino Ameghino）加入了莫雷诺的拉普拉塔博物馆。阿梅吉诺在 1854 年出生于卢汉这个因发现大懒兽而闻名的小镇，并在当地长大。和莫雷诺一样，他小时候也收集化石。但与莫雷诺不同的是，阿梅吉诺的出身要卑微得多。他的父亲是一名鞋匠，年轻时的阿梅吉诺不得不靠着向布宜诺斯艾利斯更富有的收藏家出售化石维持生计。然而，他确保了自己的私人收藏保留了最好的标本，包括一副已灭绝的犰狳的完整骨架。1882 年，阿梅吉诺在布宜诺斯艾利斯举行的南美大陆展览上展示了自己的化石，这是一场有 50 000 多人参加的科学和艺术盛会。[21]

在拉普拉塔博物馆工作时，阿梅吉诺开始思考如何最合理地整理这些藏品。他经常与莫雷诺发生争执，比如两人往往就不同化石之间确切的演化关系展开辩论。相对于剑齿虎，巨型犰狳应该位于何处？

大懒兽骨骼的正确排列次序是什么？阿梅吉诺开始相信，这样的争论是徒劳的。这只不过是一个人对另一个人提出的意见。他写道："我很快得出结论，并不是标本无法分类，而是分类方式有缺陷。"考虑到这一点，阿梅吉诺决定发展"一种建立在新基础之上的新分类"。这种分类的基本思想是采用一种更数学化的方法描述演化。阿梅吉诺认为，博物学家应该使用精确的数学公式来比较特定化石的不同维度。他解释说，这将实现"以天文学家确定恒星之间关系的精确度，来确定化石之间的关系，这是以数学的严谨性为基础的"。[22]

阿梅吉诺的思想都体现在一本名为《系统发育学》(*Phylogeny*, 1884 年出版）的书中，这是一部重要的演化论著作。达尔文提出演化论，是将它当作一种解释不同物种起源的广义理论，而阿梅吉诺将演化理解为一种自然的数学法则——演化与重力没有什么不同。这让阿梅吉诺得出了一个更加激进的结论。如果可以用数学对已灭绝的动物物种进行分类，那么不就有可能用数学来预测尚未被发现的物种吗？阿梅吉诺认为："已经被分类的化石动物限制了我们已知的术语集，而我们本来可以靠它去确定那些未知的物种。"这是一个大胆的建议。即使在今天，很少有生物学家认为演化论是一门带有预测性的科学。但是阿梅吉诺在 19 世纪 80 年代就撰文并最终认定，如果达尔文是对的，那么博物学家就没有理由不能预测那些尚待发掘的物种存在。[23]

在整个 19 世纪，查尔斯·达尔文的思想在整个拉丁美洲广受欢迎。在墨西哥城可以花低廉的价钱买到《物种起源》的西班牙文译本，而乌拉圭的医学生在学位课程中学习演化论。演化论甚至传到了古巴，哈瓦那大学在 19 世纪 70 年代就教授达尔文主义。一些天主教领袖的确担心达尔文理论对宗教的影响。但总体而言，拉丁美洲对演化论充满了热情。尤其是阿根廷，当地还形成了一个蓬勃发展的演化论思想家社群。与其他地方一样，演化思想和武装冲突似乎是同时发生的，阿根廷收藏家跟随军队进入巴塔哥尼亚寻找化石。这些藏品后来成为那些致力于研究演化论的新科学机构的基础，比如布宜诺斯艾利斯公共博物馆和拉普拉塔博物馆就是如此。[24]

对于阿根廷的许多人来说，这些令人印象深刻的化石收藏品，说明阿根廷可以为科学界作出更多贡献。毕竟，达尔文就是在巴塔哥尼亚收集化石时第一次思考演化论。这一点并没有让这个国家的政治领袖忘记。阿根廷前总统多明戈·萨米恩托在布宜诺斯艾利斯的一次公开演讲中宣称："借助阿根廷的化石和种子，我们为达尔文带来了科学和名望。"有些人甚至更进一步，声称生命原本的起源可能就位于巴塔哥尼亚。1897 年，弗洛伦蒂诺·阿梅吉诺在庆祝拉普拉塔大学成立的演讲中说道："生活在阿根廷土地上的，不仅有现存哺乳动物的祖先，而且有生活在世界各地及各种气候下哺乳动物的祖先。"这是一个激进的观点，事实证明它是不正确的。尽管如此，在拉丁美洲国家寻找新的民族认同的时代，这种演化论叙事显然具有不可思议的吸引力。阿梅吉诺希望全世界都知道，阿根廷不再只是西班牙位于大西洋沿岸的殖民地；相反，它是地球演化论新历史的中心。[25]

5.2 演化论在沙皇俄国

尼古拉·塞维尔佐夫（Nikolai Severtzov）看着一头巨大的棕熊顺峭壁而下。空气似乎都被冻得凝固了，大地覆盖着皑皑白雪。塞维尔佐夫能感觉到自己的心跳越来越快。这头熊此时正在靠近他。他缓缓地举起步枪，扣动了扳机。枪声回荡在群山之中，熊应声向侧面倒下，血渗入雪地。几分钟后，这只动物就毙命了。塞维尔佐夫对自己的杀戮感到满意，他走近熊，开始检查它的爪子。正如他所猜测的，这些爪子是白色的。在日志中作了笔记后，他命令当地的吉尔吉斯族向导给这只熊剥皮，然后他们俩继续在天山山脉位于今天吉尔吉斯斯坦境内的山路中行进。在整个19世纪60年代，塞维尔佐夫作为一名有影响力的俄国博物学家，游历了中亚各地。他收集了数百个动物标本，其中有许多是自己开枪杀死的，包括熊、蝙蝠和鹰。塞维尔佐夫后来将自己的大部分藏品捐赠给莫斯科大学动物博物馆。这些标本也构成了塞维尔佐夫自然史著作《突厥斯坦动物的垂直与水平分布》（*Vertical and Horizontal Distribution of Turkestan Animals*, 1872年出版）的基础。[26]

和我们遇到的其他博物学家一样，塞维尔佐夫的科学考察，也是更大规模军事行动的一部分。从19世纪40年代末开始，沙俄帝国扩张至中亚，从1847年袭击浩罕汗国开始，到1865年征服塔什干时达到顶峰。这一切都隶属一场后来被称为“大博弈”（Great Game）的更广义的争斗，在“大博弈”中，英国和沙俄帝国争夺中亚的控制权。塞维尔佐夫本人有军事背景。他的父亲曾在法国入侵俄国期间与拿破仑作战，并在1812年的波罗底诺（Borodino）战役中率领了一支连队。塞维尔佐夫也加入了军队，尽管他是以完全不同的身份服役的。塞维尔佐夫从莫斯科大学动物学专业毕业后，作为一名博物学家加入了军队。在圣彼得堡科学院的赞助下，他花了10多年时间收集标本，并在俄国征服中亚期间记录下当地景观。有一次，他甚至被浩罕汗国的反抗军俘虏，在监狱里被锁在墙上，待了一个月。在俄国的一次反攻中，塞维尔佐夫最终获得释放。然而，他的脸在战斗中受伤，余生都带着一道令人触目惊心的伤疤。[27]

1872年，塞维尔佐夫从中亚归来后，在莫斯科博物学家协会的一次会议上介绍了自己的发现。在那些穿着华丽长礼服的贵族绅士当中，他看起来多少有点格格不入。塞维尔佐夫有着凌乱的头发、邋遢的胡须，穿着破旧的毛皮外衣，看上去更像是一名粗犷的探险家，而非一位传统的科学家。但是无论外表如何，塞维尔佐夫有着敏锐的科学头脑。在他看来，中亚的博物学研究提供了令人瞩目的证据，能说明环境如何对动物进化产生影响。例如，在上述棕熊的案例中，塞维尔佐夫记录了棕熊的爪子和毛皮的颜色似乎是随着海拔变化而变化的。生活在高海拔地区的熊——就像他在天山射杀的那头熊——往往长着白色的爪子和浅色的毛皮。相比之下，生活在低海拔地区的熊，通常长着黑色的爪子和深色的皮毛。塞维尔佐夫推断，这一定是对环境的演化适应，因为颜色较浅的毛皮和白色的爪子显然可以在雪地环境中提供更好的伪装。他还记录了“中亚野生绵羊和家养绵羊的起源”，指出，野生绵羊拥有巨大的羊角和强壮的肌肉是“为了生存而必须调整自身，避免被家养的羊群完全赶走”。有人认为，家养绵羊的引入，让野羊必须适应环境，在竞争中变得更加顽强。塞维尔佐夫认为，所有这些都是“物种变化规律”的证据。[28]

虽然塞维尔佐夫的主要著作问世于 19 世纪 70 年代，但他实际上从 19 世纪 50 年代初就开始写作演化论的相关内容了。1855 年，他在莫斯科大学完成了一篇关于俄国西南部沃罗涅日市（Voronezh）周边环境与物种变化之间关系的硕士论文。在这篇论文中，塞维尔佐夫和查尔斯·达尔文一样，用生命之“树”来描述物种的发展。后来，1857 年在圣彼得堡科学院的一次演讲中，塞维尔佐夫拓展了早期的思想。他告诉科学院的同人，存在“一种生命体固有的演化和调整的原理”。和许多俄国博物学家一样，塞维尔佐夫特别强调环境对演化的指引作用。他在科学院作报告时称：“在环境的影响下，物种的类型发生了改变。”正是这次讨论，说服了圣彼得堡科学院赞助塞维尔佐夫与俄国军队启动中亚之旅。科学院的许多成员已经确信物种可以发生转变，因此对塞维尔佐夫的思想表示支持。他们希望塞维尔佐夫在中亚收集的标本，将提供必要的论据来证实这一理论。[29]

《物种起源》在1859年出版以后，查尔斯·达尔文的思想在19世纪的俄国受到了广泛的欢迎。正如我们在前文其他部分中看到的，这在一定程度上是因为俄国博物学家已经在思考演化论了。自19世纪20年代初以来，圣彼得堡科学院的成员就一直在争论"渐进式变态"理论，莫斯科大学的学生则从19世纪40年代就开始接受演化论的教育。达尔文本人甚至承认，更早些时候有位俄国胚胎学家——卡尔·冯·贝尔（Karl von Baer），在19世纪20年代对演化理论的发展作出了重要贡献。[30]

《物种起源》出版的时机很重要，因为达尔文的思想是在科学发展得到更新的时期进入了俄国。在1853—1856年的克里米亚战争中失败后，沙皇亚历山大二世授权进行了一系列全面的教育和政治改革。当时人们普遍认为，俄国已经落后于其他欧洲国家，需要再次进行现代化，就像17世纪末的彼得大帝统治时期一样。1855年，国民教育部部长宣称："如果我们的敌人比我们更先进，那只是因为他们具有知识的力量。"作为回应，政府首次让科学教育走进俄国所有学校。大学在任命教授和分配资金方面享有更大的自主权，这也是改革的一部分。这促成了新一批科学博物馆和实验室的建立，包括上面提到的建立于1861年的莫斯科大学动物博物馆，以及建立于1869年的塞瓦斯托波尔生物站（Sevastopol Biological Station）。[31]

与其他许多国家一样，俄国对达尔文思想的热情与这次现代化浪潮紧密相关。莫斯科出版的新自由主义期刊《俄罗斯先驱报》（*Russian Herald*），将《物种起源》描述为"自然科学史上最杰出的著作之一"，而圣彼得堡博物学家协会的理事长指出："当代几乎所有顶尖生物学家都是达尔文的追随者。"1864年，《物种起源》一书很快出版了俄文译本，英国演化论的其他领军思想家的许多著作也是如此。托马斯·亨利·赫胥黎（Thomas Henry Huxley）的《人类在自然界的位置》（*Evidence as to Man's Place in Nature*, 1863年出版）和阿尔弗雷德·拉塞尔·华莱士（Alfred Russel Wallace）的《自然选择理论选集》（*Contributions to the Theory of Natural Selection*, 1870年出版）也被翻译为俄文。演化论还渗透到俄国的文学艺术中。列夫·托尔斯泰（Leo Tolstoy）的《安娜·卡列尼娜》（1878年出版）中甚至有一段描写，其中一个角色开始向安娜解释“生存斗争”和“自然选择”。19世纪另一位伟大的俄国小说家费奥多尔·陀思妥耶夫斯基（Fyodor Dostoevsky）同样热衷于达尔文的理论，甚至将这位英国博物学家描述为“欧洲进步思想的领袖”。与其他地方一样，宗教当局也有一些抵制，特别是达尔文的《人类的由来》，这本书在出版后曾短暂地被政府审查员查禁。但总体而言，对演化论的信仰在19世纪的俄国被认为完全是可敬的。[32]

不过，对演化论的热情，并不意味着人们对达尔文的思想的接受只是浮于表面。即使是最坚定的达尔文主义者也认识到，《物种起源》中留下了许多悬而未决的问题。尤其是俄国博物学家，经常批评达尔文过于强调个体之间的竞争，并认为这是演化背后的主要动力。相反，许多人选择关注环境或疾病在自然选择中的重要性。达尔文对竞争的强调，似乎也忽视了合作在人类以及动物社会中的作用。达尔文本人也已经意识到这些问题，并试图在后来的著作中加以阐述，尤其是在《人类的由来》之中。即便如此，达尔文还是发现，很难解释一个被残酷竞争所统治的世界为何会形成如此复杂的合作形式，无论是一群蜜蜂共同建造蜂巢，还是狼成群狩猎。许多俄国博物学家意识到这一点，他们对达尔文的早期观点进行了吸纳、拓展，有时候也提出疑问，在这一过程中他们也为演化论思想的发展作出了重大贡献。[33]

伊拉·梅契尼科夫（Ilya Mechnikov）透过显微镜，仔细地观察自己前一天收集到的海星胚胎。这是一幅美丽得犹如超现实的景象。梅契尼科夫能够看到，发育中的动物体内所有的细胞都在移动，而在这个阶段，动物体内的细胞仍然是半透明的。随后，他做了一件相当残忍的事。梅契尼科夫握住一根尖刺并将其扎入胚胎。接着，他等待着。正如梅契尼科夫所希望的那样，海星胚胎开始有了反应。梅契尼科夫可以在显微镜下看到，一群细胞开始迁移到被穿刺的部位，并聚集到尖刺周围。在接下来的几个小时里，这群细胞能够将刺从胚胎中推出去。梅契尼科夫意识到，自己正在观察一些极其重要的现象。这是第一个关于动物细胞可以通过协作产生免疫反应的直接证据。在 1883 年召开的俄国博物学家与医生大会上，梅契尼科夫报告了自己的发现，并描述了所谓的“吞噬细胞理论”。虽然科学家在 19 世纪中叶已经知道了白细胞，但是没有人真正知道它们的用途。当时，大多数医生认为炎症不过是疾病的一种症状，需要加以控制。然而，梅契尼科夫意

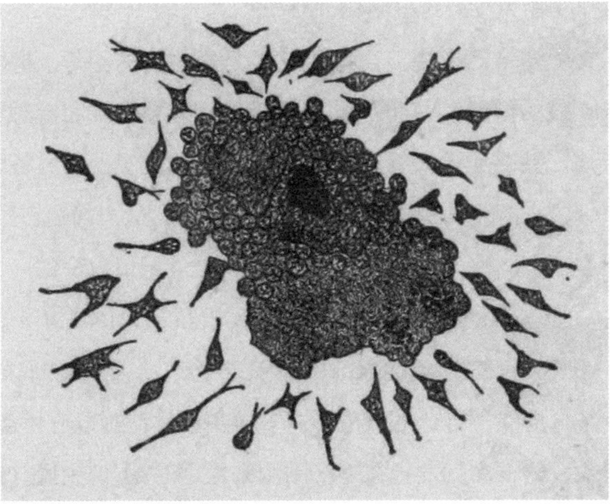

海星胚胎被穿刺的部位周围吞噬细胞正在形成，该现象由伊拉·梅契尼科夫在显微镜下观察到。

识到这是错误的。炎症不仅是疾病的症状，而且是各种细胞——例如他在海星身上观察到的吞噬细胞——对抗感染的协同反应。这是梅契尼科夫从科学角度认识疾病的一项重大突破，他也因此获得了 1908 年诺贝尔生理学或医学奖。[34]

如今，梅契尼科夫作为医学科学的先驱而被人们铭记。不过，他也是一位重要的演化论思想家。19 世纪中叶出生于哈尔科夫的梅契尼科夫，在 19 世纪 60 年代前往德国学习，第一次知晓了查尔斯·达尔文。在莱比锡，他购买了一本《物种起源》的德文译本，异常兴奋地读完了此书。梅契尼科夫赞同演化论的观点，尽管他也和其他许多俄国博物学家一样，认为达尔文过于强调同一物种成员之间的资源竞争。“认为地球上每个角落都充满生命的观点，绝对是错误的。”他这样写道。尽管如此，正是对演化论的兴趣将梅契尼科夫带进了免疫系统的研究。在圣彼得堡大学获得胚胎学博士学位后，梅契尼科夫于 1870 年加入敖德萨大学。这所大学成立于 1865 年，是亚历山大二世教育改革过程中新建的大学之一。就在黑海边上的这所大学里，梅契尼科夫开始研究海洋动物免疫系统的演化。[35]

达尔文强调自然选择涉及物种内部个体之间的斗争，梅契尼科夫则强调了疾病的作用。19 世纪的世界经历了包括霍乱和流感在内的数次大流行病。铁路和轮船等工业新技术的发展，使得世界各地之间的联系越来越紧密，疾病的传播速度也越来越快，这一问题在整个 19 世纪变得越发严重。梅契尼科夫本人经历了 19 世纪最致命的一次霍乱疫情，1846—1860 年，俄国有 100 多万人死于霍乱。1873 年，梅契尼科夫的第一任妻子卢德米拉（Ludmilla）死于肺结核，年仅 21 岁。生活，真的就像是一场斗争，让梅契尼科夫有时甚至觉得难以应付。（他曾两次试图自杀，第一次就发生在妻子刚刚去世之时。）说到底，在梅契尼科夫和其他许多俄国人看来，生命面对的最大威胁不是对资源的竞争。

“为生存而斗争”指的是为了在致命疾病面前存活下来而奋力挣扎。正是这个想法，让梅契尼科夫形成了对演化论的思考。[36]

19 世纪，大多数相信演化论思想的人认为，人类和猿类之间在解剖学层面的相似性是两者拥有共同祖先的最佳证据。然而，梅契尼科夫采取了不同的方法。他认为免疫细胞的存在，是所有生物拥有共同祖先的直接证据。像细菌这样的单细胞生命，往往通过吞噬其他较小的有机体并在细胞内将其消化来存活。梅契尼科夫指出，这正是免疫细胞所做的事情。和巨噬细胞一样，白细胞也会吞噬细菌，并在细胞内消化，从而阻止疾病扩散。梅契尼科夫推断，白细胞一定是单细胞生命演化成多细胞生命的演化学“遗迹”，这个过程很可能需要吞噬另一个细胞。他还指出，从人类到海星，许多种类的动物都有类似的免疫细胞，这说明它们有着共同的演化历史。正如梅契尼科夫所说，这是一个极佳的证据，论证了“人类是动物的血亲”。[37]

梅契尼科夫认为，免疫细胞的存在为演化论提供了直接证据，与此同时，他还将炎症理解为体内发生的一种自然选择。不同免疫细胞的工作是战胜细菌和其他异物。实现这一点的方法，通常是吞噬外来细胞，并在外来细胞进一步扩散和繁殖之前将其摧毁。1903 年，梅契尼科夫写道：“这是在我们人类身体深处肆虐的一场真实战斗。”在其他著作中，他进一步运用了这种具有军事色彩的隐喻。“免疫系统就像一个高度有序的国家……与野蛮部落战斗。”梅契尼科夫在敖德萨的一次演讲中宣称，而当时俄罗斯帝国正在向中亚扩张。他总结道：“免疫系统会向细菌群中投入一支由变形细胞构成的大军。”在这里，我们可以再次看到，19 世纪民族主义和战争的发展是如何影响科学家对自然本身的思考的。对于梅契尼科夫来说，身体不过是另一个战场。[38]

当伊拉·梅契尼科夫在敖德萨工作时，另一组俄国博物学家正在黑海的另一边开展重要的研究。世界上第一位掌管科学实验室的女性科学家——胚胎学家索菲娅·佩里亚斯拉夫塞娃（Sofia Pereiaslavtseva）——带领着这支团队。要做到这一点并不容易。虽然沙皇亚历山大二世推行的教育改革促使了越来越多的俄国男性上大学，但女性的情况并非如此。1861 年，一群学生在圣彼得堡大学游行，要求女性得到更多机会接受高等教育。亚历山大二世无视了这些要求，事实上还决定正式禁止所有女性进入俄国的大学学习。（在此之前，有一些女性能够在俄国的大学进行非正式学习，但她们无法获得学位。）许多女性十分顽强，她们没有被吓倒，而是决定自己动手。她们没有坐等俄国的情况发生变化，而是选择了出国留学。这正是佩里亚斯拉夫塞娃在 1872 年所做的事情，当时她前往瑞士，在苏黎世大学就读。苏黎世是当时许多俄国女性的热门目的地，因为苏黎世大学不仅允许女性学习，而且颁发正式学位。直到 1917 年布尔什维克革命之后，俄国才出现了这样的学校。[39]

佩里亚斯拉夫塞娃一直钟爱博物学。她是一名陆军上校的女儿，在她还是个小女孩时，就在家乡沃罗涅日周围收集蝴蝶。她的梦想是成为一名专业的博物学家。佩里亚斯拉夫塞娃在得知亚历山大二世禁止女性进入俄国的大学时，一定深感沮丧。尽管如此，她还是说服了父亲让她到瑞士学习——上校非常支持女性的教育事业。1876 年，经过四年的紧张学习，佩里亚斯拉夫塞娃获得了动物学博士学位，而她也是第一位获得此学位的俄国女性。1878 年，她回到俄国，并且很快就被任命为塞瓦斯托波尔生物站站长。

在接下来的 10 年里，佩里亚斯拉夫塞娃对演化胚胎学开展了研究。她在黑海附近工作，收集了各种各样海洋动物的胚胎，并在实验室里用显微镜检查。这种工作需要极大的技巧和耐心。佩里亚斯拉夫塞娃需要比较不同物种之间的胚胎发育的各个阶段。她和法国博物学家埃蒂安·若夫华·圣伊莱尔一样，相信这样做会揭示不同动物的演化史。然而，为了进行这种比较，佩里亚斯拉夫塞娃需要连续数小时在显微镜下观察胚胎的发育。在一些实验中，她甚至会在实验室的长凳上连续坐上 30 个小时，中途只有几次短暂的休息。[40]

作为女性教育的倡导者，佩里亚斯拉夫塞娃利用自己在塞瓦斯托波尔生物站的职位来帮助其他女性科学家发展事业。很快，其他两位演化胚胎学的早期先驱玛丽亚・莱什琴斯卡（Maria Rossiiskaia）和叶卡捷琳娜・瓦格纳（Ekaterina Wagner）也加入了她的行列。这三位女性共同研究了不同海洋动物的胚胎学，并比较了各自的研究结果。佩里亚斯拉夫塞娃研究扁形虫，而莱什琴斯卡和瓦格纳研究虾。在《莫斯科博物学家学会公报》(*Bulletin of the Moscow Society of Naturalists*) 上发表的一系列论文中，佩里亚斯拉夫塞娃和她的团队能够根据不同海洋动物的胚胎发育，建立起它们之间的进化联系。1883 年，俄国博物学家和医生大会授予佩里亚斯拉夫塞娃一个重大奖项，以表彰她的工作，在科研行业仍然由男性主导的时期，这种对女性所作贡献的承认极为罕见。[41]

19 世纪是一个资本主义与冲突的时代。与此同时，这也是一个人们开始表达一系列政治选择的时代，无论他们选择的是社会主义、共产主义还是无政府主义。在俄国，对演化论感兴趣的人群和对左翼政治感兴趣的人群往往有很大的重合。在 1917 年领导布尔什维克革命、苏联早期领导人列昂・托洛茨基（Leon Trotsky），曾在 19 世纪 90 年代的牢狱生活中阅读了查尔斯・达尔文的几本书，后来他告诉一位朋友："我的头脑中……完全是演化论的思想。"大约在同一时间，俄国无政府主义领袖彼得・克鲁泡特金（Peter Kropotkin）出版了《互助论：进化的一个要素》(*Mutual Aid: A Factor of Evolution*，1902 年出版)。在这本书中，克鲁泡特金明确地将动物王国的合作与人类为了生存需要共同劳作进行了类比。“不合群的物种……将注定腐朽。”克鲁泡特金如此议论道。此前他因为其政治观点而受到沙皇迫害，于是逃离俄国，之后前往伦敦居住。[42]

安德烈·贝克托夫（Andrei Beketov）也在社会主义思想中看到了思考人与自然的独特方式。1825年，贝克托夫出生于俄国中部，多少有一点叛逆。最初，他被送到军事学院学习，但由于缺乏纪律，很快就被开除了。年轻的贝克托夫随后在圣彼得堡逗留了一段时间，在那里他参加了一个社会主义研究小组，并阅读了法国早期社会主义者夏尔·傅立叶（Charles Fourier）的著作。这是一件危险的事情，因为沙皇对政治异见并不友善。尽管如此，贝克托夫还是设法摆脱了困境，最终前往喀山大学学习植物学，并于1858年获得博士学位。不久之后，他被任命为圣彼得堡大学植物学教授。[43]

在贝克托夫的职业生涯中，他强调了环境在演化的塑造过程中发挥的作用。贝克托夫告诉圣彼得堡的学生，“为生存而进行的真正斗争”并不是人与人之间为了有限的资源而竞争；相反，这种斗争存在于个人和环境之间。植物就是一个很好的例子。贝克托夫让自己的学生想象西伯利亚冰天雪地的景观，或者欧亚大草原裸露的地层。在这两种情况下，植物实际上并没有为生存而相互竞争。对生命的威胁反而是寒冷和强风。根据贝克托夫的观点，这种斗争是“与大自然的基本力量进行持续且顽强的斗争”。他认为正是与环境的斗争，解释了在这些地区观察到的具有特定适应性的演化。他指出，生长在西伯利亚的植物往往具有耐寒性，靠着浅根系爬满岩石地形；生长在欧亚大草原上的植物则倾向于低矮地趴在地上，避免被风吹跑。[44]

贝克托夫还认为，恶劣环境的压力有助于解释合作性的演化。他举了个例子，在西伯利亚和欧亚大草原上，同一物种的植物往往挨得很近，这样有利于相互挡风。贝克托夫的这一看法，表现出了现在我们所说的“生态学”的初步理解，这种学说就可以说明森林中的植物通常是如何相互依赖以获得支撑的。他认为，“植物彼此间提供的互助”是它们生存的关键。最终，贝克托夫这位坚定的社会主义者认为，达尔文说人与人的斗争是生命的必要组成部分，其实是错误的。人类、动物，甚至是植物，通过共同努力，都可以更好地在恶劣条件下生存。他总结说：“社会性”是“一种强大的自我防御手段”。[45]

1882 年，达尔文去世时，俄国博物学家和医生大会举办了一场特别会议，纪念他的一生及其工作。几乎所有人都认为，他是 19 世纪最重要的科学思想家之一。然而，许多人也指出，达尔文留下了许多悬而未决的问题。“达尔文在完成工作之前就去世了。”一位参会者叹息道。这与当时俄国博物学家的普遍看法不谋而合。事实上，有些人发现“为生存而斗争”的思想，完美地反映了他们生活的世界，尤其是反映了他们在克里米亚战争之后的情况。但很多俄国博物学家都认为，《物种起源》并不能解释一切问题。特别是达尔文强调个体之间的竞争，似乎忽视了环境和疾病在自然选择中的作用。因此，伴随着人们对演化论的兴趣，也产生出一种达尔文的遗产尚不完整的感觉。从伊拉·梅契尼科夫对免疫系统的研究，到安德烈·贝克托夫对“互助”的研究，俄国博物学家将达尔文的思想推向了新的方向。他们由此帮助奠定了演化论作为现代生物科学的基本组成部分的地位。[46]

5.3 达尔文主义在明治日本

爱德华·莫尔斯（Edward Morse）走上讲台，准备发表自己的三场演化论专题演讲中的第一场。几个月前，他才刚从美国来到日本，其目的是研究当地的一种腕足动物——有着悠久演化历史的古代海洋动物。然而，莫尔斯发现自己竟要在东京大学的800多名听众面前发言。1877年10月6日，他对自然选择原理作出了惊人的描述，并由此开始了他的第一次演讲。莫尔斯要求观众想象以下情景：

> 如果我把这个讲堂的门全都关严的话，几天后，那些身体虚弱的观众就会登上死亡名单。那些健康状况良好的人，可能会在一周或两三周内死亡。

莫尔斯停顿了一会儿，让听众回味他刚刚说过的话。一些人环顾四周，检查讲堂后面的门是不是还开着。其他人则在脑海中记下他们认为最有可能死亡的人。莫尔斯接着说，自然界就像大讲堂，"是一个食物不足的封闭空间"。在这种场景下，只有最强壮的人才会生存下来，并传承他们的身体特征。"如果这种情况持续很多年……未来的人就将与现在的人完全不同，"莫尔斯解释并总结道，"一种强大而可怕的人类将会诞生。"[47]

在接下来的几周时间里，莫尔斯继续他的演化论系列讲座。在第二场演讲中，他将"为生存而斗争"的概念阐发得更深远。东京大学的听众们，听到莫尔斯宣称，"具备对战争有用的特征的群体，往往能生存下来"。他还解释了技术进步对于适者生存的重要性。莫尔斯认为，"很明显，能够制造金属武器的群体能够击败那些使用弓箭作战的人"。他还解释道，所谓的自然选择不过是这样一种原则："先进的种族生存下来，落后的种族会被摧毁。"正如我们在本章前面已经看到的那样，这样带有军事色彩的类比，是19世纪演化论思想的一个常见部分。而在日本，这样的言论尤其有力。就在不到10年前，日本人亲身体验过一场残酷的内战。1868年，一群武士结成联盟，试图推翻德川幕府。他们认为，幕府将军阻碍了日本的现代化，而且在外国的军事侵略面前表现出软弱的一面。武士们一路战斗到首都江户，在那里打败了幕府的军队，并将年轻的明治天皇送上皇位。这标志着所谓明治维新时期的开始。[48]

在东京大学聆听莫尔斯演讲的人中，有一位年轻的日本生物学家，他亲身经历了内战。石川千代松 1861 年出生于江户。他的父亲在幕府工作，掌握了大量日本传统博物学和医学著作。孩提时期的石川千代松就研究了我们在上一章中提到的许多书籍，包括贝原益轩的《大和本草》。这段经历激发了他对博物学的热爱，尤其是在动物学方面的兴趣。石川千代松曾在江户湾周围收集蝴蝶和螃蟹。然而，平静并没有持续下去。日本内战爆发后，因为幕府将军的支持者会被通缉，石川千代松和他的家人不得不逃离这座城市。当 19 世纪 70 年代他们回来时，幕府将军已经被废黜，江户也被重新命名为东京。[49]

虽然他的父亲失去了幕府执政机构中的职位，但明治维新还是给石川千代松带来了新的机会。1877 年，明治天皇批准设立东京大学。这所大学成为日本第一所现代大学，拥有专门的自然科学院。随后又出现了许多新的大学，包括 1897 年设立的京都大学和 1907 年设立的东北大学。这些都是明治维新期间更宏伟的现代化计划的一部分，全国各地都在建设新的实验室、工厂、铁路和造船厂。与此同时，日本政府开始聘请外国科学家和工程师在新的机构中任教。莫尔斯此前在哈佛大学比较动物学博物馆工作，他是被东京大学聘请来教授生物学的其中一人。实际上，在 1868—1898 年，明治政府雇用了超过 6000 名外国专家在日本任教——其中大部分是来自英国、美国、法国和德国的专家。与过去相比，这是一个重大的政策转变。我们在上一章看到，德川幕府曾严格管制外国人入境。[50]

石川千代松是最早从明治维新的改革中受益的人之一。1877 年，也就是东京大学成立的那一年，他进入东京大学并成为莫尔斯的学生。每年夏天，莫尔斯都会带自己的学生——包括石川千代松在内——前往横滨以南一座名为江之岛的小岛。正是在这里，石川千代松学会了现代生物科学的基本技能：在水中收集不同的海洋动物，并在显微镜下观察它们，然后解剖它们。莫尔斯也是查尔斯·达尔文的狂热追随者，早在哈佛读书时就读过《物种起源》。莫尔斯在江之岛花了大量时间向学生解释演化论的原理。石川千代松为自然选择的理念着迷，事实上也正是石川千代松建议莫尔斯在东京大学围绕这个主题发表一系列公开演讲。石川千代松后来将莫尔斯的演讲翻译成日文，并以《动物进化论》（1883 年出版）为题出版。[51]

1885 年，石川千代松从东京大学毕业后，被选中前往德国留学。这时，日本政府已经认为，继续聘用外国科学家在日本大学工作的成本太高了。文部省大臣建议将有前途的年轻学生派到国外接受科学学科的高级教育。当时日本考虑的是，这些人会回国并在日本各地正在新建的大学里担任学术职务。文部省大臣称："除非我们派遣人员到先进国家学习，否则我们不会进步。"正如我们在后面将看到的那样，在 19 世纪末 20 世纪初最具影响力的日本科学家中，很多人都曾在国外学习过一段时间，主要是在英国、德国和美国。石川千代松是第一批出国的人之一。1885—1889 年，他在弗赖贝格大学（University of Freiberg）跟随德国著名生物学家奥古斯特·魏斯曼（August Weismann）学习。此时，魏斯曼正在发展自己的"种质"理论，在这一理论中，他推测存在某种遗传物质，并且这种遗传物质只通过精子和卵子传递。魏斯曼的这一主张为现代遗传学奠定了基础，也挑战了达尔文所认同的旧观点——物种有可能向后代传递其在一生中获得的特征。[52]

石川千代松正是在这个关键时刻来到弗莱贝格大学学习的。他甚至还与魏斯曼合作撰写了 6 篇论文，发表在德国主要的科学期刊上。

在其中一篇文章中，石川千代松描述自己观察了一种叫作水蚤的半透明海洋动物，研究这种微小生命生殖细胞的复制过程。石川千代松在显微镜下观察水蚤，发现其中一个卵子在分裂时，其边缘处形成了两个小黑点。他观察到的其实是所谓的减数分裂过程，即生命体通过复制和分裂产生生殖细胞。石川千代松发现的黑点，是细胞分裂时留下的残余物。这些被人们称为“极体”（polar bodies）的东西，正是支持魏斯曼“种质”理论的重要证据。“极体”说明精子和卵子必须通过一种与身体其他部分细胞无关的细胞分裂过程产生，魏斯曼的猜测是正确的。[53]

石川千代松于1889年返回日本，并在东京大学任职。在接下来的几年里，他帮助培养了新一代日本生物学家，其中不少人对演化论的研究作出了重要贡献。与其他很多国家一样，达尔文主义与明治时期日本的现代化密切相关。“为生存而斗争”的想法，不仅吸引了生物学家，而且吸引了政治思想家。这似乎证明了工业化和军事扩张的必要性。同样参加过莫尔斯在东京大学演讲的政治哲学家加藤弘之写道：“通过自然选择为生存而斗争……不仅适用于动物和植物世界，同样适用于人类世界。”他最后总结道：“宇宙是一个巨大的战场。”当时，日本正在为1894—1895年爆发的中日甲午战争作准备。[54]

与此同时，达尔文的观点也被证明很受欢迎，因为它们似乎印证了日本很多博物学家已经相信的东西。石川千代松幼时学习过日本博物学的传统著作，他对此应当已经有所了解。我们在上一章中已经讲到的17世纪日本博物学家贝原益轩这样写道：“所有人的出生，都可以说是归功于父母，但是对人类起源的进一步研究表明，人类之所以存在，是因为大自然的生命法则。”事实上，与基督教下的欧洲不同，日本博物学家对于所有生命共享某种有机起源的观点，早就习以为常了——佛教和神道教中都存在这样的观点。莫尔斯本人也意识到了这一点，他写下这样的话："在解释达尔文的理论时，我不会像在家乡那样经常遭遇神学偏见，这真是一件令人愉快的事。"19世纪初的佛教哲学家镰田柳泓甚至发展出自己的演化论。1822年，达尔文还只有13岁，镰田柳泓就已经写道："所有动植物都从单一物种分裂成为多个物种，这一定是事实。"因此，演化论的基本思想在日本并不新鲜。然而，演化机制的理论是全新的。正是达尔文"为生存而斗争"的概念，真正地激发了日本生物学家的畅想。[55]

丘浅次郎也走上了与石川千代松类似的职业道路。丘浅次郎出生于1868年，也就是明治维新开始的那一年，他在大阪长大，是新政府一位成功的官僚的儿子。然而，他早年的生活带有悲剧色彩。因为和服着火，丘浅次郎的妹妹在一起可怕的事故中丧生了。第二年，他的父母双双去世。丘浅次郎发现自己在大阪已是孑然一身，于是就搬到了东京，在那里由大家族抚养长大。与石川千代松一样，他在东京大学继续攻读动物学，并于1891年毕业。丘浅次郎随后被选中，前往德国接受进一步教育，并在弗莱贝格大学由奥古斯特·魏斯曼指导。1897年，丘浅次郎回到日本，并在东京高等师范学校担任教授。在接下来的几十年里，他在向日本人普及演化论方面发挥了重要作用。丘浅次郎的《进化论讲话》（1904年出版）以他在东京高等师范学校的长期教学为基础，获得了巨大的成功。这本书售出数万册，使查尔斯·达尔文在日本家喻户晓。与此同时，丘浅次郎也凭借自己的能力对演化论思想作出了许多重要贡献。[56]

丘浅次郎的专长是苔藓动物生物学。德国著名生物学家恩斯特·海克尔（Ernst Haeckel）曾对这些奇怪的生物进行过研究，丘浅次郎本人可能也是在德国了解到它们的。苔藓动物看起来像是模糊了植物和动物的界限。每一种苔藓动物都是由数百万个单细胞生物构成的群落。当它们聚集在一起时，这些细胞就开始形成看起来非常像植物的结构。丘浅次郎本人后来在东京周围搜寻苔藓动物。他会在水池旁边的低矮灌木丛中搜寻，用小玻璃罐收集标本，然后拿到实验室的显微镜下检查。根据丘浅次郎的说法，苔藓动物表明生物学家将自然界划分为不同物种的方式是错误的。“不可能构建出一个明确的边界。”他论证道。事实上，正是同样的见解构成了达尔文《物种起源》的基础。毕竟，如果某个物种可能进化成另一个物种，那么将其描述为特定物种又有什么意义呢？丘浅次郎把这个想法进一步发展了，他认为即便是自然界中一些最基本的划分——如动、植物之间的划分——也不再具有意义。动物有时会表现得像植物，植物也会像动物。“我们在自然界看到的一切，都处在不断的变化之中。”他总结道。[57]

1904 年，丘浅次郎出版了他的《进化论讲话》，这一年也正是日俄战争爆发之年。在 18 个月的时间里，日本与俄国的军队为了控制朝鲜和中国东北地区开展了战争。20 万人在 20 世纪的第一次工业化战争中丧生。最终，日本取得了胜利，尽管国内很多人都怀疑这场战争是否值得。丘浅次郎则重新开始思考苔藓动物。它们的行为似乎很像人类社会，单个细胞聚集在一起，作为一个更强大的单位去斗争。在每种苔藓动物体内，细胞都会共享资源并协同发挥功能。丘浅次郎甚至还做了一些实验，用移液管将藻类转移到皮氏培养皿中以喂养细胞群落——他有时还会用“国家”去称呼这种群落。他在报告中提到：“无论获取哪种食物，营养素都会平均分配。”苔藓动物体内的单个细胞显然能够协作。然而，合作也带来了冲突的可能性。丘浅次郎又做了一个实验，将两个不同的标本放在同一个罐子里。然后这两只苔藓动物奋力搏杀，最后就剩下一只还活着。丘浅次郎甚至指出，一些苔藓动物部署了特殊的刺细胞，细胞中充满毒素，可以攻击敌人。化学战看起来只是另一种演化适应的方式，是生存斗争的必然结果。事实

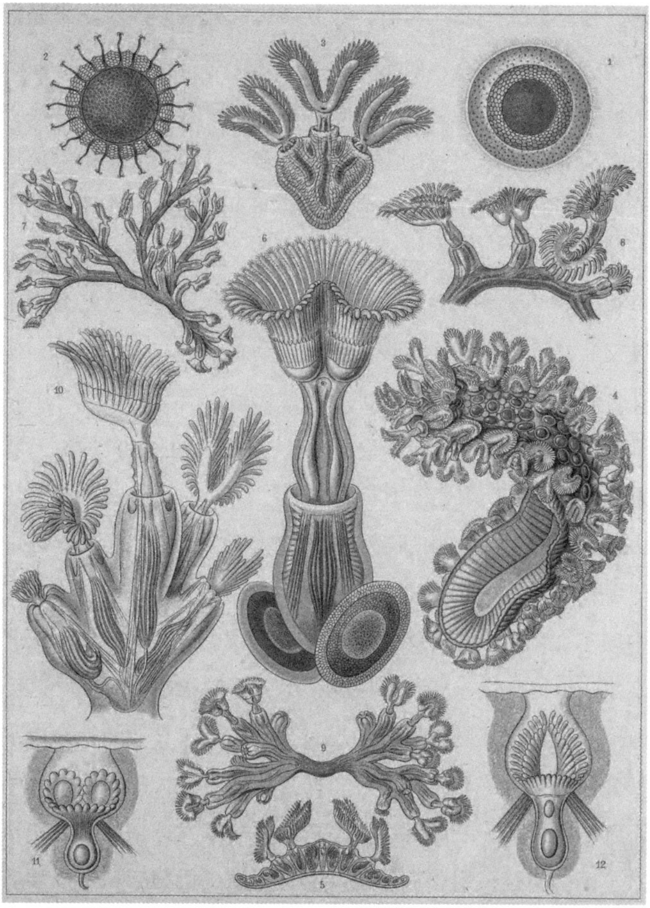

恩斯特·海克尔与丘浅次郎均研究过的苔藓动物。

上，日本在这次与俄国的战争中就运用了砷，这是第一次世界大战中广泛使用氯气的前兆。“在这个方面，人类与其他生命体没有丝毫区别。”丘浅次郎总结道。这令人不寒而栗的想法提醒了我们，看似无害的生物学思想也会被拿来为最恶劣的暴行辩护。[58]

达尔文的思想在始于1868年的明治维新这个关键的历史变革时

期传入日本。正如我们在阿根廷与俄国所看到的，日本科学家对“为生存而斗争”的想法很感兴趣，因为它似乎反映了他们生活的世界。1894—1895年爆发的中日甲午战争以及1904—1905年爆发的日俄战争，似乎都印证了丘浅次郎所谓的生死法则。丘浅次郎认为，人类与他在实验室中研究的苔藓动物没有什么不同，他们聚集在一起形成更大的单位，并发动残酷的战争。接下来我们将看到，作为日本在亚洲地区帝国扩张的主要目标，中国对于军事侵略的态度也激发了人们对演化论的强烈兴趣。[59]

5.4 清代中国的自然选择

严复看着北洋水师旗舰被鱼雷击中。这艘巨大的铁甲巡洋舰只有不到 10 年的舰龄。现在它搁浅了，在山东沿海的港口起火，甲板上浓烟滚滚。严复是清代中国的水师教习，在 1894—1895 年中日甲午战争的最后阶段目睹了战斗过程。几个月前，也就是 1894 年 9 月，北洋水师的大部分舰船在朝鲜半岛岸边被摧毁。舰队的其余舰船随后遭到日本海军追击，最终在 1895 年 1 月的威海卫战役中，4000 多名中国水兵丧生。同年 4 月，中国被迫签署了一项议和条约。*[60]

严复正是那些呼吁中国教育体制和政治体制彻底革新的人之一。他认为，中国需要现代化，否则就有被竞争对手控制的风险。严复写道：“而岁月悠悠，四邻眈眈，恐未及有为，而已为印度、波兰之续。”

---

* 1894 年 7 月，中日甲午战争爆发。同年 9 月，黄海海战爆发，以日本舰队先行撤离战区而告终，北洋舰队损失战舰 6 艘，死伤管带以下千余人。经此一战，日本掌握了制海权。1895 年 2 月，日军侵占威海卫，清北洋舰队覆灭。——编者注

他警告称，中国可能不久就会变成欧洲或日本的殖民地。中国在甲午战争中遭遇失败后，这种要求变革的呼声也非常普遍。[61]

严复本人第一次了解达尔文是在伦敦皇家海军学院学习工程学的时候。他是 19 世纪下半叶被中国派往国外学习科学的众多学生之一，当时清朝正致力于陆军与海军的现代化。19 世纪 70 年代在英国期间，严复开始阅读维多利亚时代科学思想家领军人物的著作，其中包括《物种起源》。[62]

严复的文章在中国引起了人们对达尔文著作的广泛兴趣。这些回应鼓舞了他，他也决定就此主题写一篇更长的文章。这本书以《天演论》（1898 年出版）* 为题出版，拓展了严复早期文章中谈到的很多主题，并将演化论延伸到社会与国家层面，全篇包含着不少国家危急存亡的暗示。事实上，严复也是在 19 世纪末社会达尔文主义的发展过程中发挥重要作用的众多中国思想家之一。“生物形态会在自然演化中进步，因此，社会演化无疑也是进步的。”他表达了这样的看法。而严复提出的这个主张，也呼应了英国演化思想家赫伯特·斯宾塞的话，斯宾塞将社会描述为一种“社会有机体”。[严复后来将斯宾塞的重要著作《社会学研究》（*The Study of Sociology*，1873 年出版）译成中文，题为《群学肄言》。] 和斯宾塞一样，严复相信社会只有通过竞争才能进步。“人们都好逸恶劳，如果我们不让他们竞争，他们就将不再使用智力和体力；因此……他们就不会再进步。”严复这样解释道。因此，严复建议中国在工业化和军事化方面加倍努力。[63]

当时许多最有影响力的科学思想家和政治思想家都读过严复的《天演论》，他们在“为生存而斗争”的讨论中，清楚地诊断了当时中

---

* 《天演论》是严复翻译的赫胥黎著作《进化论与伦理学》，并非完全原创，但其中确实增加了很多严复的个人见解，包括对原作者赫胥黎的一些批判性观点。

国面临的问题。梁启超是中国一位著名的报刊主笔，与严复也有私人交情，他对演化论就非常着迷。他还警示道，中国必须革新其教育体制和政治体制，不然就有被殖民的风险。“优胜劣败。”梁启超在文章中写道。随后他便描述了欧洲对非洲和印度的征服。达尔文的理念同样受到政治思想家的欢迎。领导了 1911 年辛亥革命的孙中山，曾经在香港学医期间，第一次了解到演化论。“于西学则雅癖达文之道。”他写道。孙中山与当时中国其他思想家得出的结论相同，但他将历史向前推进了一步。梁启超主张改良，孙中山则坚信拯救中国的唯一途径就是推翻清朝。他强调中国人如果不抗争，就没有办法生存。[64]

孙中山关于“达文之道”的讨论，为演化论为何在 19 世纪末的中国如此流行提供了另一个解释。在这里，孙中山指的是中国古代对于“道家”的信仰。尽管解释各不相同，但“道”通常被认为是宇宙中一种潜在的自然力量，人类应该尝试根据“道”来和谐生活。与基督教欧洲不同，中国没有创世神的宗教传统，也没有任何人类与自然界分离的概念。相反，自古以来的中国思想家，相信所有生命都是通过某种自然力量联系在一起的。公元 3 世纪一位有影响力的道家哲学家王弼写道：“万物万形，其归一也。”这些思想在现代早期就发展为更先进的演化理论。我们在前一章中介绍过李时珍的《本草纲目》(1596)，其中就包括了物种对于不同环境的适应，以及介绍荷花这类植物的遗传模式的段落。19 世纪初，中国博物学家很好地接受了物种可能发生变化的想法。博物学家赵学敏在《本草纲目拾遗·小序》(1803 年出版)中写道：“然物生既久，则种类愈繁……此皆近所变产……”[65]

达尔文本人其实很清楚中国演化思想的悠久历史。达尔文曾在《物种起源》一书中指出：“我发现在一本中国古代百科全书中，明确地给出了选择的原则。”达尔文所指的“中国古代百科全书”，正是李时珍的《本草纲目》。达尔文不仅受到中国博物学的启发，而且邀请伦敦大英博物馆的一位朋友翻译了李时珍书中相关的一些摘录。达尔文的其他很多著作中也都有类似的中国参考文献。在《家养动植物变异》（*The Variation of Animals and Plants under Domestication*，1868 年出版）一书中，达尔文引用了 18 世纪一本中国农业文献的法文译本，作为他研究不同种类家蚕的资料来源。归根结底，演化论的基本思想在中国并不新鲜，达尔文本人也知道这一点，即使这在今天已经很少会被承认。更确切地说，在 19 世纪的中国，真正新颖的——真正吸引人的一点——是"为生存而斗争"的想法。在清朝命运悬而未决的情况下，达尔文主义似乎为中国思想家在 19 世纪的最后几十年里面临的许多问题提供了答案。[66]

甲午战争以后，清朝皇帝同意了一项涉及广泛内容的现代化计划。这其中包括对科举考试进行彻底改革，科举考试在 1905 年最终被废除。同时，一系列新的科学和教育机构建立起来。1898 年，旧式"太学"被全新的京师大学堂取代。这是中国近代第一所国立大学，课程重点是算学（数学）和物理，以及后来的生物，而不是只教授儒家经典。严复后来被任命为京师大学堂的校长，并在那里继续推广达尔文主义。除了新建的大学，清政府还建立了一系列农业试验场。尽管这样的试验场在中国各地有数百座，而其中最大的一座试验场于 1906 年在北京郊区成立。* 设立试验场的目的是通过应用演化理论，让培育人员可以培育出主要农作物的改良品种，如水稻和小麦。[67]

在同一时期，清政府也开始派遣越来越多的学生出国接受教育。一些人去了欧洲和美国，但也有很多人去了日本学习。[68] 在这一时期

---

* 这个试验场是指农工商部农事试验场，后历经多次改革。现址为北京动物园，部分建筑仍有保留。

前往日本的学生中，有一位后来成为《物种起源》第一部中文译本的译者。马君武于 1881 年出生于中国南方。他接受了中国典籍的传统教育，20 岁时他被选去日本学习，以成为科学家为目标。1901—1903 年，马君武在京都大学学习化学。也正是在这里，他遇见了当时正在经历流亡生活的孙中山。这次会面之后，马君武变得越来越具有革命思想。他同意孙中山的观点，即拯救中国的唯一途径就是推翻清朝。也正是在这一时期，马君武开始翻译达尔文的《物种起源》。他最早了解到达尔文，可能是读了梁启超在日本主编的中文期刊《新民丛报》，而梁启超当时也处在流亡生活中。《新民丛报》定期刊登有关演化论的文章。其中一篇文章甚至包括一段详细的达尔文传记，并附有一张照片。马君武本人在 1903 年回国前不久，在《新民丛报》上首次发表了他早期翻译的《物种起源》的一些文摘。[69]

回到中国后，马君武继续从事翻译工作。然而，翻译工作进行了很久。这主要是因为马君武在政治活动上花费的时间越来越多。他曾秘密加入孙中山领导的中国同盟会，帮助组织当地的活动家，并在上海散发宣传册。当马君武意识到完整版的翻译不能很快完成后，他决定在 1903 年将《物种起源》的前五章作为一本单独的书出版。这本书包含了所有最重要的内容，包括有关“为生存而斗争”“自然选择”的章节，以及达尔文著名的树状图，在这幅图中，达尔文展示了不同物种从同一个共同祖先的分化。中国读者第一次可以买到达尔文经典著作的译本，尽管它实际上还不完整。[70]

马君武的译本由中国同盟会经营的广益书局出版。这并非一种巧合。和同时代的许多人一样，马君武将达尔文主义与中国的政治局势明确地联系起来。“不同国家的人们相互斗争，生存下来的国家必须拥有对抗外国入侵的同等力量。”马君武在 1903 年写道。事实上，这直接反映了 1899—1901 年义和团运动期间八国联军侵略北京的情形。马君武翻译的《物种起源》中也有大量类似的关于国家之间斗争的典故，远远超出达尔文原文所写。马君武号召“所有想要生存下来的人都必须注意……自然选择”。最后他略显隐晦地提出应当革命，他总结道：“本地人必须进化，为了毫无畏惧地抵抗入侵者。”其他一些人说得则更明确了。“革命者，天演之公例也。”中国同盟会的另一名成员，同时是《物种起源》热心读者的邹容这样宣扬道。[71]

1911年，马君武终于梦想成真。经过一系列地方起义之后，中国同盟会控制了全国的一些主要城市。经过4个月的激烈战斗，清朝末代皇帝宣布退位，孙中山于1911年12月29日被推举为中华民国临时大总统。这标志着两千多年王朝统治的结束。革命时期，马君武前往柏林农业大学留学。回到中国后，他支持新的国民政府，在一家制造炸药的军火厂工作了一段时间，但也抽出时间完成了自己等待已久的翻译工作。因为总被战争和革命打断，这项工作花了近20年的时间，不过在1920年，马君武最终给中国读者提供了《物种起源》的完整译本。[72]

正如我们在其他地方所看到的，战争和革命的发展，激发了中国人对达尔文主义的兴趣。辛亥革命最终带来了清朝的终结。对于革命者来说，这其中也有达尔文主义的作用。[73]

5.5 结论

第一次世界大战爆发时，查尔斯·达尔文的《物种起源》已经被翻译成至少15种语言的版本，包括俄文版、日文版和中文版。然而，对于许多读者来说，演化的基本概念并不完全是新的。无论是在沙皇治下的俄国还是在清代的中国，演化论实际上从18世纪末就开始被广泛讨论了。中国和日本等国家的讨论尤其引人注目，因为这些国家可以在道家和佛教等现有哲学及宗教传统中找到演化思想。达尔文本人也承认这一点，甚至在《物种起源》中引用了更早的俄国著作与中国著作。达尔文主义之所以如此流行，不仅因为它是一种关于演化的理论。演化并没有什么新鲜的。达尔文主义在当时之所以如此吸引人，是因为“为生存而斗争”的思想。《物种起源》的核心观点是自然界就是一个不断冲突的世界。达尔文认为这是一场“自然的战争”，演化是“伟大生命之战”的结果。[74]

正是这种斗争的隐喻，激发了19世纪许多科学思想家的畅想，这种畅想不仅发生在欧洲，而且发生在亚洲和美洲，它似乎巧妙地概括了他们所生活的世界里的某些东西。19世纪末，达尔文的理论得到越来越多的应用，它不仅被用来描述植物和动物，而且被用来讨论社会和国家。而隐藏在社会达尔文主义背后的有害思想，是这一时期的另一个产物。从阿根廷征服巴塔哥尼亚到日本入侵中国东北，演化论是一门诞生于残酷冲突时代的科学。事实上，演化论的发展历史上最引人注目的事情之一就是，有如此之多的关键人物曾以各种形式参与了军事战争。弗朗西斯科·穆尼兹是拉丁美洲最早的演化思想家之一，他在阿根廷独立战争中担任军医。在下一章中，我们还将继续探索同一个世界，看看这个资本主义和冲突的世界如何影响了现代物理科学的发展。

第六章

工业化实验

INDUSTRIAL EXPERIMENTS

从埃菲尔铁塔的顶端，彼得·列别捷夫（Peter Lebedev）可以看到整个巴黎。这座“光明之城”真是名副其实，所有主要地标建筑物都用电灯照明。望向远处，列别捷夫可以辨认出塞纳河对岸巴黎大皇宫的玻璃穹顶，以及远在蒙马特高地上著名的圣心大教堂。然而，列别捷夫并不是来巴黎看风景的。他当然也不是游客，而是莫斯科大学的教授。彼得·列别捷夫实际上是一位才华横溢的物理学家，刚刚对光学的研究作出了重大贡献。1900 年 8 月，列别捷夫与来自世界各地的 500 多名科学家一起抵达巴黎，参加第一届国际物理学大会。此次会议，恰逢1900年的巴黎世界博览会召开，自19世纪后期到20世纪初，世博会一直是非常受欢迎的大型国际展览之一。这一切始于 1851 年在伦敦举行的大型展览，那次世博会旨在展示维多利亚时代的科学和工业，但很快就在世界各地流行起来。19 世纪末，从东京到芝加哥的各大城市都已经举办过类似的展览，并且这些展览往往都伴随着科学会议。[1]

1900 年的巴黎博览会的参观者达 5000 余万人。对于很多人来说，最引人注目的是电力宫，这是一座孔雀羽毛造型的新艺术派杰作。电力宫位于战神广场，就在埃菲尔铁塔的正前方，覆盖着 7000 多盏彩色电灯。在电力宫内，游客可以查看各种电力机械，还可以看到巨大的蒸汽动力涡轮机正在运行。附近还有一座光学宫，游客可以透过巨大的望远镜观察，或是观看早期的电影。包括西门子和通用电气在内的大型私营企业，都安排代表出席了巴黎世博会，希望将它们的工业机器销售到世界各国。[2]

这是一个国际化和工业化的时代。1900 年的巴黎世博会完美地体现了时代的氛围。新的通信技术（如 19 世纪 30 年代发明的电报），以及新的运输技术（如 19 世纪前 10 年里发明的蒸汽海轮），都让世界开始感觉到更加紧密的联系。很多人认为，这些技术的进步有助于加速科学的发展。“思想……在世界各地融合交叉，就像人类思想以闪电般速度在细丝上传播一样。”在巴黎世博会的开幕式上，一位法国政治家公开宣布。这也是促成世界各地的物理学家齐聚一堂的部分原因。组织者解释道，第一届国际物理学大会的目的是“鉴定这些科学家在已开发的领域中最终获得的知识”。这将是“各国物理学家的首次会议”。[3]

参加第一届国际物理学大会的科学家，没有游览埃菲尔铁塔，也没有参观电力宫，却讨论了他们的最新研究。很多研究与电磁学理论有关。数百年来，科学家一直在研究光、电和磁的特性。然而，19 世纪下半叶，人们越来越一致地认为，这些看似独立的现象都具有共同之处。最初的理论贡献来自英国物理学家詹姆斯·克拉克·麦克斯韦（James Clerk Maxwell）。在 1864 年发表的一篇论文中，麦克斯韦描述了如何通过“电磁场”的存在来解释与光、电和磁相关的特性，解释了震荡波为什么会在这样的电磁场中传播。

自 19 世纪初以来，科学家就已经知道，当电荷在空间中移动时，就会产生磁场。他们还知道，当磁铁在空间中移动时，也会产生电场。这两个原理支撑了早期电机和发电机的发展，因为只要移动磁铁穿过线圈，你就可以制造出电流。然而，麦克斯韦意识到，电场和磁场的概念可以结合起来，形成单一的“电磁场”。这是个关键的想法，让他能够解释光与电和磁的关系。根据麦克斯韦的说法，光不过是通过这种场的一种"电磁干扰"，有点像是穿过海洋的波浪。他还预测一定还存在其他电磁波，如无线电波，其行为模式与光相同。在麦克斯韦的成果发表后，世界各地的物理学家开始研究电磁波的特性。从莫斯科到加尔各答，展开了一场证明麦克斯韦理论正确的竞赛。[4]

·

现代物理学和化学现存的历史，往往集中在一小部分欧洲先驱身上。这份名单上通常有詹姆斯·克拉克·麦克斯韦，以及后来在欧洲生活、工作的一些科学家——例如，1887 年发现无线电波的德国物理学家海因里希·赫兹（Heinrich Hertz），以及 1898 年发现放射性的波兰裔法国物理学家玛丽·斯可罗多夫斯卡·居里（Marie Skłodowska Curie）。诚然，19 世纪末的欧洲在很大程度上处于科学世界的中心，其中很大程度上要归功于我们在前几章谈到的帝国主义扩张提供的经济优势，然而这并不意味着欧洲以外的科学家就没有任何贡献。事实上，通过研究第一届国际物理学大会的参会者名单，我们很快就可以构建出一幅更加多样化的 19 世纪末 20 世纪初的科学图景。除了来自英国、法国和德国的科学家，还有来自俄国、土耳其、日本、印度和墨西哥的科学家。他们不只是坐在那里听报告。相反，这些国际科学家展示了自己的研究，挑战了只有在欧洲实验室才能实现物理学突破的想法。[5]

彼得·列别捷夫就是一个很好的例子。在巴黎的会议上，他展示了一篇论文，内容是关于最近他在莫斯科大学开展的一项实验。虽然在 19 世纪末，大多数物理学家已经接受了电磁波的存在，但是很多问题仍然没有答案。麦克斯韦的原始理论中，最让人好奇的含义之一就是关于光本身的性质。根据麦克斯韦的理论，如果光是波，那么它同时应该施加一个力，因为它携带动量。初看这似乎是违反直觉的。光显然不是物质，它又怎么能施加物理作用力呢？但一切结论都是从方程式出发的。然而，在 1900 年之前，没有人能够直接测量这种力，因为它实在太小了。因此，当列别捷夫描述自己的实验时，巴黎的听众们非常兴奋。列别捷夫将一组金属叶片悬浮在真空中，令其暴露在电灯之下，借由这一实验，他证实了光确实会施加作用力。当灯打开时，叶片开始旋转，如同微风吹动风车一样。[6]

在列别捷夫之后，其他一些科学家也在会议上作了报告。日本物理学家长冈半太郎介绍了他对一种名为“磁致伸缩”的现象的研究，即金属会在磁场中膨胀或收缩，我们将在本章后面部分再次谈到他。会议上还有一群印度科学家，其中有一位名叫贾加迪什·钱德拉·博斯（Jagadish Chandra Bose）的孟加拉物理学家，我们也将在本章后面更详细地探索他的生平。作为无线电物理学的先驱，博斯向巴黎的听众描述了他在加尔各答进行的一些实验。博斯尝试对各种东西施加电击，从一块形状规则的金属块到一棵活体植物，在对所有这些物体施加电击后，博斯得出结论，有机物和无机物之间没有本质区别。毕竟，一切事物似乎都以某种方式对电作出了反应。和 1900 年前后的许多科学家一样，博斯认为电磁理论实际上是一种万物理论。博斯认为，麦克斯韦方程组既可以用来描述神经的功能，又可以描述无线电的运作，这表明自然界存在“基本统一”。[7]

1900 年在巴黎出现的出身各异的科学家群体，郑重地提醒了我们现代物理科学史上被遗忘的一面。整个 19 世纪，在欧洲以外其他地区的实验室中，包括俄国、土耳其、印度和日本的实验室，有许多科学家对现代物理学和化学的发展作出了诸多重要贡献。他们前往世界各地的城市，会聚一堂，讨论其工作并分享想法和创意。正是在 19 世纪，最早的现代科学会议开始出现，其中很多会议是为了配合工业展览而组织的。第一届国际物理学大会正是这方面的典型例子。

在前一章中，我们看到了资本主义和冲突共同构成的世界如何影响了现代生物学的发展。在本章中，我们将从现代物理学的角度探讨同一主题。19 世纪新的工业通信技术得到发展，这有助于解释为什么科学家对电和磁的特性如此感兴趣。19 世纪的前几十年里，英国和德国铺设了实验性电报线路。沿金属线发出短促脉冲电流，这些电脉冲各自对应一个电码——通常使用莫尔斯电码——由操作员将电码翻译成信息。这一系统的巨大优点在于，信息几乎可以在瞬间实现远距离传输。根据这些早期的案例，电报线路在 19 世纪五六十年代开始在国际上扩展，此时詹姆斯·克拉克·麦克斯韦恰好在发展他的电磁学理论。连接爱尔兰和纽芬兰的第一条跨大西洋电报线路于 1858 年建成。紧接着，1865 年又建成了一条连接英国与其印度殖民地的电报线。无论是处于和平状态还是战争状态，世界各国政府都迅速地认识到现代科学对于国际交流的价值。物理学家和工程师突然发现自己很抢手，雇主招聘他们做顾问，以建设新的电报线路，并在军队中安设无线电接收器。[8]

除了物理学，化学是那个时代另一门重要的工业科学。19 世纪，50 多种新化学元素被发现，其中很多是在新矿场的开采或在矿石提炼的过程中被发现的。同时，科学家认识到电流可以用来分离不同的化学元素，物理学新近的一些突破也在此过程中起到了帮助作用。然而，最重要的突破或许还是元素周期表的构建，从最轻的氢元素开始，所有化学元素都在这张表中按原子量排序。元素周期表最早由俄国化学家德米特里·门捷列夫（Dmitri Mendeleev）于 1869 年提出，它预测了许多未知元素的存在，因为表中还有缺失的空白等待人们去填补，这也引发了一场寻找新元素的竞赛。这在一定程度上也有国家竞争的意识。科学家经常以发现新元素的国家为其命名。当俄国化学家卡尔·克劳斯（Karl Klaus）在 19 世纪中叶发现一种新元素时，他将其命名为“钌”

（ruthenium），这个名字来自“俄罗斯”的中世纪拉丁文（Ruthenia）。“我给这种新物质命名，是为了纪念我的祖国。”克劳斯解释道。[9]

这种“化学民族主义”有很多类似的例子。锗、镓和钋都是以国家命名的。从某种意义上说，这些国家的历史相对较新。（锗是在1886年被发现的，仅是德国1871年统一之后的10余年。）在其他情况下，元素的命名甚至早于国家本身。玛丽·斯可罗多夫斯卡·居里选择以她的祖国波兰给钋（polonium，波兰在拉丁文中被写作Polonica）命名，正是因为她希望波兰有一天会成为一个独立的民族国家。（在发现钋的1898年，波兰仍分别被德国、俄国和奥匈帝国控制。）[10]

民族主义和国际主义似乎齐头并进。毕竟，19世纪是一个科学家周游世界，在国外大学接受教育，以多种语言发表作品，并参加国际会议的时代。然而，这也是一个科学被当作提升国家实力的手段的时代，尤其是在工业和军事领域。1900年，在巴黎举办的第一届国际物理学大会上，很多人依然对未来感到乐观。“产生了如此多的新思想，建立或巩固了如此多的友谊。”巴黎的会议结束后，一位物理学家这样写道。不过，1914年第一次世界大战爆发后，国际秩序似乎已经崩溃。在本章中，我们将探讨1790—1914年民族主义和国际主义之间的对立关系。这并非一段欧洲科学先驱独自开辟的历史，而是一段民族主义、战争与工业交织的全球历史，这才是对19世纪物理学与化学历史最恰当的解读。让我们先从俄国北部酝酿的风暴开始谈起。[11]

6.1 沙俄的战争与天气

亚历山大·波波夫（Alexander Popov）可以看到风暴正在临近——是时候检验他的新发明了。多年以来，波波夫一直在坐落于芬兰湾最东端喀琅施塔得（Kronstadt）的俄国海军鱼雷学校教授电气科学。此时正是1895年的春天，他计划将教学付诸实践。在爬上附近的一座高塔后，他把一个连接铜线的小气球发射到高空。遥远的闪电噼啪作响，波波夫将铜线另一端连接到一台被他称为“风暴指示器”的设备上。正如他所预期的那样，这台机器突然有了反应。尽管风暴仍在15英里外，但是每当一道闪电划过，就会有小铃铛跟着响起来。为海军工作的波波夫立即发现了这种发明的潜力。海上的船及陆地上的预报员，都能通过这种发明探测到即将到来的风暴。但这台设备是如何运作的呢？它本身依赖于闪电发射电磁波这一事实。波波夫所发明的是一种能够远距离探测电磁波的方法。他由此制造了世界上最早的无线电接收器之一。在沙皇统治下的俄国，无线电起源于研究风暴的科学。[12]

波波夫的设备，建立在法国物理学家爱德华·布朗利（Édouard Branly）更早的研究的基础上。1890年，布朗利报告了他的发现，电磁波似乎会对金属屑产生影响，后来促成了“金属粉末检波器”的发明，这种装置由一个填充金属屑的小玻璃管组成，构成了所有早期无线电接收器的基础。金属屑本身是电的不良导体，然而当电磁波穿过管子时，金属屑全部对齐——它们都表现得“一致”了*——然后突然导电。早期的无线电先驱正是通过这种方法探测到电磁波的。唯一的问题是，要想重置检测器，必须用手摇动试管，再次混合金属屑。波波夫的重大创新就解决了这个问题。他的“风暴指示器”利用电磁波产生的电流，驱动一把击锤同时敲击玻璃管，让金属屑再次混合。通过这种方式，“风暴指示器”能够检测到每一次单独的电磁波发射，随着每次雷击的产生而打开或关闭。[13]

俄国的这位无线电先驱曾在一所海军学校工作，这个事实非常重

* 金属粉末检波器的英文是coherer，字面意思就是“一致器”。

要。19 世纪的物理学既是理论的，又是实践的，它既是工业的产物，又是纯科学的产物。波波夫出生于 1859 年，在乌拉尔长大，家乡离博戈斯洛夫（Bogoslov）冶炼厂很近，从那里就能看到工厂毒烟滚滚的景象。波波夫很小的时候就对附近的工厂和矿山的机器很着迷。他甚至制作了一只很小的电动闹钟，骄傲地将它放在自己的卧室里。对工业科学的爱好，激起了波波夫想要加入圣彼得堡大学的念头，1877—1882 年他在圣彼得堡大学学习物理学和数学。然而，波波夫的家庭并不富裕，他的父亲只是一位收入微薄的牧师。事实上，父亲本希望波波夫能去一所神学院学习。因此，除了大学里的学习，波波夫还要去圣彼得堡城里新成立的电气科技公司（Elektrotekhnik Company）工作赚钱，他帮助当地一个游乐场安装了照明设施，并于 1880 年在圣彼得堡举办的一次大型工业展览会上充当向导。在这场展览会上，来自世界各地的公司展示了所有最新的电气设备：电报信号、电灯，甚至还有一种承诺能够治疗各种疾病的电疗设备。[14]

毕业以后，波波夫有机会留在圣彼得堡大学任教。但是这个职位并不能让他赚到足够多的薪水。波波夫希望能和心爱的人结婚，因此需要一份稳定的职业，于是他投身海军。1883 年，他进入位于喀琅施塔得的鱼雷学校担任教员。对于一个在 19 世纪的俄国崭露头角的科学家而言，为海军工作不仅薪水更高，而且能使用更先进的设施。鱼雷学校的实验室配备了前沿的设备，还有一座藏有外国科学出版物的图书馆。波波夫为即将操作鱼雷艇的受训者办讲座，内容涵盖了从电磁学到炸药化学的各个方面。正是在鱼雷学校实验室，波波夫第一次制造出电磁波，向他的学生们演示了他的“风暴指示器”还能用于海上通信。“我们可以期待，这些现象的应用一定能够让海军受益，它既可以用作信标，又可以用来在船舶间传递信号。”波波夫解释道。在此之前，海上的所有通信都是用旗帜和灯光进行的，已经持续了几个世纪。[15]

亚历山大·波波夫的“风暴指示器”。注意电铃上方带有橡胶管的小玻璃圆筒，这是“金属粉末检波器”，可以检测无线电波并自动重置。

波波夫有理由为自己的发明感到自豪。因此，当他得知竞争对手正在推广一种非常类似的设备时，非常震惊。1897 年，在浏览俄国某家工程期刊的最新一期时，波波夫发现意大利工程师伽利尔摩·马可尼（Guglielmo Marconi）正在英国尝试为自己的无线电接收器设计申请专利。如今，人们普遍认为马可尼发明了无线电通信，但事实上——正如波波夫不厌其烦地指出的那样——很多科学家都在同一时间开发出了几乎相同的设备。“马可尼的接收器，所有构件都和我在 1895 年制造的仪器一样。”波波夫抱怨道。对电磁波实际应用的研究显然正在快速推进。考虑到这一点，波波夫推出自己的“风暴指示器”，将其改造为接收无线电信号的商业系统。他和法国工程师欧仁·迪克律特（Eugène Ducretet）合作，后者开始在巴黎制造波波夫的无线电探测器。1898 年，迪克律特使用波波夫设计的改进版本，成功地探测到两英里以外埃菲尔铁塔和先贤祠（Panthéon）之间发送的无线电波。这是埃菲尔铁塔第一次被用作无线电塔，并且这一功能一直延续到今天。[16]

正如我们在前一章中所看到的，19 世纪下半叶正是沙皇俄国重新开始投资科学的时期。物理学领域发生的情况与生物学一样。在俄国于 1853—1856 年的克里米亚战争中战败后，沙皇亚历山大二世决心实现经济和军事的现代化。这意味着要在军校和大学里建立新的实验室，并鼓励人们利用科学研究解决工业问题和军事问题。最终，亚历山大二世认为，俄罗斯帝国的生存取决于对现代科学技术的应用。为了庆祝 1855 年 9 月在莫斯科举行的加冕典礼，亚历山大二世甚至命令一名军事工程师用电灯覆盖克里姆林宫。根据一份官方报告，其中一组灯被布置成“巨大的皇冠形状……配有火焰般蓝宝石、祖母绿和红宝石”。这是沙皇统治下的工业化愿景。对于亚历山大二世来说，未来是属于电的。[17]

喀琅施塔得鱼雷学校的实验室，只是 19 世纪下半叶在俄国建立的一批新科学机构之一。1866 年，亚历山大二世授权成立俄国技术协会。这一机构的总部设在圣彼得堡，专门组织了铁路工程、摄影和电报等主题的科学会议。除了举办会议，俄国技术学会还出版了一系列科学杂志，其中一本的名称就是《电学》。该学会还组织了大型工业展览会，包括亚历山大·波波夫在圣彼得堡学习期间服务过的电气展览会。[18]

大学也开始加大对物理学的投资，尽管其进度往往落后于工业界和军事学校。1874 年，一位名叫亚历山大·斯托列托夫（Alexander Stoletov）的俄国物理学家访问剑桥大学。他在那里碰到了詹姆斯·克拉克·麦克斯韦，并出席了剑桥大学新建成的实验物理中心——卡文迪什实验室（Cavendish Laboratory）——的开幕式。受到英国的启发，斯托列托夫回到了莫斯科大学，并在那里帮助扩建物理实验室，对其进行了现代化改造。19 世纪 80 年代末，莫斯科大学物理系拥有所有最新的科学设备，包括产生电磁波的机器。彼得·列别捷夫后来就是在这里研究出了我们在本章开头所提到的"光压"。[19]

除了支持电磁学的研究，沙皇还支持现代化学的发展。毕竟，在自然科学中，化学是最明显的实用科学。在整个 19 世纪下半叶，俄国化学家受政府聘用，担任从火药制造到伏特加蒸馏的一切研究的顾问。当时，德国被广泛认为是工业化学领域的先进国家。考虑到这一点，俄国政府资助了数百名年轻科学家前往德国的大学接受教育，其中包括 1859 年被派往海德堡大学学习的德米特里·门捷列夫，他可能是那个时代最著名的俄国化学家。1861 年，门捷列夫回到俄国，他在圣彼得堡大学获得一个职位，并在那里帮助实现了化学课程的现代化，参照他在德国的所见所闻扩建了实验室，并在其中引入了更多的实践教学。门捷列夫还于 1868 年帮助建立了俄国化学学会，该学会第二年就开始出版自己的俄文科学杂志。[20]

如今，人们对门捷列夫印象最深的是他首创了元素周期表，其中所有的化学元素按原子量排列成 18 个族。在没有已知元素的位置，他留下空白，由此能够预测新化学元素的存在及其性质。然而，人们经常忘记的是，门捷列夫不仅是一名理论家，而且是一个务实的人，他相信化学对于沙俄帝国的工业与军事发展至关重要。门捷列夫在其颇具影响力的教科书《化学原理》(*Principles of Chemistry*, 1868—1870 年出版)中指出，化学是“为实际目的服务的一种工具。它为开发自然资源和创造新物质开辟了道路”。最终，为了理解门捷列夫对现代化学发展作出的贡献，我们需要将目光移到元素周期表之外，回到以 19 世纪科学为特征的工业和战争中去。[21]

德米特里·门捷列夫举起手臂，发出大炮准备的指令。当他这样做时，一名俄国海军军官将一枚炮弹装入旁边的大炮之中。然后，门捷列夫的手臂劈了下来，同时喊道:“发射!”就在这时，这位海军军官拉了一根绳子，朝着一片开阔地带发射炮弹。门捷列夫看着炮弹在远处爆炸，他的新发明似乎奏效了。1893 年 4 月，在一个清爽的早晨，门捷列夫对他所说的“焦珂罗酊火药”(pyrocollodion powder)进行了第一次实地试验。这是一种新型无烟火药，门捷列夫在过去三年里一直在进行研制。事实上，正是沙皇亚历山大三世亲自请他研制这种新型火药。亚历山大三世因欧洲其他国家最近取得的军事进展而忧心忡忡，转而求助于门捷列夫，而此时的门捷列夫是世界上最著名的化学家之一。为了支持这项工作，亚历山大三世批准他在圣彼得堡涅瓦河中的一座小岛上，建造海军科学技术实验室。1890—1893 年，门捷列夫在这里花费了大量时间，倾其所学，将化学知识应用于新型炸药的设计。[22]

无烟火药的发明是 19 世纪末主要的军事创新之一。传统的火药是由硝石、硫黄和木炭的混合物制成的。但是随着化学的进步，军事科学家开始探索威力可能更强大的替代化学品。它们通常是由 19 世纪 40 年代首次分离得到的硝化甘油，与其他种类化学品混合而成。最著名的故事当数阿尔弗雷德·诺贝尔(Alfred Nobel)——诺贝尔奖正是以他的名字命名的——通过开发新的化学炸药而发家致富，其炸药中包括一种叫作“巴利斯泰”（Ballistite）的无烟火药。[23]

顾名思义，无烟火药只会产生很少的烟。这在战斗中——特别是海战之中——具有明显的优势，因为无烟火药可以提高能见度，部队和舰船的协调也会更顺利。然而，这并不是唯一的好处。无烟火药还能产生更强大的爆破力。在使用传统火药时，大部分燃料会在燃烧时以烟的形式浪费掉，但在使用无烟火药时，几乎所有燃料会转化为爆炸的力量。这种更大威力的爆炸也能够达到增长炮弹射程、提高射击精度以及速度的效果，这些在海战中都是重大优势，尤其是在 19 世纪后半叶，舰船已经开始用铁来制造了，只有具备强大威力的炮弹才可以穿透现代战舰的铁壳。正是出于上述原因，亚历山大三世特别希望俄国海军开发自己的无烟火药。[24]

在圣彼得堡的海军科学技术实验室工作期间，门捷列夫首先检验了英国和法国已经制造的无烟火药样品。事实上，之前他已经抓住机会参观了伦敦的伍尔维奇兵工厂（Woolwich Arsenal），并在那里了解到一种叫作“科迪特”（cordite）的英国无烟火药。通过分析这些样品，门捷列夫意识到需要创造出一种由碳、氢、氮和氧等元素混合而成的新化合物。他也希望改进法国和英国的火药品种，并制造出一种威力更大、烟雾依旧很少的火药。他的关于不同元素原子量的知识在这里大放异彩，因为他能够依此计算出点火后产生最大威力爆炸时化学物质的确切比例。1892 年底，他成功地制造出了少量新型无烟火药。门捷列夫在笔记本中写道：“这是一种化学意义上的新产品，与普通火药有着很大不同，需要对化学反应及其产物具备基本的了解。”[25]

门捷列夫一生都对沙俄帝国的军事发展和工业发展表现出浓厚的兴趣。他有时为政府工作，有时则在私营公司工作。除了火药，他还深度参与了俄国的石油工业。19 世纪 60 年代，他曾受雇于巴库石油公司，为一座石油蒸馏工厂的建造提供咨询服务。此时的沙俄帝国，刚从波斯帝国和奥斯曼帝国手中夺取高加索周边大部分地区，其中包括现在的阿塞拜疆。沙皇立即主张了这些产油地区的所有权，随后以长期租约的形式将其卖给了巴库石油公司等私营公司。门捷列夫的化学知识又一次在工业中得到应用，他指导巴库石油公司从原油中分离出不同的化学产品，然后这些产品便可拿去销售。19 世纪 70 年代，为了报告美国石油工业的发展，门捷列夫甚至被派往美国。当时，俄国的大部分石油仍从美国进口。但是在 19 世纪末，进出口关系已经完全反了过来。俄国供应了当时全球近 90% 的原油，这在一定程度上得益于门捷列夫等工业化学家取得的进步。[26]

尽管德米特里·门捷列夫无疑是 19 世纪最著名的俄国科学家，但他绝不是一个孤例。事实上，门捷列夫对科学的工业化所持的愿景代表了那一代人。在这一时期，还有很多人采取与他高度相似的科学研究方法，其中有一位名叫朱莉娅·列蒙托娃（Julia Lermontova）的俄国化学家。正如我们在前一章看到的那样，19 世纪是一个有越来越多的女性进入专业科学领域的时代。俄国的新一代女性，为了接受自然科学领域的正式教育而不断地与当时的偏见抗争，列蒙托娃正是其中的一员。[27]

列蒙托娃 1846 年出生于圣彼得堡，是一位陆军将领的女儿。当她还只是个小女孩的时候，就已经表现出了对科学的热情，她在自家的厨房中建起一间小型化学实验室。20 岁时，她决定在农业化学领域谋求事业发展，申请前往莫斯科彼得罗夫斯卡亚（Petrovskaya）农林学院学习。这是沙皇亚历山大二世在 19 世纪 60 年代新设立的工农业院校之一。然而，不管亚历山大二世如何以现代化之名粉饰，俄国的高等教育系统仍然排斥女性。列蒙托娃被直截了当地告知，课堂上并没有女性的位置，彼得罗夫斯卡亚农林学院将她拒之门外。[28]

列蒙托娃没有气馁，她决定像这一时期其他很多俄国女性一样，选择出国留学。1869 年，列蒙托娃前往德国，开始在海德堡大学参加讲座。在海德堡，她与当时德国的很多著名化学家和物理学家一同学习，其中包括罗伯特·本生（Robert Bunsen），“本生灯”就是以他的名字命名的。列蒙托娃还曾就读于柏林大学的化学研究所和哥廷根大学，并于 1874 年获得博士学位。作为一名在国外学习的俄国年轻女性，列蒙托娃的生活很艰难。她后来回忆起在柏林的日子，说自己住在“一间糟糕的公寓里，吃着难以下咽的食物，呼吸着污浊不堪的空气”。但她下定决心要取得成功，进入由男性主导的工业化学领域。[29]

巧合的是，列蒙托娃正好与门捷列夫同时在德国。两个人在海德堡相识并开始交流。门捷列夫把自己最近有关元素周期表的论文讲给列蒙托娃听。他还解释说，自己很难将所有元素按正确的顺序排列，尤其是被称为“铂族金属”的元素组。这些金属显然非常相似，通常会在同一块矿石中被发现，并具有独特的银色，因此门捷列夫知道有必要将它们排列在一起。然而，其中有个问题：铂族金属，特别是铱和锇这两种元素，其普遍为人接受的原子量并不符合门捷列夫在周期表中提出的顺序。在海德堡大学化学实验室工作的列蒙托娃致力于解决这个问题。通过一系列复杂的实验，包括在不同的化学品中反复溶解块状铂矿石，她提取出纯铱和纯锇的样品。随后，列蒙托娃应用本生发明的技术，仔细地测量了每种铂族金属的原子量。结果令她很满意，她决定给门捷列夫写信，而此时门捷列夫已经回到圣彼得堡，他也为结果感到高兴。他迅速更新了教科书《化学原理》中的原子量数值，并根据列蒙托娃的实验对铂族金属进行了重新排序。[30]

列蒙托娃于 1874 年返回俄国。她继续着自己辉煌的职业生涯，尽管她对俄国科学和工业的贡献如今已经基本被人们遗忘。1875 年，她被选为俄国化学学会的成员，这主要是因为她在铂族金属方面所做的工作，帮助证明了门捷列夫关于元素周期表的观点是正确的。通过了解每种金属的正确原子量，俄国的实业家还能够设计出更有效的方法来处理铂矿石。在整个19世纪，所有铂矿石都是在乌拉尔山脉开采的。列蒙托娃后来在莫斯科大学工作，帮助开发原油分析的新技术。她甚至拿出自己的钱，投资一家位于高加索的俄国石油公司。1881年，为了表彰她为石油工业所做的工作，她被选为俄国技术协会的首位女性成员。归根结底，列蒙托娃的职业生涯是一个重要的提醒，告诉我们俄国女性在19世纪对工业科学世界所作的那些已被遗忘的贡献。[31]

1914年第一次世界大战的爆发，展示了沙皇统治下科学的优势和劣势。从19世纪60年代开始，亚历山大二世开始了一系列改革，目的是让俄国的科学技术实现现代化。这促成了新的实验室与新的工业及军事学院的创建。19世纪很多最成功的俄国科学家，都以这样或那样的方式参与了工业与战争的世界。同一时期，俄国科学家出国留学，开始参加国际会议和工业展览会。1900年，亚历山大·波波夫出席了在巴黎举行的第一届国际物理学大会，而德米特里·门捷列夫早在1876年就参加了在美国举办的费城世界博览会。[32]

不过，尽管俄国取得了上述进步，但是人们很快就清楚地发现，沙皇俄国并不是德国工业和军事机器的对手。1914年8月俄国与德国的边界被封锁后，俄国科学家突然发现自己的补给被切断了。他们不能继续进口必要的科学设备或化学品，因为其中大多数是在当时的德国制造的。1915年出版的俄国科学期刊中的文章抱怨道："到目前为止，我国还没有认真努力地生产本国所需的科学及教育仪器，也没有在德国设置的束缚下获得自由。"有人试图动员俄国科学家为战争而努力。1916年，政府成立了战争化学品委员会，由俄国物理学与化学学会的成员组成。战争化学品委员会的任务是制造以前从德国进口的重要工业和军事化学品。其中包括氰化物、砷和氯气等化学武器。[33]

这一切来得太迟了，结果证明只是杯水车薪。1917 年 11 月，布尔什维克——革命的社会主义者——挺进位于彼得格勒的冬宫。这是俄国革命的开始，而这场革命最终在 1918 年 7 月，以处决末代沙皇尼古拉二世及其家人为结束。随着俄国革命爆发，莫斯科和圣彼得堡的街头战斗不停，俄国科学家也越来越孤立。沙皇俄国的科学诞生于一个充满民族主义、工业和战争的世界，也因为这样的世界而结束了。在下一节中，我们将探讨另一个帝国的自然科学史，尽管这个帝国在整个 19 世纪努力进行改革，却也遭遇了与沙皇俄国非常相似的命运。

6.2 奥斯曼的工程学

苏丹阿卜杜尔·迈吉德一世（Abdul Mejid Ⅰ）看着一位美国工程师开始架设一条实验性电报线路。1847 年 8 月，耶鲁大学毕业生约翰·劳伦斯·史密斯（John Lawrence Smith），在位于伊斯坦布尔郊区的贝勒贝伊宫（Beylerbeyi Palace）入口处放置了一台小型机器。然后，他从机器上引出一根长长的铜线，穿过镀金的门廊，将电线拖到宫殿的主会客厅。在将电线接入另一台机器以后，史密斯宣布演示可以开始。该设备以美国电报先驱塞缪尔·莫尔斯（Samuel Morse）的设计为基础，是从遥远的美国运来的。当时作为采矿工程师为奥斯曼苏丹工作的史密斯承诺，电报发送的信息，“无论距离长短，都能即时传输”。[34]

设备安装好后，史密斯开始向奥斯曼苏丹解释电报的工作原理。“陛下非常了解电流体的特性。”当时在场的一位美国外交官这样评价道，而他所指的是电流沿电报线的运动。随后，史密斯请阿卜杜尔·迈吉德提供一条自己想在这两台机器之间传送的消息。消息一经确认，史密斯就开始用莫尔斯电码把它打出来。（“法国的蒸汽轮船抵达了吗？欧洲那边有什么消息？”）正如他承诺的那样，这条消息通过电报线传到会客厅，并以一系列点和短横线的形式打印在一张纸条上。史密斯随后将这封信翻译成奥斯曼土耳其语。苏丹对此印象深刻，很快就发现了这项“神奇发明”的潜力，它可以改变整个奥斯曼帝国的通信。事实上，这项发明让阿卜杜尔·迈吉德叹为观止，他甚至给远在美国的莫尔斯写了亲笔信，随信赠送一颗镶满钻石的饰品，他对电报这项发明大加称赞，“已经让我的宫内大臣们都亲眼见过了”。[35]

在接下来的几年里，阿卜杜尔·迈吉德下令在奥斯曼帝国修建了数千英里长的电报线路。第一条线路是在1853—1856年克里米亚战争期间修建的，在这场战争中，奥斯曼帝国与沙俄帝国作战，并最终击败了俄国。支持奥斯曼帝国的英国人，帮助在塞瓦斯托波尔和伊斯坦布尔之间架设了一条电报线。这些电报线随后被用于协调军事行动，并最终促成了奥斯曼帝国的胜利。在军事力量和行政管理方面，电报显然具有着巨大的优势，让阿卜杜尔·迈吉德得以牢牢掌控局面。克里米亚战争结束后不久，奥斯曼帝国在伊斯坦布尔建立了一所专门的电报学学校，以及一家制造电报设备的工厂。1900年，奥斯曼帝国的工程师已经建造了超过20 000英里的电报线路，将不同省份与帝国统治中心伊斯坦布尔连接了起来。而在此之前，几乎所有通信都是通过邮路完成的，消息从开罗传到伊斯坦布尔，往往需要几天甚至几周的时间。而现在，只需要几秒钟而已。[36]

正如我们在沙皇俄国看到的那样，19世纪是奥斯曼帝国变革的时期。尽管伊斯坦布尔曾经是科学进步的中心，特别是在 16—17 世纪取得了飞速发展，但在 18 世纪末，风光早已不再。18 世纪下半叶的一系列军事失败，尤其是 1768—1774 年的俄土战争，暴露出奥斯曼帝国的力量已经达到极限。19 世纪，在 1821—1829 年希腊独立战争之后，这种软弱无力的感受又加剧了，因为在这场战争中，奥斯曼帝国的又一块领土脱离了伊斯坦布尔。由于担心欧洲帝国主义的蔓延，也担心各省发生动乱，奥斯曼帝国新建了一批科学机构，计划让军队实现现代化。其中包括成立于 1775 年的海军工程学院和军事工程学院，两所学校正是对奥斯曼帝国在俄土战争中失败的直接回应。此后，奥斯曼帝国的军官被要求学习现代数学、化学和物理学。这些科学知识正在变得越来越重要，特别是在 19 世纪 20 年代奥斯曼海军引入蒸汽轮船之后。[37]

经过早期的改革，一场更广泛的现代化计划拉开了序幕。1839 年，阿卜杜尔·迈吉德一世登基后发起了一系列改革，也就是“坦志麦特”（*Tanzimat*，其字面意思是“重组”）运动。除了电报，奥斯曼帝国还开始修建铁路，其中连接开罗与亚历山大的首条铁路线于 1856 年开通。作为“坦志麦特”运动的一部分，一些新设的科学机构也建立起来，同时现有的科学机构也得到了扩建。帝国医学院最初于 1827 年在伊斯坦布尔成立，1839 年又迁入一栋以现代化学实验室为特色的新建筑。1868 年，一所新的工业技艺学校在伊斯坦布尔成立，许多有影响力的奥斯曼工程师后来都在那里接受过教育。这段改革时期一直持续到 19 世纪 70 年代末，与沙皇俄国的情况别无二致。在 19 世纪的大部分时间里，俄国和奥斯曼帝国确实都在为争夺中亚地区的军事、工业及科学的统治地位而缠斗。[38]

位于伊斯坦布尔的奥斯曼大学*，是“坦志麦特”运动时期建立的

* 奥斯曼大学，今土耳其伊斯坦布尔大学。——编者注

最重要的科学机构之一。奥斯曼大学始建于1846年，在19—20世纪经历了各种名称变化。然而，在阿卜杜尔·迈吉德一世统治期间，人们普遍称它为“科学之家”。这所大学位于托普卡帕宫（Topkapı Palace）旁的一座新古典主义建筑内，其中包括一座大型演讲厅、拥有海量藏书的图书馆以及现代科学实验室。它甚至有一个专门的自然科学系，许多奥斯曼帝国的顶尖科学家都曾在那里接受过教育，后来这里还增设了土木工程学院。根据一份官方报告，奥斯曼大学将促进“所有科学的传播与发展”。[39]

在奥斯曼大学的讲师中，有一位名叫德尔维什·穆罕默德·艾敏帕夏（Derviş Mehmed Emin Pasha）的化学家。他的职业生涯代表了奥斯曼帝国的新一代科学家。1817年，穆罕默德·艾敏出生于伊斯坦布尔。19世纪30年代初，他在军事工程学院学习，由此进入了科学界。也正是在这里，他学习了化学和物理学的基础知识，如怎样区分酸和碱，还学习了火药制造等更具实用价值的知识。毕业后，穆罕默德·艾敏被选中出国留学。在整个19世纪，很多有前途的奥斯曼年轻科学家及工程师，都被派往欧洲学习，留学人数最多的就是英国、法国或德国。与沙皇时代的俄国很相似，这是一项更宏大战略的一部分，即通过向帝国的竞争对手学习，积累专业科学知识。1835年，穆罕默德·艾敏与一批奥斯曼帝国的学生一同踏上前往巴黎的旅程。其中一些人选择了医学，另一些人则学习工程学。穆罕默德·艾敏就读于著名的矿业学校，并在那里学习化学与地质学。每天早上，他都会信步走上巴黎的街道，有时穿过卢森堡花园（Jardin du Luxembourg），来到文德姆酒店（Hôtel de Vendôme）听演讲。毕业时，同时代的人都形容穆罕默德·艾敏“精通数学，也精通化学、物理和矿物学”。[40]

在巴黎学习了5年后，穆罕默德·艾敏回到伊斯坦布尔，在军事工程学院谋到一个职位。在学院教书期间，他出版了第一本主要的科学著作——书名为《化学元素》(*Elements of Chemistry*，1848 年出版)的教科书。这是第一本用奥斯曼土耳其语编写的现代化学教科书。它讲述了化学从 18 世纪末到 19 世纪初的所有突破，包括原子理论以及现代化学符号的使用。作为那个时代的典型科学家，穆罕默德·艾敏强调了自然科学的实用价值。他解释道，化学将帮助“增加新的产业并获得大量的利益”。穆罕默德·艾敏的教科书中也有民族主义的成分。他尽管在国外接受教育，但还是坚持认为奥斯曼帝国的科学家应该用自己的语言写作并研究，而不是依赖英语或法语。在《化学元素》中，所有的化学公式都是用奥斯曼土耳其语写成的。“土耳其化学书籍中的欧洲化学术语”显然没有获得一席之地。[41]

穆罕默德·艾敏在奥斯曼帝国度过了余生，他的职业生涯多少有些天马行空。他曾一度担任采矿工程师，后来又担任军事测量员，帮助确定奥斯曼帝国和波斯帝国之间的边界。他在新的奥斯曼大学开始了教学生涯。19 世纪 60 年代初，为庆祝大学的一座新楼落成，他举办了一系列公开讲座，当地报纸也满怀热情地作了报道。1863 年 1 月 13 日上午 11 时，300 名观众挤进奥斯曼大学的新演讲厅，聆听穆罕默德·艾敏的演讲。观众席上还有一些重要的政治家，其中很多人是想了解现代科学如何帮助奥斯曼帝国发展。第一场演讲的开场，他用感应线圈制造出一些电火花。“特制的仪器冒出了火花。”奥斯曼帝国一家报纸不久后就报道了此事。“电的力量”随后“通过一根细线传输到一个人身上”。这份报纸还报道：“电线接触到他身体的任何部位，都会产生蓝色火花。”在演示过程中，穆罕默德·艾敏解释了电流背后的基本原理，并指出这将如何产生实际应用，如电报。[42]

演讲结束后，观众席中一位奥斯曼政治家站起来发言。大维齐尔穆罕默德·福阿德帕夏(Mehmed Fuad Pasha)对穆罕默德·艾敏的物理学知识表示赞赏，并由衷地赞同现代科学的发展对于奥斯曼帝国的未来至关重要。这位大维齐尔是“坦志麦特”运动的主要倡导者之一，他解释道：“旧物理学和新物理学之间的区别，就如同帆船和蒸汽船之间的区别。”他认为，支持科学和工业的发展是“国家的责任”。大维齐尔意识到观众当中还有许多伊斯兰神职人员，于是还强调了现代科学的宗教价值。他认为，最近在物理和化学方面的突破建立在悠久的伊斯兰传统之上。毕竟，中世纪的伊斯兰思想家撰写了许多重要的早期化学著作，而现代化学中如“碱”这样的术语，实则源于阿拉伯语。由此我们可以看到，伊斯兰“黄金时代”的想法已经在奥斯曼帝国支持现代化的人群中流行起来。根据大维齐尔的说法，电流理论只是“神性哲学”的另一个案例。[43]

这些实际上都属于一个涉及面更广的战略，也就是将奥斯曼帝国的现代化描述为伊斯兰自身现代化的一部分。不久后，住在伊斯坦布尔的穆斯林乘坐火车与蒸汽轮船前往麦加，而开罗开始通过电报信号同步时间。因此，尽管今天我们经常认为宗教与现代科学之间存在紧张关系，但奥斯曼帝国的情况肯定不是这样。与其他很多人一样，这位大维齐尔将 19 世纪末的工业科学视为新穆斯林现代性的一部分。[44]

1868 年初，奥斯曼苏丹下令在一座能够俯瞰博斯普鲁斯海峡的小山上新建一座天文台。它被称为皇家天文台，是自 16 世纪以来建造于伊斯坦布尔的第一座专门的天文台。与我们在第二章中了解的早期天文台一样，皇家天文台的一项功能是帮助编制伊斯兰历法。然而，除了天文学，皇家天文台还兼有监测天气和地震的作用。多亏了物理学与化学的进步，科学家能够更详细地了解大气运行的原理，现在人们能以过去无法达到的精确度跟踪乃至预测天气。这对奥斯曼帝国而言显然非常有价值，尤其是在制定陆上或海上作战计划时。19 世纪 70 年代末，皇家天文台已处于气象站网络的中心，整个奥斯曼帝国的气象站都通过电报线连接在一起。[45]

除了气象学，地震学也在19世纪经历了一场革命，化学和物理学的新思想帮助科学家更好地理解地震的成因。伊斯坦布尔的地震学研究在世界范围内也位于领先地位。奥斯曼帝国控制的区域位于欧洲和亚洲之间的断裂带上，经常发生严重地震。此时皇家天文台的负责人是奥斯曼帝国的科学家阿里斯蒂德·库姆巴里（Aristide Kumbari），他经历过19世纪袭击伊斯坦布尔的那场最为惨烈的地震。1894年7月10日12时24分，正当许多穆斯林午后礼拜归来，地面开始颤抖。持续大约15秒的一系列震动将伊斯坦布尔的大部分地区夷为平地。数百人遇难，另有数千人受伤，包括一些清真寺在内的许多建筑物被摧毁。据国际通讯社路透社的报道，“整个城市中几乎找不出一条街道没有被地震破坏的迹象”。[46]

奥斯曼苏丹阿卜杜尔·哈米德二世（Abdul Hamid Ⅱ）立即召唤库姆巴里。地震给苏丹带来了危险与机遇。和现代早期一样，一场地震就如同无法预料的天文事件，有可能引发政治危机。公众可能会对苏丹作为保护者和统治者的权威失去信心。然而，地震为阿卜杜尔·哈米德提供了一个机会：此刻正是向国际社会展示奥斯曼帝国科学力量的完美时机，同时他还能向伊斯坦布尔的居民展示现代化的优点。于是阿卜杜尔·哈米德二世命令库姆巴里撰写一份有关地震原因的报告。[47]

1827年，库姆巴里出生于伊斯坦布尔的一个希腊裔家庭，他是奥斯曼帝国新一代现代科学家的典型代表。在前往巴黎接受更进一步的科学教育之前，他曾在雅典大学学习数学。1868年，当库姆巴里回到伊斯坦布尔时，他已经熟悉了地震学所有的最新突破。在他撰写报告时，一位名叫德米特里奥斯·埃吉尼蒂斯（Demetrios Eginitis）的希腊物理学家也前来助阵。在接下来的四周里，两位科学家乘坐苏丹提供的蒸汽轮船周游奥斯曼帝国。他们评估了不同地区的损失，遴选出废墟点并拍照，试图以此判断地震波传来的方向，并最终确定震中的位置。库姆巴里还收集了当地气象站的报告以及地震幸存者提供的信息。还有一些报告是从其他国家收集的，比如远在巴黎和圣彼得堡的科学家通过电报发送的信息。[48]

提交给奥斯曼苏丹的最终报告，同时也发表在法国一家著名的科学杂志上，成为当时对地震最详细的研究之一。那时候还没有一个完整的板块构造理论，但是得益于物理学和化学的最新进展，科学家普遍认为地震是由地核运动引起的。库姆巴里和他的团队绘制了一份伊斯坦布尔周边地区的地图，各种地震数据也被标记其中，指明了地震波从北向南移动的方向。他们还能够确定，地震是由马尔马拉海的地壳裂缝引起的，具体位置就在伊斯坦布尔附近。库姆巴里和埃吉尼蒂斯在报告结尾提出了预警，他们指出，这不会是伊斯坦布尔发生的最后一次地震。该地区的“地质演化”远未完成。[49]

和沙皇俄国非常相似，奥斯曼帝国的科学是在资本主义与冲突的世界中创造的，而它也被同一个世界摧毁了。第一次世界大战爆发时，奥斯曼苏丹决定与德国等国结盟。考虑到当时德国显著的军事实力和工业实力，这个决定似乎足够明智。他们期望德国人能够帮助奥斯曼帝国加速科学与工业发展。正如一家土耳其语报纸热情宣称的那样：“我们需要一个‘教师营’……我们需要接纳德国的教育体系，德国的经济理念、准则与秩序。”德国也确实派出了一个“教师营”。1915 年，一批德国科学家抵达伊斯坦布尔，帮助奥斯曼大学的教学活动。他们由一位名叫弗里茨·阿恩特（Fritz Arndt）的化学家带领，他之前曾在布雷斯劳*大学任教。与俄国沙皇一样，奥斯曼苏丹希望现代科学技术

* 今波兰弗罗茨瓦夫。

能够帮助他们在战场上取得胜利。[50]

最终，再多的科学也无力改变奥斯曼帝国面临的最基本的军事挑战，它遭到了由英国、法国和俄国组成的协约国的碾压。1918 年 11 月，英国军队进入伊斯坦布尔。阿恩特和其他德国科学家此时早已逃离。这标志着奥斯曼帝国衰落的开始，它最终在第一次世界大战之后分裂。末代奥斯曼苏丹最终于 1922 年被推翻。奥斯曼帝国覆灭后，中东地区出现了一个新的冲突时代，我们将在后面的章节中讲述这个故事。不过现在，让我们继续沿着 19 世纪化学史与物理学史的脉络，探索科学、民族主义和英属印度战争之间的关系。

6.3 在英属印度殖民地掀起浪潮

贾加迪什·钱德拉·博斯花了整整一天仔细地安装他的设备。当天晚上，他将在伦敦皇家学会发表一篇主题为“电磁辐射”的演讲。皇家学会成立于 1799 年，是英国 19 世纪最重要的科学研究场所之一。维多利亚时代很多最为知名的科学家都曾因在这里演讲而扬名天下。1897 年 1 月，观众席上超过 500 名顶尖的英国思想者正襟危坐地看着博斯，他是第一位受邀在皇家学会演讲的印度科学家，展示他称为“电辐射”的力量。[51]

在演讲开场时，博斯通过打开和关闭连接了火花线圈的电池开关，制造出几次短暂的电脉冲。博斯指出：“实验中瞬间闪过的一次辐射是从单个火花中获得的。”他还提醒观众，“电辐射”——也就是我们现在所说的无线电波——是“看不见的……我们看不到它所形成的波”。那么观众怎么能确认无线电波的存在呢？博斯指向放在他面前木桌上的一个小装置——那是一台他在印度造的无线电接收器。博斯解释道，这种“极其敏感”的机器使科学家能够检测“电辐射”。随后他继续展示这台装置实际运行的状况。实验非常简单，但是对于维多利亚时代的观众来说，这简直难以置信。当博斯打开无线电发射器时，演讲厅另一头的接收器响起了铃声。[52]

博斯在语言表达方式上显然很有一套，他为观众们描述了一个“空灵的海洋，我们都沉浸其中……被这些巨浪摇动着”。他继续演讲，描绘出我们感知范围以外的物质宇宙那令人陶醉的景象，讲述电磁频谱上从红外线到可见光，再到无线电波这些不同的部分：

> 当这种太空音符的音调变得更高，我们会在很短的时间里体会到温暖的感觉。随着音符的音调继续走高，我们的眼睛会受到影响，它的出现，以一束红光划过为标志……随着频率越来越高，我们的感知器官彻底让我们失望；我们感知中的巨大缺口，遮盖了其余的音符。短暂的可见光一闪而过，接着就是无边无际的黑暗。

由于深知这一现象的重要性，博斯在演讲结束时呼吁要给欧洲和印度科学之间的鸿沟架上桥梁。他真诚地希望，“不久的将来，将不会再有西方或东方的区别，而是东西方精诚合作，在扩展知识疆域并带来各种祝福方面，每个人都能发挥自己的作用”。听到这里，观众们起立鼓掌，渴望跟随这位神秘的印度物理学家进入看不见的电磁世界。[53]

为了在皇家学会发表演讲，博斯走了很长一段路。1858 年，他出生在英属印度达卡北部的一个小镇，位于现在的孟加拉国境内。博斯的父亲在殖民地政府担任地方执法官，将儿子送到当地一所孟加拉学校学习，一直到他 11 岁。在那里，博斯几乎没有机会学习科学，更别说在物理学上取得突破了。在这一时期，英国人通常不鼓励印度人参与科学研究。在博斯长大成人的那些年里，阿尔弗雷德·克罗夫特爵士（Sir Alfred Croft）是孟加拉邦公共教育主任，他厚颜无耻地宣称，印度人的“脾气不好，不适合向他们教授现代科学的精确方法”。这是印度科学家在英国统治时期面临的典型种族歧视。[54]

因为得不到殖民地政府支持，一群印度知识分子决定自己动手。马亨德拉拉尔·西卡尔（Mahendralal Sircar）领导了一场运动，他是一位富裕的孟加拉医生，同时是印度科学教育的倡导者。1876 年，经过近 10 年的努力争取财政支持和政治支持，西卡尔在加尔各答成立了印度科学促进协会。这所新机构配备了演讲厅、图书馆和小型实验室，并开设了物理和化学课程。根据西卡尔的说法，协会将“让印度人在科学的一切领域获得教养”。恰逢其时，博斯刚刚通过加尔各答大学的入学考试，抵达了这座城市。与伦敦皇家学会一样，印度科学促进协会定期举办从热力学到电学的各类主题的晚间讲座。因此，博斯在白天攻读正式的大学学位，晚上则在协会的演讲厅和实验室里度过。正是在这里，他第一次接触到了物理世界。[55]

获得学位后，博斯迷上了物理，但他的父亲希望他接受医生的从业教育，对于这一时期年轻的孟加拉毕业生而言，学医无疑是一条更安全的职业道路。一个折中的方案就这样达成了。博斯将前往英国剑桥大学学习自然科学。这使得他能够继续发挥热情追求科学，同时也为取得医学学位进行必要的准备。幸亏博斯拥有合适的联络人。他的姐夫在几年前曾到剑桥大学学习，并在基督学院为他确保了一个名额。就和在加尔各答一样，博斯这一次到来同样恰逢其时。他于 1882 年入学，此时的剑桥大学正在进行科学教学改革，引入了更多有关实验的实践课程。就在几年前，英国电磁理论先驱詹姆斯·克拉克·麦克斯韦建立了卡文迪什实验室。这是世界上最先进的物理实验室之一，而博斯现在就有机会进入这间实验室学习。正是在这里，他真正地掌握了无线电波的科学。[56]

1885 年，当博斯回到加尔各答时，他很快就放弃了所有的医生培养计划。凭借卡文迪什实验室的推荐信，他立即被任命为加尔各答大学总统学院的首位印度物理学教授。但他获得的薪水只有学院的欧洲同行的三分之一——这再一次提醒人们殖民统治的不公正。博斯决心与这些歧视抗争，他回到了印度科学促进协会，但这次他不再是一名学生，而是一位演讲者。在印度科学促进协会，博斯能够完善自己的演讲风格，激励新一代印度科学家。他还充分利用协会最近扩建的实验室，开始认真研究电磁波的特性。这一时期，人们已经知道电磁波的存在了。然而，挑战在于需要通过实验证明不同种类的电磁波——无论是光还是无线电波——都表现出相同的物理特性。要做到这一点，科学家需要证明无线电波能够发生偏振（分解为垂直和水平分量）和折射（在穿过不同物质时改变速度和方向）。如果他们能够做到这一点，就可以确认无线电波和光在本质上是相同的。[57]

博斯的最了不起的独创之处在于，他开发出运行这些实验所需的仪器。这在加尔各答并不是那么容易的，因为这里炎热潮湿，获取专业资源的途径也很有限。由于无法从欧洲进口昂贵的机器，博斯不得不训练当地的孟加拉铁匠从头开始制造自己的科学仪器。但这些困难最终促成博斯转向新的发现。他会利用自己能获取的一切资源，在寻找一种可能使电磁波极化的材料时，博斯将视线转向 19 世纪末期正在工业化的印度。孟加拉邦是国际黄麻贸易中心，有数千家工厂加工这种植物以供出口。博斯在无线电发射器和接收器之间放置一截“缠绕的黄麻”，他发现用这种寻常的植物纤维搓成线，可以用来极化无线电波。[58]

同样，博斯在试验一种新型无线电接收器时发现，用于检测电波的铁屑在印度的天气里只会生锈。博斯用钢丝代替了金属屑，并在钢丝上镀了一层钴以防受潮。问题就这样解决了。然而，这也让博斯发现，影响接收器灵敏度的只是表面涂层，而不是里面的金属。博斯突破了在热带环境中从事科学研究面临的挑战，这一突破最终变为一篇论文，发表在权威刊物《伦敦皇家学会会刊》上。它还帮助推动了无线电通信的发展。随着工程师对于利用电磁波传输信息的前景越来越感兴趣，开发一种灵敏可靠的无线电接收器也被提上了日程，这是构建商业无线电报系统的第一步。博斯的新型设计被采纳，“是出于实用考虑，以及很有可能赚钱的原因”。伦敦的一家工程杂志指出了这一点。[59]

博斯总是在进行演示，1895 年，他在加尔各答市政厅安排了这种仪器的公开演示。这不是一堂普通的物理课。相反，博斯构建了一系列精心设计的装置，不仅是为了证明无线电波的存在，而且为了证明它能用来传输信号。从很多方面而言，这是他两年后在皇家学会那场演讲的更具戏剧性的预演。博斯在一间屋子里安装了发射器，然后在 75 米开外的另一个房间里，将接收器连接到一个铃铛与一小罐火药上。接下来，他恳请孟加拉邦总督亚历山大·麦肯齐爵士（Sir Alexander Mackenzie）坐到两个房间之间的一把椅子上，正好处于无线电波经过的路径上。这个实验很简单，但场面很精彩。博斯启动了电磁发射器。接收器像有了生命一般跳了起来。铃声响起，火药则发出巨大的爆炸声。无线电波穿过了两堵墙，也穿过了亚历山大·麦肯齐爵士的身体，他自然也就对首次在印度公开展示的无线电报印象深刻。加尔各答实验的消息很快传到了欧洲。正是这一次的成功，让博斯有机会回到英国，并于 1897 在皇家学会发表了那场著名的演讲。[60]

贾加迪什·钱德拉·博斯后来成为 19 世纪末最著名的物理学家之

一。结束了皇家学会的演讲后，他应邀前往世界各地发表演讲，其中包括德国的普鲁士科学院和美国的哈佛大学。正如我们在本章开始时所看到的那样，博斯还参加了1900年在巴黎举行的第一届国际物理学大会。他在顶尖的科学期刊上发表文章，依靠无线电设计获得了多项专利，并于1920年成为皇家学会会员。尽管博斯取得了上述成就，然而如今在印度之外的地方，他基本上也被遗忘了。这在一定程度上是推行殖民主义和种族主义的后果，博斯一生中大部分时间都在与殖民主义和种族主义抗争。这也是因为人们未能将印度科学史视为更广泛的全球历史的一部分。正如我们在其他地方看到的那样，印度现代物理科学的发展，基本上是由工业增长、民族主义和战争所决定的。[61]

要了解19世纪末印度的科学史，我们要做的第一件事是审视殖民统治不断变化的性质。1858年，也就是博斯出生的那一年，英国王室正式控制了此前由东印度公司管理的印度殖民地，标志着英属印度的建立，这种统治一直持续到1947年印度独立。随着正式的殖民统治建立，很多新的科学机构出现了。就在英属印度形成之前，东印度公司在加尔各答、马德拉斯和孟买建立了印度最早的三所大学。随后，又有一批新的大学在英国统治下诞生了，其中包括1882年建立的旁遮普大学和1887年建立的阿拉哈巴德大学。印度高等教育的扩张是殖民计划的一部分，其目的是为印度公共行政部门提供毕业生。许多职位都需要某种科学培训，无论是为印度地质调查局分析矿石，还是在气象部门监测天气。[62]

与此同时，殖民主义在印度的扩张恰逢工业化时期。这在一定程度上又是印度从受到东印度公司控制转变为由王室统治的结果。尽管东印度公司垄断了与印度的贸易，但英国国王为该地区投资得更多。英国和印度的投资者把他们的资金都投入了铁路和工厂，并且在20世纪初，殖民政府明确宣称："工业化的印度将为帝国带来力量。"1900

年，加尔各答已经转变为一个工业大都市，蒸汽轮船在胡格利河（Hooghly River）上穿梭，黄麻厂则为世界布料市场和绳索市场提供原料。与其他地区一样，电力被广泛认为是工业现代化的标志。电报线路在境内纵横交错，并将印度与更广阔的大英帝国连接起来，同时各种私营公司开始在印度的城市中生产并安装电灯。事实上，1891 年，博斯还亲自建议加尔各答引入首批路灯电灯。[63]

尽管科学和工业在殖民统治之下得到了发展，但印度人进行原创研究的机会仍然相对较少。殖民政府科学部门的领导职位都留给了英国科学家，印度各大学的重要教学职位也是如此。1885 年，当博斯成为物理学教授时，他成为加尔各答大学第一位，也是几年来唯一一位教授科学的印度人。博斯本人后来回忆起自己所面对的种族主义歧视，抱怨当时“对于印度人在科学领域中占据任何重要地位的能力，不仅存在偏见，而且有着强烈的怀疑”。支撑殖民统治的种族主义是结构性的。印度科学家的工资是英国同行的三分之一到三分之二，而孟加拉公共教育主任则公开提到“印度教徒的民族智力退化”。即便在 20 世纪 20 年代，殖民政府雇用的科学人员中，印度人所占比例也不足 10%，尽管印度人显然占人口的绝大多数。[64]

随着时间的推移，英国不公正的统治激起了越来越强烈的印度反殖民民族主义抗争。我们将在后面几章中详细探讨这一主题，尤其要讲述 20 世纪初反殖民运动的兴起。但即便是在 19 世纪，人们在英属印度治下的不安也与日俱增。印度人开始团结起来组成政治协会，为了获得更好的待遇和选举权而斗争。和其他地方一样，印度民族主义的发展对科学产生了深远的影响。曾经让博斯学习与执教的印度科学促进协会，就是一个很好的例子。它与印度国民协会（Indian National Association）成立于同一年，而后者是第一批致力于印度民族主义事业的政治协会之一。印度科学促进协会也打算为类似的目标服务。其创始人马亨德拉拉尔·西卡尔写道："我希望它完全是本土的，纯粹是属于民族的。"西卡尔认为，印度科学发展的问题是"需要机会，需要工具，还需要鼓励，而不是在道德上有什么缺陷"。由西卡尔及其支持者出资建设的新实验室，能够为印度人提供原创科学研究所需的空间和设备。现在"没有什么可以剥夺印度本地人参与自然科学发展的资格"。[65]

印度科学促进协会就是新一代印度科学家的家园，在他们之中，有一位孟加拉化学家名叫普拉夫拉·钱德拉·雷（Prafulla Chandra Ray）。他的职业生涯，清晰地展示了工业、民族主义以及战争如何共同影响现代科学在殖民时期印度的发展。雷出生于1861年，在东孟加拉邦的一所小乡村学校学习，直到1870年随父母搬到加尔各答。雷在这座城市的几所英语学校辗转求学之后，最后进入了加尔各答大学总统学院。和贾加迪什·钱德拉·博斯一样，雷也参加了印度科学促进协会的讲座。在这里，塔拉·普拉桑纳·雷伊（Tara Prasanna Rai）演示的化学实验演示让他大为惊叹，雷伊在印度科学促进协会教书以前，曾是殖民地政府的助理化学检验员。受雷伊讲座的启发，雷回到学校后，在学生宿舍里做实验，建立起后来被他称为"微型实验室"的实验场所。雷甚至承认，有一次他在点燃氢气和氧气的混合物后，引发了一场"可怕的爆炸"。[66]

1882年夏天，雷从加尔各答大学毕业。和这一时期的许多印度科学家一样，随后他也前往英国接受进一步的教育。同年8月，雷在抵达伦敦后，与最近来到这座帝国大都市的博斯住在一起。几周后，博斯前往剑桥，而雷乘上了去往苏格兰的火车，他将在那里开启爱丁堡大学的学习生涯。尽管寒冷的气候多少有点让雷受到打击，但他在苏格兰还是过得相当愉快。每天早上，他都会吃上一碗苏格兰女房东煮的麦片粥。裹上一件羊毛外套，再围起一条围巾，雷就“沿着积雪覆盖的人行道艰难前行”去听课了。[67]

1888年，在爱丁堡大学获得理学博士学位毕业后，雷就返回了印度。一年后，他被任命为总统学院的化学助理教授，他在那里加入了博斯的团队，成为少数印度教工之一。当时，殖民政府并不真的认为印度科学家会进行任何有意义的研究。相反，雷和博斯被期望教授现代科学的基础知识，主要是为了支持那些即将在印度行政部门工作的学生。当时，加尔各答大学甚至不能授予博士学位。因此，总统学院的化学实验室设备十分简陋，而且非常危险。雷后来回忆说：“当时没有排放有毒气体的烟道，通风设备极为简陋。”有时候，就连呼吸都很困难。“当实用课程热火朝天地进行时，空气中……弥漫着浓浓的烟雾，变得令人窒息，对健康的危害极大。”雷抱怨道。经过多次争论，雷终于说服殖民地政府提供一笔额外资金。1894年，总统学院仿照爱丁堡大学的化学实验室建立了新的化学实验室，此时这间实验室已经具备适当的通风系统和工作台，并有条件储存所有化学试剂。[68]

正是在加尔各答的这座新实验室里，雷开始了自己最重要的科学工作。雷最近读了德米特里·门捷列夫所著《化学原理》的英文译本，他认为“这是化学文献中的经典之作”。受到门捷列夫著作的启发，雷开始寻找新的化学元素。“我对某些稀有的印度矿物进行了分析，希望能从中发现一两种新元素，从而填补门捷列夫周期系统中留下的空白。”他这样写道。通过在印度地质调查局工作的一位朋友，雷找到了各类金属矿石，在他眼里，每一种金属都充满着找到某种新化学元素的可能性。[69]

雷最终并没能发现一种新元素，但确实发现了一种对工业化学发展极其重要的全新化合物。1894年，他在总统学院的化学实验室工作时，将水、硝酸和汞混合到一起。“大约一小时”后，他注意到混合物的表面形成了一些“黄色晶体”。这些晶体原来是一种未知的化合物，即亚硝酸亚汞。雷很快就意识到，其他很多类型的“亚硝酸盐”也可以这样形成——通常是以硝酸反应为基础的。这一发现发表在包括《自然》在内的欧洲顶尖科学期刊上，并最终开辟了如今被称为“亚硝酸盐化学”的全新化学研究领域。世界各地的科学家开始寻找其他类似的化合物，其中许多被证明具有实用价值。如今，亚硝酸盐应用在从食品保鲜到制药的诸多领域。[70]

就在发现亚硝酸亚汞的那段时间，雷本人进入了工业化学领域。1893年，雷拿出自己的钱，在加尔各答郊区的一家化工厂投资了3000卢比。在这家工厂里，雷组建了一间专用实验室，很快人们称那里为孟加拉化学品及药品厂。当时，印度使用的大多数化学品和药品仍然是从英国进口的。雷的想法是，在当地生产这些产品可以节省进口成本。雷还希望减少印度——含蓄点说是印度人——对英国的依赖。因此，孟加拉化学品及药品厂就好比是工业领域的印度科学促进协会。雷认为，这将是一所“模范机构”，是一所能够证明印度科学和工业自主性的机构。正如我们将在下一章中看到的，这些“自给自足”的早期实验是20世纪反殖民运动的先声，雷本人后来也参与了这些运动。[71]

毫无疑问，雷的职业生涯是由更广泛的国际化、工业化科学世界塑造的。他在苏格兰学习，参加法国和德国的科学会议并阅读俄国文献的英文译本。然而，雷从未忘记他来自哪里。观其一生，他一直倡导印度文化作为现代科学发展源泉的价值。为了革新并振兴印度教，他还深度地参与了一场名为新印度教（Brahmoism）的宗教运动。这就像是奥斯曼帝国将现代科学当作伊斯兰教改革与现代化的一部分来接纳。1910年，雷写道：“和所有人一样，身为古老印度教的教徒，我为此感到光荣和骄傲。”随后，他继续描述“古印度人对化学科学的贡献”。[72]

事实上，就在雷使用汞和硝酸进行实验的同时，他还在撰写题为《印度化学史》（*A History of Hindu Chemistry*, 1902—1904 年出版）的两卷本著作。根据他对孟加拉邦亚洲协会（Asiatic Society of Bengal）所存古代梵文文献的阅读，以及在圣城贝纳勒斯所收集的梵文文本，雷论证了古代及中世纪印度人民对化学有着复杂的理解。他甚至开始在孟加拉化学品及药品厂，按照名为“阿育吠陀”的古老医学知识体系生产印度传统药物。正如雷所解释的：“我所需要做的只是根据最新的科学方法提取它们的活性成分。”[73]

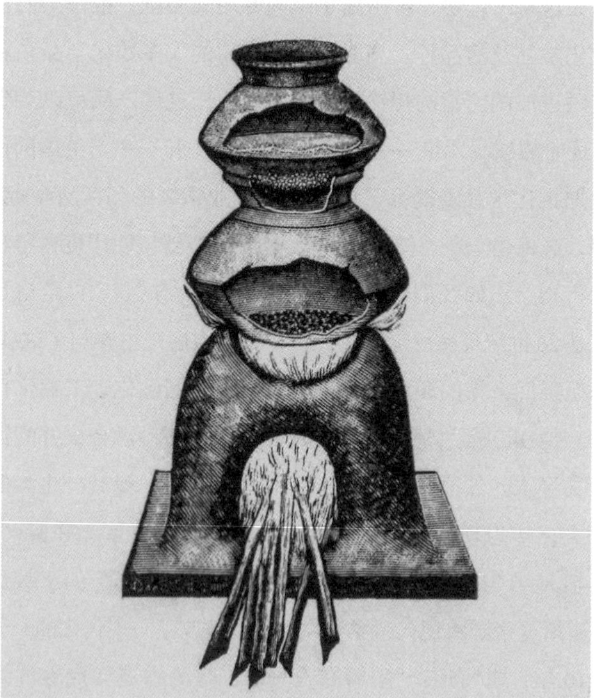

印度传统“汞提取”方法，出自普拉夫拉 · 钱德拉 · 雷所著《印度化学史》。雷在 1894 年通过类似的方法发现了亚硝酸亚汞。

一本诞生于中世纪的文献让雷着迷。12 世纪用梵文写成的《金属制备论》（*Treatise on Metallic Preparations*）描述了各种药物化合物的制造过程。据雷所说，这部文献包含了“丰富的信息和化学知识”。令人瞩目的是，其中大部分与汞化学有关，而汞在印度传统医学中被广泛使用。因此，雷本人对于汞化学的兴趣让他发现了亚硝酸亚汞，而他的兴趣很可能是在阅读这本中世纪梵文文献时被激发的。归根结底，雷再一次提醒我们，现代科学出现的基础是一套复杂的文化交流过程。他是一家工厂的所有人，也是一名虔诚的印度教徒；他是一位现代科学家，也是古梵语学者；他是印度民族主义者，但是后来也接受了英国授予的爵士头衔。如今，雷很容易被视为一个矛盾体。这可能是他很少出现在现代科学史中的原因之一。但事实上，雷是 19 世纪晚期科学世界的典型代表——在这个世界里，工业和民族主义的发展导致了各种科学文化的纠缠。[74]

当第一次世界大战于 1914 年爆发时，英国动员整个帝国，试图击败同盟国。超过 100 万名印度士兵参与了这场战争，其中很多人在远离家乡的西部前线丧生。除了军队，英国还注意到印度的科学和技术。正如我们所见，很多印度科学家已经为现代物理和化学的发展作出了重要贡献，但他们的成就鲜少得到殖民政府的直接支持。第一次世界大战的爆发改变了一切。在多年的相对冷漠之后，殖民政府开始给新的科学机构和工业机构投资。战争期间，印度在贝纳勒斯、迈索尔（Mysore）、巴特那（Patna）和海得拉巴（Hyderabad）建立了 4 所新大学。这些新大学都有现代物理和化学实验室，旨在支持 1916 年成立的印度工业委员会（Indian Industrial Commission）和 1917 年成立的印度军火委员会（Indian Munitions Board）。此时的印度直接为战争作贡献，不仅提供士兵，而且提供炸药和化学品。[75]

印度科学家也被要求发挥他们的作用。普拉夫拉·钱德拉·雷本人就曾在印度工业委员会任职，孟加拉化学品及药品厂则被重新定位，制造火药和军用药品。事实上，正是由于在第一次世界大战期间为英国效力，雷在1919年获得爵士头衔。“未来的战争会榨取每一盎司的科学知识。”雷在不久之后曾这样指出。他总结称：“科学的战斗是由实验室人员参与的。”在下一节中，我们还将探讨一段非常相似的历史——工业、民族主义与战争交织的历史——但要从一个非常不同的帝国的角度出发。[76]

6.4 明治时期日本的地震与原子

清早6点38分，时钟停摆，大地摇晃。东京的建筑物开始倒塌，而在大阪城外，一座大型钢桥倒塌在河里。1891年10月28日，日本经历了有史以来最强烈的地震之一。超过7000人死亡，100 000余人无家可归，本州岛南部海岸附近的大部分地区成了废墟。正如我们在上一章中所看到的，1868年的明治维新带来了日本社会的变革。颇具讽刺意味的是，这也正是1891年浓尾大地震*造成如此严重破坏的原因之一。工业化和城市化使得越来越多的日本居民生活在人口稠密的城市中，所有这些城市又都通过铁路和电报线相互连接，其中很多铁路和电报线在地震中被破坏了。[77]

正如我们在奥斯曼帝国的历史中所看到的那样，1891年的浓尾大地震给日本这个国家带来了潜在的危机。尽管明治政府已经在现代科

* “浓尾”是日本美浓和尾张的合称，1891年的地震中心位于这两片地区，故称浓尾大地震。

技方面投入了数十年，却无法保护其居民免受这场自然灾害带来的灾难性冲击。如果想要日本人民相信现代科学的力量可以让国家变得更好，那么现在正是一个恰当的时机。政府立即下令成立地震调查委员会。委员会由一位名叫田中馆爱橘的日本科学家带领，在接下来的一年里走遍了全国，调查了地震造成的损失。显而易见的是，田中馆爱橘本人训练有素，但他并不是地质学家，而是一名物理学家。他相信最近物理学上的突破可以帮助科学家了解地震的原因，甚至可以预测地震。[78]

1856 年，田中馆爱橘出生于本州岛北部，在明治维新后成长起来的新一代现代化日本科学家中，他可谓典型代表。他的父亲是一名武士，于是他最初接受了书法和剑术等传统技艺教育。然而，明治维新严重地削弱了武士的政治权力。情况在不久之后变得一目了然，武士需要重塑自己才能在 19 世纪活下来。因此，他没有再追求传统的武士教育，而是前往东京大学学习物理，并在 1882 年获得理学学士学位。与许多过去是武士的人一样，他将现代科学视为一种在工业时代运用兵法的手段。事实上，当田中馆爱橘在东京大学教授科学时，研究经常是通过某种军事案例或工业案例来进行的。他用火炮的操作来解释物理和化学的基础知识，而学生经常被带到当地的工厂里。[79]

和许多日本科学家一样，田中馆爱橘也前往国外留学。1888 年，明治政府将他送到苏格兰的格拉斯哥大学，在英国著名科学家开尔文勋爵（Lord Kelvin）的实验室里工作了两年。开尔文勋爵是物理学先驱，也是为电报发展作出贡献的杰出工程师，堪称一位理想的导师。田中馆爱橘很快了解到最新的科学突破，特别是在电磁学领域。他还参观了附近的工厂和造船厂，目睹了维多利亚时代英国的工业世界。也正是在格拉斯哥期间，田中馆爱橘发表了自己的第一批科学论文，全都是关于磁性的。正如我们即将看到的，这成为他后来研究地震成因的关键。[80]

1891 年夏天，田中馆爱橘回到日本，在东京大学担任物理学教授。仅仅几个月后，浓尾大地震就发生了。明治政府立即征调田中馆爱橘来领导地震调查委员会。对于他而言，总算到了将科学知识付诸实践的时候了。田中馆爱橘的想法是对日本进行地质调查和地磁调查。地质调查的部分是要确定断层线与变化中的地震活动区域，这相对简单，与伊斯坦布尔地震后奥斯曼帝国的工作没有太大区别。然而，地磁调查的原创性更高。自 19 世纪初以来，科学家就已经知道地球磁场在整个行星的不同位置是不尽相同的。这就意味着，北极的方向（“真北”）和指南针指向的方向（“磁北”）并不一定相同，这取决于你在哪里。在整个 19 世纪，磁场变化的原因引起了广泛的争论。然而，多数科学家还是认为，这一定和地壳中金属元素的分布有关。[81]

为了绘制整个地球的地磁变化图，科学家从 19 世纪 30 年代开始作出了各式各样的尝试，通常是出于更好地校准科学设备和导航设备等实用目的。田中馆爱橘本人也参与了早期的地磁调查。1887 年，就在前往格拉斯哥之前，他曾被自己在东京大学的一位导师招募，帮助绘制“日本的一般磁学特征”。在 6 个月的时间里，田中馆爱橘旅行 3000 多英里，时而乘坐轮船，时而乘坐火车，共进行了数百次测量，最北抵达刚被日本殖民的朝鲜半岛，最南抵达日本在太平洋的殖民地小笠原群岛。在每个测量点，他都需要通过天文观测来确定准确的纬度和经度，由此给出“真北”的方向。他还需要使用一个由电磁铁驱动的特制罗盘来读取“磁北”。然后，田中馆爱橘计算出两个观测结果之间的差值，给出特定位置的“磁偏角”或“磁差”。这是科学家、工程师和导航员在日本校准设备时所需要的。[82]

田中馆爱橘作为物理学家所接受的教育，让他对地震科学提出了独特的见解。大多数地震学家会从地质学的角度研究地震，而田中馆爱橘则从电磁学的角度思考。他的假设是，地震可能会引起地球磁场的局部扰动，这在后来被证明是正确的。田中馆爱橘还提出，通过仔细监测地磁变化，说不定还可以预测地震。1891 年的浓尾大地震为检验这一假设提供了完美的机会。田中馆爱橘已经完成了对日本的地磁调查。他所要做的只是在地震现场周围重复测量，看看地磁场是否发生变化。果不其然，他被证明是对的。他的最终报告于 1893 年由东京大学发表，其中清楚地显示了地震确实带来了“磁态的变化”。田中馆爱橘甚至收罗了一系列地图，比较了 1891 年地震前后的磁偏线。在震

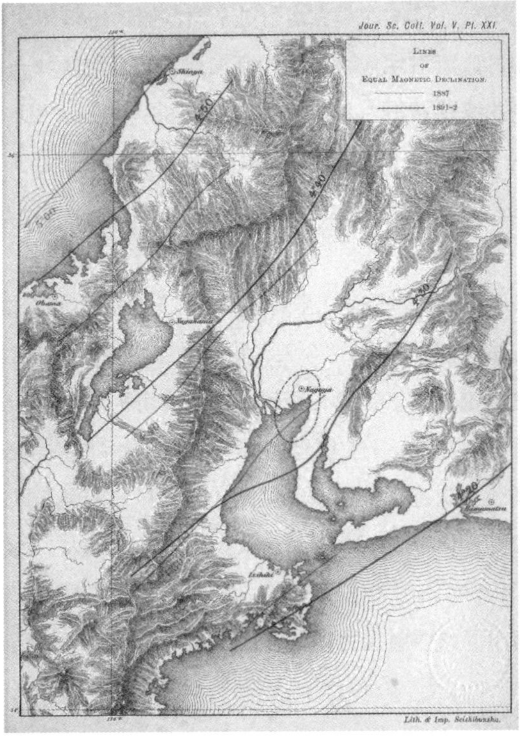

田中馆爱橘绘制的地图，显示出 1891 年浓尾大地震现场周围地球磁场的扰动。请注意圆圈内城市名古屋附近“等磁偏角”线发生的偏转。

中的名古屋市周围，磁偏线发生了明显的变化。他总结说，这是很清晰的证据，说明“地震事件对于一个国家的磁性元素具有影响”。[83]

与沙皇俄国和奥斯曼帝国极为相似，日本也在19世纪迎来了变革。这在很大程度上是对欧美帝国主义威胁的回应。1853年，美国海军封锁了江户湾，迫使德川幕府向美国开放贸易，而1863年，一名英国商人在当地被杀后，英国皇家海军炮轰了萨摩藩*海岸。出于对这种炮舰外交的担忧，日本政府建立了许多新的科学机构和军事机构，其中包括1855年设立的长崎海军学院，海军军官在那里学习工程学和物理学。此后不久，日本海军首次引进了蒸汽船。1868年明治维新开始后的几年里，政府对现代科技的投资加速。与其他区域一样，这一切都带有民族主义的成分。日本首相曾在1886年宣称：“保持国家实力并保障人民永久福祉的唯一途径是实现科学成果。”正如我们所见，国家之间进行斗争的观念是当时很多政治家和科学家对世界的核心理解。[84]

明治维新正是日本快速工业化的时期，这是政府直接推动的结果。1885年，日本文部省提出，“今天，我们最迫切的事务是发展工业，为我们的财富奠定基础。我们必须研究工业应用科学并培养工业学者”。许多日本科学家为这一工业愿景作出了贡献。除了地震学方面的工作，田中馆爱橘还为制造磁铁提供建议，并建议将气球引入日本海军。很明显的一点是，1888—1920年，东京大学授予的绝大多数博士学位是物理学和工程学。田中馆爱橘认为，物理科学对提升国家实力至关重要，他还写下了“要掌握物理学，因为这是所有科学的基础，能够充

* 萨摩藩是德川幕府时期位于日本九州岛南部的小藩国，此时仍保留半独立性，与英国的这一次冲突被称为“萨英战争”。

分弥补我国的不足”的句子。[85]

化学在日本工业的发展中也发挥了重要作用。19 世纪初，一大批欧洲化学书籍被翻译成日文。在江户，一位名叫宇田川榕菴的医生以法国著名化学家安托万·拉瓦锡的著作为依据，出版了一部名为《化学导论》(1837 年出版)的书。除了现代化学术语，宇田川榕菴的书还向日本读者介绍了现代化学更为实用的一面，如怎样制作电池。明治维新之后，日本人对工业化学的粗浅兴趣得到了深化。东京大学设有一个专门的化学实验室，目的是“让学生为提升日本繁荣的产业作好准备”。化学是一门实用学科的观点得到了很多日本科学家的认同。东京大学应用化学教授高松丰吉将其研究的“主要目标”描述为“从原材料中生产有用的产品”。[86]

到此时为止，明治日本最成功的工业化学家是高峰让吉。他出生于1854年，是一位武士的儿子，就和这一时期的许多日本科学家一样。在明治维新之后，他也决定换一条路，进入东京帝国理工学院攻读化学学位。毕业后，他被选中到国外接受进一步教育。1880—1882 年，他就读于格拉斯哥的安德森学院[现斯特拉斯克莱德大学(University of Strathclyde)]。高峰让吉由此成为一名工业化学家，开始了漫长且成功的职业生涯，这一职业也让他变得异常富有。1883 年回到日本后，他在农业部门和商业部门工作了几年，协助将清酒酿造这样的日本传统产业现代化。[87]

事实上，高峰让吉在一家清酒酿造厂工作期间有一个重要的发现。清酒是一种日本米酒，传统上是用一种叫作“曲”的真菌发酵而成。利用自己在格拉斯哥学到的技术，高峰让吉成功地提取了真菌产生的化学物质，并意识到它可以用于各种工业生产。首先，他尝试用曲代替麦芽制作威士忌，将发酵期从 6 个月缩短到数日。然后，他又将这种化学提取物当作治疗消化不良的药物出售，商品名为“高峰淀粉酶”。20 世纪初，高峰已是世界上最著名的实业家之一。他在日本和美国拥有工厂，其价值据报道超过3000万美元——以今天的货币价值计算则接近10亿美元。与本书中的许多人物一样，他的成功在很大程度上是因为将不同文化的知识结合在一起。而这一切都是从一瓶清酒开始的。[88]

明治维新以后，一大批日本科学家为现代物理和化学的发展作出了重要贡献。但有一个人更进一步，改变了我们对物质本质特性的理解。和我们在本章中遇到的其他日本科学家一样，长冈半太郎也是一位武士的儿子。他出生于1865年，从小就接触欧洲科学。他的父亲支持明治维新，并应天皇的要求作为1871年岩仓使团的成员前往欧洲。使团的目的有两个：第一，发展与其他国家的外交关系；第二，收集有关欧洲科学和工业的信息，以推动日本的维新计划。长冈半太郎的父亲对一路上的所见所闻印象深刻，还在英国给他的孩子们买了科学书籍。在父亲的鼓励之下，长冈半太郎于1882年进入东京大学学习物理。[89]

然后，长冈半太郎走上了一条已铺好的路。1893—1896年，他前往德国和奥地利学习，并在那里遇到了许多欧洲著名物理学家。作为一名科研人员，这一时期的长冈半太郎的确很成功。他具有当时物理学家的典型国际性特征，能用英文、法文、德文和日文发表科学论文。然而，他并不满足于简单重复欧洲正在进行的科学研究。长冈半太郎希望能够证明，日本可以在科学研究方面领先世界，就像它在现代早期那样。他解释道："我不打算跟随别人工作，也不打算把一生都用在从国外引进知识上。"私下里，长冈半太郎对于竞争性民族主义更加坦率，这激起了他研究物理的欲望。"欧洲人没理由在任何事情上都如此高不可攀。"在给物理学家田中馆爱橘这位好友的信中，他这样写道。[90]

1896年，回到东京大学后的长冈半太郎立即晋升为教授。正是在日本，他取得了最为重要的突破。1903 年 12 月 5 日，长冈半太郎在东京数学—物理学会发表了一篇论文，其中描绘了“化学原子的实际排列”。几个世纪以来，科学家一直对物质的性质感到困惑。而且，在整个 19 世纪，对于物质的基本结构始终存在着激烈的辩论。长冈半太郎最终平息了这场争论，并在此过程中启动了原子物理领域。基于一系列复杂的数学计算，他证明原子的构成必定是由一系列带负电电子绕着一颗大的“带正电粒子”旋转。长冈半太郎解释说，思考这个问题时要想象土星的模样，中心带正电粒子就像行星自身，而带负电电子就像土星环。最为重要的是，长冈半太郎能够证明他所宣称的“土星系统”在物理上是稳定的。[91]

是什么带来了这一根本性突破？一方面，长冈半太郎在欧洲度过的那段时期显然有影响。正如我们在本章开头所看到的，他确实参加了 1900 年在巴黎举行的第一届国际物理学大会，并且在会上遇到了发现电子的英国科学家 J.J. 汤姆森（J.J.Thomson）。另一方面，在日本生活的一些特殊经历也影响了长冈半太郎的思想。就在他前往德国之前，他被地震调查委员会征调协助田中馆爱橘完成 1891 年浓尾大地震的调查工作。在 6 个月的时间里，长冈半太郎与田中馆爱橘一同徒步穿越日本，在山间上上下下，测量地震对地磁的精确影响。长冈半太郎甚至被列为田中馆爱橘最终报告的共同作者。最终，正是研究日本地震的经历，从根本上塑造了长冈半太郎对原子物理的思考。[92]

1905 年初，长冈半太郎发表了另一篇文章，论证了电磁波与原子中心相互作用时会发生的现象。令人吃惊的是，他又用地震学领域的知识来描述这种作用。长冈半太郎认为，位于原子中心带正电的大粒子更像是一座“山或山脉”。因此，通过原子中心的电磁波会被分散，长冈半太郎认为，这很像地震时地震波通过山体的过程。1905—1906 年，长冈半太郎甚至接连发表了两篇论文，直接对比了“地震波的色

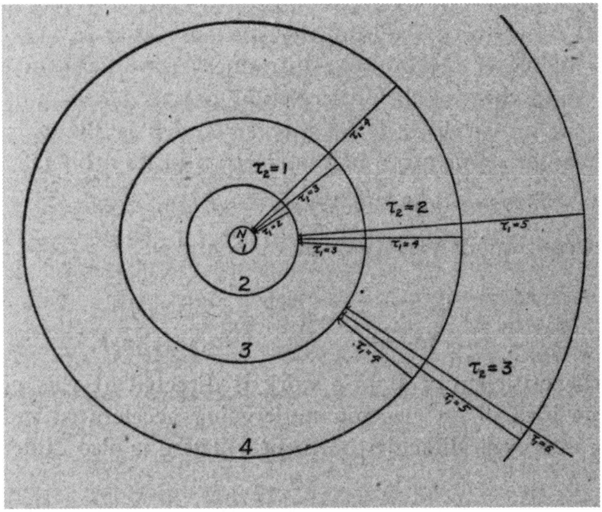

欧内斯特 · 威尔逊（Ernest Wilson）绘制在《原子结构》（*The Structure of the Atom*，1916年出版）中的“土星模型原子”插图，也是引自长冈半太郎的著作。注意中心带正电的原子核被轨道上的电子环包围。

散”和“光的色散”。长冈半太郎的事迹最终很恰当地说明了，不同的文化与不同的科学学科在1900年前后是如何融合在一起的，正因如此，科学是全球文化交流的产物。长冈半太郎结合了物理和化学的思想，同时借鉴了自己在欧洲和日本的经验。由此他取得了现代物理学中最为重要的科学突破之一。[93]

如今，原子结构的发现通常归功于英国物理学家欧内斯特 · 卢瑟福（Ernest Rutherford）。这又是一个说明欧洲以外的科学家被现代科学史遗忘的重要例子。卢瑟福描述原子结构的影响深远的论文发表于1911年，远远晚于长冈半太郎发表同一主题的一系列论文的时间。不仅如此，卢瑟福本人也非常了解长冈半太郎的研究，对此也毫不掩饰。事实上，两人还曾会面并讨论了各自的想法。1910年9月，卢瑟福愉快地带长冈半太郎参观了他在曼彻斯特大学的实验室，解释说他正在进行实验工作，以确认原子的结构。随后，卢瑟福还在1911年2月给长冈半太郎写信，告知长冈自己即将发表文章。“你会注意到，我对原子内部结构的假设，与你几年前在一篇论文中提出的结构有些相似。”卢瑟福写道。果不其然，当卢瑟福在1911年发表自己的研究结果时，他引用了长冈半太郎1904年的原始论文。根据卢瑟福留下的脚注，我们可以再次揭示一段被隐藏的现代科学历史。这段历史，既不是单纯的英国史，也不是日本史，而是两者的结合。[94]

在19世纪末这个更广阔的科学世界中，日本占据了相当一部分。几乎所有这一时期的日本科学家都曾在欧洲学习过一段时间，并且很多人持续地参加国际科学会议，直到第一次世界大战爆发。然而，正如我们在本章中所看到的，国际主义和民族主义通常是并驾齐驱的。科学、民族主义和战争之间的联系在日本尤为强烈，因为在1868年明治维新后的数年里，接受学术训练的大多数科学家来自武士家庭。这些武士出身的科学家，在对军事力量的重要性抱有传统信念的同时，又结合了对现代科技价值的全新认识。“要实现国富兵强，就必须让物理和化学科学尽善尽美。”另一位过去是武士而后来在东京大学工作的学者这样写道。[95]

与其他地区一样，国际主义和民族主义之间的这种微妙平衡关系并没能持续下去。1914年8月，日本站在协约国一边，参加了第一次世界大战，迅速占领了东亚和太平洋地区的许多德国殖民地。有些日本科学家对于这场战争感到不安，特别是那些曾在德国学习的科学家。尽管如此，他们还是发挥了自己的作用。田中馆爱橘在飞机设计方面为日本军方提供咨询，高峰让吉则协助建立了一个专门用于军事目的的工业研究所，生产军用化学品。不同于奥斯曼帝国和沙俄帝国，第一次世界大战并未在日本引发政治危机。相反，正如我们将在后面几章中看到的那样，日本从第一次世界大战中崛起，成为东亚一个主要的科学、军事和工业强国。[96]

6.5 结论

为了理解现代科学史，我们需要从全球史的角度来思考。对于19世纪的自然科学而言尤其如此。无论你是在沙皇俄国、奥斯曼土耳其、印度还是在日本工作，成为一名科学家就意味着周游世界，以不同的语言发表文章，接触不同国家的读者。因此，科学出版领域的语言比今天更加多样化。日本科学家会用德文出版，而俄国科学家用法文出版。1890年，德国物理学家海因里希·赫兹在与田中馆爱橘会面时，还只是半开玩笑地说道："看来从现在起，我们就得开始学日语了。将来这可就是大问题了。"[97]

无论他们在何处学习，本章展现的这些科学家都对现代自然科学的发展作出了重大贡献。他们在当时获得的承认，比在今天更为广泛。如今，除了他们自己国家的人，很少有人听说过贾加迪什·钱德拉·博斯、长冈半太郎或彼得·列别捷夫。但在19世纪，顶尖的欧洲科学家也曾非常认真地对待他们。欧内斯特·卢瑟福在有关原子结构的著名论文中引用了长冈半太郎的成果；而开尔文勋爵承认，正是列别捷夫的关于"光压"的实验，最终让他相信了詹姆斯·克拉克·麦克斯韦电磁理论的真理。[98]

19世纪的科学是一项工业事业。许多物理学家和化学家都会花时间为公司及政府工作，帮助设计工厂或搭建电报线路。即便是今天仍然被物理学家使用的著名公式"麦克斯韦方程组"，最初也是由一位电报工程师而非麦克斯韦建立的，前者当时正在寻找一种更便捷的计算方法。尽管如此，工业时代并没有扫除所有过去的思想，19 世纪的很多科学家在工作中继续借鉴已有的文化传统。普拉夫拉・钱德拉・雷发现亚硝酸亚汞的灵感，来自他对古代梵文文献的阅读；而高峰让吉利用自己的清酒酿造知识，在工业化学的世界里掀起一场革命。[99]

整个 19 世纪，世界各国政府将科学能力等同于军事和工业实力。这无疑是促使明治时期日本和奥斯曼帝国在现代科学领域重新投资的原因。民族主义和国际主义似乎总是如影随形。事实上，就在很多科学家展开合作的同时，其他一些人则走向战争。19 世纪 60 年代，明治政府派遣了一些日本学生前去沙俄学习。1904 年，这两个国家却为了争夺中国辽东半岛和朝鲜半岛大打出手。这种冲突模式持续不断，最终在 1914 年引燃了第一次世界大战。在接下来的两章中，我们还将继续前进，探索现代科学在这场全球冲突后是如何发展的。20 世纪的意识形态斗争不断改变的不仅是世界政治，而且是我们对宇宙甚至生命本身的理解。[100]

第四部分

意识形态及其余波，约 1914—2000 年

Ideology and Aftermath, c. 1914–2000

第七章

比光更快

FASTER THAN LIGHT

“北野丸”号正在长江溯流航行，驶向上海。船上有一位非常重要的乘客。1922 年 11 月 13 日清晨，阿尔伯特·爱因斯坦抵达中国。当爱因斯坦从舷梯走到上海的堤岸时，一群记者和摄影师围住了他。报纸早已透露了，爱因斯坦即将接到一个激动人心的消息。就在长江岸边，他收到一封电报，通知他已经获得诺贝尔物理学奖。对爱因斯坦而言，这是一个重要的日子，足以确立他作为 20 世纪最重要的科学思想家之一的地位。然而，刚刚抵达上海的爱因斯坦几乎没有时间思考这些成就的意义，很快就被带到城里观光去了。在日记中，爱因斯坦回忆起 20 世纪初的上海“极度喧嚣，挤满了行人和黄包车，到处是污泥”。午餐时，他被带到当地的一家餐馆，还在那里尝试用筷子吃饭，不过有些笨手笨脚。当晚，他作为主要来宾前往富商兼现代主义艺术家王一亭*的家中。晚餐后，爱因斯坦发表了一篇简短的演讲并评论道：“我相信中国年轻人将来一定会对科学作出巨大贡献。”[1]

次日一早，爱因斯坦再次登上“北野丸”号。在他为期 5 个月的亚洲之行中，上海的短暂停留是旅程中的一部分。此前，爱因斯坦已经访问了锡兰†、新加坡和中国香港，接下来的目的地是日本。1922 年

---

* 王震，字一亭，清末民初实业家，曾资助过辛亥革命，同时是中国近代出色的画家，与大画家吴昌硕一道革新了当时的画坛，具有现代艺术思想，但其作品仍是中国传统题材。

† 今斯里兰卡。

11月17日，爱因斯坦抵达神户。20世纪20年代早期，日本已经转型为现代工业经济体。爱因斯坦乘坐火车周游全国，身后跟着“一大群人，其中很多是扛着闪光灯的摄影师”。在京都，爱因斯坦就自己最重要的科学突破——狭义相对论和广义相对论——向蜂拥而至的听众发表了演讲。在演讲中，他阐述了自己的根本观点，即时间的流逝并不是恒定的，而是会根据不同观察者的相对速度发生变化。这一结果来自一个简单却深刻的观察：宇宙中没有任何东西能比光速更快地传播。爱因斯坦接着解释道，引力对时间也有类似的影响。比起在弱引力场中的观测者，强引力场中的观测者经历的时间流逝速度更慢。这些观点等于对更早的牛顿物理学世界进行了彻底否定。爱因斯坦没有将空间和时间看作独立且恒定的，而是证明了空间和时间可以弯曲和扭曲。这是一个革命性理论，对整个物理学领域有着深远的影响。毕竟，当时所有的科学实验几乎都依赖于空间和时间保持不变的理念。举例而言，科学家测量一个物体的速度，只需将移动的距离除以物体移动这段距离所需的时间。但是，如果空间开始收缩，时间流逝开始减慢，科学家将如何准确地测量速度呢？[2]

爱因斯坦用德语发表的演讲很快就被日本物理学家石原纯翻译并出版了。石原纯在柏林学过物理学后，成为当时欧洲以外少数真正理解相对论的人之一。爱因斯坦显然尊重石原纯，甚至同意和他合作撰写一篇文章，发表在《日本学士院纪要》上。根据多方说法，爱因斯坦在日本过得非常愉快。在没有发表科学演讲的安排时，他去了日光的森林里徒步，甚至参加了东京皇室花园里一年一度举行的菊花节。在日记中，爱因斯坦写道：“这个国家让人不得不又爱又敬。”[3]

离开日本后，爱因斯坦开始了返程旅途。他在马六甲和槟城（Penang）曾短暂停留，然后穿越印度洋，抵达苏伊士运河。在塞得港（Port Said），爱因斯坦再一次下船登岸，乘上去耶路撒冷的火车。

就在几个月前，即 1922 年 7 月，国际联盟批准了英属巴勒斯坦托管地（Mandate for Palestine）的设立。这片新领土将成为“犹太民族之家”，也就是现代以色列国的前身。作为犹太人，爱因斯坦已经在德国经历过反犹主义。他被指控在媒体上宣扬“犹太物理学”，而他的演讲经常受到反犹组织“反爱因斯坦联盟”（Anti-Einstein League）的监视与干扰。就在爱因斯坦动身前往亚洲之前的几个月里，一些颇有声望的德国犹太人也遭到了袭击。1922 年夏天，爱因斯坦已经感到德国不安全，在写给物理学家马克斯·普朗克（Max Planck）的信中，爱因斯坦说：“看来我属于激进右翼分子计划暗杀的那类人。”实际上，这也是他选择前往亚洲的原因之一，他希望在国外待上几个月后，事情就会平息。[4]

长期以来，爱因斯坦一直为了建立犹太人的家园而奋斗。早在 1919 年他就写道，自己“对于积极发展一个犹太国家充满信心……只是地球上的一小块土地，我们的兄弟生活在此，不再被视为异类”。因此，他很高兴最终抵达了巴勒斯坦。1923 年 2 月 3 日，爱因斯坦游览耶路撒冷老城，参观了岩石清真寺和哭墙。然后，他在新近成立的耶路撒冷希伯来大学进行了一次公开演讲。爱因斯坦开始先用希伯来语演讲，讲到科学内容时则切换为德语。爱因斯坦是当时世界上最著名的科学家之一，他的出现对于巴勒斯坦地区的犹太领导人而言意义重大。两年后的 1925 年，为了纪念爱因斯坦，希伯来大学专门成立了爱因斯坦数学研究所。爱因斯坦甚至还被邀请搬到耶路撒冷，前去希伯来大学任职。考虑到德国当时兴起的反犹主义，他也曾认真考虑过这一提议，不过最终还是拒绝了（“心已经同意，脑却没有同意。”爱因斯坦在日记中这样写道）。他还没有做好永远离开欧洲的准备，至少当时还没有。[5]

当爱因斯坦回到柏林时，政治气氛并没有好转。恶性通货膨胀正在摧毁德国经济，而不管是纳粹党成员数量还是影响力都在增长。随后的几年里，政治局势持续恶化。1933 年 1 月 30 日，阿道夫·希特勒被任命为德国总理，并很快通过了一系列歧视犹太人的法律。德国犹太人的公民身份被剥夺，被排除在公立学校之外，并成为强制绝育的目标。爱因斯坦预见了未来。在希特勒上台的一个月前，也就是 1932 年 12 月，他最后一次离开柏林。他放弃德国国籍来到美国，并在普林斯顿大学执教。爱因斯坦再也没有回到德国。在给普鲁士科学院的辞职信中，他解释道："我不希望生活在这样一个国家，人们在法律面前不平等，不能想说什么就说什么，也不能想教什么就教什么。"[6]

阿尔伯特·爱因斯坦经常被认为是一位遗世独立的天才，一个基本上与更广阔的知识世界和政治世界脱钩的人。的确，爱因斯坦的狭义相对论与广义相对论重塑了科学家对物理宇宙的理解方式，然而，这不意味着他是遗世独立的。事实上，爱因斯坦周游全球，从上海到布宜诺斯艾利斯，他在很多城市宣传自己的思想。不仅如此，爱因斯坦还与世界上许多国家的科学家展开合作。所有这些都反映出爱因斯坦对国际合作价值的深刻政治信念。第一次世界大战后，他认为科学家应当团结起来，推动他所说的"相互合作、相互促进"，这比以往任何时候都重要。爱因斯坦解释称："我相信任何人都不应该逃避政治任务……让那些被世界大战彻底摧毁了关系的国家恢复团结。"出于这种考虑，他加入了国际知识合作委员会（International Committee on Intellectual Cooperation，ICIC）。这个国际知识合作委员会在 1922 年由国际联盟设立，负责促进"各国科学与知识界之间"更密切的联系。国际知识合作委员会的其他成员包括印度物理学家贾加迪什·钱德拉·博斯和日本物理学家田中馆爱橘，我们在上一章已经认识了他们。[7]

墨西哥瓦兹特佩克（Oaxtepec）地图，绘制于 1580 年。

1578 年《新西班牙通史》手绘图中的墨西哥人、植物与动物。

伊斯坦布尔的天文台，始建于 1577 年。

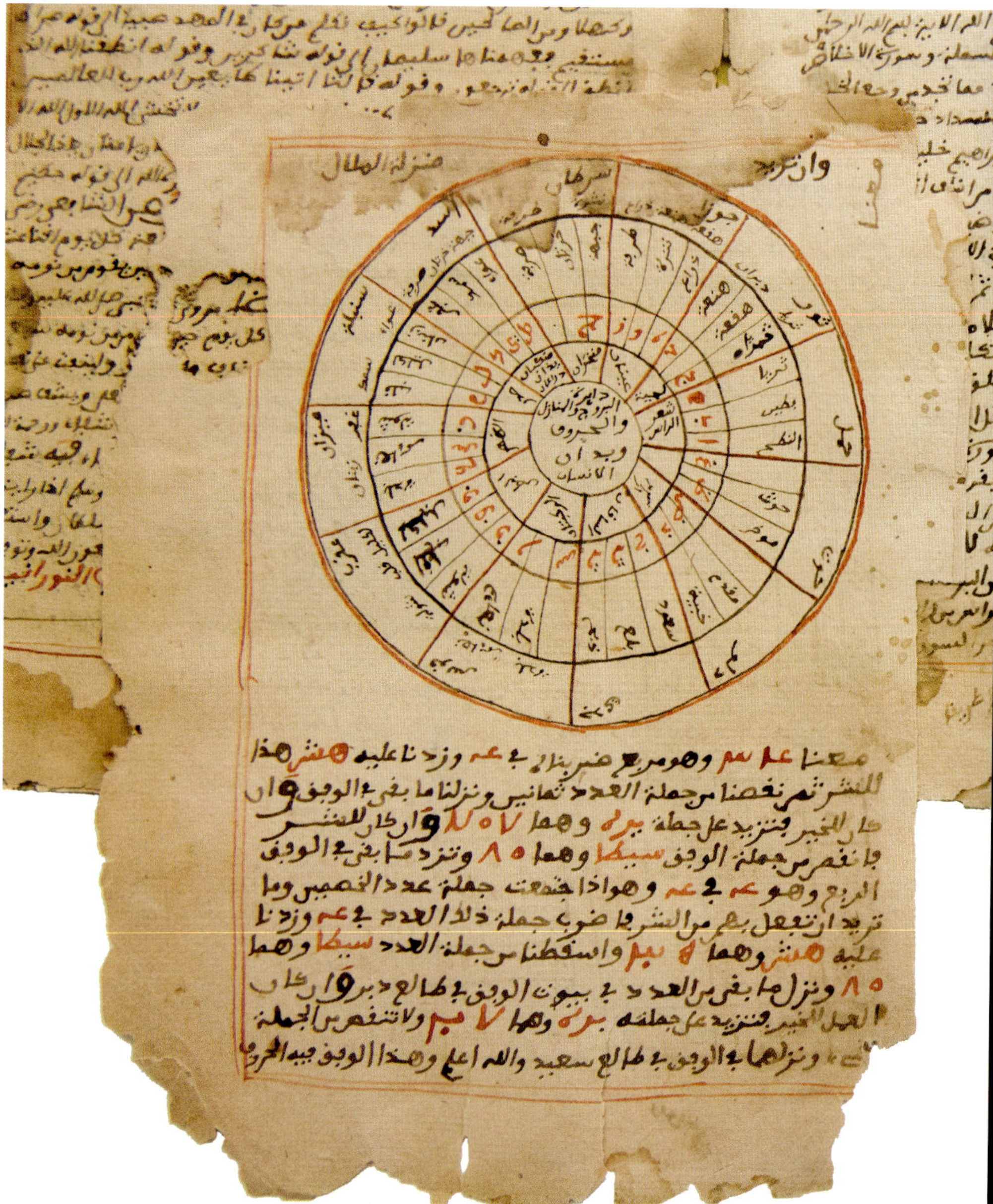

阿拉伯语天文学手稿，创作于 18 世纪初的廷巴克图。

والورير و نقصان البص تكتب ام الكتاب ثم
الرحيم قل اللهم مالك الملك ا خوله بغير حساب

عما بر حسا ر حار ابعار ا حروا حاره كيصه ما اشعر له كثر يكتب في الحيوان موضع
القلب ابع الشعر الى اردت تهليه ثم تكتب على راسه

ما انتقوص الاعماه
ثلثتها من
الرطوبة
ـسة
ـا اذا
هتو سطا
بسر وقطا وابعد
من الرطوبة مثل الا
ثلثيها من الر
طوبة وثلثه
من الحرارة
وثلثها
باردة
يابسة
وهذه
الدواير
هي اصل الا
عمال ليتصرف
في كل صنف منها
ما يوافقه في العمل صعبة

الشريجة المركبة
الحرارة وثلثها
وسدسها
وسدسها
كان امرا
والاول لحار البا
مزجنا بيسير
ساء المركبة

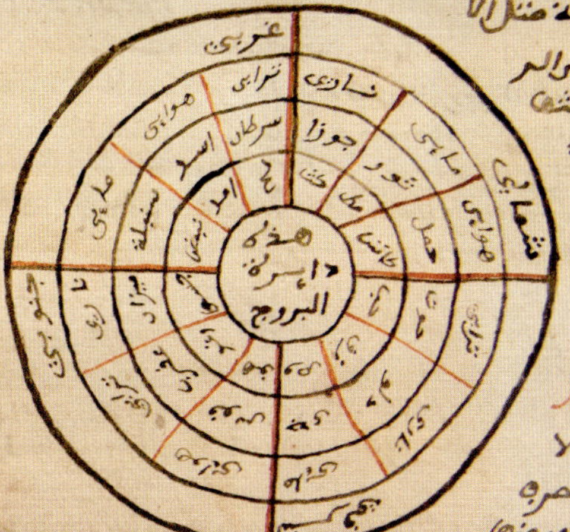

ما يعمل في وضع وجوعم في عم زيادة ما في بالهنه بعد عدله وحمله
ما ضلعم بعد كله تزيد عليه هشر وتنقص بدو سبطا وللخبرات
فيه بوه نشرحه انك تستعبر الوفق مثاله كا

北京的古观象台。

印度贝纳勒斯的简塔·曼塔天文台。

油画描绘的是马达维亚湾的塔希提人的船。

现代早期中国、日本与荷兰学者的科学交流。

弗朗西斯·威廉姆斯的油画肖像，位于牙买加西班牙镇，绘制于 1745 年。

塞内加尔海岸附近的戈雷岛，曾经的奴隶贸易基地。

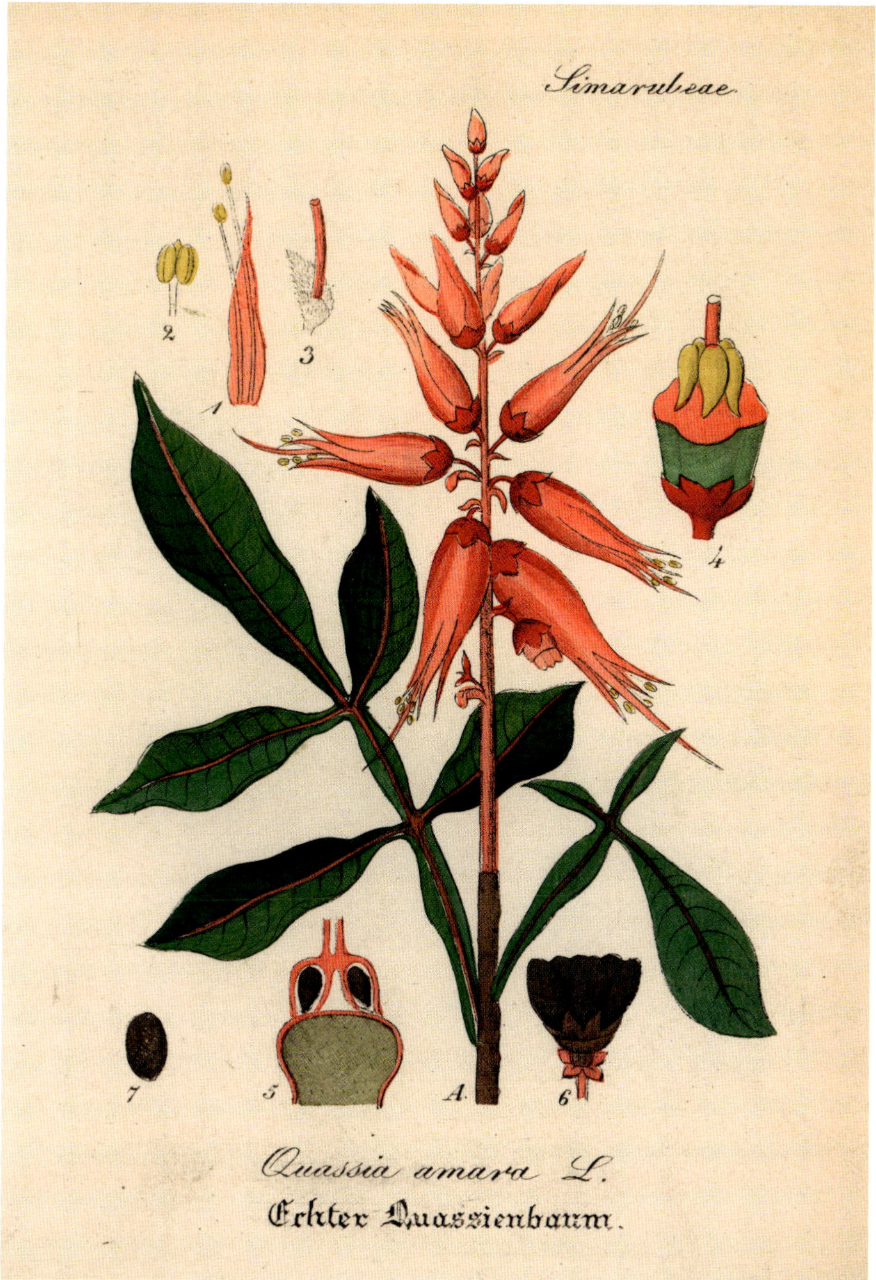

苏里南苦木。

16 世纪莫卧儿人的博物学手稿。

日文手稿，绘制了 1729 年从越南进口的亚洲象被运往江户，送给幕府将军的景象。

在 19 世纪的马德里展出的大懒兽骨骼。

动物学家、演化论思想家伊拉·梅契尼科夫。

物理学家贾加迪什·钱德拉·博斯，拍摄于 1897 年。

物理学家田中馆爱橘在位于东京大学的办公室里。

1900 年巴黎世界博览会明信片。

1938 年西南联大部分教授合影，图中左一为理论物理学家周培源。

阿尔伯特·爱因斯坦（右一）和他的妻子艾尔莎，1922 年摄于日本。

钱德拉赛卡拉·文卡塔·拉曼，第一位获得诺贝尔奖的印度科学家。

物理学家汤川秀树，第一位获得诺贝尔奖的日本科学家。

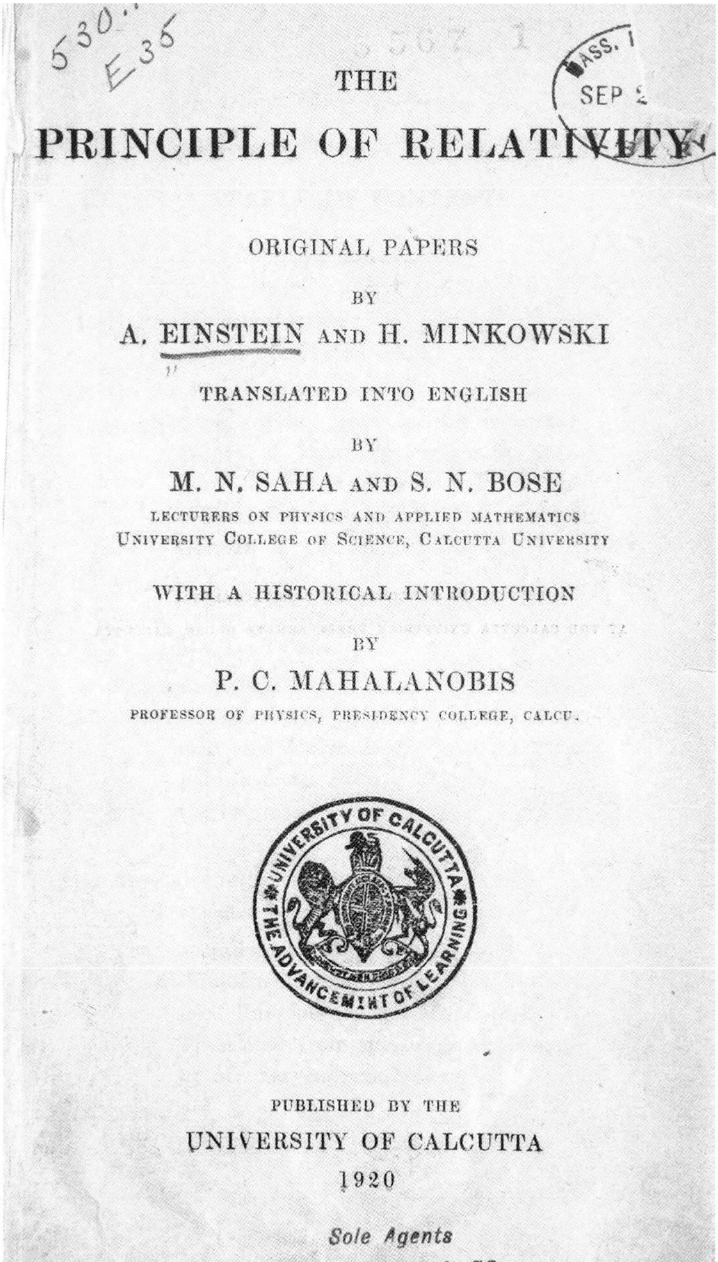
THE

PRINCIPLE OF RELATIVITY

ORIGINAL PAPERS

BY

A. EINSTEIN AND H. MINKOWSKI

TRANSLATED INTO ENGLISH

BY

M. N. SAHA AND S. N. BOSE

LECTURERS ON PHYSICS AND APPLIED MATHEMATICS
UNIVERSITY COLLEGE OF SCIENCE, CALCUTTA UNIVERSITY

WITH A HISTORICAL INTRODUCTION

BY

P. C. MAHALANOBIS

PROFESSOR OF PHYSICS, PRESIDENCY COLLEGE, CALCU.

PUBLISHED BY THE

UNIVERSITY OF CALCUTTA

1920

Sole Agents

R. CAMBRAY & CO.

阿尔伯特 · 爱因斯坦著作的第一部英译本，最初于 1920 年在加尔各答出版。

遗传学家奥贝德·西迪基和维罗妮卡·罗德里格斯，摄于 1976 年。

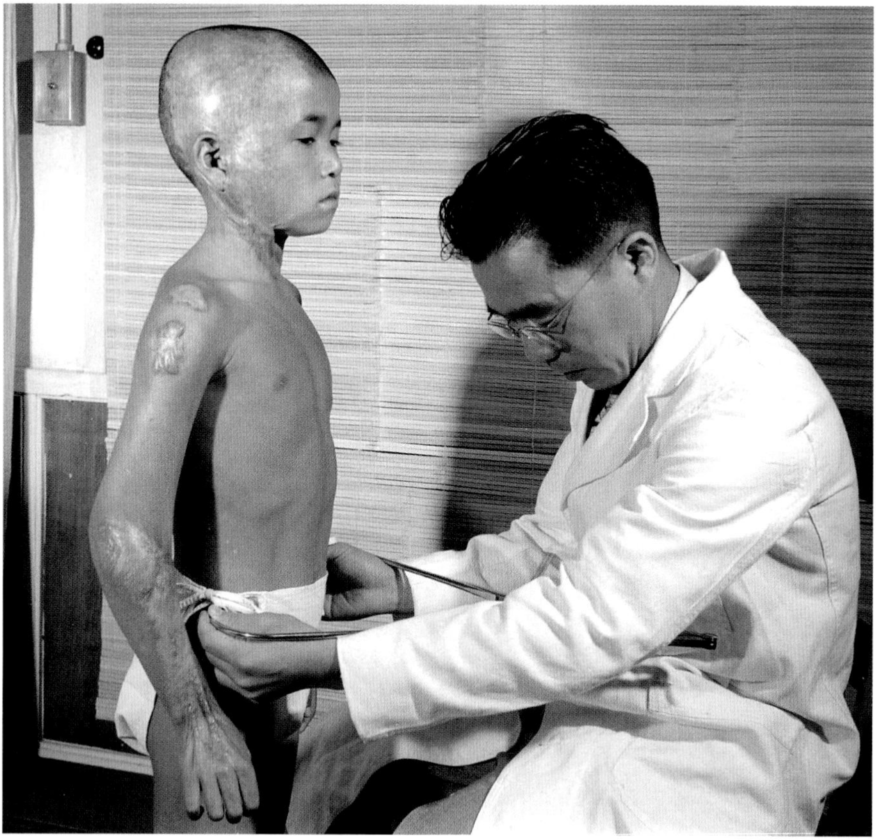

1949 年，日本医生在广岛检查一名小患者。

1949 年，来自也门的一个犹太家庭来到以色列的一座移民营。

以色列人口遗传学家伊丽莎白·戈德施密特。

萨拉·阿尔·阿米里，阿联酋科学委员会主席、2020 年阿联酋火星任务项目副经理。

穆斯塔法·西塞，加纳谷歌人工智能中心主任、高级研究员。

对于国际科学和政治领域的兴趣，是爱因斯坦那一代人的典型特征。这一时期，很多物理学家都花了大量时间周游世界。1929 年末，德国物理学家沃纳·海森堡（Werner Heisenberg）访问了印度。他是应孟加拉物理学家德本德拉·莫汉·博斯的邀请前往的，德本德拉正是贾加迪什·钱德拉·博斯的侄子。海森堡是 20 世纪初物理学另一个重要领域——量子力学——的先驱。面对坐满印度科学家的观众席，他解释了原子间的物理作用或任何物理相互作用中，似乎存在最小的离散能量，即能量的“量子”。这听起来可能不重要，但是一系列超乎寻常的发展随之而来。正如我们在第六章中所看到的，19 世纪的物理学家将光理解为一种电磁波。然而，量子力学表明这并非严格意义上的事实。相反，光需要同时被视为波和粒子。在接下来的几年里，事情变得更加奇怪，因为物理学家开始质疑因果关系，甚至质疑科学观察的本质。海森堡本人以提出“不确定性原理”而闻名，在该原理中，他证明任何物理测量的精度都存在一个极限，因此，原因和结果有时会被混淆。这不仅是现有科学仪器的精确性的问题，而且是宇宙基本属性的问题。[8]

其他有影响力的科学家也进行了类似的旅行，其中包括英国物理学家保罗·狄拉克（Paul Dirac）和丹麦物理学家尼尔斯·玻尔（Niels Bohr）。狄拉克发展出第一个描述电子的相对论理论。1929 年，他去日本作了一系列讲座，随后乘坐火车沿着跨西伯利亚铁路，从海参崴* 一路来到莫斯科，参加苏联科学家的会议。首次提出原子量子模型的玻尔也有类似经历，他于 1937 年春到中国待了两周。玻尔在上海国立交通大学的演讲，通过广播电台向中国各地直播。1937 年 6 月，他返

* 海参崴，清朝时为中国领土。1860 年，俄国逼迫清政府签订不平等的《中俄北京条约》，海参崴被割让给俄国，并被俄国命名为符拉迪沃斯托克。——编者注

回欧洲。一个月后，日军向北平市发起进攻，拉开了中日之间第二次战争*的序幕，这场战争很快成为第二次世界大战的更大规模冲突的一部分。[9]

20 世纪上半叶是一个社会与政治激烈动荡的时期。在中国，1911 年的革命结束了清朝统治，而在俄国，布尔什维克在 1917 年的十月革命中夺取了政权。即便是那些没有经历革命的国家，也见证了同样重大的政治转变。第一次世界大战后，奥斯曼帝国崩溃，巴勒斯坦周围的土地上发生了激烈的政治冲突和宗教冲突。在日本，1912 年天皇去世标志着一个新时期的到来，政治变得更加自由化。而在印度，反殖民运动变得更加坚定，特别是在 1905 年孟加拉邦划分为东、西孟加拉之后。

因此，这是又一个全球历史的关键时刻。法西斯主义者、社会主义者、民族主义者、女权主义者以及反殖民主义战士，都在 1900 年之后的数十年里扮演着各自的角色，改变了整个政治世界。这个政治世界对科学世界产生了深远的影响，不仅是在欧洲，而且是在全球。在本章中，我们将探讨 20 世纪初物理学与国际政治之间的联系。在这个过程中，我们会发现有些重要的贡献是由现代物理学史上通常不会出现的那些国家的科学家完成的。在接下来的一章中，我们还将继续前进，描绘“冷战”和去殖民化对于现代遗传学发展的影响。最终，为了理解 20 世纪的科学史，我们需要关注那些定义了这个时代的全球政治辩论。

---

* 指 1937 年开始的中国全民族抗战。

7.1 革命后俄国的物理学

每年夏天，彼得·卡皮查（Peter Kapitza）都会去列宁格勒看望自己的母亲。1934 年 8 月，刚开始还是一切如常。然而，当卡皮查处理自己的家事，采购杂物并拜访老朋友时，他开始注意到一些问题——他无论去哪里都会被跟踪。秘密警察正在监视他。在过去的 10 年里，卡皮查一直在剑桥大学卡文迪什实验室工作，并在那里获得了博士学位。他已经完成了一些出色的发现。1934 年初，就在动身回苏联之前，卡皮查已经成为世界上成功地大规模生产液氦的科学家之一。这项工作相当困难，因为氦气需要反复压缩，然后被冷却到非常低的温度才能变成液态。此前不久，卡皮查还被任命为剑桥蒙德实验室（Mond Laboratory）的主任，这是一所致力于研究前沿物理学的新设研究中心。所有这些都让卡皮查获得了国际认可。然而，这也引起了苏联当局的注意。[10]

1934 年 9 月，约瑟夫·斯大林本人签署了一项命令，要求卡皮查留在苏联。斯大林命令道："卡皮查可能不会被正式逮捕，但他必须留在苏联，不得返回英国。"果不其然，当卡皮查试图前往剑桥时，很快就被拘留了。他的护照被没收，并得知自己不能够再进行任何国外旅行。斯大林扣留卡皮查的决定，部分是对苏联另一位著名科学家行为的回应。量子力学专家乔治·伽莫夫（George Gamow）最近以参加欧洲会议为幌子逃往美国。与此同时，苏联政府越来越担心，在国外工作的俄裔科学家可能会充当间谍，或者为他国的军事发展作出贡献。[11]

刚开始，卡皮查彻底消沉了。他的夫人已经回到剑桥，在写给她的一封信中，卡皮查抱怨道："现在的生活太空虚了……我很愤怒，恨不得抓着头发尖叫。"离开了实验室，他怎么才能做一些合适的科学工作呢？"我觉得自己开始发疯了，"他写道，"我孤独地坐在这里。能做什么？我不理解。”几个月来，卡皮查在剑桥的同事也在尽全力相助。卡文迪什实验室主任欧内斯特·卢瑟福致函苏联驻伦敦大使，而保罗·狄拉克干脆前往莫斯科，希望能够确保卡皮查重获自由。他们最终一无所获。斯大林已经铁了心。苏联科学家必须留在苏联，只有这样他们才能最好地为苏联服务。[12]

不久后，卡皮查逐渐接受了自己的新命运。在写给尼尔斯·玻尔的信中，卡皮查写道：“对我的不公正待遇绝不会让我失明。”如果不能回到剑桥，那么他必须在苏联尽可能地发挥自己的能力。1934 年底，卡皮查妥协了。他将留在苏联，支持本国的科学发展。作为回报，苏联政府将为卡皮查提供所需的设备和空间，以开展重要的科学研究。考虑到这一点，卡皮查被任命为一所全新的研究中心的主任，这就是位于莫斯科的物理问题研究所。苏联政府还同意支付 30 000 英镑，从剑桥的蒙德实验室买下卡皮查所需的实验设备。这其中包括一对强电磁铁和一台氦气的液化设备。[13]

这项投资获得了回报。1938 年 1 月 1 日，卡皮查在《自然》杂志上发表了一篇短论文，宣布发现了一种被称为“超流体”的现象。在这篇论文中，他讲述自己在莫斯科进行的液氦黏度测量实验。这项实验在根本上需要测量的，是液氦从一个容器经由非常小的间隙流向另一个容器的难易程度。正如卡皮查所说，“测量结果相当惊人”。当氦被冷却到略低于其沸点（大约零下 269℃）时，它就像正常液体一样，在两个容器之间以恒定但相对较慢的速度流动。然而，当氦被进一步冷却并接近绝对零度（相当于零下 273℃）时，它突然开始以令人难以置信的速度流动，就像一种“超流体”。一个全新的研究领域诞生了，后来它被称为低温物理学。卡皮查发现，当某些物质冷却到非常低的温度时，它们就会表现出奇怪的新特性。卡皮查的一些实验似乎否定了已知的物理定律。当液氦被充分冷却时，它会爬上玻璃容器的器壁，

液氦进入“超流体”相。在这种物相下，液氦开始流过玻璃杯壁，因而在底部形成小液滴。

甚至在看起来完全密封的空间之间流动。所有这些都需要对分子如何相互作用提出全新的解释。[14]

彼得·卡皮查因为发现超流体而获得诺贝尔物理学奖。在 20 世纪取得一系列重大突破的新一代苏联科学家中，他排在第一位。这项工作中的很大一部分属于量子力学和相对论等新领域。然而，卡皮查的人生也指出了苏联科学的两个不同方面：一方面，1917 年的俄国革命增加了对于科学的投资；另一方面，苏联的科学也经常受到政治和意识形态的干扰。

正如我们在前几章所看到的，在沙俄工作的科学家为现代科学的发展作出了许多重要贡献。从17世纪的彼得大帝到19世纪的亚历山大二世，沙皇们一直拥护科学，将科学作为沙俄帝国现代化和强国的手段。因此，俄国革命并非和过去完全决裂。然而，1917年以后的科学投资规模肯定是前所未有的，激烈的意识形态冲突同样是前所未有的。1917年夺得政权的布尔什维克相信，对科学的适当投资，对于苏俄的军事与工业发展至关重要。他们提出的口号是“社会主义重建”。许多著名的苏俄早期政治家——包括尼古拉·戈尔布诺夫（Nikolai Gorbunov）——都有科学背景。戈尔布诺夫曾担任过弗拉基米尔·列宁的私人秘书，是一名训练有素的化学工程师。他参与说服苏俄政府建立了一系列高科技研究所。其中就包括位于列宁格勒的物理技术学院，这所机构成立于1918年9月，此时距离十月革命成功还不到一年。与此同时，苏俄政府将现存的私人实验室国有化，其中包括莫斯科物理学会运营的实验室。1930年，苏联在科学上的花费已经超过每年1亿卢布（相当于苏联为军队生产弹药所花费的资金）。[15]

最初，苏联政府支持科学家出国留学。第一次世界大战后，布尔什维克认识到与欧洲科学家重建联系的重要性。卡皮查是去国外大学学习的很多早期苏联科学家之一。他们经常会收到购买设备和书籍的请求，这也是为了提高国内科学研究能力。与此同时，苏联也欢迎许多外国科学家前来。1917—1930年，苏联物理学家协会举办了一系列年度会议，其中很多会议都有欧洲顶尖科学家参加。保罗·狄拉克和德国物理学家马克斯·玻恩（Max Born）都在1928年参加了莫斯科举行的一次会议，与苏联同行分享了量子力学的最新发展。第一天的会议结束后，所有参会者——包括狄拉克和玻恩在内——都登上了一艘蒸汽轮船，沿着伏尔加河顺流而下，继续讨论。[16]

然而，苏联的科学还有另一面。正如我们在卡皮查身上所看到的，苏联的科学家经历了一个重大的意识形态冲突时期。1922年约瑟夫·斯大林上台后的一段时期尤其如此。20 世纪 30 年代初，斯大林几乎禁止了所有的国外旅行，特别是在 1934 年乔治·伽莫夫出逃之后。意识形态的争论很容易延伸到现代科学的一些最基本方面。包括列宁在内的许多早期布尔什维克都认为，最近发生的自然科学的新革命与苏俄发生的政治革命之间有着直接联系。因此，苏俄科学家都被期望能够推广革命性的新思想。列宁本人甚至在其影响深远的著作《唯物主义和经验批判主义》（1909 年出版）中专门用了一章来论述“最近的自然科学革命”。在书中，列宁描述阿尔伯特·爱因斯坦的相对论思想揭示了“现代物理学危机”，这种科学危机与最近发生的社会危机别无二致。根据列宁的说法，爱因斯坦是现代“伟大的改革家”之一。[17]

因列宁的赞成，爱因斯坦被选为苏俄科学院的外籍院士。20 世纪 20 年代初，在莫斯科和列宁格勒学习物理的学生开始学习相对论，而相对论通常被认为是对艾萨克·牛顿经典世界观的革命性纠偏方法。然而，并不是所有人都同意列宁有关爱因斯坦的观点。相对论或许是革命性的，但对于某些人来说，它仍然透出一点“资产阶级科学”的味道。20 世纪 30 年代初，莫斯科数学学会主席恩斯特·科尔曼（Ernst Kolman）将爱因斯坦描述为“一位伟大的科学家，却是一位贫穷的哲学家”。对于科尔曼来说，狭义相对论和广义相对论过于抽象，似乎脱离了日常经验。科尔曼指责爱因斯坦“用数学符号代替了物理现实”。事实上，无论是相对论还是量子力学，在苏联受到的批评越来越普遍，尤其是在斯大林时期。它反映了一个从马克思主义哲学提炼而来的深刻信念，科学作为实践事业的重要性是建立在物质世界之上的。在苏联，科学必须为人民服务。[18]

这就是苏联科学家发现自己在 20 世纪前几十年所处的世界。在这个世界里，苏联的政治领袖对科学表现出浓厚的兴趣，同时有支持科学的意愿。同样是在这个世界中，政治气候随时可能发生变化。尽管如此，苏联早期很多科学家都支持俄国革命，有些人甚至直接参与其中。

物理学家雅科夫·弗伦克尔（Yakov Frenkel）出生于一个革命者家庭。19世纪80年代，他的父亲在被沙俄政府判断为革命组织成员后，就被流放到西伯利亚。弗伦克尔与他父亲的政治立场相同。当十月革命结束沙皇统治后，雄心勃勃的年轻科学家获得了机遇，他也充分利用了这一点。在彼得格勒大学学习物理学后，他于1918年搬到克里米亚，在图里德大学（Tauride University）得到一份工作。图里德大学是布尔什维克新建的大学之一。在克里米亚，弗伦克尔开始读到一些足以震动现代物理学的最新观点，其中包括尼尔斯·玻尔关于原子量子模型的著作。与此同时，弗伦克尔保持了自己的政治立场，加入了克里米亚当地的苏维埃，并帮助该地区按照社会主义路线对教育进行重组。[19]

这是充满不确定的一段时期。俄国革命带来了一场全面内战。虽然布尔什维克控制了俄国中部的大部分地区，但是反共产主义的白军继续在该国的南部和西部作战。1919年7月，白军向克里米亚进军。作为当地的一名苏维埃成员，弗伦克尔被捕入狱。尽管如此，他依旧没有放弃。弗伦克尔在狱中给母亲写信，安慰她说："我一点儿也不感到烦闷，我还花了很多时间读书。"他还和狱友们下棋，直到被一名狱警没收了棋盘。事实证明，这对弗伦克尔来说是一个相当高产的时期。令人有些难以置信的是，实际上正是在监狱里——在苏俄国内战争期间——他开始了自己最重要的理论工作。[20]

大约从1900年起，科学家就猜测，金属中的电流可以简单地用电子的自由运动来解释。这些带负电荷的微小粒子被想象成一种气体，在原子核之间的空间里自由移动。然而，弗伦克尔意识到这不可能是事实。量子力学不允许发生这种情况。玻尔在他的原子量子模型中展示，电子只能位于原子核周围的特定轨道上。正如弗伦克尔所指出的，电子因此“并不具备字面意义真正的自由”。那么电子如何运动才能产生电呢？弗伦克尔提出了一个基于量子力学的新模型，在这个模型中，电子可以有效地在相邻原子之间跳跃。这样就能产生电流，不必猜想电子完全“自由”地运动到任何地方。[21]

正是在克里米亚的监狱被囚禁期间，弗伦克尔首次用量子力学解释了电。令人十分吃惊的是，这个对于电子“自由”概念的重新思考，恰恰又发生在弗伦克尔本人失去自由之时。除此之外，弗伦克尔还提出了一个重要的理论概念，可以被物理学家更广泛地应用。他讨论说，电子在金属中的行为，可以通过想象一种新的粒子来解释，他称之为“集体激发”。弗伦克尔再三斟酌了用词。这是一个完美契合苏维埃意识形态的量子力学图景。没有个体，只有“集体”。这些新粒子后来在欧洲和美国被称为“准粒子”，识别这些新粒子后来果然成为 20 世纪量子力学发展的核心。其中的基本思想是，如果科学家想象某种尚未被确认的粒子存在集体作用，那么一些奇异的物理现象也就更容易得到解释。[22]

雅科夫·弗伦克尔于 1924 年首次发表了有关准粒子的论文，标志着基础物理领域一项新的重大研究开始了。苏联科学家开创了这一领域。跟随弗伦克尔进行研究的人中有一大批女性，尽管她们对现代物理学作出过重要贡献，但即便是在今天的俄罗斯，她们也基本上都被遗忘了。正如我们在前两章中看到的那样，19 世纪的俄国女性通常被排除在高等教育之外，尽管其中有一小部分人会在国外学习科学。因此，对于女性将为苏联科学和工业发展作出贡献的想法，布尔什维克感到十分自豪，哪怕有时候这个想法很难实现。正因如此，1917 年爆发的十月革命为聪明的年轻女性带来了更多进入科学世界的机会。安东尼娜·普里霍特科（Antonina Prikhot'ko）就是其中一位。1906年她出生于俄国南部，是列宁格勒理工学院最早学习物理的女性之一。反共产主义军队战败后，弗伦克尔本人重获自由，随后的20世纪20年代，他就在列宁格勒理工学院教书。学生时代的普里霍特科坐在列宁格勒冰冷的讲堂里，听着弗伦克尔有关相对论和量子力学的讲座。因此，她处于一个奇特的位置，在欧洲大多数物理学家甚至没有听说过准粒子之前，她就已经了解到了。[23]

1929年，普里霍特科毕业，并于次年前往哈尔科夫，在乌克兰物理技术学院（Ukrainian Physico-Technical Institute）谋得一个职位。布尔什维克新建了一些这样的研究中心，希望在整个苏联传播科学与工业的专业知识。接下来的10余年里，普里霍特科的研究开始将弗伦克尔的理论思想付诸实践。她开展了一系列低温物理学实验，研究各种晶体的原子结构。与彼得·卡皮查的工作一样，这些实验要依赖巨大的工业化机器，如氦气液化器。普里霍特科经常到了深夜仍在哈尔科夫的实验室里，她手持扳手，调节着液化器。通过测量不同晶体在低温时吸收和释放的光强，她能够推断出原子的行为。最关键的是，普里霍特科是第一个通过实验证明弗伦克尔所预测的准粒子之一"激子"存在的科学家。虽然这些听起来抽象，但是普里霍特科的研究实际上有实用的一面。当时她正在研究的许多晶体可用来制造工业化学品，其中包括萘（用作杀虫剂）和苯（用作钢铁生产中的熔剂）。因此，从诸多方面而言，普里霍特科都是苏联的模范科学家。她利用量子力学领域中最新的科学理论，指导开展那些对现实工业发展有贡献的实践实验。因此，普里霍特科后来被授予列宁奖和"社会主义劳动英雄"的称号，这些都是在苏联公民中声望最高的荣誉奖项。[24]

安东尼娜·普里霍特科在哈尔科夫工作的那段时间，正是激情燃烧的岁月。20 世纪 30 年代的乌克兰物理技术学院里到处是有抱负的年轻科学家，他们渴望在现代世界留下自己的印记。其中最有天赋的或许是列夫·朗道（Lev Landau）。1908 年，朗道出生于巴库，年仅 13 岁时就掌握了微积分，人们都认为他是个神童。然而，沙皇统治下僵化的教育制度并不适合他。在学校里，朗道感到很无聊，于是故意冲撞了校长，设法让自己被开除。朗道十分幸运，俄国革命也在同年席卷了巴库。为了向大众开放教育，布尔什维克取消了沙俄官方对于当地大学入学的所有要求。年仅 14 岁的朗道抓住这个机会，进入巴库大学学习物理。几年后，他决定转到列宁格勒大学完成剩余的学位课程。在列宁格勒，朗道碰到了其他一些年轻的物理学家，其中许多人和他一样，对革命思想产生共鸣。他们在一起阅读有关量子力学和相对论的最新著作，以及弗拉基米尔·列宁和利昂·托洛茨基的政治著作。[25]

1927 年，毕业后的朗道开始在列宁格勒物理技术学院担任研究员。随后，他获得了洛克菲勒奖学金，前往欧洲旅行和学习。在整个 20 世纪，总部设在美国的洛克菲勒基金会一直在给科学家的国际合作提供资金支持。尽管洛克菲勒基金会对苏联政治怀有严重的疑虑，但他们还是看到，科学合作是促进国际和平的一种手段。因此，朗道有机会在一年多的时间里与欧洲许多顶尖科学家合作。在柏林，他遇见了阿尔伯特·爱因斯坦，在莱比锡，他又遇见了沃纳·海森堡，随后他前往哥本哈根与尼尔斯·玻尔合作。1931 年，朗道回到苏联，量子力学新近实现的进展，让他比以往任何时候都更加兴奋。然而，待在列宁格勒逐渐让他感到厌烦，尽管像弗伦克尔这样的年轻物理学家正在努力推动事情的发展，但是列宁格勒的科学仍然由老一代人把持。考虑到这一点，朗道决定动身前往哈尔科夫，在乌克兰物理技术学院谋求一个新职位。1934 年，年仅 26 岁的他抵达哈尔科夫，随即被任命为理论研究所的负责人。[26]

接下来的几年里，朗道取得了一系列重大的理论突破。他涉猎广泛，研究工作从恒星形成背后的物理学到磁学基础，无所不包。但他真正的热情在低温物理学领域。在哈尔科夫，朗道与一群杰出的年轻科学家共同研究。他的大部分研究是与列夫·舒伯尼科夫（Lev Shubnikov）及其夫人奥尔加·特拉佩兹尼科娃（Olga Trapeznikova）合作进行的，夫妇二人都曾于20世纪20年代前往列宁格勒学习物理学。朗道出色的工作很快引起了莫斯科资深物理学家的注意。1937年3月，彼得·卡皮查给朗道去信，邀请他加入最近成立的物理问题研究所。正如我们在前面看到的，这是一所专门为支持卡皮查研究低温物理学而成立的研究中心。朗道明白，这是一次千载难逢的机会。物理问题研究所拥有苏联最好的一些科学设备，其中大部分是从剑桥的蒙德实验室购买的。与列宁格勒的守旧派不同，卡皮查热心支持物理学家做一些真正新颖的理论工作。[27]

1937年春，朗道前往莫斯科担任新的职务。事实证明，这是离开哈尔科夫的好时机。1936—1938年，约瑟夫·斯大林开展了一场苏联肃反运动。列夫·舒伯尼科夫在实验室被捕。随后，他被带进监狱并被迫签署一份供词，承认自己是“托洛茨基主义反对派组织的一名成员，该组织在乌克兰物理技术学院的围墙内活动”。入狱数月后，舒伯尼科夫被处决。他的夫人[28]——物理学家奥尔加·特拉佩兹尼科娃——幸免于难，因为她刚生下他们唯一的儿子。

最终，朗道也遭遇了类似情况。1938年4月28日，他在莫斯科被捕。在朗道被捕的当天，卡皮查直接给斯大林本人写信。信中，卡皮查敦请道：“考虑到他无出其右的才华，我恳求您对他的案件予以密切关注。”他解释称：“毫无疑问，无论是对我们的研究所，还是对苏联，或是对整个世界的科学界而言，朗道的消失都不会被无视，人们会深受触动。”卡皮查最近刚刚宣布发现超流体。朗道被捕的时候，卡皮查正带领一支团队试图解释这一奇怪的新现象。卡皮查知道，如果没有朗道，自己将无法继续开展这项研究。[29]

给斯大林的信似乎起了作用，朗道在被捕一年后便被释放了。此时的他已经严重营养不良，几乎无法行走。但是就在几周后，他又回到了物理问题研究所。卡皮查对朗道的评价是正确的。他确实有着“无出其右的才华”。三年后，朗道终于破解了超流性的难题。1941 年，他发表了第一篇有关液氦在极低温度下行为的理论解释。自从卡皮查做出这项发现以来，物理学家一直认为，思考超流性的最佳方法是想象液氦一开始表现得更接近气体，这样原子就可以自由地移动到它们想去的地方。然而，朗道揭示出，这对于超流性研究来说是一种非常糟糕的思考方式。相反，他借鉴了雅科夫·弗伦克尔先前在量子力学方面的工作，证明超流体中的原子并不是完全自由的；相反，它们以微小的旋涡模式移动。在合适的温度下，这些旋涡中的原子会将液氦内部的摩擦降低到零。朗道后来因为在超流体方面的工作，被授予诺贝尔物理学奖，成为 20 世纪获得诺贝尔奖的 9 名苏联科学家之一。[30]

朗道的职业生涯再次提醒我们苏联科学具有不同的两面。一方面，只有在苏联，像朗道这样的物理学家才能茁壮成长。作为一名支持革命的知识分子，朗道受到了激励，特别是他在莫斯科的物理问题研究所工作期间，发展出革命性的新科学理论，突破了人们所认为的可能界限。苏联政府还提供了设备，满足朗道和其他人进行尖端研究的需要，尤其是在低温物理学领域。所有这些都反映出布尔什维克政府希望在第一次世界大战后的几年里，让科学成为促进苏联知识与工业发展的方法。与此同时，朗道和苏联很多科学家一样，在激烈的意识形态冲突氛围中饱受煎熬。他是比较幸运的，虽然被捕，但随后因为斯大林的命令而得到释放。与他共事的很多人就没有那么幸运了，有些人即便在肃反运动中幸存，后来也生活在阴影之下。卡皮查作为 20 世纪 30 年代苏联科学界的宠儿，后来与斯大林闹翻，被物理问题研究所开除。朗道则在秘密警察的监视之下度过了余生。科学的这种意识形态维度，在苏联表现得尤为强烈。然而，正如我们即将看到的，这并非独一无二。[31]

7.2 爱因斯坦在中国

1919 年 5 月 4 日，超过 4000 名 * 学生涌上北京街头。尽管 1911 年爆发的革命已经宣告了清朝政府的结束，年轻一代中的很多人对于新的国家政府仍然不满意。他们拉起横幅，每一幅上都写有中文，有的写“反对强权政治”，有的写“打倒孔家店”。一场大规模抗议活动由此开始，并在第一次世界大战结束后席卷了中国。它被称为“五四运动”。抗议活动的导火索是中国政府 † 对于《凡尔赛和约》的软弱反应，该和约不顾中国在战争中也属于协约国一边，将德国在中国东部占领的土地移交给日本。不过，五四运动很快演变为对于传统中国社会的更广泛批评。很多学生感知到，中国仍然停滞在过去。除了要求建立包括民主在内的新政治制度，抗议者还呼吁加大对现代科学的投资。“科学救国！”运动中的一些学生在前往天安门的游行中喊出这样的口号。“新科学，新文化！”则是另一个被大声喊出的口号。[32]

阿尔伯特·爱因斯坦的相对论，恰恰代表了很多人认为中国所缺乏的那种现代科学。在北京大学学习的学生，很可能从该校一位年轻

---

* 实际为超过 3000 名学生。

† 指北洋政府。

教授那里了解到爱因斯坦。夏元瑮出生于一个政治改革家的家庭。中华民国建立时的许多关键人物都和他的父亲是朋友。夏元瑮本人曾在美国耶鲁大学谢菲尔德科学学院学习物理。第一次世界大战前，他也曾在欧洲待过一段时间，在柏林大学攻读研究生学位，并因此从德国物理学家马克斯·普朗克那里学到了相对论。随着清朝政府在 1911 年灭亡，夏元瑮回到中国，很快就被任命为北京大学物理学教授。[33]

就在五四运动爆发前夕，夏元瑮在演讲中将相对论描述为“当今物理学中最新颖、最先进、最深刻的理论”。夏元瑮接着解释了爱因斯坦工作的一些后续影响。“绝对时间的概念是不存在的。”夏元瑮对北京的学生说道。不仅如此，“时间和空间都失去了独立性”。根据夏元瑮的理解，爱因斯坦的相对论是“自牛顿和达尔文以来最重要的成就”。它代表了“物理学界一场伟大的革命”。很快，夏元瑮就发现学生们渴望学到更多。1921 年，他决定将爱因斯坦本人的《相对论浅释》（*Relativity: The Special and General Theory*，1916 年出版，今译作《狭义与广义相对论浅说》）从德文翻译成中文。这是中国第一本有关相对论的书籍。[34]

早在 1922 年前往上海的旅程以前，阿尔伯特·爱因斯坦就和中国的革命联系在一起了。一份中国报纸将相对论描述为“整个科学世界革命的起点”。另一份报纸则报道称“爱因斯坦革命的影响甚至比德国过去的路德改革或马克思的经济革命还要大”。[35]

事实上，正是支持五四运动并作出贡献的蔡元培邀请爱因斯坦来到中国的。1911 年辛亥革命后，蔡元培被任命为教育总长，而他想在中国推广现代科学。这部分正是我们在第五章中所见主题之一的延续。19 世纪中叶以来，尤其是在清朝最后几十年兴起的洋务运动期间，中国的政治改革家一直试图从欧洲和美国引进现代科学，以取代古代儒家哲学。出于这种考虑，蔡元培于 1921 年 3 月动身前往德国，努力招募欧洲顶尖科学家访问中国。在柏林，蔡元培与爱因斯坦见了面，向后者提供 1000 美元——这相当于今天的 10 000 多美元——请爱因斯坦前往北京大学举办一系列讲座。爱因斯坦接受了这个提议，尽管最后他的大部分行程在日本度过。不管怎么样，蔡元培还是很高兴这位“20 世纪的思想巨星”能够踏上中国的土地。[36]

1911 年的革命重新唤起了人们对于现代科学的兴趣和投资。北洋政府的领导人与俄国颇为相仿，看到了政治革命与科学革命之间的密切联系。伴随着五四运动的爆发，北洋政府建立起一系列新的科学机构。1919 年，就在学生抗议运动后不久，蔡元培立刻批准在北京大学设立一座新的物理实验室。1930 年，中国在武汉、上海等地的大学，共开设了 11 个新的物理系。[37]

除了提升国内的能力，中国也开始与国外建立新的联系。富有影响力的欧洲物理学家——包括爱因斯坦、尼尔斯·玻尔和保罗·狄拉克——都曾应邀前往中国演讲。同时，数千名中国学生被派往欧洲、美国和日本的大学留学。从某些方面而言，这是一个更长趋势的一部分。正如我们在本书中所看到的，中国在接触科学时绝不是孤立的。从现代早期开始，中国学者就一直与世界各地的人交流思想，并且中国学生自 19 世纪中叶以来，一直在欧洲和美国的大学学习科学。尽管如此，辛亥革命还是大幅提升了知识交流的规模。在 20 世纪的前 40 年里，超过 16 000 名中国学生前往美国，其中多数人学习的是理科和工科。[38]

很多中国学生前往美国是因为美国政府制定的一项新计划。1908 年，西奥多·罗斯福总统批准设立庚子赔款奖学金。当时，中国要支付美国政府超过 2400 万美元，作为 1900 年的八国联军侵华战争中美国军队损失的“赔偿”。罗斯福同意中国政府不必直接给钱，而是用这笔钱支付美国大学的奖学金。然而，这并非慈善行为，反倒是精明的外交手段。这么做的目的是在塑造中国学术发展的同时，向美国大学注入资金。正如罗斯福的一位顾问所说，“成功地为当代年轻中国人提供教育机会的国家……将是在道德、学术和商业影响力方面获得最大回报的国家”。[39]

周培源是20世纪初在国外留学的众多中国学生之一。他出生于江苏省的一个富裕家庭。然而，辛亥革命以后，由于不同地区被不同的军阀派系拉锯式占领，周培源和他的家人只得四处迁徙。最后，周培源在上海住了下来，开始在美国传教士开办的学校中学习。但是，和同时代的很多人一样，周培源对中国社会的状况深感担忧。五四运动爆发时，他加入了学生的抗议队伍。有人发现周培源站在自己学校的校门外喊出“打倒帝国主义！”的口号，校长不能接受他的做法，于是周培源被学校开除。他的父亲十分生气。这下，他的生活又将何去何从？[40]

有一段时间，周培源四处漂泊。他曾到上海西郊树林中的一座寺庙里待了一段时间。经过数日的冥想，周培源最终决定踏上一条新的道路。他打听到中国学生去国外留学的机会。他想前往美国接受教育，用他自己的话说，要成为一个“世界一流的物理学家”。很显然，周培源雄心勃勃。然而，在他能够去往美国之前，还必须先入学北京的清华学校。这所新机构成立于1911年，是一所留美预备学校，专门给希望获得庚子赔款奖学金的中国学生作准备。* 在北京学习期间，周培源

---

* 此处作者所述有偏差，周培源被上海的教会学校开除后，回到宜兴老家，在芳桥的潮音寺自学，考入清华学校后，又被选送美国留学。见周如玲所撰《我的父亲周培源与清华大学》，载杨舰、戴吾三主编《清华大学与中国近现代科技》。——编者注

也学习了相对论。他在当地的报纸上读到阿尔伯特·爱因斯坦将要访问上海的报道，便很快购买了一本夏元瑮翻译的爱因斯坦著作。[41]

1924 年，周培源从清华学校毕业。同一年，他乘坐轮船横渡太平洋，开始了自己在美国的学习生涯。最初的两年他是在芝加哥大学度过的，后来又前往加州理工学院，开始攻读博士学位。在他后来发表于《美国数学杂志》（*American Journal of Mathematics*）的博士论文中，周培源为爱因斯坦在广义相对论中提出的方程，提供了一些初步的详细解法。自从爱因斯坦在 1915 年发表了这些“场方程”以来，数学家一直在寻找能够描述实际物理体系的解，例如，行星或恒星的质量对于空间曲率和时间流逝的精确影响是什么？周培源在被学校开除后才转而学习物理，他却给出了一个答案。[42]

1929 年，周培源回到中国，在清华大学担任物理学教授。这是一个相当大的转变：从学生抗议者变成一名教授。在接下来的几年里，周培源继续研究相对论。后来，他在 1935 年收到了一个非同寻常的工作机会。他被邀请去普林斯顿大学的高等研究院进修一年，爱因斯坦从德国迁来后就住在那里。* 在普林斯顿，周培源和爱因斯坦会花上几个小时的时间进行交流，讨论广义相对论中更广泛的内涵，尤其是在涉及宇宙结构的方面。宇宙是静止的还是在扩张？这是物理学在 20 世纪 30 年代遇到的一个重大问题，也是爱因斯坦方程的一项关键所在。周培源是正确认识到广义相对论意味着宇宙膨胀的那些人之一。除了物理学，爱因斯坦还和周培源聊起了他在中国的日子，以及他对中国文化的高度赞赏。“当他和我单独交流时，他对中国劳动人民表示深切同情…… 并对我们这个有着悠久文明历史的国度寄予厚望。”周培源后来回忆道。[43]

---

* 周培源此行是参加爱因斯坦举办的相对论理论研讨班。

1937年初，周培源再次回到中国。这一年的夏天，日军入侵北平。周培源和清华大学的其他教职员工以及学生，不得不撤离北平，并搬迁到1500多英里外的西南省份云南。爱因斯坦竭尽全力地声援，在一封谴责日本侵略的公开信上签下名字。他担心这或许会成为另一场重大国际冲突的开始。周培源对爱因斯坦的支持表示感谢，并在自己位于云南的临时办公室里给他写了一封信。“我们必须要感谢您对我们事业的同情，还有您为推动抵制日货行动所作的努力。”周培源在信中这样写道。这里可以再一次看到，物理学和政治从来就没有分开过。[44]

周培源是中国新一代科学家中的第一人，而在这批科学家中还有很多人，都对现代物理学的发展作出了重要贡献。除了相对论的研究，一些中国科学家还从事量子力学研究。和周培源一样，他们往往先在国外接受学术训练，回到中国后再帮助建立国内的新实验室。其中就有一群学生，师从美国物理学家罗伯特·密立根（Robert Millikan）。[45]

叶企孙和赵忠尧便是有着类似背景的两个人。和这一时期中的许多中国科学家一样，他们出生于传统学者家庭。叶企孙的父亲是清朝政府官员，而赵忠尧的父亲是一名儒学先生。叶企孙和赵忠尧二人原本都应该遵循家族传统，要么入朝为官，要么成为传授儒学的老师。然而，辛亥革命终结了这一切。叶企孙和赵忠尧——和他们的很多同辈人一样——不得不重塑自己。他们选择成为现代科学家。叶企孙率先抵达美国，于1918年在芝加哥大学开始跟随密立根学习。在这段时间里，密立根一直致力于用实验方法检验量子力学中的许多新理论。叶企孙开始测量普朗克常数。这个常数以德国物理学家马克斯·普朗克的名字命名，代表的是任意物理相互作用中可能涉及的最小能量，也正是量子力学中的“量子”。为了确定如此微小的数值，叶企孙只得设计出一台新的实验装置。这一装置可将X射线穿过电离室，以便精确测量其能量，而电离室是一种充满气体的装置，可以探测到辐射。当X射线穿过电离室时，会与气体粒子碰撞，并产生微小的电流，此时叶企孙就会进行测量并把数值放入算式。1921年，他与哈佛大学的物理学家威廉·杜安（William Duane）合作发表了一篇论文，宣布了截至当时最精确的普朗克常数测量值。在接下来的几十年里，它一直是世界各地物理学家所使用的标准值。[46]

1921年，密立根离开芝加哥大学，前往加州理工学院。几年后，赵忠尧靠着庚子赔款奖学金来到美国。他曾经专程前往加利福尼亚州，希望与密立根合作，当时密立根正因为支持有抱负的中国科学家而美名远扬。在适当讨论一番后，密立根同意接收赵忠尧为自己的博士生。随后，赵忠尧便开展了一个雄心勃勃的项目，他试图验证量子力学最新的理论突破之一。1929年，在哥本哈根工作的两位物理学家发表了一个方程式，并声称它可以解释如光这样的电磁波在进入原子核时会发生什么的问题。赵忠尧决定验证方程式是否正确。为了实现这一点，他将不同的化学元素暴露在伽马射线这样的高能量电磁波下。紧接着，他测量了每种情况下原子核吸收或发射的能量。最终的结果令人惊讶。对于某些原子核而言，这个方程刚好能描述其情况。但对于其他元素，特别是铅这样的重金属元素而言，能量明显超出了方程所计算的结果。这种能量从何而来？起初，赵忠尧并不敢肯定。但是不管怎么说，他的研究结果都很重要，足够发表在著名的《美国国家科学院院刊》（*Proceedings of the National Academy of Sciences*）上。[47]

事实证明，赵忠尧是世界上第一位观察到“正电子”这种新的基本粒子存在的科学家。1928年，英国物理学家保罗·狄拉克预言了这种粒子的存在。狄拉克认为，在某些情况下，电子有可能产生正电荷而不是一般的负电荷。这些怪异的粒子代表了一类全新的物质——众所周知的“反物质”。狄拉克还意识到，正电子只能存在几分之一秒的时间，因为它们很快就会被负电荷的电子所吸引，如此一来，正负电荷的两种电子会结合并相互“湮灭”。尤其重要的是，这种反应会爆发出一大股能量。这正是赵忠尧在实验中探测到的：一个电子和一个正电子发生湮灭，由此产生了过剩的能量。

1930 年，赵忠尧获得博士学位。次年，他回到中国北平，在清华大学任职。尽管操作了如此重要的实验，但是赵忠尧从未被当作正电子的发现者。这一荣誉被颁给了美国物理学家卡尔·安德森（Carl Anderson），他是密立根在加州理工学院的另一名学生。赵忠尧和安德森曾在同一个屋檐下工作，很多时候会谈论他们的实验。“他的发现让我非常感兴趣。”安德森后来这样写道。赵忠尧回到中国后，安德森又开展了进一步的测试，一劳永逸地证实狄拉克是对的：正电子真实存在。1936 年，安德森因为这项发现而被授予诺贝尔物理学奖。当时，他宣称自己是“无意间”捕捉到正电子。不过，安德森后来承认，他

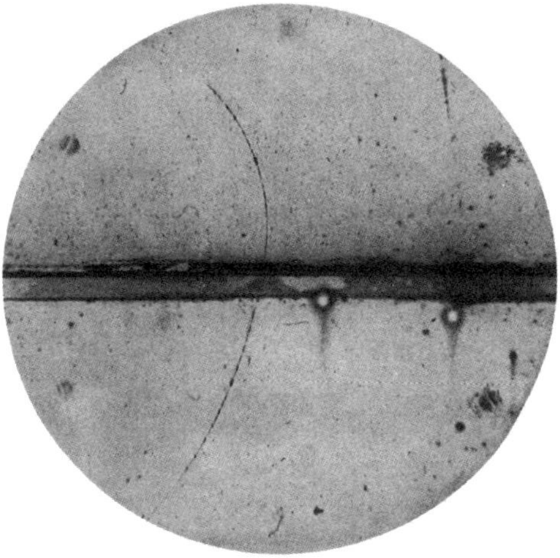

一幅云室中的正电子照片。从左下方到左上方划过的黑色曲线，代表了正电子的运动轨迹。

直接受到了赵忠尧早期实验的启发。[48]

赵忠尧是20世纪初留学海外的众多中国物理学家之一。这些人中的一部分去了美国，其他人则去了欧洲和日本。他们一同为现代物理学的发展作出了许多重要贡献，研究的内容从广义相对论背后的数学到验证新基本粒子的存在。很多人都有着传统学术背景，并在辛亥革命和清朝灭亡后寻找新的职业。他们回到中国时，已经是现代科学家而非儒家学者。和苏联一样，中国的政治领导人将发展科学视为实现国家现代化的方法。他们把新出现的相对论和量子力学，与更美好的未来联系起来。在下一节中，我们将探寻现代物理学史的另一面。20世纪初的日本没有发生政治革命。尽管如此，我们即将看到，日本科学也在被更广泛的意识形态冲突改变着。[49]

7.3 量子力学在日本

一群日本学生围坐在一沓科学期刊旁，开始讨论起量子力学的最新研究。他们首先阅读了保罗·狄拉克有关氢原子的最新论文，接着又读了沃纳·海森堡有关“电子跃迁”的论文。这些年轻的学生就和他们的中国同行一样，认为量子力学代表了未来。日本科学需要超越“经典理论”，一名学生这样认为。另一名学生则声明：“今天的死读书教育已经过时了。”这是1926年3月在东京成立的物理阅读小组召开的第一次会议。参加周例会的学生对东京大学的教学感到失望。当时，物理学的主要课程只涵盖了艾萨克·牛顿的经典力学，以及詹姆斯·克拉克·麦克斯韦有关电磁学的一些著作。学校里没有涉及新物理学的课程，更不会教授量子力学。学生们决定自己动手。[50]

日本虽然没有经历政治革命，但20世纪初仍然是重大的社会变革时期。1912 年明治天皇驾崩时，年轻一代当中的很多人抓住了这个机会。他们要求建立新的民主政治，以及与之匹配的新文化。年轻的日本男女不再去传统的歌舞伎剧院，而是开始去电影院或听爵士乐。就在东京的学生阅读量子力学的同时，其他人也加入了新近成立的马克思主义学会。事实上，一些后来成为顶尖物理学家的人也加入了 1922 年成立的日本共产党。然而，并不是所有人都被马克思主义所吸引。不同的政治派别都在争夺影响力。第一次世界大战以后，民族主义者需要更强大的军事力量，自由主义者要求议会改革，无政府主义者则密谋推翻政府。看起来，每一个人都对日本的未来怀揣憧憬。[51]

很多人将科学视作未来的关键。第一次世界大战后，日本开始向科学技术领域投入越来越多的资金。从某些方面来说，这是我们在前两章中所见主题的延续。1868 年的明治维新后，日本政府开始派遣学生到美国和欧洲接受海外的学术训练。较早的这一代日本科学家回国后，第一批大学物理系和生物学系中的一部分就是他们帮助建立的。然而，日本的情况和中国非常相似，直到第一次世界大战后，科学投资的规模才显著增加。1930 年求学于日本大学的学生人数几乎达到了战前的10倍。日本政府也在这一时期建立了一批新的大学与科学组织。其中包括建立于 1931 年的大阪大学，以及成立于 1932 年的日本科学促进会。[52]

这个时候，最重要的新机构要数物理和化学研究所，简称“理研所”。理研所于 1917 年在东京成立，同时在实践与理论知识两方面进行研究。第一次世界大战后，日本图谋保持在东亚的工业与军事的霸主地位。“最近的战争……说明了我们确保军需物资与工业原料独立自主并自给自足的迫切需要。”负责建设理研所的委员会解释道。与此同时，这所新机构旨在成为一个科学前沿理论研究的中心。这两个目的实际上是相辅相成的。理研所的部分资金来源于高峰让吉，我们在上一章中已经了解到这位富有的工业化学家，他曾迅速积累了各种化学和工业流程的专利。这些专利甚至包括一种制造日本米酒或清酒的特殊方法。通过这些专利获得的资金，被用来资助更多的理论研究，特别是资助物理学领域。毕竟，理研所的目标不仅是支持工业，而且要“为世界文明作出贡献，提高我们国家的地位”。日本科学家将成为各自领域的领头羊。理研所很快就成为让年轻毕业生实现雄心壮志、研究新的科学问题的好去处，由此美名远扬。[53]

在那些雄心勃勃奔赴理研所工作的年轻毕业生中，有一名科学家叫仁科芳雄。他出生于19世纪末一个显赫的家庭，但已陷入困境。仁科芳雄的祖父是一名武士，但他父亲的身份相当低，只在冈山郊区经营一个小农场。尽管如此，仁科芳雄还是非常擅长读书，他于1914年，也就是第一次世界大战爆发的那一年，进入东京大学电气工程系。在大学里，仁科芳雄表现出色，1918年以全班第一名的成绩毕业。这是一个令人羡慕的位置。在毕业典礼上，日本天皇亲自给仁科芳雄颁发了一块银表，而在战争中大放异彩的顶级工程公司则向仁科芳雄提供了对他而言最理想的工作。然而，他另有所思。尽管仁科芳雄有工程方面的天赋，但他希望成为一名科学家。他的梦想是从事理论物理学的研究，于是他放弃了一家工程公司的高薪职位，决定去理研所的物理部做研究员。[54]

当时，日本科学家去国外开展一段时间的研究，已经是很普遍的事情了。仁科芳雄也不例外，他在1921年4月登上一艘轮船，离开东京前往欧洲。他将在剑桥大学学习一年的物理。日本理研所物理部主任长冈半太郎安排了仁科芳雄的这趟行程。正如我们在第六章看到的那样，长冈半太郎是日本物理学的早期先驱之一，曾提出过一种原子模型，与剑桥卡文迪什实验室主任欧内斯特·卢瑟福的模型惊人地相似。20 世纪 20 年代，长冈半太郎已经为欧洲物理学家所熟悉。他派遣了很多有前途的学生前往剑桥工作，并亲自给卢瑟福写信推荐仁科芳雄。在一年的时间里，仁科芳雄学习了现代物理学的基础实验技术，他常常摆弄一种特殊的设备——人们称之为“云室”，它可以记录亚原子粒子的轨迹。他还碰到了其他一些在剑桥和卢瑟福共事的国际物理学家，包括我们此前已经认识的彼得·卡皮查。尽管如此，仁科芳雄还是求知若渴。实验物理学确实很不错，但他真正想做的是研究量子力学背后的理论。只有这样，他才能理解宇宙自身最基本的特征。[55]

1921 年底，当仁科芳雄准备返回日本时，他给尼尔斯·玻尔写了一封信。在玻尔拜访剑桥大学期间，他们二人曾短暂会面。仁科芳雄想知道自己能不能去哥本哈根与玻尔共事，于是在信中写道：“如果有人想在实验或计算中获得帮助，我想我会很乐意效劳。”玻尔决定接受仁科芳雄的提议，邀请这位日本物理学家前去哥本哈根理论物理研究所。在玻尔的支持下，仁科芳雄获得了拉斯克·奥斯特德基金会（Rask-Ørsted Foundation）提供的奖学金，在之后的 5 年里一直在哥本哈根工作。该基金会是丹麦在第一次世界大战之后成立的政府组织，旨在促进国际科学合作。仁科芳雄原本预期一年的留学，却成为近 10 年的海外之旅。[56]

1928 年，正当准备离开哥本哈根之时，仁科芳雄的研究取得了重大的理论突破。这一年的早些时候，英国物理学家保罗·狄拉克发表了一篇论文，将相对论和量子力学结合起来，由此描述电子的物理性质。狄拉克与仁科芳雄在剑桥时就认识了，他将这篇论文的副本送到了哥本哈根。这篇论文使众人十分兴奋。狄拉克已经证明，相对论与量子力学的结合至少在原则上是可能的，而此时这两种理论几乎是分开研究的。然而，仁科芳雄还想要更进一步。他与瑞典物理学家奥斯卡・克莱因（Oskar Klein）合作，开始研究一条有可能扩展狄拉克方程的公式，以描述一个实际存在的物理现象——当一束X射线轰击电子时产生的现象。[57]

接下来的几个月里，仁科芳雄和克莱因一直在紧张工作着，每天都在哥本哈根开会讨论他们的结果。1929年初，最终完成的论文被发表在德国一本顶尖学术期刊上。其中的数学计算着实令人费解，但他们做到了。他们的成果被称为“克莱因-仁科公式”，这是第一次把相对论和量子力学应用于具体物理现象的成功尝试。事实上，正是这个公式启发了我们之前讲到的中国物理学家赵忠尧，让他完成了自己的实验。因此，在这一时期，我们可以开始感受到物理学在国际上显著的影响力，一位在哥本哈根工作的日本科学家，可以启发一位在加利福尼亚工作的中国科学家。在20世纪初这样一段短暂的时期，科学合作似乎真的能够带来一个更加和谐的世界。[58]

1928年，仁科芳雄重回东京之时，几乎已经认不出这座城市。在他游学海外期间，1923年发生的关东大地震撼动了日本。超过10万人在灾难中丧生，很多建筑物都被损毁了。就连科学界也被波及了。“物理部的主楼开裂，处在倒塌的边缘。数学部的大楼已经被夷为平地。”东京大学的一名学生说道。仁科芳雄回到了一个还在收拾残局的国家。即便如此，很多人还是将地震视为一个重新开始的机会。就在这片废墟之中，新的日本即将重生。[59]

仁科芳雄努力推动量子力学成为日本科学未来的一部分，他在这方面所做的工作比其他任何人都要多。他邀请保罗・狄拉克和沃纳・海森堡来日本，并在1929年的一系列讲座中担任了他们二人的翻译。这些讲座的记录后来由仁科芳雄本人翻译成日文，给学生提供了很多有关量子力学基本概念的介绍。仁科芳雄还在全国各地演讲，帮助、激励新一代物理学家，其中很多人将凭着自己的实力从事重要工作。仁科芳雄对日本科学最重要的贡献，或许是 1931 年 5 月在京都大学举办的一次演讲。观众中有一位名叫汤川秀树的物理专业青年学子。当仁科芳雄描绘量子力学这个奇异的新世界时，汤川秀树就坐在那里，深感震惊，他在讲座结束后继续向这位前辈教授请教。仁科芳雄不知道，这位年轻人后来会成为首个获得诺贝尔奖的日本科学家。[60]

1907 年，汤川秀树出生于东京，其父在日本地质调查局工作。地质调查局成立于 1882 年，是明治维新期间创建的新科学机构之一，此前两章已经介绍了这一时期的日本历史。汤川秀树的父亲周游世界，和来自中国与欧洲的地质学家合作，这些活动正是 19 世纪日本现代科学家的典范。然而，汤川秀树的早期生活中还有另一个重要人物。他的祖父是一位受人敬仰的古典学者。因此，汤川秀树同时沉浸于现代性和传统性之中。他的父亲向他传授物理和化学，而他的祖父让他背诵中国经典著作。[61]

最终，汤川秀树还是立志追随父亲的脚步，成为一名科学家。1926 年，他进入京都大学学习物理学。然而，和日本各地的很多年轻学生一样，他发现教学内容相当乏味。他对量子力学这样的新物理学的兴趣，要超过对过时的教学内容的兴趣。于是汤川秀树决定自学。他会在物理图书馆里待上几个小时。他后来这样写道："从那些摆满书架的旧书中，我一无所获，只想尽快学习过去两三年内在国外发表的那些论文，特别是德国期刊上有关新量子理论的论文。"对于一名 19 岁的学生而言，自学量子力学是一项了不起的成就。但汤川秀树显然乐在其中。京都大学还有一位雄心勃勃的学生名叫朝永振一郎，他也加入了汤川秀树的学习计划（朝永振一郎后来也获得了诺贝尔物理学奖，是第二位获得诺贝尔物理学奖的日本科学家）。这两名年轻学生经常通宵达旦地讨论量子力学，偶尔还会玩一种奇怪的围棋游戏。[62]

汤川秀树毕业时，恰逢经济衰退期，这种衰退的端倪很快就演变成摧毁世界经济的大萧条。1929年末，汤川秀树权衡了自己的选择。没有适合毕业生的工作，他犹豫着，是不是应该成为一名儒学家？这样至少能够取悦祖父。然而，在京都参加了仁科芳雄的讲座后，汤川秀树决定保持自己的热情。他想成为一名理论物理学家。毕竟，大学几乎是当时唯一还在招聘的地方。1932年，汤川秀树在京都大学当上了物理系讲师。让学生们感到非常高兴的是，他立即开设了一门量子力学领域的新课程。不过，仅仅一年后，汤川秀树就接到了大阪大学的工作邀请。大阪大学是日本政府在20世纪30年代新设立的大学之一，是努力向全国推广科学的一部分。那里已经被当作一处圣地，可供科学家开展令人兴奋的新研究。正是在大阪，汤川秀树取得了突破，并因此获得了诺贝尔奖。[63]

1934年11月17日，汤川秀树在日本物理数学学会的一次会议上介绍了自己的最新成果。显然，听众的注意力不够集中，没有意识到他们正在聆听现代物理学中最重要的理论发展之一。在这篇论文中，汤川秀树所攻克的问题，是这个时代最优秀的一些科学家都未曾解决的。两年前，剑桥物理学家詹姆斯·查德威克（James Chadwick）发现了中子的存在。这种不带电的大粒子，可以在原子核的中心位置找到，它们与带有正电荷的质子相结合。然而，其中仍有个问题，是什么力量让原子核紧紧结合在一起。这一点还没有搞清楚。这种力量不可能是电荷作用力，因为中子没有电荷，并且任意带正电荷的质子都应该相互排斥。因此，物理学家假设，一定还存在其他的力量，让中子和质子保持它们的位置。但到底原因是什么？汤川秀树给出了答案。在发表于1935年初的论文中，他预言了一种全新基本粒子的存在，后来这种粒子被称为“介子”。根据汤川秀树的说法，介子是强核作用力的载体，它让质子和中子结合在一起。[64]

几年以后，汤川秀树的说法被证明是正确的。巧合的是，正是他的老恩师仁科芳雄证实了介子的存在。仁科芳雄当时是理研所物理部的主任。此前不久，他还招募了朝永振一郎，也就是汤川秀树的大学好友，另一位量子力学的爱好者。他们二人一起开始寻找介子，而汤川秀树也给出了一些线索。他预测介子只有在非常高的能量下才能被探测到，其质量大约是电子的 200 倍。1937 年末，仁科芳雄在云室里发现了一条似乎和预测相符的线。他一直在进行高能宇宙射线相关的实验，观察它们在云室中和其他亚原子粒子相互碰撞时会发生的现象。在某些情况下，某种新的粒子会短暂地现身，从而在仁科芳雄拍摄的照片上留下一条可观察到的白色细线。没错儿，一切正如预测的那样。介子——仁科芳雄更愿意把它称作“汤川粒子”——真的存在。[65]

不同于中国和俄国，20 世纪最初的几十年里，日本没有经历过革命，但是日本的科学仍然受到国际上更广泛政治世界的影响。1912 年，明治天皇驾崩，由此引发了日本社会改革的呼声。更年轻的一代希望实现政治变革与知识变革：一些人加入了日本共产党，还有一些人则开始阅读量子力学。武谷三男是在大阪大学与汤川秀树共事的一位物理学家，他同时做了上述这两件事情。与此同时，日本决意巩固其在东亚的军事地位和经济地位。像东京理研所这样的新设科学机构，都在为政治和知识的目标服务。东京理研所将“增加国家财富”，同时激励“物理及化学学科的创造性研究”。20 世纪 30 年代，日本物理学家在东京理研所等一些新机构工作，取得了一系列重大突破。和苏联及中国的科学家一样，新一代日本科学家在现代物理学中看到了一个更美好的未来。对于汤川秀树而言，量子力学代表了这个时代的“自由主义精神”。这是献给新日本的新科学。在下一节中，我们还将探讨，就在同一时期，“更光明的未来”这一理念，又将如何影响英属印度现代物理学的发展。[66]

7.4 物理学和对帝国的反抗

梅格纳德·萨哈（Meghnad Saha）正打算赌上自己的一切。萨哈出生于孟加拉邦一个贫穷的印度教家庭，不久前刚被达卡（Dacca）著名的政府学院高中（Government Collegiate School）录取，这所学校位于今天的孟加拉国境内。他在那里学习了数学、物理和化学，并取得了优异成绩。但是在 1905 年的夏天，萨哈参加了一场决定了自己余生命运的抗议活动。当时，孟加拉地区仍处于殖民统治之下，是大英帝国印度殖民地的一部分。自 19 世纪末以来，许多印度人一直在反对帝国的不公平。然而，反殖民主义斗争此时即将进入一个新阶段。1905 年 7 月，英属印度总督宣布，他计划将孟加拉邦分为两个新的省份：印度教徒占多数的西孟加拉邦，以及穆斯林占多数的东孟加拉邦。和其他许多孟加拉人一样，萨哈对祖国的分裂深感不满。当孟加拉邦总督访问达卡的学院时，学生们决定发起抵制活动。他们罢课并站到校门外，讥讽英国殖民政府的官员。[67]

次日，萨哈就被学校开除了。对于家中第一个接受了中等教育的人来说，这无疑是个天大的打击。然而，萨哈并没有轻言放弃。他不想像父亲那样，回到自己的小村庄开个店铺。萨哈决定留在达卡，进入一所与众不同的学校，一所由孟加拉人而非英国人开办的学校。贫穷的家庭已无力供养萨哈，为了维持生计，他不得不去当私人家教，骑着生锈的自行车穿过城市，去那些富家子弟家里教数学和物理。最终，一切付出都得到了回报。萨哈凭借考试成绩，被名校加尔各答大学总统学院录取。[68]

1911 年，这位来自孟加拉农村的穷小子，来到了大英帝国印度属地充满活力的心脏地带。在加尔各答，上一代最优秀的一些科学家为萨哈领航，其中包括我们在第六章遇到的那几位科学家。普拉夫拉·钱德拉·雷教化学，贾加迪什·钱德拉·博斯则教物理学。萨哈在大学里表现优异，并在1915年获得硕士学位。他对于量子力学的新成果感到无比兴奋，甚至自学德语以便能够阅读沃纳·海森堡和马克斯·普朗克的原始文献。然而，他还是没能躲过政治世界的纷纷扰扰。在总统学院，萨哈和不少学生运动的激进分子一起学习，其中许多人都在后来反殖民主义的斗争中发挥了领导作用，包括在第二次世界大战中站在纳粹德国一边的印度民族主义者苏巴斯·钱德拉·博斯（Subhas Chandra Bose），以及支持彻底革命的祖甘塔尔党（Jugantar Party）领导人阿图克里什纳·戈什（Atulkrishna Ghosh）。[69]

毕业后，萨哈发现自己的职业选择极为有限。印度数学和物理领域那些最优秀的毕业生，大多进入了加尔各答的财政部，帮助管理殖民地经济。然而，萨哈被拒绝参加相关考试。殖民地政府了解到少年时期的萨哈对于孟加拉分治的抗议，并担心萨哈近期仍与加尔各答的学生革命者有联系。在几乎别无选择的情况下，萨哈只得在加尔各答大学担任物理讲师。和许多印度、日本的激进学生一样，萨哈最终选择成为科学家，是因为当时的政治形势让他别无选择。[70]

20世纪早期，正是印度反殖民主义运动兴起的时期。尽管一直都有一些人抵制英国的统治，但是发生在1905年的孟加拉分治，促使很多人——包括梅格纳德·萨哈在内——为终结帝国殖民而奔走。英国人完全无视印度人民的意愿，草率地尝试施行分治政策，企图分裂并统治印度。印度与其他地方一样，政治世界塑造了科学的发展。萨哈和同时期的很多印度科学家一样，是一位坚定的反殖民主义拥护者，他还相信科学会在结束殖民主义方面发挥作用。从20世纪20年代开始，萨哈认为，要想获得独立，印度需要实现工业化，并摆脱对英国科技支持的依赖。这是反殖民运动中很多人的共同愿景。1938年，贾瓦哈拉尔·尼赫鲁（Jawaharlal Nehru）在加尔各答召开的印度科学大会上宣布："在即将到来的日子里，印度会再次成为科学的家园，这并不只是一种智力活动，也是促进印度人民进步的手段。"尼赫鲁曾在剑桥大学学习过自然科学，后来成为印度在 1947 年独立后的首任总理。[71]

萨哈从印度民族主义者对于科学的热情中受益匪浅。1915 年，他开始在加尔各答大学科学技术学院攻读理学博士学位。这所新设机构在一年前刚刚成立，是由两位富有的孟加拉律师构想的。这两位创始人一直为印度独立事业而努力，其中一人甚至加入了以结束英国统治为纲领的主要政治组织"印度国民大会党"。科学技术学院将成为"全印度人的科学学院"，是一所"印度帝国各个角落的学生都会趋之若鹜"的学院。在获得理学博士学位后不久，萨哈获得了奖学金，可以继续在国外进修。他希望去美国游学，但最终还是抵达了英国，于 1920 年初来到伦敦。此刻，萨哈发现自己正身处帝国大都市，而他没有一个英国朋友。他一定感到过惶恐。尽管如此，他还是尽全力克服了所有困难，在伦敦帝国理工学院与物理学家艾尔弗雷德·福勒（Alfred Fowler）共事。正是在这里，萨哈实现了自己的首次重大突破。[72]

在帝国理工学院，萨哈开始研究当物质被加热到极度高温时会发生什么。19 世纪末以来，科学家已经知道，物质在非常高的温度下，会进入一种被称为"等离子体"的怪异的新状态。在这种状态下，电子似乎在原子之间自由地移动，由此产生电荷云并释放能量。然而，除了有关高温物理学的这些粗浅认识，没有人真正知道应该如何从细节上描述或解释正在发生的过程。直到 1920 年 3 月，萨哈在《哲学杂志》（*Philosophical Magazine*）上发表了一篇论文。在这篇论文中，萨哈借助对量子力学的理解，描述了等离子体中的热、压强以及电子能级——或"电离能"——之间的精确关系。他所提出的公式，后来被称为“萨哈电离方程”。结果证明，这个公式不仅在理论层面是一个有用的公式，而且能帮助解释各种物理现象。萨哈的思想后来被用于识别恒星上发现的元素，以及描述太阳表面发生的现象。[73]

萨哈于 1921 年返回印度，在加尔各答大学担任教授。在接下来的很多年里，他始终将自己在科学与政治方面的兴趣结合起来。在印度独立前的几年里，他还与印度国民议会紧密合作，在 20 世纪 30 年代同时效力于国家规划委员会（National Planning Committee）以及科学与工业研究委员会（Board of Scientific and Industrial Research）。他还与苏联的科学家定期展开接触，甚至在 1945 年，萨哈亲自前往苏联，在莫斯科的苏联科学院与彼得·卡皮查会面。回到印度后，萨哈对于现代科学的政治力量的热情空前高涨。根据萨哈的说法，印度的民族主义者需要着眼于“应用科学和工业方法的重大任务……像苏联就已经这样做了”。在印度最终获得独立后，萨哈进入政坛并参加新议会的选举。1952 年，他在自己热爱的孟加拉被选为革命社会党的党员。从各种意义上来说，萨哈都是非常激进的。[74]

梅格纳德·萨哈只是将科学与政治相结合的众多印度物理学家之一，并不是所有人都像萨哈一样大胆——人们对于如何实现独立各持不同意见，如此热衷于走苏联道路的人更是少之又少。不管怎么说，虽然存在这些差异，但是这一时期的大多数印度科学家，看到了他们的工作与反帝国斗争之间的联系。很多印度科学家对物理学的未来以及印度的未来都拥有和萨哈相同的愿景，萨特延德拉·纳特·玻色（Satyendra Nath Bose）就是其中之一。1905 年夏天，玻色实施了自己的抗议活动，反对孟加拉分治。年仅 11 岁的少年玻色，在加尔各答挨家挨户地收集从英国进口的纺织品，然后在街头付之一炬。这场抗议是当时席卷整个孟加拉的“司瓦德西”运动（swadeshi*）的一部分，在这场运动中，反对殖民的民族主义者呼吁抵制所有英国商品。他们希望这样做可以减少对英国进口的依赖，同时刺激印度本土的生产。然而，不同于萨哈，玻色在抗议后并没有受到任何严重的影响。在1909年进入总统学院之前，他就读于加尔各答的印度教学校。毕业后，玻色作为一名物理学讲师加入了新成立的科学技术学院，也就是在这里，他认识了萨哈。[75]

萨哈和玻色出身于截然不同的家庭。萨哈出生在落后乡村里的一个低种姓家庭，而玻色出生在加尔各答的一个高种姓家庭。尽管存在这些差异，两个人还是成为终生的朋友。他们都相信，现代科学最终会帮助印度逃脱英国的统治。他们二人还对相对论以及量子力学这些新物理学产生了浓厚的兴趣。于是，两位年轻的孟加拉物理学家，一同自学德语，并开始购买他们所能找到的一切进口德语科学期刊。这同样具有反殖民主义的要素——抵制英国科学，转而支持萌发于德国的这些令人兴奋的新成果。[76]

萨哈和玻色随后作出了彪炳千古的成就。他们二人将阿尔伯特·爱因斯坦有关狭义相对论和广义相对论的原始论文从德文翻译成英文。在加尔各答出版的《相对论》（1920年），实际上是世界上第一本爱因斯坦著作的英文译本。后来，英国和美国的学生借助印度的译本才了解到爱因斯坦的学说。这值得我们停下来反思一下。两名孟加拉人，把德国的科学带入了英语世界。这再次提醒我们，这一时期的科学有着令人难以置信的国际影响力，并且印度在现代物理学的发展

---

* swadeshi，取自梵语 svadeśin，孟加拉语写作 svadesī，意为“自己的国家”，1905年被孟加拉的民族主义运动者作为口号使用，现代英语用此词汇指代当时这场以“抵制英货”为特征的运动。

中发挥过重要作用。[77]

1921 年，玻色被达卡大学聘为讲师。达卡大学是第一次世界大战后新成立的一所大学。接下来的几年里，他教授相对论和量子力学，同时从事自己的研究。在此之后，玻色鼓起勇气给爱因斯坦本人写了一封信。“尊敬的先生，我很冒昧地将附于信后的论文一同寄给您，供您审读并批评。我渴望知晓您对它的看法。”玻色在 1924 年 6 月的信中这样写道。几个月前，玻色给伦敦的《哲学杂志》投了一篇论文，但它被编辑拒绝了。他没有因此消沉，而是把同一篇论文寄给了爱因斯坦，并询问道：“您认为这篇论文值得发表吗？”[78]

爱因斯坦被这篇论文震惊了。此时的玻色在印度以外的地区几乎无人知晓，而他提出了一种思考基本粒子行为的全新方式，一种基于量子力学而非经典物理学的思考方式。玻色意识到，在微观层面上，单个粒子往往无法彼此区分。这让热力学中现有的方程成为笑话。相反，玻色开发出全新的统计方法来描述正在发生的过程，这在后来被称作“玻色-爱因斯坦统计”。物理学家也很快意识到，只有特定种类的粒子会遵循这种统计模式。今天，这些粒子就以玻色的名字被命名为“玻色子”。[79]

在回信中，爱因斯坦写道：这是“向前迈出的重要一步，它让我感到十分开心”。事实上，爱因斯坦大受震撼，甚至亲自将玻色的论文从英文翻译成德文，然后安排将它发表在柏林一家重要的物理学期刊上。爱因斯坦还建议玻色来欧洲，这样他们二人就可以方便地面对面地讨论想法。起初，达卡大学并不愿意让玻色离开。然而，当爱因斯坦写了一封推荐信时，一切都变了，达卡大学立刻批准了玻色离职的请求。1924 年 9 月，他登上了一艘开往欧洲的轮船。“我只是向德国领事馆出示了爱因斯坦的名片，就从那里拿到了签证。”玻色后来回忆道。在巴黎待了一段时间后，玻色动身前往柏林，终于在那里见到了阿尔伯特·爱因斯坦本人。两人聊起了量子力学的未来，但爱因斯坦对此并不是很确定。他们还谈论了政治。正如我们此前看到的，爱因斯坦越来越关注第一次世界大战后的社会状况。话题自然而然地转到盘踞在印度的大英帝国。“你真的希望英国人离开你的国家吗？”爱因斯坦问道。“当然，”玻色回答道，“我们都想决定自己的命运。”[80]

在与玻色会面后，爱因斯坦对印度的科学及印度的政治，都产生了更大的兴趣。他经常花时间回复印度科学家乃至博士生的来信。爱因斯坦还与20世纪初印度的诸多重要政治人物通信，包括莫罕达斯·甘地和贾瓦哈拉尔·尼赫鲁。作为一位支持国际和平的科学家，爱因斯坦从甘地的非暴力思想中找到了灵感。1931年9月，爱因斯坦在给甘地的信中写道：“您所做的这一切都表明，即便不诉诸暴力，我们也能实现理想。”甘地很高兴看到爱因斯坦对印度的独立运动感兴趣。“我所做的工作得到您的青睐，这对我而言无疑是莫大的安慰。”他在回信中写道。甘地和爱因斯坦之间的书信往来，就发生在印度科学史上某个重大事件发生后的不到一年的时间里。1930年11月，一位印度科学家因为改变了人们对光的本质的理解，而获得了诺贝尔物理学奖。[81]

钱德拉赛卡拉·文卡塔·拉曼（Chandrasekhara Venkata Raman）坐在“纳昆达”号（*Narkunda*）客轮上，眺望着波光粼粼的蓝色大海。此前不久，他刚刚参加了在牛津大学举办的一次会议，现在正在返回印度的途中。1921年8月，当拉曼穿越地中海时，他的思想开始天马行空。海水为什么是蓝色的？拉曼陷入沉思，尽管他知道标准答案。自19世纪中叶以来，科学家一直认为，海洋之所以呈现蓝色，是因为它映照天空的颜色。这也是当时大多数物理教科书仍然会讲的内容。“深海那令人无比着迷的湛蓝色，和海洋本身的颜色无关，只是通过反射让我们看到天空的蓝色。”英国物理学家瑞利勋爵（Lord Rayleigh）在 1910 年这样写道。但拉曼并不十分肯定。他开始摆弄一台手持滤光器，从船甲板的不同角度观察海水的颜色。突然，拉曼意识到瑞利错了。大海并不只映照了天空的颜色，实际上还会改变光本身的颜色。这一观察结果，最终给拉曼带来了诺贝尔奖，使他成为首位实现这一成就的印度科学家。[82]

拉曼还在海上时，就给位于伦敦的《自然》杂志匆匆去了一封信。他希望说服科学家，“深海的蓝色原本就是一种独特的现象”，是一种只能用量子力学的最新理论来解释的现象。由于这篇文章是由一位相对不知名的印度物理学家撰写的，起初很少有欧洲人注意到它。但拉曼还是决心证明自己是对的。1921 年 10 月，拉曼回到加尔各答，而他刚被任命为加尔各答大学科学技术学院的首位帕利特物理学教授*。随后，他开展了一系列实验来证明水确实改变了光的颜色。装置十分简单，但它完成了任务。拉曼先在一盏电灯前放置了一张紫色滤光片。然后，他将一罐水暴露在紫光之下，并在其另一侧放置了一张绿色滤光片。这样一来，如果光改变了波长，进而改变了颜色，拉曼就能通过装置察觉到——仅需要靠肉眼识别。如果他是对的，有些紫光的波长会增加，并转变成绿光后通过滤光器。[83]

1928 年，拉曼在《印度物理学杂志》（*Indian Journal of Physics*）上发表了他的最终结果，这份新期刊旨在鼓励本土成长起来的天才。在这篇论文中，他用量子力学的知识描述了光和水分子相互作用时会发生的现象。瑞利等早期物理学家的确也有道理，有些光只是单纯发生了反射，但是最重要的是，也有一些光会被水分子吸收，剩余的那些

---

* 帕利特物理学教授，是以印度的达罗克纳特·帕利特爵士（Sir Taraknath Palit）命名的教授职位，他曾向加尔各答大学捐助了 150 万卢比。

光携带更少的能量，于是波长增加，颜色发生了改变。拉曼称之为“一种新的辐射”，人们很快就称这种现象为“拉曼散射”。两年后，拉曼获得了诺贝尔物理学奖。这是一项巨大的个人成就，但它同时也是印度独立运动中的一个重要时刻。拉曼已经证明，一位印度科学家可以为现代物理学的发展作出重大贡献，并且这是获得国际科学界所认可的。[84]

获得诺贝尔奖后不久，拉曼离开加尔各答，迎接新的使命——位于班加罗尔的印度科学研究所聘请他担任所长。印度科学研究所成立于 1909 年，由富甲一方的实业家贾姆谢特吉・塔塔（Jamsetji Tata）建立。和这一时期新设立的很多机构一样，这间研究所的目标是通过研发科学技术促进印度工业的发展。然而，尽管印度科学研究所的捐助者主要是印度人，长期以来它却一直由英国科学家控制，此前的每一任所长都是英国人，大部分高级职员也不例外。因此，拉曼在 1933 年被任命为所长，让印度民族主义者极为兴奋。它标志着从英国统治向印度统治的过渡，至少在科学界是这样。甚至就连莫罕达斯・甘地也访问了印度科学研究所——众所周知，他对现代技术的社会影响持批评态度——向拉曼表示祝贺。[85]

在班加罗尔，拉曼将自己的理论发现转化为实际应用。他很快意识到，光的散射可能揭示了不同材料结构方面的某些特征。考虑到这一点，拉曼开始利用照相底片进行更精确的测量，从而确定光在通过不同材料之后波长改变的程度。这项技术被称为“拉曼光谱”，如今依然被科学家应用。钻石是令拉曼着迷的研究对象，尽管获得钻石并不那么容易。他一开始从朋友那里借结婚戒指，最后说服当地一位王公借给他一块更大的样品。通过测量光散射的程度，拉曼解释了分子结构的细微差异如何影响不同类型钻石的颜色与光泽。[86]

班加罗尔其他一些研究人员研究了更为传统的工业材料。20 世纪 30 年代，印度科学研究所招募了一小群女性，其中有一位名叫苏南达·白（Sunanda Bai）的研究人员针对不同化合物的结构进行了一系列实验。借助拉曼的方法，苏南达·白能够识别四氢化萘和硝基苯的分子结构与化学性质。这两种化学物质对于当时印度的工业发展都至关重要：四氢化萘可将煤转化为液体燃料，使煤成为进口石油的替代品；而硝基苯被用于生产靛蓝染料，这是印度重要的出口产品。通过更好的理解这些化学物质的结构，苏南达·白为印度科学和印度工业作出了贡献。

尽管实际上印度女性进行了如此重要的研究，但她们当时的工作条件并不理想。参与印度民族主义运动的大多数男性认为，女性应该留在家中，这样她们就可以作为母亲而不是科学家支持独立事业。即便是拉曼本人，也不喜欢女性在实验室里工作，在回复一位有可能入选的申请人时，他表示不希望“我的研究所里有任何女生”。尽管如此，苏南达·白也不是唯一进入科学界的印度女性。整个 20 世纪 30 年代，越来越多的印度女性拒绝传统的性别角色，争取机会到那些从前由男性占主导地位的行业里工作，物理学也不例外。

在班加罗尔，其他一些印度女性先驱加入了苏南达·白的行列。其中包括安娜·玛尼（Anna Mani），她发表了一系列有关宝石分子结构的重要论文。玛尼于 1918 年出生于南方城市喀拉拉邦的一个富裕家庭。她的父亲拥有一个豆蔻种植园，小时候，她会在园子里漫步。玛尼的家人希望她结婚，成为一个贤惠的妻子，安顿下来，但她另有想法。玛尼只有 7 岁时，就在喀拉拉邦的一次集会上听过莫罕达斯·甘地的演讲，从那时起她就决心加入反殖民主义事业。她很快认定，能够支持印度独立事业的最佳方式，就是成为一名科学家。等到她的生日到来时，玛尼拒绝了像钻石耳环这样的传统礼物，她想要一本《大不列颠百科全书》。她努力学习，后来在马德拉斯大学总统学院获得一个物理学专业名额。接下来，她在班加罗尔与苏南达·白以及拉曼共事了近10年。命运中一次奇怪的机缘巧合，让玛尼在印度科学研究所花费很多时间去研究钻石和其他宝石的分子结构，而这正是她小时候拒绝的礼物。[87]

女性研究者中不仅有玛尼和苏南达·白，而且有卡马拉·索霍尼（Kamala Sohonie）。1911年，索霍尼出生于一个科学世家。她的父亲和叔叔都学过化学，因此他们鼓励年轻的索霍尼进入同一个领域。在孟买大学获得物理和化学的学士学位后，她于1933年申请前往印度科学研究所与拉曼合作。索霍尼在大学里取得了年级领先的成绩，然而拉曼拒绝了她的申请，这再一次提醒我们当时女性面临的歧视。“虽说拉曼是一位伟大的科学家，但他目光狭隘。我永远无法忘记，他仅因为我是个女人就那样对待我。”索霍尼后来回忆道。尽管如此，她不会接受“拒绝”的答案。在一次令人难以置信的大胆行动中，索霍尼在拉曼位于班加罗尔的办公室与其对峙，要求他同意自己入学。最终，拉曼还是让步了，接受索霍尼作为一名研究生。后来，她成为第一位获得科学博士学位的印度女性，1939年从剑桥大学获得博士学位后，她回到印度担任教授。拉曼可能不想看到自己的实验室里有“任何女生”。但不管他喜欢与否，女性科学家的存在已是事实。[88]

1905年的孟加拉分治，标志着大英帝国在印度终结的开始。英国人试图进行分裂印度的统治，实际上激起了印度独立运动。与其他地方一样，20世纪初在印度发生的巨大政治变革，对现代科学的发展产生了深远的影响。很多印度物理学家将他们的工作视为反抗帝国的一部分。梅格纳德·萨哈在这方面是最大胆的，英国的一位情报官员在20世纪20年代称其为“疯狂的革命者”。然而，包括拉曼在内的其他印度人都认同萨哈的科学愿景，哪怕他们不同意他的社会主义政治学。他们相信，科学最终将帮助印度转变为一个独立的工业经济体。1948

年 1 月，也就是印度独立的仅 5 个月后，拉曼就宣称："解决印度经济问题的办法只有一个，那就是科学，更多的科学，越来越多的科学。"考虑到这一点，印度的民族主义者协助建立了一批新的科学机构。在充分的资金支持下，印度的科学家能够取得一系列重要突破，特别是在和相对论与量子力学相关的领域。印度政治领导人也展现出对科学的热情，其中包括印度独立后的首任总理贾瓦哈拉尔·尼赫鲁。与日本等国的领导人一样，他在科学领域看到了一个更美好的世界。"未来属于科学。"尼赫鲁坚定地认为。[89]

7.5 结论

炫目的光芒。灼烧的热量。一瞬之间，天翻地覆。1945 年 8 月 6 日，一架"B–29 超级空中堡垒"轰炸机在日本城市广岛上空投下原子弹。至少有 5 万人丧生 *，其中绝大多数是平民。三天后，美国人又投下第二颗原子弹，这次的地点是在日本长崎。尽管估算数据存在出入，但是这两个地点可能共有20多万人死亡，有些是受到爆炸的直接影响，有些是因为随后的辐射中毒。

20 世纪最初的几十年里，科学似乎是通往更美好社会的关键。很多人在相对论和量子力学之中看到了打破传统的机会，从而开创了一个更光明的未来。来自苏联、中国、日本和印度的科学家与世界各地的同行们合作，为现代物理学的发展作出了许多重要贡献。在 20 世纪 20 年代和 30 年代的大部分时间里，趁着第一次世界大战结束后的间隙，阿尔伯特·爱因斯坦一直忙于促进国际合作。1939 年第二次世

---

* 约 14 万人丧生。

界大战爆发，随后1945年原子武器得到应用，终结了一切。这标志着“冷战”的开始，国际合作让位于国际冲突的新时代到来了。其中有一个残酷的讽刺。我们在本章遇到了很多乐观的年轻科学家，他们在20世纪50年代和60年代却投身于核武器计划。毕竟，他们比其他任何人都更了解如何操控原子中蕴藏的巨大能量。列夫·朗道勉为其难地为苏联的第一枚核弹进行了计算。在下一章中，我们将进入20世纪下半叶，探讨“冷战”期间科学的发展及其后果。意识形态的冲突持续塑造着现代科学的发展，却是在新的地点以新的方式进行的。[90]

第八章

遗传学国家

GENETIC STATES

都筑正男已经听说情况十分糟糕，然而当他抵达广岛这座化为废墟的城市时，他还是没能做好心理准备去目睹那种灾难场景。残缺的脸庞、瓦砾下遍布的尸体、正在吐血的孩子——仅仅一次爆炸居然能够带来如此惨烈的灾难，这一定让他难以释怀。都筑正男是东京帝国大学的一名教授，1945 年 8 月 6 日原子弹投下后，他是首批进入广岛的科学家之一。在接下来的几天里，他对幸存者进行检查，还对死者做了尸检，详细描述了爆炸所造成的医学影响。“烧伤程度惨烈且严重，皮肤由外而内全都被烧伤了。”他在报告中解释道。都筑正男还记录了有多少幸存者患上他所谓的原子弹辐射病。那些没有被爆炸杀死的人，仍然出现了令人不安的症状，包括呕吐、失血和发烧。受影响最严重的患者通常在一周内就会去世。[1]

可以想见，爆炸刚发生后不久，都筑正男的注意力都集中在爆炸最直接、最明显的影响上。然而，他的注意力很快就转向了核武器引起的长期影响。一年后，都筑正男指出，科学家并没有完全了解，暴露在辐射中会如何影响原子弹幸存者的那些“即将出生的胎儿、儿童以及他们的后代”。自 20 世纪 20 年代以来，人们已经知道辐射会导致基因突变。然而，直到 1945 年 8 月，还没有人真正考虑过，这对人类的未来究竟意味着什么。这些突变会不会遗传给将来出生的后代？受到原子辐射的人生孩子是安全的吗？都筑正男认为，有必要开展“遗传学研究”。事实上，很多科学家都关注同样的问题，不只是日本，美国也是如此。“如果他们能预见从今天开始1000年后的结果……他们或许会认为，原子弹那时能将他们杀死，反而是更幸运的结果。”美国遗传学家赫尔曼·约瑟夫·穆勒（Hermann Joseph Muller）议论道。他因为初步发现辐射引起的基因影响而获得1946年的诺贝尔生理学或医学奖。穆勒警告称：“幸存者的生殖细胞中，已经埋下了数十万个定时炸弹。”他所说的就是破坏性基因突变可能遗传给下一代的风险。[2]

考虑到国内外民众的广泛关注，美国政府决定采取必要的行动。1946年11月，总统哈里·杜鲁门批准成立原子弹伤亡委员会（Atomic Bomb Casualty Commission）。此时，日本已经投降，并被美国占领。由美国国家科学院牵头，原子弹伤亡委员会负责追踪原子弹幸存者的短期健康和长期健康，日语中代表“原子弹幸存者”（*hibakusha*）的词汇，其字面含义是“暴露者”。这项工作中的很大部分与爆炸的遗传影响有关。美国国家科学院认为：“这是证明原子辐射会对遗传产生影响的独一无二的机会，决不能错过。”这项研究由一位名叫詹姆斯·尼尔（James Neel）的美国遗传学家主导，而他也得到了很多日本科学家、医生以及助产士的协助。事实上，原子弹伤亡委员会雇用的工作人员中，90%以上都是日本人。都筑正男很快也被招募，因为他是爆炸后数周内就进入广岛的少数科学家之一。在第二次世界大战之前，他还进行过一些有关辐射造成生物影响的实验，因而比大多数人更了解使用核武器可能产生的遗传学后果。[3]

原子弹伤亡委员会的初步工作由尼尔和都筑正男开展，他们和日本医生北村三郎合作，关注追踪幸存者生育后代的情况。都筑正男和北村三郎一起前往广岛，采访一些孕妇，并检查新生儿有没有异常迹象。初期的报告似乎表明，在父亲受到高剂量辐射的情况下，自然流产更为常见，但是原子弹幸存者生出来的孩子，在重大出生缺陷方面并没有表现出受到辐射的显著影响。这符合最具破坏性的基因突变很可能导致胚胎在有机会生长之前就死亡的观点。因此，虽然不可能证明暴露于辐射中与生殖健康之间的决定性关系，但是不管怎么说，尼尔还是得出结论，幸存者的体内一定发生了基因突变。[4]

除了出生结果，委员会还开始研究辐射对染色体水平的影响。日本裔美国遗传学家古谷增尾在这项工作中发挥了主导作用，他在战争期间曾被关押在美国。在加州大学伯克利分校获得博士学位后，古谷增尾搬回日本——部分原因是他的日本妻子被美国政府宣布为非法移民——并于1948年开始为原子弹伤亡委员会工作。古谷增尾研究的是在原子弹幸存者的细胞中发现的染色体数量。在这一时期，在显微镜下识别单个染色体已经成为可能，这些染色体作为遗传信息的载体，由脱氧核糖核酸（DNA）分子链构成。古谷增尾从患者身上采集细胞样本，甚至经常在尸体上采集，他在给样本染色后，仔细清点所能看到的染色体数量。[5]

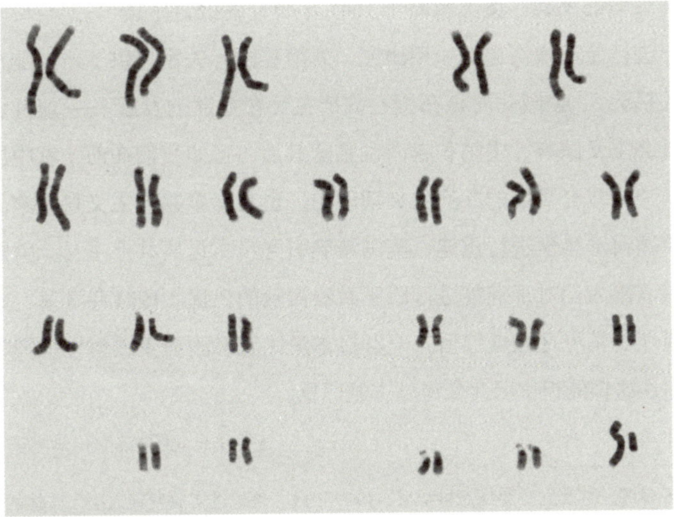

染色后在显微镜下观察到的一组典型的人类男性染色体。有23对，一共46条。

1957年，他发表了一篇重要的论文，其中记载了原子弹幸存者的精子中存在一条额外的染色体。尽管人类通常有46条染色体——这一事实在前一年才被印度尼西亚遗传学家蒋有兴*证实——但古谷增尾发现，原子弹幸存者中出现了有47条或48条染色体的案例。额外的染色体的存在会导致某些疾病，如唐氏综合征和克氏综合征，而且这些疾病往往会遗传给孩子。考虑到这一点，这个发现就非常重要。[6]

原子弹伤亡委员会是美国政府在战后初期资助的最大科学项目之一。项目发展最火热时，有超过1000名员工，其预算几乎是国家研究委员会总预算的一半。庞大的投资不仅是出于发展医疗考虑，而且是出于国际政治的考量。20世纪40年代标志着“冷战”的开始，美国与苏联展开意识形态的斗争。美国为扩大其在东亚的影响力并赢得日本的“民心”，在很多领域付出努力，原子弹伤亡委员会也是其中一部分。考虑到几个月前美国刚向日本投下了两枚原子弹，这注定是一场充满艰辛的挑战。美国政府于1947年公开的报告中指出：“与日本人合作进行原子弹伤亡的长期研究，为培养国际关系提供了一个非常重要的机会。”美国此时正在担心共产主义在亚洲的发展——朝鲜已成为社会主义国家，中国和越南也紧随其后。正如我们在前一章中所看到的，日本有长期的共产主义活动史，也有许多共产主义科学家。通过帮助日本科学进行重建，美国希望引导日本远离共产主义。美国还希望消除人们对于继续进行原子武器实验的担忧。1954年3月，美国氢弹在比基尼环礁爆炸后，一群日本渔民无意间遭受放射性沉降物的辐射，这样的担忧因此变得越来越严重。[7]

---

* 蒋有兴，印度尼西亚华裔科学家，1955年底，他通过实验发现人类二倍体的染色体数目为46条，纠正了此前48条的结论。

在整个 20 世纪 50 年代，原子辐射的影响问题引发了重大的科学争议，特别是诱导人类基因突变所需的剂量问题。一些科学家相信存在一个最低的阈值剂量，剂量低于这个阈值时，就不会发生基因突变，因此，人类暴露在一定程度的辐射下仍是安全的，比如，核电站工人或居住在核武器试验场附近的人可能遇到此类情况。其他科学家则坚称这是错误的，即便是最小的辐射剂量，也有可能诱导具有破坏性的基因突变。然而，20 世纪 60 年代中期——部分应归功于都筑正男等日本遗传学家的工作——大多数科学家同意不存在阈值：只要暴露在辐射下，无论剂量多小，都有可能破坏基因组。[8]

然而，这并不意味着原子时代即将结束，反倒带来了原子时代的开始。世界多国政府不顾辐射会造成破坏性影响的知识，仍然继续在各类核技术方面投资，特别是投资与能源及国防相关的技术。反过来，这些技术又要求原子辐射的应用及影响研究在生物学领域进一步发展。我们将看到，原子弹伤亡委员会只是将生物学与核科学结合在一起的众多机构之一。在国际层面，这项工作得到了联合国的支持，纵观 20 世纪 50 年代和 60 年代，联合国组织了一系列有关“和平利用原子能”的会议。每隔几年，世界各地的科学家都会聚集在日内瓦讨论他们的研究。这些课题包括使用放射疗法治疗癌症，以及利用放射性让一些主要农作物达到破纪录的高产量。“我真诚地相信，在研究……遗传学的新时代，我们已经摸到了门槛。”詹姆斯·尼尔在 1957 年写下的这句话，也反映了一种被普遍认可的观点，即包括原子武器在内的核技术发展，已经给生物科学带来了前所未有的进步。[9]

人们很容易认为，基于分子生物学的现代遗传学史，起始于 DNA 结构的发现。遗传学的故事也经常以这种方式展开。尽管在 19 世纪晚期人们就已经知道 DNA 存在的事实，但是直到 1953 年，弗朗西斯·克里克（Francis Crick）和詹姆斯·沃森（James Watson）在剑桥大学共同研究，才最终确定了这个分子著名的“双螺旋”结构。通过解析莫里斯·威尔金斯（Maurice Wilkins）和罗莎琳德·富兰克林（Rosalind Franklin）在伦敦帝国理工学院拍摄的DNA分子X射线照片，克里克和沃森完成了这一壮举。这是一项足以帮助科学家更好地理解基因遗传是如何工作的巨大突破。早在20世纪初，科学家就已经知道，由长链DNA组成的染色体携带了遗传信息。因此，鉴定DNA的结构是了解基因如何传递生物学特征的第一步。事实上，在克里克和沃森发现后不久，科学家就证明，DNA会给另一种被称为核糖核酸（RNA）的分子编码，而RNA随后又编码出蛋白质分子——生命基本的组成部分。1958年，克里克将DNA编码RNA、RNA再编码蛋白质的过程，称为现代分子生物学的“中心法则”。总之，这些发现最终引起了新型基因技术的发展，如基因编辑和基因组测序。[10]

的确，DNA结构的发现是现代遗传学史上一个重要的时刻。然而，由于只聚焦于这一项发现，我们忽视了生物科学领域在20世纪下半叶取得的其他诸多重大进展。对克里克和沃森的重视，也让人们忽视了欧洲及美国以外的科学家，而他们当中的很多人，也在现代生物科学的发展中扮演了重要角色。我想基于这一点提出另一种思考现代遗传学史的方法。与其从1953年剑桥大学发现DNA结构开始讲起，倒不如从1945年在广岛和长崎投放原子弹说起。这一事件标志着“冷战”的开始，也标志着现代遗传学发展的开始。我们已经看到，为原子弹伤亡委员会工作的日本科学家如何就辐射对人类遗传的影响，作了早期研究。我们也看到，美国对这一研究项目的投资，是因为共产主义在亚洲的发展，引发了美国的“冷战”恐惧。因此，为了理解现代遗传学的历史，我们需要关注定义了20世纪下半叶的全球对抗，也就是“冷战”。[11]

现代遗传学是“冷战”期间国家形成过程的核心，不仅发生在欧洲和美国，在亚洲、中东和拉丁美洲也是如此。如果我们仅着眼于DNA结构的发现，经常就会忽略这一点。毕竟，大多数政府对DNA结构并没有特别的兴趣——无论它是不是双螺旋，对国家的未来都没有特别的影响。然而，对于遗传学的最新进展带来的实际利益，全世界国家的政府都会感兴趣，特别当它能用在人类健康和粮食安全方面的时候。

对于很多国家而言，第二次世界大战后最迫切需要关注的问题是如何养活这个国家。20世纪下半叶是一个人口疯狂增长的时期，世界人口从1945年的20多亿人猛增到1990年的50亿人。这引起了人们对所谓人口爆炸的担忧——这个说法又一次影射了原子时代——如果世界粮食供应不能够急速增加，数以百万计的人就可能饿死。据估计，20世纪60年代初，世界上约有80%的人口营养不良。大多数政府意识到，国家的合法性取决于其为人民提供食物的能力。亚洲和拉丁美洲的情况更是如此，其中很多国家要么最近获得了独立，要么刚刚经历了政治革命。考虑到这一点，世界各国政府都在植物遗传学领域进行投入，希望能够创造出在产量上媲美水稻和小麦等作物的新品种。这项研究中的很大一部分得到了洛克菲勒基金会的支持，该基金会帮助包括印度尼西亚、尼日利亚在内的一些国家建立种子银行。[12]

美国政府认为，世界饥饿的蔓延将助长共产主义的传播，因而同样支持植物遗传学的研究。“共产主义向那些吃不饱的人作出了颇具吸引力的承诺。”美国一位著名的遗传学家在20世纪50年代初这样写道。美国国际开发署（United States Agency of International Development，USAID）成立于1961年，旨在为广大“第三世界”国家提供科学技术帮助，该机构警告说，如果国家不能给民众提供足够的粮食，将是“对世界和平以及我们国家安全的威胁”。20世纪60年代末，有关“绿色革命”的讨论甚嚣尘上，人们认为植物遗传学、化学肥料以及灌溉技术的进步，即将解决世界饥饿问题。“绿色革命”暗示人们希望这是对抗苏联“红色革命”的解药。[13]

除了植物遗传学，政府还在人类遗传学的发展领域投资。正如我们在前面看到的，在广岛和长崎的原子弹爆炸后，人们普遍担心原子辐射会对生物造成影响。越来越多的国家发展核武器以及建造核电站，这些担忧只会越来越多。因此，原子辐射与人类遗传学之间的关系，成为许多国家政府的国家安全议题，成为应对未来核战争计划的重要组成部分。同时，很多国家认为，如果宣传核科学研究在诊断与治疗等医学方面的价值，就能说服那些不情愿的公众认识到生活在原子时代的好处。同样，这一想法得到一些新成立的国际组织的推动，如世界卫生组织（1948 年成立）和国际原子能机构（1957 年成立），这两大机构都为全世界的科学家提供资金，研究辐射的医学用途及其影响。

在全世界更大的范围里，从拉丁美洲到东亚的政府都认为，现代遗传学可能会显著地改善人类健康，尤其是它可以让人们更好地了解遗传疾病。应用现代遗传学来回答有关民族身份和种族身份的问题，同样激起了很多人的兴趣，这是另一个在国家形成和大规模移民期间出现的重大问题。今天，我们知道种族并不是一个有意义的生物学分类。事实上，早在 1950 年，联合国就发表了一份声明，将种族描述为“社会迷思”而非“生物学事实”。尽管如此，在整个“冷战”期间，世界多国政府还是组织了无数次遗传学调查，希望通过基因构成来区分不同的族群，如“土耳其人”和“阿拉伯人”，尽管最终证明这都是徒劳的。[14]

所有这些都表明，现代遗传学的发展与“冷战”政治密不可分。然而，尽管许多历史学家已经认识到，“冷战”是现代科学发展的一段重要时期，但他们倾向于关注美国、欧洲以及苏联取得的科学进步。

在本章中，我将采用一种不同的方法，追踪现代遗传学在拉丁美洲、亚洲以及中东发展的历史。毕竟，这些地区是美国和苏联竞相扩大影响力的地方，两国不仅希望左右科学技术的发展，而且希望影响世界政治的走向。最终，为了更恰当地理解“冷战”期间的科学史，我们需要再一次从全球历史的视角来思考。让我们从一位朝市场走去的墨西哥遗传学家开始。[15]

8.1 墨西哥的突变研究

埃弗拉因·埃尔南德斯·克罗科奇（Efraím Hernández Xolocotzi）已经开了好几个小时的车。这是一段很不舒适的旅程，他和自己的旧吉普车一同颠簸地穿过墨西哥的乡村，所幸最终还是抵达了目的地——墨西哥南部塔巴斯科州（Tabasco）的一个小集镇。埃尔南德斯把车停在路边后，从车上跳下来，开始和市场里的人聊天。这是墨西哥相对偏远的地区，当地人连西班牙语都不会说。幸运的是，埃尔南德斯熟悉该地区的土著居民的方言——玛雅语的众多方言之一——并且能够毫无障碍地交流。他解释称，自己正想买一些玉米，于是市场里的农民给他指了一个摊位，摊位前的玉米棒堆得很高。埃尔南德斯欣然前往。他走到摊位前，仔细地检查了每一根玉米棒子，然后同意把整批货都买下来。农民们肯定想知道他为什么需要这么多玉米。尽管如此，他们对此并不太在意，因为他付了很不错的价钱。随后，埃尔南德斯将一袋又一袋玉米拖到吉普车上，启动发动机，继续他的旅程，沿着蜿蜒的道路向着尤卡坦半岛前行。[16]

早在16世纪欧洲人造访之前，玉米在墨西哥已经有数千年的种植史了。然而，20世纪中叶，它成为一项重大科学调查的焦点，这项调查也奠定了“绿色革命”的基础。1943 年，“墨西哥农业计划”（Mexican Agricultural Program）启动，埃尔南德斯受聘成为研究玉米的众多遗传学家之一。该项目由墨西哥农业部创办，但是主要由美国慈善组织洛克菲勒基金会资助。正如我们在前一章中所看到的，20 世纪洛克菲勒基金会在资助国际科学方面发挥了重要作用。除了物理学，洛克菲勒基金会也在生物学领域有所投入，特别是投资那些明显有实际应用价值的学科，植物遗传学就是如此。这项计划在墨西哥发展的目标是利用现代遗传学的最新技术，提高小麦和玉米等主要农作物的产量。[17]

洛克菲勒基金会当然希望提高墨西哥人民的生活水平。然而，与所有慈善事业一样，这其中也有政治因素。20 世纪中叶，美国越来越关注共产主义的传播，不只是在欧洲和亚洲，也包括离本土更近的一些地方。在 1910—1920 年发生的墨西哥革命之后，形形色色的武装团体在推翻总统后争夺控制权，墨西哥似乎正在走向社会主义。在整个 20 世纪 30 年代，墨西哥政府将大片农田重新分配给贫困农民，1938 年，墨西哥政府征用了一大批由美国控制的油田。墨西哥政府征用土地并建立集体所有制的做法，看起来很像正在苏联发生的事情。20 世纪40年代初，美国政府担心边境线另一侧会建立起一个共产主义国家。洛克菲勒基金会的主席也表示了担忧，称墨西哥“染上了布尔什维克的颜色”。因此，“墨西哥农业计划”是为一些政治与科学相互交织的目标服务的。其中最主要的想法是，阻止饥饿的蔓延将阻止共产主义的发展。洛克菲勒基金会希望通过提高玉米等主要作物的产量，进而操控墨西哥远离社会主义政治。一位曾经在“墨西哥农业计划”中工作过的美国遗传学家保罗·曼格尔斯多夫（Paul Mangelsdorf）写道：“饥饿是和平的强大敌人。”[18]

“绿色革命”的历史叙事，往往聚焦在曼格尔斯多夫这样一些美国遗传学家的贡献。然而，“墨西哥农业计划”也聘用了一大批墨西哥科学家，如今他们经常会被遗忘。埃尔南德斯就是这些科学家中的一员，1913年出生的他出身贫寒。他的父亲是一名农民，可能还有土著血统，而母亲是一名教师。埃尔南德斯很熟悉这片土地，小时候就学会了各种土著方言，和父亲一起在田间劳作。然而，埃尔南德斯四处搬家，因为他的父亲一直在寻找工作，试图在持续的冲突中远离麻烦。1923年，就在墨西哥革命之后，10岁的埃尔南德斯随母亲移居美国。他曾就读于新奥尔良当地的一所学校，后来又去纽约求学，直到获得康奈尔大学的生物学奖学金，后于1938年毕业。这是一项了不起的成就，特别要考虑到，当时在美国的墨西哥人和今天一样，遭受着系统性种族歧视，尤其是在教育方面。从康奈尔大学毕业后，埃尔南德斯被洛克菲勒基金会选中，前往哈佛大学攻读遗传学研究生，花了两年时间学习最新的科学技术，并于1949年返回墨西哥。后来，他被"墨西哥农业计划"聘为"助理遗传学家"，成为参与该项目的18名墨西哥科学家之一。[19]

两年来，埃尔南德斯一直在拉丁美洲穿梭，有时乘吉普车，有时乘火车或轮船。他向南最远抵达秘鲁，甚至穿过墨西哥湾前去古巴采集过标本。作为土著农民的儿子，埃尔南德斯比任何人都熟悉该地区那些丰富多样的玉米品种。为该项目工作的一名美国科学家回忆道："地理分布……只有埃尔南德斯·克罗科奇才知道。"埃尔南德斯精通多种土著方言，这也使追踪不同品种的玉米更加容易。"要收集特定种群玉米的遗传多样性，就必须坚持不懈，在与农民打交道时运用大量技巧。"埃尔南德斯解释道。即便如此，有时候他也很难说服人们将稀有的标本出售给他，特别是在某些仪式上会用到的红色玉米。从墨西哥西北部边远地区空手而归的埃尔南德斯说："我无法说服当地的惠乔尔人（Huichol）卖给我他们的玉米品种样本。"尽管如此，经过两年的大量工作，埃尔南德斯和他的团队从美洲各地收集到2000

拉丁美洲与美国的遗传学家收集到的品种各异的玉米。

多种玉米。[20]

到目前为止，“墨西哥农业计划”开展的工作与我们在 18—19 世纪看到的博物学并没有太大的不同。埃尔南德斯收集不同的品种是为了分类，最终目的则是确定哪些品种可以杂交，从而提高产量。但这与博物学的不同之处在于，他们运用遗传学的最新进展来指导这项研究。在“墨西哥农业计划”出版的一本题为《墨西哥玉米品种》（*Races of Maize in Mexico*，1952 年出版）的书中，这一切都得到了解释。埃尔南德斯是这本书的共同作者之一，合作者还有美国遗传学家埃德温·韦尔豪森（Edwin Wellhausen）、路易斯·罗伯茨（Louis Roberts）以及保罗·曼格尔斯多夫。在《墨西哥玉米品种》一书中，该团队解释称，本项目的目的是将“植物性状”分析和“遗传与细胞学因素”研究相结合，后者指的是在显微镜下检查单个细胞。正因为如此，研究团队除了测量每个标本的叶子、玉米穗和颗粒的大小，还运用了最新的基因技术。项目采用的一个方法是由德国化学家古斯塔夫·吉姆萨（Gustav Giemsa）于20世纪初发明的“吉姆萨染色法”，这种染色技术使人们能够在显微镜下识别单个染色体，同样能识别浓缩DNA样本中独特的链段，科学家以此为基础，就能对不同的玉米品种进行分类。埃尔南德斯本人对这项技术也很熟悉，因为这些正是他在20世纪40年代参加的哈佛大学植物遗传学课程的一部分。[21]

通过结合传统博物学和现代遗传学，科学家对美洲“玉米无与伦比的多样性”进行了详细描绘。这项工作中的很大一部分成果，证实了埃尔南德斯从一开始就在猜测的问题——他根据自己对墨西哥农业的现有知识认为，在过去8000年里，玉米棒的尺寸已经因为不同品种的杂交而变得更大。时期更近的品种，特别是在16世纪西班牙征服后培育的玉米棒往往更大，而在考古遗迹发现的古老品种的玉米棒通常更小。在显微镜下观察较新品种的细胞时，遗传学家还发现了被称为“染色体结”（chromosome knots）的独特链状结构，这似乎再一次证实了玉米的长期发展模式。这项遗传学分析结果，随后形成了墨西哥接下来几十年里为了提高粮食产量而加倍努力的基础。根据玉米的基因特性，不同的玉米品种被选择出来。这些杂交品种通常能够提高产量，后来销售给农民播种。20世纪60年代末，改良的玉米品种已占年产量的20%。[22]

“墨西哥农业计划”并没有解决所有问题，也不是所有人都赞成它为引进改良玉米品种付出的努力。在整个20世纪50—60年代，墨西哥粮食短缺的状况持续存在，在土地征用方面也存在问题。与此同时，包括埃尔南德斯在内的许多墨西哥科学家都担心，洛克菲勒基金会过于重视工业化农业，从而牺牲了小农场主和农民。说到底，该计划生产的杂交品种购买起来还是挺昂贵的。“墨西哥农业计划”也鼓励农民使用更多的化肥，因为化肥用在这些新品种上效果很好，但该计划不考虑过度使用化肥会导致长期生态被破坏的事实。因此科学家也担心，对改良品种的关注，最终可能破坏“绿色革命”所依赖的基因多样性。一些墨西哥科学家甚至建议最好向苏联寻求援助，因为不同于美国的工业化方法，苏联提倡的是“社会主义”耕作方法，可作为替代方案。但不管人们怎么想，“墨西哥农业计划”还是标志着现代遗传学史上一个重要的时刻。“绿色革命”很快扩散到整个拉丁美洲，洛克菲勒基金会在巴西和哥伦比亚建立了类似的计划。正如我们将在本章后面所看到的，“墨西哥农业计划”实际上为世界各地，包括亚洲和中东在内的很多政府，提供了一种模式。[23]

除了植物遗传学方面的研究，墨西哥科学家还为人类遗传学的发展作出了很多重要贡献。其中一部分要归功于洛克菲勒基金会的努力，因为他们不只赞助了“墨西哥农业计划”，而且在墨西哥国立自治大学（National Autonomous University of Mexico）资助建立了一座新的生物医学研究所。在此期间，墨西哥本国政府也开始在生物医学领域投入越来越多的资金。人类遗传学的大部分研究是由国家核能委员会遗传学与放射生物学项目（Genetics and Radiobiology Program）的一支团队开展的。和我们在日本看到的一样，墨西哥人类遗传学的发展也与核科学的发展密切相关。实际上，墨西哥坐拥储量丰富的铀矿，其矿床就位于南部地区，这也是“冷战”期间的美国如此关注邻国未来的诸多原因之一。然而，与美国不同的是，墨西哥政府并没有寻求核武器的发展，而是专注于核能在医疗及科学方面的应用。[24]

遗传学与放射生物学项目创建于 1960 年，由一位名叫阿方索·莱昂·德·加雷（Alfonso León de Garay）的墨西哥科学家负责。1920 年，德·加雷出生于普埃布拉（Puebla），并在当地一所大学学习了医学，直到 1947 年搬到墨西哥城，成了一名执业神经科医师。也正是在这段时间，墨西哥政府开始寻找一些利用本国铀矿的办法，并于 1953 年成立了国家核能委员会。德·加雷本人也对放射生物学（利用放射性诊断并治疗疾病）产生兴趣，开始关注辐射对人体的长期影响。1957 年，国际原子能机构给他提供了一笔奖学金，以支持他在欧洲攻读研究生课程。德·加雷选择在伦敦大学学院的高尔顿实验室（Galton Laboratory）学习，用三年的时间在那里学习遗传科学的最新技术。当德·加雷回到墨西哥时，他说服国家核能委员会设立遗传学与放射生物学项目。[25]

德·加雷很快就筹建了一支团队与他合作，成员都是前途无量的年轻研究人员。其中包括国立自治大学的毕业生鲁道夫·菲力克斯·埃斯特拉达（Rodolfo Félix Estrada），他最初是为“墨西哥农业计划”工作的遗传学家；以及玛丽亚·克里斯蒂娜·科尔蒂娜·杜兰（María Cristina Cortina Durán），她曾在国立自治大学学习，并于 20 世纪 60 年代初前往巴黎大学完成博士学位（科尔蒂娜·杜兰也是遗传学与放射生物学项目聘用的首批女性科学家之一）。该团队通力合作，对原子辐射的遗传效应开展了关键研究。菲力克斯·埃斯特拉达花了很多天的时间让果蝇暴露在辐射下，然后观察它们在此之后能够存活多久，从而计算不同剂量的影响。德·加雷和科尔蒂娜·杜兰则以人体组织开展了类似实验，将组织暴露于辐射之后，在显微镜下对培养的细胞进行检查。经过一系列非常精确的测量，德·加雷证明原子辐射有可能缩短人类染色体的长度，从而诱发突变。科尔蒂娜·杜兰专注于辐射与癌症之间的关系，帮助证实先前的报道，即暴露于辐射可能会诱发 22 号染色体上的特定突变，从而导致罹患白血病。整个 20 世纪 60 年代，联合国原子辐射影响科学委员会发表了一系列重大研究报告，上述所有研究都被纳入了，而德·加雷是其中的主要成员。[26]

1968 年，遗传学与放射生物学项目开展了迄今为止目标最宏大的课题。这一年 10 月，墨西哥城举办了夏季奥运会，来自世界各地的 5000 多名运动员参加了比赛。这届奥运会后来成为 20 世纪最具争议的体育赛事之一。就在开幕式举办前 10 天，武装警察朝一群抗议者开枪射击，这一事件被称为“特拉特洛尔科大屠杀”（Tlatelolco massacre）。当时的民众普遍认为政府是反民主的，一直向墨西哥政府抗议，而政府为了维护权力就经常诉诸警察的暴力手段。政治紧张局势贯穿了整个奥运会期间。在奥运会即将结束之时，一些运动员为抗议种族隔离制度而威胁退出比赛，因此南非被禁止参加比赛。而最著名的一幕出现在男子 200 米比赛结束后的领奖台上，美国非裔短跑运动员托米·史密斯（Tommie Smith）和约翰·卡洛斯（John Carlos）戴着黑色手套举起拳头，表示对美国种族不平等的无声抗议。

在所有持续不断的争议中，德·加雷说服墨西哥政府资助一项针对奥运会运动员的重大遗传学研究。这个想法是为了在世界舞台上展示墨西哥科学最好的一面。德·加雷解释称，该课题将“更好地理解人类优秀品质，以造福全人类”。他甚至声称，这样的研究或许会在“潜在运动类型的早期识别与选择”方面发挥作用。在国家和国际体育委员会的双重支持下，遗传学与放射生物学项目的科学家在奥运村建立了一座临时实验室，从代表 92 个国家出战的 1256 名运动员身上采集血液样本。这些血液样本随后被用于各种类型的基因测试，包括检测镰刀型细胞贫血症以及 G6PD 缺乏症（一种导致红细胞破裂的代谢病症）的诱因。[27]

这也是所有女性运动员都接受性别基因测试的第一届夏季奥运会。性别基因测试是通过检测血液样本中是否存在 Y 染色体来实现的，因为 Y 染色体通常只存在于男性体内（2004 年之前，跨性别运动员一直被排除在奥运会之外，往往就是以这种基因测试为根据的）。除此之外，墨西哥科学家团队还对每名运动员进行了身体测量并拍照，由此详细地描述了德·加雷所要求的“他们的基因与人类学特征”。测试对象包括当时一些最著名的运动员，如捷克斯洛伐克体操运动员维拉·恰斯拉夫斯卡（Véra Čáslavská），以及前面提到的约翰·卡洛斯，德·加雷最终发表的报告甚至特意提到了卡洛斯。

如果这一切会让人怀疑是优生学，那是因为从很多方面而言，它的确就是。毕竟，德·加雷曾在伦敦的高尔顿实验室学习，那是一间以19世纪优生学运动创始人弗朗西斯·高尔顿（Francis Galton）的名字命名的实验室。高尔顿令人不齿地认为，人类种群应当通过选择性繁殖进行“改良”。在德·加雷的最终报告中，他以赞成的态度引用了高尔顿的言论，同时被引用的还有英国优生学会此前不久出版的一本书——《人类能力中的遗传和环境因素》（*Genetic and Environmental Factors in Human Ability*，1966年出版）。如今，很多科学家大概都会认为，优生学在第二次世界大战后就干净利落地消失了，因为它已经和纳粹在大屠杀期间犯下的暴行联系在一起。不幸的是，事实并非如此。“冷战”时期的紧张局势，迫使人们思考彼此竞争的人类群体的“适应性”问题，导致很多科学家都在尝试识别哪些基因能够编码出对人们有利的身体特征，而哪些基因会产生人们避之不及的特征。20世纪60年代，甚至有人根据分子生物学领域的最新技术来讨论所谓新优生学。这一切都被证明只是虚假的承诺。德·加雷本人承认：“任何特定的基因与任何特定的运动成绩之间，都没有发现明显的相关性。”尽管如此，1968年夏季奥运会出现的普遍的基因检测，郑重地提醒了我们优生学在20世纪下半叶的持续影响——科学界今天仍在努力与这项有害无益的遗产作斗争。[28]

20世纪70年代初，墨西哥作为国际先进遗传学研究中心的地位已经牢牢地被确立了。这是一个始于“绿色革命”的故事。“绿色革命”

的初衷是通过解决“粮食问题”让墨西哥远离社会主义。由洛克菲勒基金会资助的“墨西哥农业计划”，也为新一代墨西哥科学家提供了机会，让他们能够受到前沿遗传学方面的熏陶。整个拉丁美洲都出现了类似的趋势，阿根廷和巴西的顶尖科学家在回国新建遗传学实验室之前，也都曾在美国接受学术训练。1969 年甚至成立了一个拉丁美洲遗传学学会，其目标是帮助促进整个地区的科学联系。同一时期，拉丁美洲各国政府都在人类遗传学领域进行投入。墨西哥科学家经常在遗传学和优生学之间如履薄冰。对于健康和身份认同的担忧，并不只出现在墨西哥。在整个“冷战”期间，很多国家认为，遗传学可能是一把钥匙，为拥有更幸福、更健康人口的未来开启大门。在下一节我们将探讨，对于食品安全与人类健康的类似担忧，如何影响了后殖民时期印度的遗传学发展。[29]

8.2 印度独立后的遗传学

蒙康布·桑巴希万·斯瓦米纳坦（Mankombu Sambasivan Swaminathan）无法忘记那些消瘦的饥饿儿童尸横路边的照片。1943—1944 年，300 万印度人死于孟加拉大饥荒。英国殖民政府一开始试图阻止消息传出，但是在 1943 年 8 月，加尔各答的一份报纸上刊登了一幅令人痛心的画面，一名孟加拉女孩屈身伏在两名幼童的尸体上。这张照片，加上关于英国应对危机管理不善的持续报道，激发了印度的反殖民主义运动。很多人意识到，饥荒不只是收成不佳或气候干旱的结果。相反，英国在第二次世界大战期间为支援军队而掠夺粮食，导致数百万印度人挨饿。这只是殖民地经营不善的长篇故事的一部分，其源头可以追溯到 18 世纪，自那时起殖民统治就曾引发过多次饥荒。[30]

斯瓦米纳坦住在印度东南部的马德拉斯管辖区（Madras Presidency）。英国政府对饥荒的反应令他无法不感到震惊、愤怒，特别是在当地报纸上看到饥饿儿童的照片后，他疾呼，饥荒是一个“人为制造的问题”。事实上，斯瓦米纳坦一直致力于印度独立事业。他的父亲是莫罕达斯·甘地的忠实追随者，并且全家身穿土布，支持“司瓦德西”运动。1942 年，斯瓦米纳坦还组织了一次学生罢课，当时他正在特拉万科大学（University of Travancore）学习动物学，学生们纷纷走出大学教室，而这场罢课也是甘地“退出印度”运动的一部分。孟加拉大饥荒的确刚好证实了斯瓦米纳坦一直以来的看法：英国人只管自己。只要不摆脱殖民统治，印度就不会变得繁荣。[31]

正如我们在上一章中看到的，这一时期的很多印度科学家都将自己的工作视为反殖民主义的一部分。和物理学一样，生物学领域也是如此。1925 年，斯瓦米纳坦出生在昆巴科南（Kumbakonam）这座遍布寺庙的小城里，他后来成为世界领先的植物遗传学家之一，助力推动“绿色革命”进入印度。他对植物遗传学的兴趣直接来自他对印度政治的兴趣。斯瓦米纳坦最初想成为一名动物学家，但在 1943 年知晓了孟加拉大饥荒后，他决定更换专业，攻读农业科学的硕士学位。他希望通过更充分地理解水稻和小麦等主要作物的遗传学，让印度在独立后避免英国统治时期频繁发生的毁灭性饥荒。“人为制造的问题必须由人来解决。”1947 年夏天，斯瓦米纳坦从马德拉斯大学毕业并获得理学硕士学位。同年夏天的 8 月 15 日，印度终于从英国独立。这标志着近 200 年殖民统治的结束，斯瓦米纳坦与他的家人、朋友一同上街庆祝。不过，庆祝活动不能持续太久。和许多印度科学家一样，斯瓦米纳坦现在亟须转向一个现实任务：建设一个新国家。[32]

毕业后不久，他加入了位于德里的印度农业研究所。在一支拥有坚定信念的印度遗传学家团队中，斯瓦米纳坦和其他人通力合作，开始解决养活一个3亿多人口的国家的难题。不出所料，这成为印度政府独立后数年内的一个优先解决的问题。毕竟，反殖民的民族主义者在过去几十年里一直都在批评英国没能提供足够的食物。因此，避免再次发生饥荒对于印度政府合法性的意义不可估量。政府也确实认为这项研究至关重要，1948年，总理贾瓦哈拉尔·尼赫鲁甚至亲自视察了印度农业研究所，以便更好地了解那里正在开展的工作。对于现代科学支持新生国家的力量，特别是在对抗饥荒方面，尼赫鲁拥有无上的信心。他宣布："得益于科学发展，贫困如今已不再是不可避免的了。"[33]

斯瓦米纳坦很快意识到，想要养活这个国家，自己还需要接受植物遗传学方面进一步的教育。考虑到这一点，他于1950年前往英国，并开始在剑桥大学攻读博士学位。他的研究核心是一种被称为"多倍体"的现象，此时植物的染色体数量是常规的数倍。这是一个直接能得到实际应用的课题，因为多倍体植物通常具有更高的产量。斯瓦米纳坦花了两年时间在显微镜下观察不同植物的细胞，并仔细计算染色体数量。这样一来，他就可以对比每一个品种的特征，尤其是比较其产量特征，从而构建出多倍体效应的详细图谱。1952年，斯瓦米纳坦从剑桥大学毕业，成为首批新时代印度科学家中的一员——不再是殖民地的臣民，而是独立国家的公民。斯瓦米纳坦随后又在美国威斯康星大学做了一年的博士后工作。他甚至在那里得到了一份工作。然而，斯瓦米纳坦从未忘记自己为什么要成为一名科学家。"我扪心自问，我为什么要来学习遗传学？是为了在印度生产出足够的食物。因此，我回来了！"他后来解释道。[34]

大概也就是在这个时候，他第一次了解到"墨西哥农业计划"正在开展的研究。斯瓦米纳坦对于"绿色革命"的潜力感到异常兴奋，当即向一位在墨西哥工作的美国遗传学家诺曼·博洛格（Norman Borlaug）请求帮助。这是印度和墨西哥之间科学交流的冰山一角，这段长期且富有成效的交流一直持续到今天。1963 年 3 月，博洛格参观了德里的印度农业研究所，用手提箱随身携带了一些改良的墨西哥小麦品种样品。“墨西哥能做到的，你们国家也能做到，只是你们应该只用一半的时间就能完成它。”在德里，博洛格对印度科学家说。受到博洛格的热情鼓舞，斯瓦米纳坦和他的团队开始试验这些新品种，在印度农业研究所的试验床上播种。洛克菲勒基金会也提供了资金，允许一支印度遗传学家团队访问墨西哥，学习更多有关“墨西哥农业计划”正在进行的工作的内容。最终结果显示，前途一片光明。斯瓦米纳坦发现，将墨西哥使用的小麦品种与印度现有的品种杂交，可以生产出新的杂交品种，这种小麦不仅能够提高产量，而且能适应当地的土壤和气候。[35]

不过，还是存在一个问题。这些新杂交出来的小麦品种更容易生产出一种颜色偏红的面粉。在墨西哥，没有人真正介意。但是在印度，消费者更喜欢使用颜色较白的面粉，特别是在制作印度薄饼等传统面食的时候，仅是颜色的差异，就可能破坏整个流程。这个问题要等一位名叫迪尔巴格·辛格·阿什瓦尔（Dilbagh Singh Athwal）的印度遗传学家开始使用 X 射线完成一系列实验时，才能够解决。20 世纪 50 年代，曾在澳大利亚悉尼大学学习的阿什瓦尔明白，将植物暴露于辐射之下，可以诱导其基因突变。他暗自琢磨，或许采用这种方式有可能改变小麦的颜色。经过一番摸索和试错后，阿什瓦尔最终成功地诱导出他所希望的突变——能够生产出淡金色面粉的高产小麦。随着这一问题得到解决，印度政府在 20 世纪 60 年代末开始扩大农业计划的规模。1968 年，印度的小麦产量已经增长了 40% 以上。1971 年，印度终于生产出足够的粮食，停止从国外进口小麦。和其他地方一样，“绿色革命”在印度引起了相当大的争议。小农场主不再受市场欢迎，而高产品种的引进与化肥的过度使用，造成了生态被破坏。但是对于印度的政治领导人而言，如果不考虑农民，为了粮食安全付出些代价也是值得的。[36]

正如我们在墨西哥所看到的，印度现代遗传学的发展与对食物供应的担忧紧密相关。印度农业研究所最初是由殖民政府在 1911 年建立的，很快就成为独立后的印度开展植物遗传学研究的领导中心。在研究所工作的科学家取得了一系列重要突破，特别是在开发适应南亚市场的小麦杂交品种方面。这项工作的开展得益于印度独立之后科学经费的井喷。1948—1958 年，印度的国家科学预算增长了近 10 倍。这反映出印度总理贾瓦哈拉尔·尼赫鲁特别提倡的信念，也就是印度需要对现代科学技术进行投入，以便摆脱过去的问题。他警告道，如果没有“科学精神”，印度“注定要衰败”。考虑到这一点，印度政府启动了一系列“五年计划”，旨在提升本国的科学能力。这种新方案的制定直接受到苏联的启发，因为苏联从 20 世纪 20 年代末开始，就实施了一系列五年计划。尼赫鲁本人并非共产主义者，但他仍然对社会主义有所向往，并且认为印度在向美国学习的同时，也可以向苏联学习。事实上，就在 20 世纪 50 年代，很多印度遗传学家被派往莫斯科和北京，以了解社会主义国家正在开展的农业科学研究。[37]

1951—1956 年的第一个“五年计划”时期，一大批新的科学机构建立起来。其中也包括 1954 年在孟买郊区成立的原子能机构。独立后的印度政府在原子研究领域大量投入。人们希望核能或许能给这个新生国家提供可靠的能源，从而减少对进口石油与天然气的依赖。与此同时，印度政府秘密启动了一项核武器计划，于 1974 年 5 月首次成功试爆。正如我们在其他地方所看到的，印度原子科学的发展与现代遗传学如影随形。1958 年，尼赫鲁亲自命令原子能机构开展一项课题，研究“这些爆炸对于当世以及后世的遗传学影响”，原子能机构也因此在内部专门成立了一个分子生物学部门。[38]

新设立的分子生物学部门由杰出的印度遗传学家奥贝德·西迪基（Obaid Siddiqi）主管。1932年，西迪基出生于印度北部的北方邦，年轻时差点离开印度。1947年，英国人将印度次大陆划分为以穆斯林为主的巴基斯坦和以印度教徒为主的印度。这最终导致现代历史上最大规模的移民事件之一，超过1400万人从一个国家迁移到另一个国家。印度次大陆上的宗教暴力事件频发，数十万人因此丧生。西迪基是一名穆斯林，他的大家族中的多数成员搬到了巴基斯坦。在这危急时刻，西迪基最终还是决定留在印度完成学业。他进入北方邦的阿里格尔穆斯林大学（Aligarh Muslim University）开始攻读生物学学位。在学校期间，西迪基参与了激进的政治活动。1949年，还在读大学的他与一群共产主义活动家一同被捕，并被关押在当地的监狱。西迪基后来还回忆起被警卫殴打的情景。最终，他在两年后被无罪释放。[39]

考虑到入狱的经历，西迪基很可能会接受劝告搬到巴基斯坦。然而，和很多印度穆斯林一样，他最终还是把印度当作自己的祖国，认为没有理由搬到国外去。西迪基实际上相当爱国。他希望能够通过自己的科学研究为这个新国家的发展作出贡献。因此，1951年从阿里格尔穆斯林大学毕业后，西迪基就加入了德里的印度农业研究所。他计划把自己的一生都献给植物遗传学。转眼来到1954年，一场反常的冰雹风暴摧毁了西迪基一直在研究的全部作物。自己的心血被毁后，他开始反思自己真正想要在科学生涯里做的事情。他碰巧读到1953年4月DNA结构被发现的消息。西迪基因最近的这项突破兴奋起来，决定重新接受学术训练。1958年，他搬到苏格兰，开始在格拉斯哥大学攻读分子生物学的博士学位。[40]

1961年，取得博士学位后的西迪基，又获得了宾夕法尼亚大学研究员的职位。此时，印度科学家在美国做博士后的现象越来越普遍。

美国政府热衷于支持印度的科学发展，仍然是希望借此阻止共产主义在亚洲的传播。对于很多印度科学家而言，他们认为美国是比英国更有吸引力的替代国，毕竟英国是过去殖民他们的强权。西迪基在美国科学界声名鹊起。他甚至见到了自己的科学偶像——美国生物学家詹姆斯·沃森，也就是1953年有关DNA结构原始论文的作者之一。同样是在美国，西迪基取得了第一次重大突破。西迪基在和宾夕法尼亚大学的美国遗传学家艾伦·盖伦（Alan Garen）合作期间，发现了一种自然机制，生物体有时可以通过这种机制，免受某些基因突变的影响。在某些情况下，被称为“抑制突变”的第二种突变，抵消了早期更具破坏性的突变效应。西迪基和盖伦研究的对象是细菌，但“抑制突变”会在所有生物体中发生。因此，他们的研究结果对人类健康的研究具有更广泛的意义，这使得科学家能够精确地指出特定基因突变的影响。[41]

20世纪60年代初，奥贝德·西迪基打算回到印度。但是当时印度还没有适合进行分子生物学前沿研究的实验室。考虑到这一点，他给孟买的原子能机构负责人写信，对方是一位名叫霍米·巴巴（Homi Bhabha）的核物理学家。西迪基解释道：“我认为，在印度，无论是从设施角度，还是从知识环境的角度而言，物理科学实验室都比传统的生物机构更适合发展分子生物学。”时机刚好。巴巴最近才应尼赫鲁的要求，在原子能机构内设立了分子生物学部门。1962年夏天，巴巴邀请西迪基返回印度主管新实验室，不久后又将实验室搬入附近的塔塔基础研究所（Tata Institute of Fundamental Research）。“我个人非常愿意支持印度分子生物学和遗传学方面的工作。”此时正在协助发展印度核能计划的巴巴这样写道。[42]

整个20世纪70年代，西迪基一直在孟买工作，并取得了一系列重大科学突破，其中大部分工作是在神经遗传学这个新兴领域完成的。“冷战”期间，科学家担心诸如原子辐射和化学战导致的基因突变，可能会影响神经系统的功能。20世纪70年代初，这是一个异常紧迫的问题，因为美国刚刚在越南战争中部署了一种代号为“橙剂”的毁灭性化学武器。美军的直升机将这种化学药剂喷洒到越南各地以摧毁树叶，从而减少敌方士兵的掩护。然而，“橙剂”后来被证明会导致人类罹患癌症以及慢性皮肤炎症。“绿色革命”之后，化肥和农药的用量增加，同样引发了关注。其中也有一些物质被认为会导致基因突变。事实上，“橙剂”最初就是作为化学除草剂被开发出来的。

西迪基开始研究化学诱导突变对于神经系统的影响。和同时期的很多遗传学家一样，他选择研究果蝇。这种生物易于繁殖，并且染色体数量少，使得遗传分析更加简单。在孟买的实验室里，他开始将果蝇幼虫暴露于一种危险化学物质之中，这种物质被称为乙基甲烷磺酸盐（ethyl methane-sulfonate，EMS）。1968年，西迪基曾在加州理工学院担任过一年的客座教授，此时他开始和该校的美国遗传学家西摩·本泽（Seymour Benzer）通信。西迪基和本泽的共同研究表明，化学诱导果蝇的基因突变并使其瘫痪是可能的。他们识别出的基因，能够调节果蝇神经内的电信号传导，从而影响果蝇瘫痪。这是一个让人难以置信的重要发现，它开辟了全新的研究领域。此前，果蝇主要被用于研究相对简单的特征遗传学，如研究眼睛的颜色。这时科学家开始研究更复杂的特征，如基因调节神经系统发育的方式。[43]

除了与美国遗传学家的合作，奥贝德·西迪基还与一位名叫维罗妮卡·罗德里格斯（Veronica Rodrigues）的印度遗传学家合作，开展了一系列重要实验。罗德里格斯出生于1953年，是印度独立后接受科学训练的一名新生代女性。正如我们在上一章所看到的，在20世纪早期的数十年里，的确有少数印度女性进入了科学界。然而，她们面对着巨大的屏障，尤其是男性同事的性别歧视态度。1947 年印度独立后，性别歧视问题并没有简单地消失。即便在 1975 年，在印度大学攻读科学的学生中，女性占比仍不足 25%。不管怎么说，多亏了印度女科学家协会等活动团体的努力，这一情况开始好转。渐渐地，越来越多的印度女性能够逐梦科学事业。像罗德里格斯这样的人会继续改变整个领域。[44]

罗德里格斯也是另一个贴切的例子，反映出“冷战”期间更广泛的国际政治世界如何影响了科学发展。事实上，她在印度以外的地方度过了人生的前 20 年。她出生于肯尼亚，父母是前往东非找工作的果阿移民，很可能是在 20 世纪初移居肯尼亚的，当时大英帝国招募了数十万名印度劳工前往东非工作。罗德里格斯的家庭相对贫困，早年生活也很艰难。多亏她的父母设法凑足了钱，把罗德里格斯送进内罗毕当地一所学校。正是在这里，她第一次迷上了科学。1971 年，罗德里格斯继续在乌干达的东非大学学习。然而，在抵达首都坎帕拉之后不久，罗德里格斯就被迫逃离。正是在这一年，伊迪·阿明（Idi Amin）在乌干达发动军事政变，大批民众在随后的暴力冲突中丧生。伊迪·阿明针对的目标是乌干达的亚裔居民而非其他族裔。1972 年 8 月，所有印度人都被勒令离境。然而，罗德里格斯并没有放弃进入大学学习科学的梦想。她没有回到内罗毕，而是决定去爱尔兰，进入都柏林圣三一学院攻读生物学学位。[45]

罗德里格斯于 1976 年毕业。此时，严格来说她已经没有国籍了。她在爱尔兰的学生签证业已到期，罗德里格斯无法返回乌干达或肯尼亚。不久前英国也收紧了移民法，以防止那些来自前殖民地的移民混入英国。由于无处可去，罗德里格斯开始考虑搬到印度。她给位于孟买的塔塔基础研究所写信，询问那里有没有适合她的博士学位课程。

西迪基对于罗德里格斯追求科学事业的决心印象深刻，最终同意接受她作为分子生物学部门的学生。1976年底，时年23岁的罗德里格斯抵达孟买。这是她第一次踏上印度的土地。[46]

罗德里格斯取得的重大突破出现在1978年，此时的她还是一名博士生。通过进行一系列细致的实验，她能够分辨出影响果蝇味觉和嗅觉的特定基因突变。和西迪基一样，罗德里格斯也使用化学物质诱导果蝇的基因突变。随后，她测试了果蝇会不会偏好某些物质，如糖或奎宁。罗德里格斯做到了这一点之后，就能够对变异果蝇的解剖结构进行详细的分析，这就是研究的关键。罗德里格斯最终证明，特定的基因控制着果蝇触角上某些传感器的发育。她甚至能够在一条染色体的特定片段中定位这些基因。这是神经遗传学史上奠定了后续研究基础的时刻。罗德里格斯证明，科学家完全有可能追踪基因突变对整个神经系统的影响，达到确定基因突变影响特定的味觉或嗅觉能力的水平[47]。

1947年印度获得独立，不仅标志着印度政治史的重要时刻，而且标志着科学史的重大转折。印度总理贾瓦哈拉尔·尼赫鲁本人曾在剑桥大学学习过自然科学，对科学改变新生国家的可能性充满热情。通过模仿苏联的一系列“五年计划”，印度政府开始打造科研能力，建立起新的实验室和机构。1954年，尼赫鲁宣布，这些将是“为服务祖国而建造的科学殿堂”。大部分早期科学工作的重点是解决饥饿问题。20世纪80年代初，印度已成为这一地区重要的研究中心，来自孟加拉国、斯里兰卡、缅甸、越南和泰国的科学家都在印度农业研究所研究植物遗传学。[48]

去殖民化从根本上塑造了20世纪印度现代科学的发展。印度穆斯林奥贝德·西迪基侥幸逃脱了1947年印度分治后的暴力事件。维罗妮卡·罗德里格斯也经历了帝国的终结。她的一生代表了科学史上的一个时期——我认为我们今天迫切地需要记住这个时期。这是伴随着帝国的落幕，前程似锦的年轻科学家变成无国籍移民的历史；但这也是同一批科学家抓住独立的机会，开辟新道路的历史。[49]

8.3 遗传学与以色列国

每天早上，约瑟夫·古里维奇（Joseph Gurevitch）都会驱车前往耶路撒冷郊区的一座移民营。抵达那里之后，他就立即开始巡视病房——检查患者、接种疫苗并采集血液样本。1949—1951 年，超过 60 万名犹太移民抵达以色列。其中绝大多数在以色列国于 1948 年成立后由政府设立的移民营中待过。很多移民来自欧洲，他们通常是大屠杀的幸存者。另一些人来自中东、非洲和亚洲的犹太社群。前往以色列的每个人都希望在这个长期以来被许诺为“犹太民族的祖国”的地方，从此开启新的生活，摆脱反犹太主义。古里维奇是被请来为新移民提供体检和医疗服务的数百名医生之一。19 世纪末，他出生在德国的一个犹太教正统派家庭，第一次世界大战之后，他前往捷克斯洛伐克学习医学，20 世纪 20 年代初，他移居巴勒斯坦托管地。以色列国成立时，古里维奇在耶路撒冷哈达萨医院（Hadassah Hospital）担任医生。正是在这段时期，他开始对“犹太人的遗传学”产生兴趣。[50]

古里维奇在移民营里四处走动，令他感到震惊的是，抵达以色列的犹太人在身体特征上竟有如此丰富的多样性。比如，也门犹太人看起来与德系犹太人（Ashkenazi）* 迥异，后者又与波斯犹太人很不一样。

* 德系犹太人是中世纪生活在德意志莱茵兰地区的犹太人的后裔。——编者注

然而，根据《旧约全书》，若是追溯到大约3000年前，所有来自不同地区的犹太群体都有着共同的祖先。古里维奇开始猜测，有没有可能利用现代科学的最新技术来追踪这个共同祖先。有了这个想法之后，他在耶路撒冷周围的移民营里收集了数千份犹太移民的血液样本，并将它们保存在哈达萨医院的血库中。每一份血液样本都经过了仔细标记，以确定样本对应的特定族群，随后再测定相关个体的血型——A、B、AB或O。这些工作都完成后，古里维奇开始比较不同犹太社群中各血型人群的比例。[51]

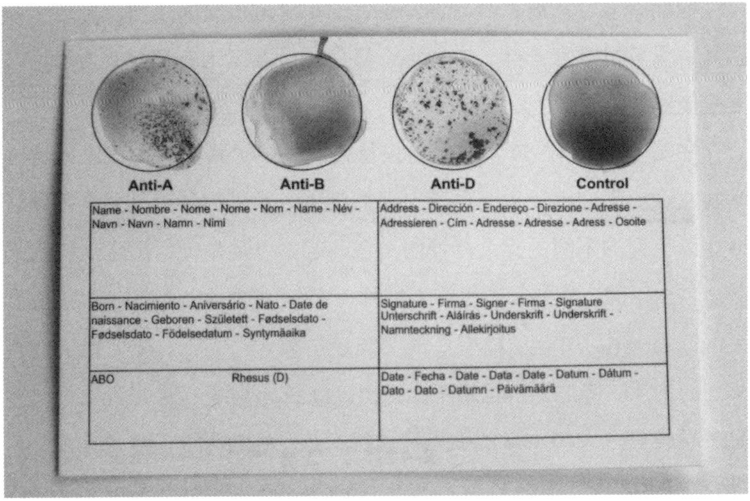

用于鉴定ABO血型以及恒河猴血型系统的测试盒。血样测试在20世纪被人口遗传学家广泛使用。*

---

* 请看插图的表格中，分别需要填写姓名、地址、出生日期、签名、血型结果以及日期，但是因为这些犹太人来自不同的国家，因此使用了多达11种语言，包括英语、西班牙语、意大利语、法语、德语、保加利亚语等。

ABO 血型系统是在 1900 年前后被发现的，因此，古里维奇是在欧洲接受医学教育时首次了解到这一点的。20 世纪 20 年代和 30 年代，还有其他血型系统被发现，比如恒河猴血型（Rh 血型）系统以及 MNS 血型系统，每一种都对人类健康产生不同的影响。举例来说，ABO 血型系统能调节血液的凝固。这就是为什么在输血过程中，输入匹配的血型是如此重要，因为混入不匹配的血型会导致血液凝结。第一次世界大战期间，为了治疗战斗中受伤的士兵，世界各国开始建立血库，以便输血时能提供合适的血液。这些血库虽然主要应用于医疗，但也为基因研究提供了新的机会。遗传学家第一次获得了海量的血液样本，而这些样本很容易被拿来与单个患者的记录进行交叉比对。与这一时期其他很多科学家一样，古里维奇相信，血液测试或许能成为追溯人类遗传史的关键方法。[52]

在整个 20 世纪 50 年代，古里维奇发表了一系列有关犹太人遗传学的文章。通过比较不同血型出现的频率，他试图展示是什么因素让抵达以色列的不同的犹太社群团结在一起，以及是什么因素让特定的群体与众不同。例如，古里维奇宣称，“库尔德犹太人”和“巴格达犹太人”的 A 型、B 型、O 型人群的统计学频率相同。这表明他们拥有共同的传承。不过，古里维奇也指出，M 抗原与 N 抗原出现的相对频率差异较大，大约 40% 的“巴格达犹太人”拥有 M 抗原，相比之下，“库尔德犹太人”中拥有 M 抗原的比例为 30%。在另一篇论文中，古里维奇甚至宣称，“所有犹太社群”都拥有恒河猴血型抗原的某种组合。在他看来这“暗示了犹太人的共同起源”。[53]

20 世纪下半叶是中东地区发生重大政治变革的时期。第二次世界大战之后，欧洲殖民帝国被迫撤出该地区——英国人从埃及与巴勒斯坦撤出，法国人从叙利亚与黎巴嫩撤出。很多新国家就此成立，包括

1948 年出现的以色列国。和其他地方一样，以色列人也普遍认为现代科学是新兴国家成功的关键。耶路撒冷希伯来大学的校长曾在 1960 年指出："以色列是个小国，缺乏物质财富，自然资源匮乏。再怎么强调科学研究对于国家发展的重要性都不为过。"这一观点得到很多政治领导人的认同，包括以色列第一任总理大卫·本-古里安（David Ben-Gurion），他批准设立了一大批科学机构，如 1952 年成立的生物医学研究所。以色列政府也增加了对已有科学机构的资助，其中有不少可以追溯到英国统治巴勒斯坦时期，如耶路撒冷希伯来大学。[54]

实际上，国家投资现代科学的现象，在这一时期的整个中东都很普遍。1952 年埃及革命后，贾迈勒·阿卜杜勒·纳赛尔（Gamal Abdel Nasser）批准成立埃及国家研究中心；而在土耳其共和国，政府在 1960 年的军事政变后不久就成立了科学技术研究委员会。埃及和土耳其的政府也都在遗传研究领域有所投入，主要是希望改善农业生产以及人类健康。和以色列的同行一样，埃及和土耳其的医生也对中东人口的基因组成很感兴趣。他们也都为国家认同问题苦苦挣扎。土耳其试图区别土耳其民族与其他民族——如阿拉伯人和犹太人，他们在 1922 年奥斯曼帝国解体前，就长期居住在奥斯曼帝国所占领的土地上。埃及的情况与之相似，纳赛尔领导下的埃及政府提倡将共同的阿拉伯民族身份作为去殖民化以后区域合作的基础，因而政府对人口遗传学研究投入了资金。[55]

我们已经看到，现代科学——尤其是遗传学——在"冷战"期间被用来实现各种政治目的。这在以色列当然也是一样的，尤其当它碰到民族身份认同的问题时。《以色列独立宣言》（*The Israeli Declaration of Independence*）明确指出，"以色列的土地"就是"犹太人的出生地"；修订于 1950 年的《回归法》（*Law of Return*）则宣称，"每一位犹太人都有权来到这个国家"。因此，"谁是犹太人，谁不是犹太人"，这个问题就成为20世纪中叶的一项关键政治议题。约瑟夫·古里维奇只是众多以色列医生中的一员，他们相信现代遗传学可能为解决这一问题提供某种方法。同一时期的以色列政治领导人还就是否需要“移民管理”开展了讨论，他们甚至认为，可能需要以符合医学标准的筛选作为基础。事实上，1950年出台的《回归法》的确包含了一项条款，允许以色列政府拒绝任何可能“危害公共健康”的人。这也是政府设立移民营的部分原因，其目的是给新移民作医学评估，给他们接种疫苗，让他们服用抗疟疾药物。在塑造中东地区现代遗传学的发展中，国家认同与公共健康这两个关注点发挥了关键作用。[56]

1961年9月，耶路撒冷希伯来大学主办了一场关于人口遗传学的重大国际会议。与会者包括美国遗传学家詹姆斯·尼尔，他在不久前还是日本原子弹伤亡委员会的成员。此外还有英国遗传学家阿瑟·莫兰特（Arthur Mourant），他于1954年出版了一部名为《人类血型分布》（*The Distribution of the Human Blood Groups*）的作品，颇具影响力。其他一些人来自印度、巴西和土耳其等国，他们都分享了有关不同人类起源的最新研究。然而，其中并没有来自邻近的阿拉伯国家的代表，尽管这些国家的科学家此时也在研究人口遗传学中的类似问题。例如，贝鲁特美国大学（American University of Beirut）的黎巴嫩医生穆尼布·沙希德（Munib Shahid）最近发表了一系列论文，谈到阿拉伯人群中镰状细胞贫血症的患病率，而开罗国家血清研究所（State Serum Institute）的埃及医生卡里玛·易卜拉欣（Karima Ibrahim），其实还与莫兰特合作撰写了一篇论文，主题是“埃及人的血型组别”。然而，考虑到1948年才刚刚爆发的阿以战争，以及以色列军队在1956年的苏伊士危机中占领了西奈半岛，沙希德与易卜拉欣双双缺席了在耶路撒冷举行的会议，这或许并不令人意外。[57]

这场会议由一位名叫伊丽莎白·戈德施密特（Elisabeth Goldschmidt）的以色列遗传学家组织。和这一时期其他很多犹太科学家一样，戈德施密特是来自纳粹德国的难民。1912年，戈德施密特出生于一个犹太家庭，于20世纪30年代初进入法兰克福大学，开始学习医学，但是在纳粹党崛起后就被迫逃离。逃到英国后，戈德施密特又进入伦敦大学学习动物学，并于1936年毕业。随后，她移民到巴勒斯坦托管地，在耶路撒冷希伯来大学攻读博士学位，以蚊子为课题研究遗传学。在美国待了一年后，戈德施密特于1951年回到以色列，在希伯来大学协助开设了专门的遗传学课程，这在以色列尚属首次。1958年，戈德施密特还成立了以色列遗传学会，自己担任首任会长。[58]

1961年的这场会议背后还有一个重要人物，他叫查姆·谢巴（Chaim Sheba），是一位以色列医生。和戈德施密特一样，谢巴也成长于反犹太主义抬头时期的欧洲。1908年，谢巴出生于奥匈帝国，在当地的几所犹太学校读过书后，他于20世纪30年代初前往维也纳学习医学。1933年，考虑到纳粹党刚刚在邻国德国的选举中获胜，谢巴决定最好还是离开奥地利，于是移民到巴勒斯坦托管地。20世纪50年代初，他就职于特拉维夫城外的特哈休莫医院（Tel-Hashomer Hospital）。和古里维奇一样，谢巴把大部分时间花在附近的移民营里，他采集血液样本并照顾患者。也正是在这段时间，他开始对"以色列犹太族群的遗传分化"感兴趣。[59]

20世纪60年代初，以色列已经被普遍认为是人口遗传学研究的一处高地。在1961年的会议开幕式中，耶路撒冷希伯来大学校长宣读道："以色列多样化的人口来自世界各地，他们曾生活在不同的环境中，这为遗传学家提供了一个独特的实验室。"虽然会议论文包含的主题非常广泛，但是其中大多数还是关注人口遗传学与疾病之间的关系。例如，戈德施密特介绍了自己最近对德系犹太人中泰萨氏病（Tay–Sachs disease）——一种影响神经系统的遗传疾病——患病率的研究，而谢巴则讨论了他在不同犹太群体中对 G6PD 缺乏症——一种代谢紊乱的疾病——患病率方面的研究。[60]

需要澄清的是，这类研究并非以色列独有，实际上在整个“冷战”期间，这些研究在全世界都很普遍。与会的其他科学家展示了他们对于不同地区和民族群体的研究成果。一位日本遗传学家描述了他最近对“高加索人与日本人之间差异”的研究，而一位巴西遗传学家介绍了他对“白人”和“非白人”群体中突变的研究。预料之中的是，以色列的参会者会确保他们的研究与纳粹实行的优生学有清晰的区别。在整个 20 世纪 60 年代，戈德施密特极为努力地反对优生学对现代科学的持续影响，以此警示国际社会，“伪遗传学论证曾被当作清除数百万人的借口”。会议中还有一位科学家也在敦请与会者牢记“曾有人打着人口遗传学的旗号，犯下罄竹难书的暴行”。[61]

“冷战”是人们对于种族与身份认同的科学理解发生重大转变的一段时期。第二次世界大战之前，大多数科学家将种族理解为一个显而易见的生物学事实。然而，在大屠杀之后，这种观点遭到越来越多的抨击。联合国在 1950 年出版了一份颇具影响力的《关于种族的声明》，其中指出：“就所有现实的社会目的而言，‘种族’与其说是一种生物学现象，不如说是一种社会迷思。”遗传学家并没有将种族视为一个固定的生物学概念，而是开始认为它是不断变化的。因此，现代人口遗传学的重点不是识别固定的种族群体，而是追踪不同社群随时间推移进行的迁徙与融合。这也是血型研究成为流行课题的一个原因。“对血型的研究表明，在那些最有民族自豪感的国家里，人口也不是完全同质化的，这支持了当今种族只是暂时融合的观点。”英国遗传学家阿瑟・莫兰特解释道。在任意一个特定的族群中，实际上都存在着大量的遗传多样性。他因此总结道：“我们必须否定一切将血统视为种族因素的神秘主义观念。”[62]

然而，这些看待种族的观点，在理论上维持起来很容易，在实践中则不然。在很多新兴国家逐渐形成的时期，对于民族构建强烈认同感的政治诉求，往往更有优势。我们已经看到，就在1948年以色列国成立后不久，约瑟夫·古里维奇声称通过对ABO血型的研究确立了“犹太民族的共同起源”。谢巴也提出了类似的说法，认为G6PD缺乏症的患病率——众所周知是遗传性的——可以用于追溯不同犹太群体的“种族起源”。也有一些人秉持怀疑的态度。例如，戈德施密特否认泰萨氏病是确定犹太人身份的标志，而莫兰特认为，“现代犹太社群的遗传结构显示出广泛的差异”。最终，大多数科学家试图找到一种平衡，认为尽管不存在单一的“犹太基因”，但是仍然有可能通过不同的犹太群体的遗传历史来追踪他们的迁徙。[63]

在查姆·谢巴与阿瑟·莫兰特探讨人类遗传史的同时，另一个课题组正在探索农业的起源。长期以来，历史学家一直认为，最早的农耕社会可以追溯到大约一万年前位于巴勒斯坦与波斯之间的某片地区，那里通常被称为“肥沃新月”。20世纪60年代初，耶路撒冷希伯来大学的一支科学家团队开始验证这一假设，团队由一位名叫丹尼尔·佐哈里（Daniel Zohary）的植物遗传学家领导。1926年，佐哈里出生于耶路撒冷，他父亲是一位著名的植物学家，第一次世界大战后从奥地利移居到巴勒斯坦托管区。佐哈里小时候会陪着父亲实地考察植物，他甚至在加利利海附近学习了植物分类学的基础知识。1946年，他进入耶路撒冷希伯来大学学习植物学，希望能够子承父业。然而，他的学业因1948年爆发的阿以战争中断。耶路撒冷希伯来大学位于斯科普斯山（Mount Scopus）上的原校区被外约旦军队占领，不得不搬离。佐哈里设法逃脱此难，又接着在战争中服役，而他最好的朋友在战争中牺牲了。战斗结束后，佐哈里回到位于吉瓦特拉姆（Givat Ram）的大学新校区，完成了他的学位课程。[64]

此时，佐哈里掌握的科学知识与他父亲并没有太大的不同。20 世纪 50 年代初，他到美国留学，这一切发生了变化。1952—1956 年，佐哈里在加州大学伯克利分校攻读遗传学博士学位。正是在这里，他学会了一些技术，后来以此鉴定驯化作物的起源。佐哈里每天都会在显微镜下观察植物的染色体，对它们进行染色，对比色带图案。在加利福尼亚州，佐哈里还遇到了他终生的朋友兼合作者，一位名叫杰克·哈兰（Jack Harlan）的美国遗传学家，哈兰后来在美国农业部工作。佐哈里和哈兰都希望“找出谷物的早期驯化是在什么时候、什么地方以及什么情况下发生的”。然而，佐哈里很快意识到，如果他真的想解决这个问题，就需要回到“肥沃新月”当地寻找答案。因此在完成博士学位后，佐哈里于 1956 年回到以色列，在耶路撒冷希伯来大学遗传学系任职。[65]

佐哈里研究农业历史的方法，和我们之前碰到的“墨西哥农业计划”开展的相关工作有很多共同之处。首先，佐哈里外出采集不同的野生植物品种，特别是那些他认为可能与小麦、大麦等主要作物有关的野生植物。这件事说起来容易，实际做起来却不简单，特别是因为“肥沃新月”地区的范围远远超出了以色列的领土。佐哈里不得不寻求一些帮助，给在美国的哈兰与英国、伊朗、苏联的植物学家写信，请求他们从当地的种子库寄出样品。此前不久，由联合国粮食及农业组织支持，土耳其西部的伊兹密尔（Izmir）建立起一座重要的地区性种子库，这才使这项工作变得容易。在收集了大量的野生植物后，佐哈里开始比较不同种类的野生植物。20 世纪 50 年代，他专注于使用自己的“染色体分析”技术，这是他在加利福尼亚州学到的一项技术，意思是给植物染色体染色，随后放到显微镜下比较。然而，随着 20 世纪 70 年代一系列技术取得突破后，佐哈里还能够从想要比较的植物中直接提取出 DNA，并对特定的序列进行分析。这样一来，他就有可能精确地计算出不同植物之间的“遗传距离”，从而确定哪些植物是近亲，哪些植物是远亲。佐哈里指出：“在解决驯化植物的起源问题方面，我感觉这些新型分子技术的影响才刚刚发生。”[66]

经过近 30 年的深入研究，佐哈里出版了他的主要著作《旧大陆的植物驯化》（*Domestication of Plants in the Old World*，1988 年出版）。在和德国考古学家玛丽亚·霍普夫（Maria Hopf）合著的这本书中，佐哈里证实了小麦和大麦这样的主要作物，的确是在大约一万年前的古代中东地区首次被驯化的。尤为重要的是，他还能够识别出当代许多作物的野生祖先，证明它们之间确切的“遗传关系”。这是一项相当了不起的学术成就，但佐哈里的工作还有实用的一面。佐哈里在耶路撒冷希伯来大学的一位同事指出：“发现耕作谷物的原始野生祖先……让应用这些谷物作为遗传材料，进一步改良作物，有了更多的可能性。”这是一个简单的想法，但成效显著。通过将现有的小麦、大麦品种与其野生祖先杂交，农业科学家能够显著地提高作物产量。佐哈里本人也意识到，这项研究不仅能开发小麦和大麦的改良品种，而且能改良蔬菜和水果。这成为以色列实现粮食生产自给自足的主要驱动力，因为数十万名犹太移民在 20 世纪 40 年代末涌入，以色列人口急剧增加，因此改良品种迫在眉睫。[67]

20 世纪下半叶，科学家使中东成为人类历史的“十字路口”。无论是不同民族的迁徙，还是农业的起源，巴勒斯坦周围的土地被普遍认为是过去一万年间某些重要事件的发生地。在本节中，我们看到以色列科学家如何利用现代遗传学的最新进展来更好地了解这段历史。正如我们在其他地方看到的那样，以色列现代遗传学的发展与国家形成的过程密切相关。对于无限制移民的担忧，引发了科学家对犹太遗传学的兴趣，而对农业深层历史的研究，成为粮食增产这项宏伟计划中的一部分。[68]

很多以色列科学家是纳粹德国的难民或大屠杀的幸存者，他们在打击科学领域中的反犹太主义观念方面也发挥了重要作用。以色列遗传学会的创始人伊丽莎白·戈德施密特开展了很多工作，来对抗第二次世界大战以后优生学在人口遗传学研究中的持续影响。但正是在同一时期，其他一些以色列科学家认为，想要追溯不同的犹太社群的种族起源，现代遗传学或许可以提供一种途径。在某种程度上，这些人类遗传学方法自相矛盾，但这种现象并非以色列所独有，事实上它是第二次世界大战后的普遍特征。在土耳其，遗传学家通过血液样本区分“阿拉伯人”和“土耳其人”；而在伊朗，同样的技术被用来追溯琐罗亚斯德教的起源。亚洲和美洲也出现了类似的研究。严格地说，科学界已经拒绝将种族看作一个有意义的生物学概念。但事实证明，在科学概念与中东等地区需要强烈民族认同感的政治诉求之间，往往很难找到平衡。如今，遗传、种族和民族主义之间的紧张关系依旧悬而未决，而我们就生活在它们的后续影响之中。[69]

8.4 结论

2000 年 6 月 26 日，美国总统比尔·克林顿在白宫东厅举行新闻发布会。一同参会的还有德国、法国和日本的驻美大使，英国首相托尼·布莱尔则通过视频进行连线。在全世界媒体的瞩目下，克林顿开始了他的演讲。他在演讲中宣布：“我们今天欢聚在这里，是为了庆祝首次对人类基因组的完整破译。”紧接着，他又解释了“来自 6 个国家的超过 1000 名研究人员”如何“揭示出我们神奇的基因密码中总计将近30亿个碱基”。10年之前，美国启动了“人类基因组计划”。它耗资30亿美元，直到2000年夏天，科学家才终于完成了整个人类基因组序列的草图。制作人类基因组图谱，是希望帮助科学家更好地了解癌症和帕金森综合征等疾病的原因。这样一来，那些因为遗传因素而具有更高患病风险的人，可以在症状出现之前就被识别出来，从而能够根据个体的水平有针对性地设计药物。尽管该项目由美国领导，但它是一次真正意义上的国际合作，英国、法国、德国、日本和中国的遗传学家都参与了测序。不同国家的不同团队被分配到人类基因组的特定部分，如特定的染色体。这些结果最终被统合起来，得出完整的基因序列。[70]

对于很多人而言，人类基因组计划就是“冷战”终结的象征，克林顿也不例外。该项目启动之时，正是苏联开始解体之际，参与计划的研究人员遍布各大洲，也包括在中国工作的科学家。当时中国已经实施经济改革，并与美国发展正常外交关系。克林顿声称，人类基因组计划将“致力于让世界上所有公民的生活都更美好”。布莱尔也支持这一观点，他谈到一个“全球化的社会……如今正在跨越国界，努力守护我们的共同价值观，并让这一非凡的科学成就为全人类服务”。[71]

正如我们在本章中看到的，现代遗传学的发展本质上取决于“冷战”时期的政治，尤其受到国家形成过程的影响。因此，当时的人们不禁想象，人类基因组计划将成为过渡，彼此竞争的“冷战”时代将在这一时期让位于全球化的新时代。这当然是比尔·克林顿和托尼·布莱尔——他们或许是苏联解体后与全球化浪潮关系最密切的两位政治家——对人类基因组计划的理解。“从基因的角度来说，无论属于哪个种族，所有人类的相同性都在99.9%以上。”这个观点吸引了那些希望促进“共同人性”的景象出现的人。人类基因组计划被认为是创造没有种族歧视的未来所必需的一部分。[72]

然而，如果我们在这里结束科学史的故事，那就大错特错了。“冷战”的结束并非历史的终结，全球化在 20 世纪 90 年代的扩张，也并没有带来一个更加和谐的世界。人类基因组计划当然没能终结种族主义。我们现在都很清楚，事实上，全球化无论是在科学领域还是在社会领域都导致了更大的分裂，人们比以往任何时候都更加分裂，已有的不平等也更加显著。有针对性地为个体提供医疗的承诺，基本上也未能实现，而科学家仍在继续讨论基因编辑的伦理问题。

所有这些都反映在 21 世纪最初 10 年的遗传学领域发展中。几乎就在人类基因组计划完成的同时，科学家和政治领导人就开始质疑，单一的参考基因组*到底能不能代表人类全体。毕竟，人类基因组计划所测序的绝大多数遗传物质，都来自一名居住在纽约州布法罗市的男性捐赠者，而且几乎可以肯定他是个白人。考虑到这一点，世界各国都开始启动自己的国家基因组计划，其中包括伊朗人类基因组计划（2000 年启动）、印度基因组突变联盟（2003 年启动）、土耳其基因组计划（2010 年启动）、俄罗斯基因组计划（2015 年启动）。“冷战”可能已经结束，但是 21 世纪初与 20 世纪 50 年代一样，遗传学依旧不过是国家形成的工具。[73]

与此同时，很多国家的政府开始批评少数族裔群体，指责他们是各种社会和政治问题的罪魁祸首。例如，美国政府采用了类似的基因检测来针对少数族裔群体。2020 年初，美国国土安全部开始采集穿越美墨边境的移民身上的 DNA 样本，并将结果反馈到一个庞大的犯罪数据库中。今天，现代遗传学所承诺的“共同人性”，似乎比以往任何时候都更遥远。[74]

---

* 参考基因组，指的是一类有代表性的特殊基因组，可以用于识别基因的功能，或对比不同物种之间的差异。

结语：科学的未来

EPILOGUE: THE FUTURE OF SCIENCE

我在整本书中一直在讨论，理解现代科学史的最佳途径，是从全球历史的关键时刻进行思考。我们开始于15世纪的美洲殖民，接着探索16—17世纪跨越亚洲与非洲的贸易和宗教网络的发展。然后我们进入18世纪，在这一时期，欧洲帝国和跨大西洋奴隶贸易显著扩张。而在19世纪，我们目睹了一个资本主义、民族主义与工业化战争交织的时代。最后来到20世纪，我们发现了一个意识形态冲突的世界，一个反殖民民族主义者与革命者的世界。这四段世界历史变迁历程中的每一个时期，都塑造了现代科学的发展。世界各地之间的连接也让不同的人与科学文化联系在一起，人们有时是自己选择的，但往往是被迫的。

为了理解当今的科学世界，我们需要对全球化与民族主义之间的关系保持密切关注。20世纪90年代，政治家与科学家对全球化抱有相当幼稚的态度，认为全球化会带来一个更和谐、生产力更发达的世界，过去的不平等将在全球化过程中被消弭。全球化将人们联系在一起，本应该让我们更加富足，更加国际化。结果证明，这不过是一个虚幻的承诺。事实上，全球化加剧了大多数国家内部的不平等，尽管各国之间的一些不平等因全球化而降低。中国和美国之间的总体经济差距可能已经缩小，然而美国人中最富有的10%，在今天拥有的财富和收入，都比他们在1990年时拥有的更多。这种不平等的加剧，引发了民族主义的复兴——这与全球化拥护者所想象的世界性未来刚好相反。在过去的 10 年中，我们看到了英国脱离欧盟，唐纳德·特朗普当选美国总统，印度的印度教民族主义复兴，以及拉丁美洲各地右翼政治领导人的崛起。[1]

正是全球化与民族主义的奇怪结合，真正塑造了新的全球竞争的特征。世界各国都将自身在全球化科学世界的参与，视为维护国家和区域影响力的手段。

在这篇结语中，我将揭示我们正在见证的全球历史时刻是如何塑造现代科学发展的。我们将追踪三大科学研究领域的最新趋势：人工智能（AI）、太空探索和气候科学。每一项研究领域的未来，都将取决于科学家和政治家如何面对全球化和民族主义的双重作用。科学的未来和世界的未来密不可分。

就目前的情况来看，在一般智力方面，也就是执行多种复杂且相互关联的智力任务的能力方面，计算机远比不上人类。然而，训练计算机来执行特定任务的话，计算机可以完成得十分出色，如从照片中识别出一个人，这还是可能的。这就是现代人工智能，即人们常说的“机器学习”的真正意义所在。科学家编写算法，本质上是发出一组指令，允许计算机在给定的任务中自我训练。随后，算法被输入大量数据——如数十万张人脸的数码照片。通过分析照片，算法逐渐学会区分不同的面部特征，或许还有其他特征。你给予算法的数据越多，它学到的就越多，手头的任务完成得也就越好。面部识别是人工智能研究的一大领域，但它还可以应用在其他很多领域，人工智能已经被用来作投资决策、确定军事目标、诊断疾病和翻译外语。正因为它的用途如此广泛，尖端人工智能研究的经济与地缘政治效益可能是巨大的。

很多国家近年来对人工智能的兴趣迅速增长，清楚地说明了新的国际竞争如何塑造了当今的科学发展。在美国等国看来，人工智能有可能改变经济，扰乱现有的就业模式，但也会创造全新的工作领域。与此同时，人工智能被视为国家安全的关键。世界上很多国家越来越多地转向发展人工智能技术，如通过面部识别软件来增强监视能力和军事硬件。各国之间的竞争，以及计算机科学研究的全球关联性，正在推动大量增加的资金注入人工智能领域，这些结果在最近几年引发了一系列重大突破。[2]

其中有些突破可能会以积极的方式改变我们的生活。2019 年，广州医科大学的一支研究团队发表了一篇论文，其中讲述使用人工智能扫描数百万名患者的病历，从而发现常见儿童疾病的早期迹象。通过匹配症状模型，同时交叉比对医学测试结果，可以实现这一点。研究人员发现，他们的算法能够准确地诊断包括胃肠炎、脑膜炎在内的各种疾病，即使在医生还没有发现这些疾病的情况下也能诊断。人工智能越来越多地应用于世界各地的医院。科学家已经开发出可以分析 X 射线或 MRI 扫描的算法，并根据结果识别疾病的迹象。这些算法运行的水平已经相当于训练有素的放射科医生，从而实现了对癌症等疾病更低成本、更快的诊断。

所有这些状况听起来可能相对温和，但是我们仍然有理由怀疑人工智能是否带来积极影响。近年来，研究取得的突破是私营企业和国家政府收集的个人数据量大幅增加的结果。毕竟，现代人工智能背后的基本思想已经存在了几十年，面部识别等任务的理念其实早在 20 世纪 60 年代就形成了，但是如果人工智能训练依赖的算法没有以海量数据为基础，科学家就无法取得多少进展。而现在，私人社交媒体公司和国家政府已收集了数亿人的个人数据，就可以训练算法去完成过去本不可能完成的任务。[3]

人工智能近年来的发展产生自一场已经在全球展开的竞争。美国等国的公司都在非洲投资人工智能研究设备。预料之中的是，这既有积极的一面，又有消极的一面。增加的投资让非洲科学家能够将人工智能研究推向对他们而言十分重要的方向。例如，位于加纳的谷歌人工智能中心于2019年启用，该中心的研究人员一直在训练算法，以确定木薯等非洲主要作物的发病情况。接下来，软件将帮助非洲农民更快地应对病虫害。另外一个人工智能项目是改进处理和翻译非洲语言的算法，这些都是美国和欧洲研究人员到目前为止基本忽视的工作。非洲数学科学研究所机器学习领域教授、加纳谷歌人工智能中心主任穆斯塔法·西塞（Moustapha Cissé）对此持乐观态度。“机器学习研究的未来在非洲。”他最近曾对记者说。[4]

当然，美国公司在过去十多年里一直在非洲收集公民数据。特别是“脸书”，近年来在非洲大举扩张。为什么？这与非洲各国数据保护立法与执法相对较差的状况有很大关系。这种情况在一定程度上推动了外国企业在非洲进行重大的人工智能项目投资。[5]

人工智能也在中东蓬勃发展，研究的议程安排再一次受到全球政治的影响。2020年8月，阿拉伯联合酋长国（简称“阿联酋”）与以色列签署了和平协议。这项由美国斡旋达成的协议是一项重大的外交突破，所有希望中东长久和平的人都对这项协议表示了热烈的庆贺。协议签署后，阿联酋成为第三个承认以色列主权的阿拉伯国家。作为协议的一部分，阿联酋和以色列还同意在人工智能研究方面开启合作。位于阿布扎比的穆罕默德·本·扎耶德人工智能大学（Mohamed bin Zayed University of Artificial Intelligence）的科学家，如今将与以色列魏兹曼科学研究所（Weizmann Institute of Science）的同行一起参加一系列研讨会。在达成和平协议之前，这种科学合作几乎是不可能的，因为过去阿联酋人和以色列人都无法前往彼此的国家。[6]

在这项协议中，我们看到科学合作能够促进国际和平。与此同时，我们也不应忽视是什么动机促使中东国家投资人工智能。无论是以色列还是阿联酋，它们关注的核心问题都是国家安全。以色列国防军已经在使用人工智能识别巴勒斯坦的潜在军事目标。据以色列一位军事工程师称，他们的软件能够预测“（火箭）发射装置最有可能被安装的区域与时间。这就让我们能够提前知道会发生什么，以及应当攻击哪些地区”。安全也是阿联酋投资人工智能的主要驱动力。阿联酋安全部门已经开始使用面部识别软件追踪人口。就在新冠疫情肆虐期间，迪拜警方甚至使用这个软件来监控个人有没有遵守社交距离指南。[7]

随着新的全球竞争在亚洲、非洲以及中东地区展开，全球化和民族主义的力量正在塑造着人工智能的增长。另一个重要的科学研究领域也是如此，它也会让人回想起 20 世纪发生的“冷战”。近年来，人们对太空探索的兴趣越来越浓厚。新一轮竞争由此开始。这些太空探索计划通常需要国际合作，这也再一次提示人们，全球化是如何持续地影响科学研究的。2014 年阿联酋航天局的成立就是一个很好的例子。为了提升科研能力，阿联酋从美国和韩国招募了科学家与工程师，为卫星设计提供建议并协助规划未来的太空任务。经过 6 年的不懈努力，阿联酋于 2020 年夏天启动了一项无人火星探测任务，其中同样包含着国际合作要素。阿联酋的火星探测器是用日本运载火箭从日本种子岛太空中心发射的。通过国际合作，阿联酋成为第一个走向太空的阿拉伯国家。“这是阿联酋的未来。”阿联酋火星任务项目副经理萨拉·阿尔·阿米里（Sarah Al Amiri）宣布。[8]

可这又是怎样的未来？诚然，有很多事情值得乐观看待。阿联酋的火星任务在一定程度上能够提升女性在阿联酋科技领域的参与水平。女性科学家阿尔·阿米里的团队成员中有三分之一是女性，这毫无疑问将会激励该地区新一代的女性科学家。当然，阿联酋还需要进行更多的努力，不过取得进展总是值得欢迎的。另外，从更宏大的角度而言，阿联酋需要从依赖石油的经济模式，转型成为中东的科技发展中心，对空间科学的投资也是计划的一部分。阿联酋甚至还有一项在阿布扎比建造太空港的计划，以支持商业化太空旅游。[9]

与很多国家的太空探索一样，阿联酋项目中也有民族主义的成分。阿联酋希望在中东维持领头羊的地位，并将空间科学带来的声望视为实现这一目标的手段。就在火星探测器发射后不久，阿联酋政府的社交媒体账号发布了一条消息，称之为“阿拉伯地区的骄傲、希望与和平”。阿联酋随后承诺，将在“新的阿拉伯和伊斯兰大发现的黄金时代”中引领潮流。阿联酋也对火星任务精心地进行了策划，刚好可以给阿联酋建国 50 周年献礼。2021 年初，探测器最终抵达火星，它因此成为全国庆祝活动的重要组成部分。根据阿联酋政府的说法，这是“我们历史上的一个决定性时刻，标志着阿联酋已经加入参与太空探索的先进国家行列”。[10]

世界各国政府都明确无误地将空间计划的发展视为国家威望的标志。然而，空间科学也可应用于更加实际的目的，特别是在安全和国防方面。2018 年，土耳其航天局成立后，土耳其政府对此直言不讳。“土耳其已经证明了自己在国防工业方面的技术能力。”当时的工业与科技部部长解释道。就在土耳其开始设计并建造本国的军用无人机和火箭之际，他进一步谈道：“空间技术将让我们在新颖且独特的维度上扩展。”印度同样将空间科学视为维持其军事实力的手段。除了一系列无人登月任务，印度还在相关军事技术上投入重金。2019 年 3 月，印度总理纳伦德拉·莫迪（Narendra Modi）宣布，印度成功地进行了第一次反卫星试验，用一枚地对空导弹击落了自己的一颗卫星。这被普遍认为是印度针对邻国做出的展示。民族主义的印度人民党领导人莫迪庆祝了导弹试射，认为印度现在已经成为世界领先的“太空强国”之一。[11]

我们已经看到，全球化和民族主义究竟如何影响了人工智能和太空探索的发展。世界大国之间的竞争，以及阿联酋和以色列等地区大国之间的竞争，正在为科研领域的合作和竞争提供驱动力。这就是塑造了我们自己所处的这一全球历史时刻的国际竞争。科学研究还有最后一个领域，它所受到的全球化和民族主义的双重推动，比其他任何领域都多。

我们正在经历一场气候危机。这显然是一个全球性问题，温室气体排放对我们共同生活的环境造成了不可逆转的损害。气候变化将给世界带来浩劫，数亿人将被迫成为气候难民，只因他们的生产资料遭到破坏。自从 1990 年政府间气候变化专门委员会（IPCC）第一次评估时明确揭示了气候危机，几十年以来，气候变化的基本事实已经为人所知。IPCC 由世界气象组织（WMO）和联合国环境规划署（UNEP）设立，会集了全球各地的专家，评估气候变化的科学证据，并提出可行的解决方案。在第一次评估中，IPCC 得出结论称，温室气体排放的增加很可能导致了过去 100 年中全球平均气温的升高。按照这个速度，预计全球平均气温将在未来 100 年内再升高 3℃。IPCC 还强调，气候变化需要由全球科学家群体进行研究，以协调全球应对措施。这也是“冷战”和去殖民化运动后，科学力量试图重新寻找平衡的一种表现。来自中国的科学家，过去属于苏联的科学家，与来自欧洲、美国、拉丁美洲、南亚、非洲以及中东的科学家一同工作。[12]

然而，尽管 IPCC 已经尽了最大努力，但 20 世纪 90 年代至 21 世纪第一个 10 年，几乎没有采取应对气候变化的具体行动。各国争相签署各种国际协议，比如 1997 年的《京都议定书》，协议要求各国减少温室气体排放，但是全球变暖现象仍在迅速恶化。但人们的情绪已经开始改变。世界上很多排放量较大的国家，现在已意识到气候变化是国家安全和经济繁荣的主要威胁。

在气候研究的未来发展中，拉丁美洲将是另一个重要的参与者。拉丁美洲目前也将关注的重点越来越多地放在区域研究上。卡罗莉娜·维拉（Carolina Vera）是布宜诺斯艾利斯大学的一位气候科学家，也是 IPCC 的成员，正在这方面进行开创性工作。她和阿根廷马坦萨河（Matanza River）沿岸种植玉米的本地农民密切合作，绘制出洪水风险地图。在此之前，气候科学家往往忽视土著居民和当地农民的知识。然而，维拉正在将现代气候科学与当地知识相结合。她的团队使用科学设备收集降雨量数据，随后采访当地农民，以便更好地了解该地区洪水发生的时间和影响。在最近的一篇论文中，维拉解释道："我需要认识那些有可能利用我的研究或从研究中受益的人，和他们对话，与他们平等合作。"通过汇集科学和当地知识，维拉和她的团队能够绘制出更精确的洪水风险地图。这些区域性研究结果随后被反馈到 IPCC 生成的全球气候模型中。[13]

科学现在不是，也从来不是欧洲独有的事业。在这本书中，我们看到了来自世界各地的人民和文化如何为现代科学的发展作出了贡献。从阿兹特克的博物学家和奥斯曼的天文学家，到非洲的植物学家和日本的化学家，现代科学史需要作为一个全球故事来讲述。如果要谈论科学的未来，我们也应遵循同样的路径。事实上，我们没有理由认为，下一个重大科学发现一定来自欧洲或美国的实验室。在人工智能、太空探索以及气候科学方面令人激动的新工作，已经在亚洲、非洲、中东和拉丁美洲展开。中国的计算机科学家正在机器学习方面取得突破，阿联酋的工程师正在向火星发射航天器，阿根廷的环境科学家也在帮助绘制新的气候模型。

很多事情都值得庆贺，但科学也面临着紧迫问题。私人企业和国家政府正在收集海量的个人数据。土耳其和印度等国正在为代价不菲的空间项目投入大量资金，而这些项目除了展示军事实力和民族主义姿态，其真正的价值则很难说。此外，尽管全世界正在慢慢地意识到气候威胁，但很多国家通常只有在符合本国利益的情况下才会采取行动。[14]

科学家现在发现自己受到新近展开的全球竞争的影响。在美国，国际竞争明显地导致科学家遭到了“种族脸谱化”歧视，越来越多的华裔科学家成为FBI的调查目标；在土耳其，总统雷杰普·塔伊普·埃尔多安（Recep Tayyip Erdoğan）的反对者遭到拘留，其中包括很多顶尖科学家；非洲和拉丁美洲也发生着类似的故事。苏丹的喀土穆大学（University of Khartoum），有一位专门研究非洲遗传多样性的遗传学家蒙塔瑟·易卜拉欣（Muntaser Ibrahim），他于 2019 年 2 月在一次和平抗议活动中被捕，不过谢天谢地，同年晚些时候发生了军事政变，之后他获释了。在巴西，许多气候科学家已经开始匿名发表文章。他们害怕来自右翼总统雅伊尔·博索纳罗（Jair Bolsonaro）的报复，因为博索纳罗自 2019 年当选以来，就冻结了科学预算，并在亚马孙雨林地区推行森林砍伐政策。[15]

挑战十分严峻，但是科学的未来需要在全球化和民族主义的双重力量之间找到出路。我们应该怎么做？我们需要从正确地处理历史开始。现代科学在欧洲被“发明”出来的神话不仅是错误的，而且具有严重的破坏性。当世界上大多数人被排除在这个故事之外时，全球科学界作为一个整体进行合作的希望也将十分渺茫。然而，正如我们在整本书中所看到的那样，伊斯兰、中国和印度的科学家，在中世纪以后的很长一段时间里，都在持续地为现代科学的发展作贡献。

与此同时，我们需要超越对全球化及其历史的幼稚看法。现代科学无疑是全球文化交流的产物。然而，这种文化交流是在权力关系极不平衡的背景下进行的。奴隶制、帝国、战争以及意识形态冲突的历史，是现代科学起源这段故事的核心。17 世纪的天文学家坐着奴隶运输船旅行，18 世纪的博物学家为殖民贸易公司工作，19 世纪的演化论思想家参与了工业化战争，20 世纪的遗传学家在整个“冷战”期间继续推动种族科学。我们需要积极地接触这些历史的遗产，而不是简单地忽视它们。科学的未来，最终取决于对科学全球历史的更好的理解。

致谢

ACKNOWLEDGEMENTS

首先，我想对许多学者表示感谢，他们在最近这些年所做的大量工作改变了科学史领域。过去的科学史是由欧美的案例研究为主导的，而现在我们有大量关于更广阔世界的详细文献。如果没有这些学者在过去十多年来发表的成果，这本书不可能出现。我希望通过将他们的学术工作串联起来，从而说明这些工作对于研究现代科学的起源是多么重要。

在开展研究和编写本书的过程中，许多人慷慨地与我分享了他们对于不同地区、不同语言和不同历史时期的专业知识。在这方面，我要感谢里卡多·阿吉拉-冈萨雷斯（Ricardo Aguilar-González）、大卫·阿诺德（David Arnold）、索马科·比斯瓦斯（Somak Biswas）、玛丽·布雷泽尔顿（Mary Brazelton）、珍妮特·布朗（Janet Browne）、埃利丝·伯顿（Elise Burton）、迈克尔·拜克罗夫特（Michael Bycroft）、雷米·德威尔（Rémi Dewiere）、丽贝卡·厄尔（Rebecca Earle）、安妮·格里特森（Anne Gerritsen）、尼可拉斯·戈麦斯·巴埃扎（Nicolás Gómez Baeza）、罗伯·艾利夫（Rob Iliffe）、尼克·贾丁（Nick Jardine）、圭多万·米尔斯伯根（Guidovan Meersbergen）、普罗吉·比哈里·穆哈吉（Projit Bihari Mukharji）、埃德温·罗斯（Edwin Rose）、西蒙·沙费尔（Simon Schaffer）、吉姆·西科德（Jim Secord）、卡塔扬·沙菲（Katayoun Shafiee）、克莱尔·肖（Claire Shaw）、汤姆·辛普森（Tom Simpson）、查鲁·辛格（Charu Singh）、本·史密斯（Ben Smith）、杉浦未树（Miki Sugiura）和西蒙·维瑞特（Simon

Werrett）。我也非常感谢帮助审读了各章节的科学界的朋友们，特别是来自慕尼黑工业大学的约翰内斯·科诺勒（Johannes Knolle）和雷丁大学的迈克尔·肖（Michael Shaw）。

在过去的四年里，我非常高兴能成为华威大学（University of Warwick）历史系的一员。我想感谢华威大学的所有同事，感谢他们对我的支持，感谢让华威成为一个激发学术想法的工作场所。我也要感谢我们的系主任丽贝卡·厄尔，感谢她在一个非常困难的时期提供的所有帮助，也感谢她慷慨地分享了她在美洲历史方面的专业知识。华威大学的全球历史和文化中心同样是思想和友谊的源泉，我对此非常感激。

在加入华威大学之前，我在剑桥大学工作了10年。我进入剑桥时读的是计算机科学，但离开时我已经是一名历史学家。这在一定程度上证明了剑桥学位课程出色的灵活性，但我也要感谢一路帮助我的人。我尤其要感谢吉姆·西科德，他是我在剑桥大学科学史和科学哲学系时期的博士论文导师，我还要感谢西蒙·沙费尔，他指导了我的硕士论文，在我毕业之后也一直是我伟大的指导者。我还要感谢哈佛大学的珍妮特·布朗审读了我的博士论文，并在我职业生涯的各个阶段给予我支持。我想特别感谢苏伊特·希瓦桑达拉（Sujit Sivasundaram），他也是我的博士论文审读者之一。2010年，苏伊特发表了一篇关于全球科学史的重要文章，这篇文章完全改变了我对这一领域的思考方式。我想感谢苏伊特将我带上全球科学史这条路，也感谢他在过去的10年中成为我的良师益友。

与维京出版社出版这本书是一件非常愉快的事。我想感谢我的编辑康纳·布朗（Connor Brown）和丹尼尔·克雷维（Daniel Crewe），感谢他们在整个项目中的支持和热情。他们提供了各种帮助，特别是鼓励我去完善我的论述。我还要感谢企鹅兰登书屋在策划、营销、宣传、销售和版权等方面的团队，以及杰克·拉姆（Jack Ramm）对本书所做的早期编辑工作。我还要感谢亚历山大·利特尔菲尔德（Alexander Littlefield）、奥利维娅·巴茨（Olivia Bartz）以及霍顿·米夫林·哈考特出版公司（Houghton Mifflin Harcourt）的整个团队，感谢他们为美国版所做的工作。

我还要深深地感谢我的经纪人本·克拉克（Ben Clark）和Soho代理公司，我相信大家都会认为自己的经纪人是最棒的，但本确实是最棒的经纪人！他一直是我的好朋友，也是我的支持者，他带我进入出版的世界，讨论我的想法并阅读我的作品。除了学术界和出版界，我还要感谢其他一些人，没有他们，我不可能写出这本书。我非常感谢欣琴布鲁克医院（西北英格兰国家医疗服务信托基金会）的团队，特别是大卫（David）、罗维纳（Rowena）和赛义德（Syed）。这本书献给我的妻子爱丽丝（Alice）和我的母亲南希（Nancy）。写书是一项富于挑战的工作，如果没有她们的支持，我根本不可能完成。谢谢你，爱丽丝。还有，谢谢你，妈妈。感谢你们为我所做的一切。

注释

NOTES

受本书篇幅限制，我只列出了写作时直接用到的参考书目。出于同样的原因，我在讨论这些注释的时候也尽可能简短。

序言：现代科学的起源

1　几乎所有涉及 20 世纪中期的科学史研究都讲过这个故事，有些比较明确，有些只是提及。例如 Herbert Butterfield, *The Origins of Modern Science* (London: G. Bell and Sons, 1949), Alfred Rupert Hall, *The Scientific Revolution* (London: Longmans, 1954), Richard Westfall, *The Construction of Modern Science: Mechanisms and Mechanics* (Cambridge: Cambridge University Press, 1977), Steven Shapin, *The Scientific Revolution* (Chicago: University of Chicago Press, 1996), John Gribbin, *Science: A History, 1543–2001* (London: Allen Lane, 2002), Peter Bowler and Iwan Rhys Morus, *Making Modern Science: A Historical Survey* (Chicago: University of Chicago Press, 2005), and David Wootton, *The Invention of Science: A New History of the Scientific Revolution* (London: Allen Lane, 2015)。

2　Kapil Raj, *Relocating Modern Science: Circulation and the Construction of Knowledge in South Asia and Europe, 1650–1900* (Basingstoke: Palgrave, 2007) 在论述方面与本书最为相似，但他所写的地域（南亚）和时代（1900 年以前）都很有限。Arun Bala, *The Dialogue of Civilizations in the Birth of Modern Science* (Basingstoke: Palgrave, 2006) 的观点也与我相似，但同样只限于较早的历史时期。其他现存的著作虽关注比较广泛的地域，但是局限于“欧洲例外论”，例如，H. Floris Cohen, *The Rise of Modern Science Explained: A Comparative History* (Cambridge: Cambridge University Press, 2015), Toby Huff, *Intellectual Curiosity and the Scientific Revolution: A Global Perspective* (Cambridge: Cambridge University Press, 2010), and James E. McClellan III and Harold Dorn, *Science and Technology in World History: An Introduction*, 3rd edn (Baltimore: Johns Hopkins University Press, 2006)。

3 如果需要一部全球科学史，见 Sujit Sivasundaram, ‘Sciences and the Global: On Methods, Questions, and Theory’, *Isis* 101 (2010)。

4 Jeffrey Mervis, ‘NSF Rolls Out Huge Makeover of Science Statistics’, Science, accessed 22 November 2020, https://www.sciencemag.org/news/2020/01/nsfrolls-out-huge-makeover-science-statistics, Jeff Tollefson, ‘China Declared World’s Largest Producer of Scientific Articles’, *Nature* 553 (2018), Elizabeth Gibney, ‘Arab World’s First Mars Probe Takes to the Skies’, *Nature* 583 (2020), and Karen Hao, ‘The Future of AI is in Africa’, MIT Technology Review, accessed 22 November 2020, https://www.technologyreview.com/2019/06/21/134820/ai-africa-machinelearning-ibm-google/.

5 David Cyranoski and Heidi Ledford, ‘Genome-Edited Baby Claim Provokes International Outcry’, *Nature* 563 (2018), David Cyranoski, ‘Russian Biologist Plans More CRISPR-Edited Babies’, *Nature* 570 (2019), Michael Le Page, ‘Russian Biologist Still Aims to Make CRISPR Babies Despite the Risks’, New Scientist, accessed 13 February 2021, https://www.newscientist.com/article/2253688-russian-biolo gist-still-aims-to-make-crispr-babies-despite-the-risks/, David Cyranoski, ‘What CRISPR-Baby Prison Sentences Mean for Research’, *Nature* 577 (2020), Connie Nshemereirwe, ‘Tear Down Visa Barriers That Block Scholarship’, *Nature* 563 (2018), *A Picture of the UK Workforce: Diversity Data Analysis for the Royal Society* (London: The Royal Society, 2014), and ‘Challenge anti-Semitism’, *Nature* 556 (2018).

6 Joseph Needham 的多卷本 *Science and Civilisation in China* (Cambridge: Cambridge University Press, 1954 to present) 是赞扬古代中国科学的著名作品，很大程度上以批评现代为代价。 Seyyed Hossein Nasr, *Science and Civilization in Islam* (Cambridge, MA: Harvard University Press, 1968) 是一本类似的关于伊斯兰的书。另外 Jim Al- Khalili, *Pathfinders: The Golden Age of Arabic Science* (London: Allen Lane, 2010) 是一本很受欢迎的伊斯兰科学入门介绍。关于“黄金时代”的历史与政治，见 Marwa Elshakry, ‘When Science Became Western: Historiographical Reflections’, *Isis* 101 (2010).

7 ‘President Erdoğan Addresses 2nd Turkish–Arab Congress on Higher Education’, Presidency of the Republic of Turkey, accessed 14 December 2019, https://tccb. gov.tr/en/news/542/43797/president-erdogan-addresses-2nd-turkish-arab-congresson- higher-education.

8 Butterfield, *Origins of Modern Science*, 191, James Poskett, ‘Science in History’, *The*

Historical Journal 62 (2020), Roger Hart, 'Beyond Science and Civilization: A Post-Needham Critique', *East Asian Science, Technology, and Medicine* 16 (1999): 93, and George Basalla, 'The Spread of Western Science', *Science* 156 (1967): 611.20 世纪的科学史学者沿袭的是 18 世纪末的东方主义传统，将"欧洲"等同于"现代"，这明显是受到"冷战"和随后的去殖民化运动影响，参见 Elshakry, 'When Science Became Western'。

9 Elshakry, 'When Science Became Western', Poskett, 'Science in History', and Nathan Rosenberg and L. E. Birdzell Jr, 'Science, Technology and the Western Miracle', *Scientific American* 263 (1990): 42.

10 David Joravsky, 'Soviet Views on the History of Science', *Isis* 46 (1955): 7.

11 Elshakry, 'When Science Became Western', Benjamin Elman, ' "Universal Science" Versus "Chinese Science": The Changing Identity of Natural Studies in China, 1850–1930', *Historiography East and West* 1 (2003), and Dhruv Raina, *Images and Contexts: The Historiography of Science and Modernity in India* (New Delhi: Oxford University Press, 2003), particularly 19–48 and 105–38.

第一部分　科学革命，约 1450—1700 年

第一章　新大陆

1 在这一章我选择使用"阿兹特克"代替更精确的"墨西卡"，同样我用"特诺奇蒂特兰"代替"墨西哥 - 特诺奇蒂特兰"。关于其术语历史，参见 Alfredo López Austin, 'Aztec', in *The Oxford Encyclopaedia of Mesoamerican Cultures*, ed. Davíd Carrasco (Oxford: Oxford University Press, 2001), 1:68–72.

2 Davíd Carrasco and Scott Sessions, *Daily Life of the Aztecs*, 2nd edn (Santa Barbara: Greenwood Press, 2011), 1–5, 38, 80, 92, 164, 168, and 219, James McClellan III and Harold Dorn, *Science and Technology in World History: An Introduction*, 3rd edn (Baltimore: Johns Hopkins University Press, 2006), 155–64, Miguel de Asúa and Roger French, *A New World of Animals: Early Modern Europeans on the Creatures of Iberian America* (Aldershot: Ashgate, 2005), 27–8, Jan Elferink, 'Ethnobotany of the Aztecs', in *Encyclopaedia of the History of Science, Technology, and Medicine in Non- Western Cultures*, ed. Helaine Selin,

2nd edn (New York: Springer, 2008), 827–8, and Ian Mursell, 'Aztec Pleasure Gardens', Mexicolore, accessed 12 April 2019, http://www.mexicolore.co.uk/aztecs/aztefacts/aztec-pleasure-gardens/.

3 Francisco Guerra, 'Aztec Science and Technology', *History of Science* 8 (1969): 43, Carrasco and Sessions, *Daily Life*, 1–11, 38, 42, 72, and 92, and McClellan III and Dorn, *Science and Technology in World History*, 155–64.

4 Frances Berdan, 'Aztec Science', in Selin, ed., *Encyclopaedia of the History of Science*, 382, Francisco Guerra, 'Aztec Medicine', *Medical History* 10 (1966): 320–32, E. C. del Pozo, 'Aztec Pharmacology', *Annual Review of Pharmacology* 6 (1966): 9–18, Carrasco and Sessions, *Daily Life*, 59–60, 113–5, 173, and McClellan III and Dorn, *Science and Technology in World History*, 155–64.

5 Carrasco and Sessions, *Daily Life*, 72 and 80.

6 Iris Montero Sobrevilla, 'Indigenous Naturalists', in *Worlds of Natural History*, eds. Helen Curry, Nicholas Jardine, James Secord, and Emma Spary (Cambridge: Cambridge University Press, 2018), 116–8, and Carrasco and Sessions, *Daily Life*, 88 and 230–7.

7 Peter Dear, *Revolutionizing the Sciences: European Knowledge and Its Ambitions, 1500–1700* (Basingstoke: Palgrave, 2001), and John Henry, *The Scientific Revolution and the Origins of Modern Science* (Basingstoke: Palgrave, 1997).

8 Herbert Butterfield, *The Origins of Modern Science* (London: Bell, 1949), David Wootton, *The Invention of Science: A New History of the Scientific Revolution* (London: Penguin Books, 2015), Robert Merton, 'Science, Technology and Society in Seventeenth- Century England', *Osiris* 4 (1938), Dorothy Stimson, 'Puritanism and the New Philosophy in 17th Century England', *Bulletin of the Institute of the History of Medicine* 3 (1935), Christopher Hill, *Intellectual Origins of the English Revolution* (Oxford: Clarendon Press, 1965), Steven Shapin and Simon Schaffer, *Leviathan and the Air-Pump* (Princeton: Princeton University Press, 1985), Elizabeth Eisenstein, *The Printing Press as an Agent of Change: Communications and Cultural Transformations in Early Modern Europe* (Cambridge: Cambridge University Press, 1997), and Steven Shapin, *The Scientific Revolution* (Chicago: University of Chicago Press, 1998).

9 Toby Huff, *Intellectual Curiosity and the Scientific Revolution: A Global Perspective*

(Cambridge: Cambridge University Press, 2010), Antonio Barrera-Osorio, *Experiencing Nature: The Spanish American Empire and the Early Scientific Revolution* (Austin: University of Texas Press), Jorge Canizares-Esguerra, *Nature, Empire, and Nation: Explorations of the History of Science in the Iberian World* (Stanford: Stanford University Press, 2006), William Burns, *The Scientific Revolution in Global Perspective* (New York: Oxford University Press, 2016), Klaus Vogel, 'European Expansion and Self-Definition', in *The Cambridge History of Science: Early Modern Science*, eds. Katharine Park and Lorraine Daston (Cambridge: Cambridge University Press, 2006), and McClellan III and Dorn, *Science and Technology in World History*, 99–176.

10 Alfred Crosby, *The Columbian Exchange: Biological and Cultural Consequences of 1492* (Westport: Praeger, 2003), 1–22, and J. Worth Estes, 'The European Reception of the First Drugs from the New World', *Pharmacy in History* 37 (1995): 3.

11 Katharine Park and Lorraine Daston, 'Introduction: The Age of the New', in Park and Daston, eds., *Cambridge History of Science: Early Modern Science*, Dear, *Revolutionizing the Sciences*, 10–48, and Shapin, *Scientific Revolution*, 15–118.

12 Anthony Grafton with April Shelford and Nancy Siraisi, *New Worlds, Ancient Texts: The Power of Tradition and the Shock of Discovery* (Cambridge, MA: The Belknap Press, 1992), 1–10, Paula Findlen, 'Natural History', in Park and Daston, eds., *The Cambridge History of Science: Early Modern Science*, 435–58, and Barrera-Osorio, *Experiencing Nature*, 1–13 and 101–27.

13 Crosbie, *Columbian Exchange*, 24, Grafton, *New Worlds, Ancient Texts*, 84, and Asúa and French, *A New World of Animals*, 2.

14 Andres Prieto, *Missionary Scientists: Jesuit Science in Spanish South America, 1570–1810* (Nashville: Vanderbilt University Press), 18–34, and Thayne Ford, 'Stranger in a Foreign Land: José de Acosta's Scientific Realizations in Sixteenth-Century Peru', *The Sixteenth Century Journal* 29 (1998): 19–22.

15 Prieto, *Missionary Scientists*, 151–69, Grafton, *New Worlds, Ancient Texts*, 1, and Ford, 'Stranger in a Foreign Land', 31–2.

16 José de Acosta, *Natural and Moral History of the Indies*, trans. Frances López-Morillas (Durham, NC: Duke University Press, 2002), 37 and 88–9, Prieto, *Missionary Scientists*,

151–69, Grafton, *New Worlds, Ancient Texts*, 1, and Ford, 'Stranger in a Foreign Land', 31–2.

17 Acosta, *Natural and Moral History of the Indies*, 236–7.

18 Grafton, *New Worlds, Ancient Texts*, 1–10, Park and Daston, 'Introduction: The Age of the New', 8, and Ford, 'Stranger in a Foreign Land', 26–8.

19 Arthur Anderson and Charles Dibble, 'Introductions', in *Florentine Codex: Introduction and Indices*, eds. Arthur Anderson and Charles Dibble (Salt Lake City: University of Utah Press, 1961), 9–15, Arthur Anderson, 'Sahagún: Career and Character', in *Florentine Codex: Introduction and Indices*,eds. Arthur Anderson and Charles Dibble (Samta Fe:School of American Research,1963), 29, and Henry Reeves, 'Sahagún's "Florentine Codex", a Little Known Aztecan Natural History of the Valley of Mexico', *Archives of Natural History* 33 (2006). Anderson and Dibble, eds.,

20 Diana Magaloni Kerpel, *The Colors of the New World: Artists, Materials, and the Creation of the Florentine Codex* (Los Angeles: The Getty Research Institute), 1–3, Marina Garone Gravier, 'Sahagún's Codex and Book Design in the Indigenous Context', in *Colors between Two Worlds: The Florentine Codex of Bernardino de Sahagún*, eds. Gerhard Wolf, Joseph Connors, and Louis Waldman (Florence: Kunsthistorisches Institut in Florenz, 2011), 163–6, Elizabeth Boone, *Stories in Red and Black: Pictorial Histories of the Aztecs and Mixtecs* (Austin: University of Texas Press, 2000), 4, and Anderson and Dibble, 'Introductions', 9–10.

21 Victoria Ríos Castano, 'From the "Memoriales con Escolios" to the Florentine Codex: Sahagún and His Nahua Assistants' Co-Authorship of the Spanish Translation', *Journal of Iberian and Latin American Research* 20 (2014), Kerpel, *Colors of the New World*, 1–27, Anderson and Dibble, 'Introductions', 9–13, and Carrasco and Sessions, *Daily Life*, 20.

22 Anderson and Dibble, 'Introductions', 11, Reeves, 'Sahagún's "Florentine Codex"', 307–16, and Kerpel, *Colors of the New World*, 1–3.

23 Bernardino de Sahagún, *Florentine Codex. Book 11: Earthly Things*, trans. Arthur Anderson and Charles Dibble (Santa Fe: School of American Research, 1963), 163–4 and 205, Guerra, 'Aztec Science', 41, and Corrinne Burns, 'Four Hundred Flowers: The Aztec Herbal Pharmacopoeia', Mexicolore, accessed 12 April 2019, http://www.mexicolore.

co.uk/aztecs/health/aztec-herbal-pharmacopoeia-part-1.

24 Sahagún, *Florentine Codex. Book 11: Earthly Things*, 24.

25 Sobrevilla, 'Indigenous Naturalists', 112–30, and Asúa and French, *A New World of Animals*, 44–5.

26 Benjamin Keen, *The Aztec Image in Western Thought* (New Brunswick: Rutgers University Press, 1971), 204–5, Lia Markey, *Imagining the Americas in Medici Florence* (University Park: Pennsylvania State University Press, 2016), 214, and Kerpel, *Colors of the New World*, 6 and 13.

27 Andrew Cunningham, 'The Culture of Gardens', in *Cultures of Natural History*, eds. Nicholas Jardine, James Secord, and Emma Spary (Cambridge: Cambridge University Press, 1996), 42–7, Paula Findlen, 'Anatomy Theaters, Botanical Gardens, and Natural History Collections', in Park and Daston, eds., *The Cambridge History of Science: Early Modern Science*, 282, Paula Findlen, *Possessing Nature: Museums, Collecting, and Scientific Culture in Early Modern Italy* (Berkeley: University of California Press, 1996), 97–154, and Barrera-Osorio, *Experiencing Nature*, 122.

28 Dora Weiner, 'The World of Dr. Francisco Hernández', in *Searching for the Secrets of Nature: The Life and Works of Dr. Francisco Hernández*, eds. Simon Varey, Rafael Chabrán, and Dora Weiner (Stanford: Stanford University Press, 2000), Jose López Pinero, 'The Pomar Codex (ca. 1590): Plants and Animals of the Old World and the Hernandez Expedition to America', *Nuncius* 7 (1992): 40–2, and Barrera-Osorio, *Experiencing Nature*, 17.

29 Harold Cook, 'Medicine', in Park and Daston, eds., *The Cambridge History of Science: Early Modern Science*, 407–23, and Pinero, 'The Pomar Codex', 40–4.

30 Weiner, 'The World of Dr. Francisco Hernández', 3–6, and Harold Cook, 'Medicine', 416–23.

31 Simon Varey, 'Francisco Hernández, Renaissance Man', in Varey, Chabrán, and Weiner, eds., *Searching for the Secrets of Nature*, 33–8, Weiner, 'The World of Dr. Francisco Hernández', 3–6, and Pinero, 'The Pomar Codex', 40–4.

32 Simon Varey, ed., *The Mexican Treasury: The Writings of Dr. Francisco Hernández* (Stanford: Stanford University Press, 2000), 149, 212, and 219, Jose López Pinero and Jose

Pardo Tomás, 'The Contribution of Hernández to European Botany and Materia Medica', in Varey, Chabrán, and Weiner, eds., *Searching for the Secrets of Nature*, J. Worth Estes, 'The Reception of American Drugs in Europe, 1500–1650', in Varey, Chabrán, and Weiner, eds., *Searching for the Secrets of Nature*, 113, Arup Maiti, Muriel Cuendet, Tamara Kondratyuk, Vicki L. Croy, John M. Pezzuto, and Mark Cushman, 'Synthesis and Cancer Chemopreventive Activity of Zapotin, a Natural Product from *Casimiroa Edulis*', *Journal of Medicinal Chemistry* 50 (2007): 350–5, Ian Mursell, 'Aztec Advances (1): Treating Arthritic Pain', Mexicolore, accessed 24 January 2021, https://www.mexicolore.co.uk/aztecs/health/ aztec-advances-4-arthritis-treatment, Varey, 'Francisco Hernández, Renaissance Man', 35–7, and del Pozo, 'Aztec Pharmacology', 13–17.

33 David Freedberg, *The Eye of the Lynx: Galileo, His Friends, and the Beginnings of Modern Natural History* (Chicago: University of Chicago Press, 2003), 246–55, Pinero, 'The Pomar Codex', 42, Vogel, 'European Expansion and Self-Definition', 826, and Asúa and French, *A New World of Animals*, 98–100.

34 Millie Gimmel, 'Reading Medicine in the Codex de la Cruz Badiano', *Journal of the History of Ideas* 69 (2008), Sandra Zetina, 'The Encoded Language of Herbs: Material Insights into the de la Cruz–Badiano Codex', in Wolf, Connors, and Waldman, eds., *Colors between Two Worlds*, and Vogel, 'European Expansion and Self-Definition', 826.

35 William Gates, 'Introduction to the Mexican Botanical System', in Martín de la Cruz, *The de la Cruz–Badiano Aztec Herbal of 1552*, trans. William Gates (Baltimore: The Maya Society, 1939), vi–xvi, and Gimmel, 'Reading Medicine', 176–9.

36 Martín de la Cruz, *The de la Cruz-Badiano Aztec Herbal of 1552*, trans. William Gates (Baltimore: The Maya Society, 1939), 14–15.

37 Gimmel, 'Reading Medicine', 176–9.

38 Raymond Stearns, *Science in the British Colonies of America* (Urbana: University of Illinois Press, 1970), 65, Paula Findlen, 'Courting Nature', in Jardine, Secord, and Spary, eds., *Cultures of Natural History*, Cook, 'Medicine', 416–23, Barrera-Osorio, *Experiencing Nature*, 122, Grafton, *New Worlds, Ancient Texts*, 67, and Worth Estes, 'The Reception of American Drugs in Europe, 1500–1650', 111–9.

39 Gimmel, 'Reading Medicine', 189, and Freedberg, *Eye of the Lynx*, 252–6.

40 Surekha Davies, *Renaissance Ethnography and the Invention of the Human: New Worlds, Maps and Monsters* (Cambridge: Cambridge University Press, 2016), 149–70, Laurence Bergreen, *Over the Edge of the World: Magellan's Terrifying Circumnavigation of the Globe* (New York: Morrow, 2003), 160–3, and Antonio Pigafetta, *The First Voyage Around the World*, ed. Theodore J. Cachey Jr (Toronto: University of Toronto Press, 2007), 12–17.

41 Alden Vaughan, *Transatlantic Encounters: American Indians in Britain, 1500–1776* (Cambridge: Cambridge University Press, 2006), xi–xii and 12–13, and Elizabeth Boone, 'Seeking Indianness: Christoph Weiditz, the Aztecs, and Feathered Amerindians', *Colonial Latin American Review* 26 (2017): 40–7.

42 Anthony Pagden, *The Fall of Natural Man: The American Indian and the Origins of Comparative Ethnology* (Cambridge: Cambridge University Press, 1982), Joan-Pau Rubiés, 'New Worlds and Renaissance Ethnology', *History of Anthropology* 6 (1993), and J. H.Eliot, 'The Discovery of America and the Discovery of Man', in Anthony Pagden, ed., *Facing Each Other: The World's Perception of Europe and Europe's Perception of the World* (Aldershot: Ashgate, 2000), David Abulafia, *The Discovery of Mankind: Atlantic Encounters in the Age of Columbus* (New Haven: Yale University Press, 2009), and Rebecca Earle, *The Body of the Conquistador: Food, Race and the Colonial Experience in Spanish America, 1492–1700* (Cambridge: Cambridge University Press, 2012), 23–4.

43 Cecil Clough, 'The New World and the Italian Renaissance', in *The European Outthrust and Encounter*, eds. Cecil Clough and P. Hair (Liverpool: Liverpool University Press, 1994), 301, Davies, *Renaissance Ethnography*, 30 and 70, Acosta, *Natural and Moral History of the Indies*, 71, and Crosbie, *Columbian Exchange*, 28.

44 Saul Jarcho, 'Origin of the American Indian as Suggested by Fray Joseph de Acosta (1589)', *Isis* 50 (1959), Acosta, *Natural and Moral History of the Indies*, 51, and Pagden, *Fall of Natural Man*, 150.

45 Acosta, *Natural and Moral History of the Indies*, 51–3 and 63–71.

46 Diego von Vacano, 'Las Casas and the Birth of Race', *History of Political Thought* 33 (2012), Manuel Giménez Fernández, 'Fray Bartolomé de las Casas: A Biographical Sketch', in *Bartolomé de las Casas in History: Towards an Understanding of the Man and His Work*, eds. Juan Friede and Benjamin Keen (DeKalb: Illinois University Press, 1971), 67–73, and Pagden, *Fall of Natural Man*, 45–6, 90, and 121–2.

47 G. L. Huxley, 'Aristotle, Las Casas and the American Indians', *Proceedings of the Royal Irish Academy* 80 (1980): 57–9, Vacano, 'Las Casas', 401–10, and Fernández, 'Fray Bartolomé de las Casas', 67–73.

48 Bartolomé de las Casas, *Bartolomé de las Casas: A Selection of His Writings*, trans. George Sanderlin (New York: Alfred Knopf, 1971), 114–5, and Christian Johns, *The Origins of Violence in Mexican Society* (Westport: Praeger, 1995), 156–7.

49 Earle, *Body of the Conquistador*, 19–23.

50 Earle, *Body of the Conquistador*, 21–3.

51 Jorge Canizares-Esguerra, 'New World, New Stars: Patriotic Astrology and the Invention of Indian and Creole Bodies in Colonial Spanish America, 1600–1650', *American Historical Review* 104 (1999), and Earle, *Body of the Conquistador*, 22.

52 Karen Spalding, 'Introduction', in Inca Garcilaso de la Vega, *Royal Commentaries of the Incas and General History of Peru*, trans. Harold Livermore (Indianapolis: Hackett Publishing Company, 2006), xi–xxii.

53 Inca Garcilaso de la Vega, *Royal Commentaries of the Incas and General History of Peru*, trans. Harold Livermore (Indianapolis: Hackett Publishing Company, 2006), 1–11.

54 Inca Garcilaso de la Vega, *First Part of the Royal Commentaries of the Yncas*, trans. Clements Markham (Cambridge: Cambridge University Press, 1869), 1:v–vi, and 2:87, and 2:236–7.

55 Barbara Mundy, *The Mapping of New Spain: Indigenous Cartography and the Maps of the Relaciones Geográficas* (Chicago: University of Chicago Press, 1996), 14, and Hans Wolff, 'America – Early Images of the New World', in *America: Early Maps of the New World*, ed. Hans Wolff (Munich: Prestel, 1992), 45.

56 Hans Wolff, 'The Conception of the World on the Eve of the Discovery of America – Introduction', in Wolff, ed., *America*, 10–15, and Klaus Vogel, 'Cosmography', in Park and Daston, eds., *The Cambridge History of Science: Early Modern Science*, 474–8.

57 Vogel, 'Cosmography', 478.

58 Wolff, 'America', 27 and 45.

59 Rüdiger Finsterwalder, 'The Round Earth on a Flat Surface: World Map Projections before 1550', in Wolff, ed., *America*, and Wolff, 'America', 80.

60 María Portuondo, 'Cosmography at the *Casa*, *Consejo*, and *Corte* during the Century of Discovery', in *Science in the Spanish and Portuguese Empires, 1500–1800*, eds. Daniela Bleichmar, Paula De Vos, Kristin Huffine and Kevin Sheehan (Stanford: Stanford University Press, 2009), and Barrera-Osorio, *Experiencing Nature*, 1–60.

61 Vogel, 'Cosmography', 484, and Mundy, *Mapping of New Spain*, 1–23 and 227–30.

62 Felipe Fernández-Armesto, 'Maps and Exploration in the Sixteenth and Early Seventeenth Centuries', in *The History of Cartography: Cartography in the European Renaissance*, ed. David Woodward (Chicago: University of Chicago Press, 2007), 745, G. Malcolm Lewis, 'Maps, Mapmaking, and Map Use by Native North Americans', in *The History of Cartography: Cartography in the Traditional African, American, Arctic, Australian, and Pacific Societies*, eds. David Woodward and G. Malcolm Lewis (Chicago: University of Chicago Press, 1998), and Brian Harley, 'New England Cartography and Native Americans', in *American Beginnings: Exploration, Culture, and Cartography in the Land of Norumbega*, eds. Emerson Baker, Edwin Churchill, Richard D'Abate, Kristine Jones, Victor Konrad, and Harald Prins (Lincoln, NE: University of Nebraska Press, 1994), 288.

63 Juan López de Velasco, 'Instruction and Memorandum for Preparing the Reports', in *Handbook of Middle American Indians: Guide to Ethnohistorical Sources*, ed. Howard Cline (Austin: University of Texas Press, 1972), 1:234, Guerra, 'Aztec Science and Technology', 40, and Mundy, *Mapping of New Spain*, xii and 30.

64 Mundy, *Mapping of New Spain*, 63–4 and 96.

65 Mundy, *Mapping of New Spain*, 135–8.

66 Christopher Columbus, *The Four Voyages of Christopher Columbus*, trans. J. M. Cohen (London: Penguin Books, 1969), 224.

67 Wootton, *The Invention of Science*, 57–108, 也提出同样观点，但没有意识到美洲土著居民在这一过程中的作用。

第二章　天与地

1 Aydın Sayılı, *The Observatory in Islam and Its Place in the General History of the Observatory* (Ankara: Türk Tarih Kurumu Basımevi, 1960), 259–88, Stephen Blake, *Astronomy and Astrology in the Islamic World* (Edinburgh: Edinburgh University Press, 2016), 82–8, and Toby Huff, *Intellectual Curiosity and the Scientific Revolution: A Global Perspective* (Cambridge: Cambridge University Press, 2010), 138.

2 Sayılı, *Observatory in Islam*, 213 and 259–88, Vasiliĭ Vladimirovich Barthold, *Four Studies on the History of Central Asia* (Leiden: E. J. Brill, 1958), 1–48 and 119–24, and Benno van Dalen, 'Ulugh Beg', in *The Biographical Encyclopedia of Astronomers*, ed. Thomas Hockey (New York: Springer, 2007).

3 Stephen Blake, *Time in Early Modern Islam* (Cambridge: Cambridge University Press, 2013), 8–10, and Sayılı, *Observatory in Islam*, 13–14 and 259–88.

4 概述请参见 Seyyed Hossein Nasr, *Science and Civilization in Islam* (Cambridge, MA: Harvard University Press, 1968), and Jim Al-Khalili, *Pathfinders: The Golden Age of Arabic Science* (London: Allen Lane, 2010, for am overview)。

5 Marwa Elshakry, 'When Science Became Western: Historiographical Reflections', *Isis* 101 (2010). 研究伊斯兰天文学的历史学家往往写到兀鲁伯结束，因此我选择以他为起点。

6 Sayılı, *Observatory in Islam*, 262–90.

7 Huff, *Intellectual Curiosity*, 138, and İhsan Fazlıoğlu, 'Qūshjī', in Hockey, ed., *The Biographical Encyclopedia of Astronomers*.

8 Sayılı, *Observatory in Islam*, 272, Huff, *Intellectual Curiosity*, 135, and Blake, *Astronomy and Astrology*, 90.

9 David King, 'The Astronomy of the Mamluks', *Muqarnas* 2 (1984): 74, and Huff, *Intellectual Curiosity*, 123.

10 Barthold, *Four Studies*, 144–77.

11 Jack Goody, *Renaissances: The One or the Many?* (Cambridge: Cambridge University Press, 2009), and Peter Burke, Luke Clossey, and Felipe Fernández-Armesto, 'The Global Renaissance', *Journal of World History* 28 (2017).

12 Michael Hoskin, 'Astronomy in Antiquity', in *The Cambridge Illustrated History of Astronomy*, ed. Michael Hoskin (Cambridge: Cambridge University Press, 1997), and Michael Hoskin and Owen Gingerich, 'Islamic Astronomy', in Hoskin, ed., *The Cambridge Illustrated History of Astronomy*.

13 Hoskin, 'Astronomy in Antiquity', 42–5.

14 Abdelhamid I. Sabra, 'An Eleventh-Century Refutation of Ptolemy's Planetary Theory', in *Science and History: Studies in Honor of Edward Rosen*, eds. Erna Hilfstein, Paweł Czartoryski, and Frank Grande (Wrocław: Polish Academy of Sciences Press, 1978), 117–31, F. Jamil Ragep, 'T. ūsī', in Hockey, ed., *The Biographical Encyclopedia of Astronomers*, and Sayılı, *Observatory in Islam*, 187–223.

15 John North, *The Fontana History of Astronomy and Cosmology* (London: Fontana Press, 1994), 192–5, F. Jamil Ragep, 'Nasir al-Din al-Tusi', in *Nas.īr al-Dīn al-T. ūsī's Memoir on Astronomy*, trans. F. Jamil Ragep (New York: Springer-Verlag, 1993), F. Jamil Ragep, 'The *Tadhkira*', in *Nas.īr al-Dīn al-T. ūsī's Memoir*, and Nasir al-Din al-Tusi, *Nas.īr al-Dīn al-T. ūsī's Memoir*, 130–42.

16 Michael Hoskin and Owen Gingerich, 'Medieval Latin Astronomy', in Hoskin, ed., *The Cambridge Illustrated History of Astronomy*, 72–3.

17 Avner Ben-Zaken, *Cross-Cultural Scientific Exchanges in the Eastern Mediterranean, 1560–1660* (Baltimore: Johns Hopkins University Press, 2010), 2, and North, *Fontana History of Astronomy*, 255.

18 George Saliba, *Islamic Science and the Making of the European Renaissance* (Cambridge, MA: The MIT Press, 2007), and George Saliba, 'Whose Science is Arabic Science in Renaissance Europe?', Columbia University, accessed 20 November 2018, http://www.columbia.edu/~gas1/project/visions/case1/sci.1.html.

19 Ernst Zinner, *Regiomontanus: His Life and Work*, trans. Ezra Brown (Amsterdam: Elsevier, 1990), 1–33, and North, *Fontana History of Astronomy*, 253–9.

20 Zinner, *Regiomontanus*, 1–33, and North, *Fontana History of Astronomy*, 253–9.

21 Noel Swerdlow, 'The Recovery of the Exact Sciences of Antiquity: Mathematics, Astronomy, Geography', in *Rome Reborn: The Vatican Library and Renaissance Culture*, ed.

Anthony Grafton (Washington, DC: Library of Congress, 1993), 125–53, and Zinner, *Regiomontanus*, 51–2.

22 Fazlıoğlu, 'Qushji', Huff, *Intellectual Curiosity*, 139, F. Jamil Ragep, ' 'Ali Qushji and Regiomontanus: Eccentric Transformations and Copernican Revolutions', *Journal for the History of Astronomy* 36 (2005), and F. Jamil Ragep, 'Copernicus and His Islamic Predecessors: Some Historical Remarks', *History of Science* 45 (2007): 74.

23 Robert Westman, *The Copernican Question: Prognostication, Skepticism, and Celestial Order* (Berkeley: University of California Press, 2011), 76–108, and Hoskin and Gingerich, 'Medieval Latin Astronomy', 90–7.

24 Ragep, 'Copernicus and His Islamic Predecessors', 65, George Saliba, 'Revisiting the Astronomical Contact between the World of Islam and Renaissance Europe', in *The Occult Sciences in Byzantium*, eds. Paul Magdalino and Maria Mavroudi (Geneva: La Pomme d'Or, 2006), and Saliba, 'Whose Science is Arabic Science in Renaissance Europe?'.

25 North, *Fontana History of Astronomy*, 217–23, Ragep, 'Copernicus and His Islamic Predecessors', 68, Saliba, *Islamic Science*, 194–232, and Hoskin and Gingerich, 'Medieval Latin Astronomy', 97.

26 Saliba, 'Revisiting the Astronomical', Saliba, *Islamic Science*, 193–201, and Ragep, 'Copernicus and His Islamic Predecessors'.

27 B. L. van der Waerden, 'The Heliocentric System in Greek, Persian and Hindu Astronomy', *Annals of the New York Academy of Sciences* 500 (1987).

28 Ben-Zaken, *Cross-Cultural Scientific Exchanges* 24–5.

29 Ben-Zaken, *Cross-Cultural Scientific Exchanges*, 8–26, and Sayılı, *Observatory in Islam*, 289–305.

30 Ben-Zaken, *Cross-Cultural Scientific Exchanges*, 8–26, and Sayılı, *Observatory in Islam*, 289–305.

31 Ben-Zaken, *Cross-Cultural Scientific Exchanges*, 8–21.

32 Ben-Zaken, *Cross-Cultural Scientific Exchanges*, 10–21, and Ekmeleddin İhsanoğ 3478–81.

33 Ben-Zaken, *Cross-Cultural Scientific Exchanges*, 21–4, and Sayılı, *Observatory in Islam*, 297–8.

34 Ben-Zaken, *Cross-Cultural Scientific Exchanges*, 21–4, and Sayılı, *Observatory in Islam*, 297–8.

35 Ben-Zaken, *Cross-Cultural Scientific Exchanges*, 21–4, and Sayılı, *Observatory in Islam*, 297–8.

36 Ben-Zaken, *Cross-Cultural Scientific Exchanges*, 40–2.

37 Harun Küçük, *Science Without Leisure: Practical Naturalism in Istanbul, 1660–1732* (Pittsburgh: University of Pittsburgh Press, 2019), 25–6 and 56–63, Feza Günergun, 'Ottoman Encounters with European Science: Sixteenth- and Seventeenth-Century Translations into Turkish', in *Cultural Translation in Early Modern Europe*, eds. Peter Burke and R. Po-chia Hsia (Cambridge: Cambridge University Press, 2007), 193–206, and Ekmeleddin İhsanoğlu, 'The Ottoman Scientific-Scholarly Literature', in *History of the Ottoman State, Society & Civilisation*, ed. Ekmeleddin İhsanoğlu (Istanbul: Research Centre for Islamic History, Art and Culture, 1994), 521–66.

38 Küçük, *Science Without Leisure*, 109 and 237–40, İhsanoğlu, 'Ottoman Science', 5, Günergun, 'Ottoman Encounters', 194–5, and Ekmeleddin İhsanoğlu, 'The Introduction of Western Science to the Ottoman World: A Case Study of Modern Astronomy (1660–1860)', in *Science, Technology and Learning in the Ottoman Empire*, ed. Ekmeleddin İhsanoğlu (Aldershot: Ashgate, 2004), 1–4.

39 Küçük, *Science Without Leisure*, 1–3, and Goody, *Renaissances*, 98.

40 现存二手文献显示，是马哈穆德·阿尔卡提（Mahmud al-Kati）在 1583 年观测到了这颗彗星。然而，最近 Mauro Nobili 的研究表明，那部过去被人认为由阿尔卡提撰写的名著《探索者史》（*Tarikh al-fattash*）并非由他所写。而且《探索者史》中也没有出现彗星相关的记载。看来阿尔卡提是不可能记录下对彗星的观察的。受这个想法启发，我引用了阿布德·萨迪的《苏丹编年史》（*Tarikh al-Sudan*），这本书和佚名作者的《显赫者纪念录》（*Tadhkirat al-nisyan*）确实都提到了彗星。我极其感谢雷米·德维尔（Rémi Dewière）为我指出这一点，并让我注意到其他材料，我还要感谢他对于整个萨赫勒地区（Sahel）历史的意见。Thebe Rodney Medupe et al., 'The Timbuktu Astronomy Project: A Scientific Exploration of the Secrets of the Archives of

Timbuktu', in *African Cultural Astronomy: Current Archaeoastronomy and Ethnoastronomy Research in Africa*, eds. Jarita Holbrook, Johnson Urama, and Thebe Rodney Medupe (Dordecht: Springer Netherlands, 2008), 182, Thebe Rodney Medupe, 'Astronomy as Practiced in the West African City of Timbuktu', in *Handbook of Archaeoastronomy and Ethnoastronomy*, ed. Clive Ruggles (New York: Springer, 2014), Sékéné Mody Cissoko, 'The Songhay from the 12th to the 16th Century', in *General History of Africa: Africa from the Twelfth to the Sixteenth Century*, ed. Djibril Tamsir Niane (Paris: UNESCO, 1984), Aslam Farouk Alli, 'Timbuktu's Scientific Manuscript Heritage: The Reopening of an Ancient Vista?', *Journal for the Study of Religion* 22 (2009), Mauro Nobili, *Sultan, Caliph, and the Renewer of the Faith: Ahmal Lobbo, the Tārīkh al-fattāsh and the Making of an Islamic State in West Africa* (Cambridge: Cambridge University Press, 2020), John Hunwick, *Timbuktu and the Songhay Empire: Al-Sa'di's Ta'rīkh al-Sūdān down to 1613, and Other Contemporary Documents* (Leiden: Brill, 1999), 155, and Abd al- Sadi, *Tarikh es-Soudan*, trans. Octave Houdas (Paris: Ernest Leroux, 1900), 341.

41 Souleymane Bachir Diagne, 'Toward an Intellectual History of West Africa: The Meaning of Timbuktu', in *The Meanings of Timbuktu*, eds. Shamil Jeppie and Souleymane Bachir Diagne (Cape Town: HSRC Press, 2008), 24.

42 Cissoko, 'The Songhay', 186–209, Toby Green, *A Fistful of Shells: West Africa from the Rise of the Slave Trade to the Age of Revolution* (London: Allen Lane, 2019), 25–62, Lalou Meltzer, Lindsay Hooper, and Gerald Klinghardt, *Timbuktu: Script and Scholarship* (Cape Town: Iziko Museums, 2008), and Douglas Thomas, 'Timbuktu, Mahmud Kati (Kuti) Ibn Mutaw', in *African Religions: Beliefs and Practices through History*, eds. Douglas Thomas and Temilola Alanamu (Santa Barbara: ABC-Clio, 2019).

43 Medupe et al., 'The Timbuktu Astronomy Project', Farouk-Alli, 'Timbuktu's Scientific Manuscript Heritage', 45, Shamil Jeppie and Souleymane Bachir Diagne, eds., *The Meanings of Timbuktu* (Cape Town: HSRC Press, 2008), and Ismaël Diadié Haidara and Haoua Taore, 'The Private Libraries of Timbuktu', in Jeppie and Diagne, eds., *The Meanings of Timbuktu*, 274.

44 Claudia Zaslavsky, *Africa Counts: Number and Pattern in African Cultures* (Chicago: Lawrence Hill Books, 1999), 201 and 222–3, Suzanne Preston Blier, 'Cosmic References in Ancient Ife', in *African Cosmos*, ed. Christine Mullen Kreamer (Washington, DC: National Museum of African Art, 2012), Peter Alcock, 'The Stellar Knowledge of Indigenous South

Africans', in *African Indigenous Knowledge and the Sciences*, eds. Gloria Emeagwali and Edward Shizha (Rotterdam: Sense Publishers, 2016), 128, and Keith Snedegar, 'Astronomy in Sub-Saharan Africa', in Selin, ed., *Encyclopaedia of the History of Science*.

45 Medupe et al., 'The Timbuktu Astronomy Project', Meltzer, Hooper, and Klinghardt, *Timbuktu*, 94, Diagne, 'Toward an Intellectual History of West Africa', 19, Cissoko, 'The Songhay', 209, Cheikh Anta Diop, *Precolonial Black Africa*, trans. Harold Salemson (Westport: Lawrence Hill and Company, 1987), 176–9, Elias Saad, *Social History of Timbuktu: The Role of Muslim Scholars and Notables 1400–1900* (Cambridge: Cambridge University Press, 1983), 74 and 80–1, and 'Knowledge of the Movement of the Stars and What It Portends in Every Year', Library of Congress, accessed 11 September 2020, http://hdl.loc.gov/loc.amed/aftmh.tam010.

46 Medupe, 'Astronomy as Practiced in the West African City of Timbuktu', 1102–4, Meltzer, Hooper, and Klinghardt, *Timbuktu*, 80, and Hunwick, *Timbuktu and the Songhay Empire*, 62–5.

47 Green, *A Fistful of Shells*, 57, Salisu Bala, 'Arabic Manuscripts in the Arewa House (Kaduna, Nigeria)', *History in Africa* 39 (2012), 334, WAAMD ID #2579, #3955, and #15480, West African Arabic Manuscript Database, accessed 11 September 2020, https://waamd.lib.berkeley.edu and Ulrich Seetzen, 'Nouveaux renseignements sur le royaume ou empire de Bornou', *Annales des voyages, de la géographie et de l'histoire* 19 (1812), 176–7.（由我自己翻译，但我要感谢雷米·德维尔提供了最后这段的参考资料。）

48 Mervyn Hiskett, 'The Arab Star-Calendar and Planetary System in Hausa Verse', *Bulletin of the School of Oriental and African Studies* 30 (1967), and Keith Snedegar, 'Astronomical Practices in Africa South of the Sahara', in *Astronomy Across Cultures: The History of Non- Western Astronomy*, ed. Helaine Selin (Dordrecht: Springer, 2000), 470.

49 Zaslavsky, *Africa Counts*, 137–52, Adam Gacek, ed., *Catalogue of the Arabic Manuscripts in the Library of the School of Oriental and African Studies* (London: School of Oriental and African Studies, 1981), 24, and Dorrit van Dalen, *Doubt, Scholarship and Society in 17th-Century Central Sudanic Africa* (Leiden: Brill, 2016).

50 Zaslavsky, *Africa Counts*, 137–52, and Musa Salih Muhammad and Sulaiman Shehu, 'Science and Mathematics in Arabic Manuscripts of Nigerian Repositories', Paper Presented at the Middle Eastern Libraries Conference, University of Cambridge, 3–6 July 2017.

51 Medupe et al., 'The Timbuktu Astronomy Project', 183, and H. R. Palmer, ed., *Sudanese Memoirs* (London: Frank Cass and Co., 1967), 90.

52 Augustín Udías, *Searching the Heavens and Earth: The History of Jesuit Observatories* (Dordrecht: Kluwer Academic, 2003), 1–40, Michela Fontana, *Matteo Ricci: A Jesuit in the Ming Court*, trans. Paul Metcalfe (Lanham: Rowman & Littlefield, 2011), 1–12 and 185–209, Benjamin Elman, *On Their Own Terms: Science in China, 1550–1900* (Cambridge, MA: Harvard University Press, 2005), 64–5, and R. Po-Chia Hsia, *A Jesuit in the Forbidden City: Matteo Ricci, 1552–1610* (Oxford: Oxford University Press, 2010), 206–7.

53 Fontana, *Matteo Ricci*, 30 and 193–209.

54 Huff, *Intellectual Curiosity*, 74, and Willard J. Peterson, 'Learning from Heaven: The Introduction of Christianity and Other Western Ideas into Late Ming China', in *China and Maritime Europe, 1500–1800: Trade, Settlement, Diplomacy and Missions*, ed. John E. Wills Jr (Cambridge: Cambridge University Press, 2011), 100.

55 Catherine Jami, Peter Engelfriet, and Gregory Blue, 'Introduction', in *Statecraft and Intellectual Renewal in Late Ming China: The Cross-Cultural Synthesis of Xu Guangqi (1562–1633)*, eds. Catherine Jami, Peter Engelfriet, and Gregory Blue (Leiden: Brill, 2001), Timothy Brook, 'Xu Guangqi in His Context', in Jami, Engelfriet, and Blue, eds., *Statecraft and Intellectual Renewal*, Keizo Hashimoto and Catherine Jami, 'From the *Elements* to Calendar Reform: Xu Guangqi's Shaping of Mathematics and Astronomy', in Jami, Engelfriet, and Blue, eds., *Statecraft and Intellectual Renewal*, Peter Engelfriet and Siu Man-Keung, 'Xu Guangqi's Attempts to Integrate Western and Chinese Mathematics', in Jami, Engelfriet, and Blue, eds., *Statecraft and Intellectual Renewal*, and Catherine Jami, *The Emperor's New Mathematics: Western Learning and Imperial Authority during the Kangxi Reign* (Oxford: Oxford University Press, 2011), 25–6.

56 Han Qi, 'Astronomy, Chinese and Western: The Influence of Xu Guangqi's Views in the Early and Mid-Qing', in Jami, Engelfriet, and Blue, eds., *Statecraft and Intellectual Renewal*, 362.

57 Engelfriet and Siu, 'Xu Guangqi's Attempts to Integrate Western and Chinese Mathematics', 279–99.

58 Jami, *The Emperor's New Mathematics*, 15 and 45, Engelfriet and Siu, 'Xu Guangqi's

Attempts to Integrate Western and Chinese Mathematics', 279–99, and Goody, *Renaissances*, 198–240.

59 Jami, *The Emperor's New Mathematics*, 31, Joseph Needham, *Science and Civilisation in China* (Cambridge: Cambridge University Press, 1959), 3:171–6 and 3:367, and Elman, *On Their Own Terms*, 63–6.

60 Huff, *Intellectual Curiosity*, 90–8, and Elman, *On Their Own Terms*, 90.

61 Elman, *On Their Own Terms*, 84.

62 Udías, *Searching the Heavens*, 18, and Elman, *On Their Own Terms*, 64.

63 Jami, *The Emperor's New Mathematics*, 33, Needham, *Science and Civilisation*, 3:170–370, and Elman, *On Their Own Terms*, 65–8.

64 Udías, *Searching the Heavens*, 41–3.

65 Sun Xiaochun, 'On the Star Catalogue and Atlas of *Chongzhen Lishu*', in Jami, Engelfriet, and Blue, eds., *Statecraft and Intellectual Renewal*, 311–21, and Joseph Needham, *Chinese Astronomy and the Jesuit Mission: An Encounter of Cultures* (London: China Society, 1958), 1–12.

66 Needham, *Science and Civilisation*, 3:456, Jami, *The Emperor's New Mathematics*, 92, and Han, 'Astronomy, Chinese and Western', 365.

67 Virendra Nath Sharma, *Sawai Jai Singh and His Observatories* (Delhi: Motilal Banarsidass Publishers, 1995), 1–4 and 235–312, and George Rusby Kaye, *Astronomical Observatories of Jai Singh* (Calcutta: Superintendent Government Printing, 1918), 1–3.

68 Dhruv Raina, 'Circulation and Cosmopolitanism in 18th Century Jaipur', in *Cosmopolitismes en Asie du Sud: sources, itinéraires, langues (XVIe–XVIIIe siècle)*, eds. Corinne Lefevre, Ines G. Županov, and Jorge Flores (Paris: Éditions de l'École des hautes études en sciences sociales, 2015), 307–29, S. A. Khan Ghori, 'Development of Zīj Literature in India', in *History of Astronomy in India*, eds. S. N. Sen and K. S. Shukla (Delhi: Indian National Science Academy, 1985), K. V. Sharma, 'A Survey of Source Material', in Sen and Shukla, eds., *History of Astronomy in India*, 8, Takanori Kusuba and David Pingree, *Arabic Astronomy in Sanskrit* (Leiden: Brill, 2002), 4–5.

69 Raina, 'Circulation and Cosmopolitanism', 307–29, and Huff, *Intellectual Curiosity*, 123–6.

70 Sharma, *Sawai Jai Singh*, 41–2, and Anisha Shekhar Mukherji, *Jantar Mantar: Maharaj Sawai Jai Singh's Observatory in Delhi* (New Delhi: Ambi Knowledge Resources, 2010), 15.

71 Sharma, *Sawai Jai Singh*, 304–8, and Mukherji, *Jantar Mantar*, 15

72 Sharma, *Sawai Jai Singh*, 254, 284–97, 312, and 329–334, and S. M. R. Ansari, 'Introduction of Modern Western Astronomy in India during 18–19 Centuries', in Sen and Shukla, eds., *History of Astronomy in India*, 372.

73 Sharma, *Sawai Jai Singh*, 3 and 235–6, and Kaye, *Astronomical Observatories*, 1–14.

74 Kaye, *Astronomical Observatories*, 4–14, Mukherji, *Jantar Mantar*, 13–16, and Sharma, *Sawai Jai Singh*, 235–43.

Kaye, *Astronomical Observatories*, 4–14, Mukherji, *Jantar Mantar*, 13–16, and Sharma, *Sawai Jai Singh*, 235–43.

75 Kaye, *Astronomical Observatories*, 11–13.

第二部分　帝国与启蒙运动，约 1650—1800 年

第三章　牛顿的奴隶

1 Simon Schaffer, 'Newton on the Beach: The Information Order of *Principia Mathematica*', *History of Science* 47 (2009): 250, Andrew Odlyzko, 'Newton's Financial Misadventures in the South Sea Bubble', *Notes and Records of the Royal Society* 73 (2019), and Helen Paul, *The South Sea Bubble: An Economic History of Its Origins and Consequences* (London: Routledge, 2011), 62.

2 Paul Lovejoy, 'The Volume of the Atlantic Slave Trade: A Synthesis', *The Journal of African History* 4 (1982): 478, John Craig, *Newton at the Mint* (Cambridge: Cambridge University Press, 1946), 106–9, Schaffer, 'Newton on the Beach', Odlyzko, 'Newton's Financial Misadventures', and MINT 19/2/261r, National Archives, London, UK, via

'MINT00256', The Newton Papers, accessed 15 November 2020, http:// www.newtonproject.ox.ac.uk/view/texts/normalized/MINT00256.

3 Roy Porter, 'Introduction', in *The Cambridge History of Science: Eighteenth-Century Science*, ed. Roy Porter (Cambridge: Cambridge University Press, 2003), Gerd Buchdahl, *The Image of Newton and Locke in the Age of Reason* (London: Sheed and Ward, 1961), Thomas Hankins, *Science and the Enlightenment* (Cambridge: Cambridge University Press, 1985), and Dorinda Outram, *The Enlightenment* (Cambridge: Cambridge University Press, 1995).

4 Lovejoy, 'The Volume of the Atlantic Slave Trade', 485, John Darwin, *After Tamerlane: The Global History of Empire since 1405* (London: Allen Lane, 2007), 157–218, and Felicity Nussbaum, 'Introduction', in *The Global Eighteenth Century*, ed. Felicity Nussbaum (Baltimore: Johns Hopkins University Press, 2003).

5 Richard Drayton, 'Knowledge and Empire', in *The Oxford History of the British Empire: The Eighteenth Century*, ed. Peter Marshall (Oxford: Oxford University Press, 1998), Charles Withers and David Livingstone, 'Introduction: On Geography and Enlightenment', in *Geography and Enlightenment*, eds. Charles Withers and David Livingstone (Chicago: University of Chicago Press, 1999), Larry Stewart, 'Global Pillage: Science, Commerce, and Empire', in Porter, ed., *The Cambridge History of Science: Eighteenth-Century Science*, Mark Govier, 'The Royal Society, Slavery and the Island of Jamaica, 1660–1700', *Notes and Records of the Royal Society* 53 (1999), and Sarah Irving, *Natural Science and the Origins of the British Empire* (London: Pickering & Chatto, 2008), 1.

6 Anthony Grafton with April Shelford and Nancy Siraisi, *New Worlds, Ancient Texts: The Power of Tradition and the Shock of Discovery* (Cambridge, MA: The Belknap Press, 1992), 198, Irving, *Natural Science*, 1–44, and Jorge Canizares- Esguerra, *Nature, Empire, and Nation: Explorations of the History of Science in the Iberian World* (Stanford: Stanford University Press, 2006), 15–18.

7 Steven Harris, 'Long-Distance Corporations, Big Sciences, and the Geography of Knowledge', *Configurations* 6 (1998), and Rob Iliffe, 'Science and Voyages of Discovery', in Porter, ed., *The Cambridge History of Science: Eighteenth-Century Science*.

8 Schaffer, 'Newton on the Beach'.

9 Isaac Newton, *The Principia: The Authoritative Translation and Guide*, trans. I. Bernard Cohen and Anne Whitman (Berkeley: The University of California Press, 2016), 829–32, John Olmsted, 'The Scientific Expedition of Jean Richer to Cayenne (1672–1673)', *Isis* 34 (1942), Nicholas Dew, 'Scientific Travel in the Atlantic World: The French Expedition to Gorée and the Antilles, 1681–1683', *The British Journal for the History of Science* 43 (2010), and Nicholas Dew, '*Vers la ligne*: Circulating Measurements around the French Atlantic', in *Science and Empire in the Atlantic World*, eds. James Delbourgo and Nicholas Dew (New York: Routledge, 2008).

10 Olmsted, 'The Scientific Expedition of Jean Richer', 118–22, and Jean Richer, *Observations astronomiques et physiques faites en l'Isle de Caienne* (Paris: De l'Imprimerie Royale, 1679).

11 Dew, 'Scientific Travel in the Atlantic World', 8–17.

12 Schaffer, 'Newton on the Beach', 261.

13 Newton, *Principia*, 832.

14 Schaffer, 'Newton on the Beach', 250–7, and David Cartwright, 'The Tonkin Tides Revisited', *Notes and Records of the Royal Society* 57 (2003).

15 Michael Hoskin, 'Newton and Newtonianism', in *The Cambridge Illustrated History of Astronomy*, ed. Michael Hoskin (Cambridge: Cambridge University Press, 1997), Larrie Ferreiro, *Measure of the Earth: The Enlightenment Expedition That Reshaped Our World* (New York: Basic Books, 2011), 7–8, and Henry Alexander ed., *The Leibniz-Clarke Correspondence: Together with Extracts from Newton's Principia and Opticks* (Manchester: Manchester University Press, 1956), 184.

16 Hoskin, 'Newton and Newtonianism', and Rob Iliffe and George Smith, 'Introduction', in *The Cambridge Companion to Newton*, eds. Rob Iliffe and George Smith (Cambridge: Cambridge University Press, 2016).

17 Iliffe, 'Science and Voyages of Discovery', and John Shank, *The Newton Wars and the Beginning of the French Enlightenment* (Chicago: University of Chicago Press, 2008).

18 Ferreiro, *Measure of the Earth*, 132–6.

19 Ferreiro, *Measure of the Earth*, xiv–xvii, Neil Safier, *Measuring the New World: Enlightenment Science and South America* (Chicago: University of Chicago Press, 2008), 2–7, Michael Hoare, *The Quest for the True Figure of the Earth: Ideas and Expeditions in Four Centuries of Geodesy* (Aldershot: Ashgate, 2005), 81–141, Mary Terrall, *The Man Who Flattened the Earth: Maupertuis and the Sciences in the Enlightenment* (Chicago: University of Chicago Press, 2002), and Rob Iliffe, ' "Aplatisseur du Monde et de Cassini": Maupertuis, Precision Measurement, and the Shape of the Earth in the 1730s', *History of Science* 31 (1993).

20 Safier, *Measuring the New World*, 7, and Ferreiro, *Measure of the Earth*, 31–8.

21 Ferreiro, *Measure of the Earth*, 62–89.

22 Hoare, *The Quest for the True Figure of the Earth*, 12–13, and Ferreiro, *Measure of the Earth*, 133–4.

23 Ferreiro, *Measure of the Earth*, 105–8 and 114.

24 Ferreiro, *Measure of the Earth*, 108, Iván Ghezzi and Clive Ruggles, 'Chankillo', in *Handbook of Archaeoastronomy and Ethnoastronomy*, ed. Clive Ruggles (New York: Springer Reference, 2015), 808–13, Clive Ruggles, 'Geoglyphs of the Peruvian Coast', in Ruggles, ed., *Handbook of Archaeoastronomy and Ethnoastronomy*, 821–2.

25 Brian Bauer and David Dearborn, *Astronomy and Empire in the Ancient Andes: The Cultural Origins of Inca Sky Watching* (Austin: University of Texas Press, 1995), 14–16, Brian Bauer, *The Sacred Landscape of the Inca: The Cusco Ceque System* (Austin: University of Texas Press, 1998), 4–9, and Reiner Tom Zuidema, 'The Inca Calendar', in *Native American Astronomy*, ed. Anthony Aveni (Austin: University of Texas Press, 1977), 220–33.

26 Zuidema, 'Inca Calendar', 250, and Bauer, *Sacred Landscape*, 8.

27 Ferreiro, *Measure of the Earth*, 26 and 107–11, Bauer and Dearborn, *Astronomy and Empire*, 27, and Safier, *Measuring the New World*, 87–8.

28 Ferreiro, *Measure of the Earth*, 108.

29 Ferreiro, *Measure of the Earth*, 221–2.

30 Teuira Henry, 'Tahitian Astronomy', *Journal of the Polynesian Society* 16 (1907):

101–4, and William Frame and Laura Walker, *James Cook: The Voyages* (Montreal: McGill-Queen's University Press, 2018), 40.

31 Henry, 'Tahitian Astronomy', 101–2, Frame and Walker, *James Cook*, 40, Andrea Wulf, *Chasing Venus: The Race to Measure the Heavens* (London: William Heinemann, 2012), xix–xxvi, and Harry Woolf, *The Transits of Venus: A Study of Eighteenth-Century Science* (Princeton: Princeton University Press, 1959), 3–22.

32 Iliffe, 'Science and Voyages of Discovery', 624–8, Wulf, *Chasing Venus*, 128, and Anne Salmond, *The Trial of the Cannibal Sea Dog: Captain Cook and the South Seas* (London: Penguin Books, 2004), 31–2.

33 Newton, *Principia*, 810–15, and Woolf, *Transits of Venus*, 3.

34 Wulf, *Chasing Venus*, xix–xxiv, and Woolf, *Transits of Venus*, 3–16.

35 Wulf, *Chasing Venus*, 185, and Woolf, *Transits of Venus*, 182–7.

36 Rebekah Higgitt and Richard Dunn, 'Introduction', in *Navigational Empires in Europe and Its Empires, 1730–1850*, eds. Rebekah Higgitt and Richard Dunn (Basingstoke: Palgrave Macmillan, 2016), Wayne Orchiston, 'From the South Seas to the Sun', in *Science and Exploration in the Pacific: European Voyages to the Southern Oceans in the Eighteenth Century*, ed. Margarette Lincoln (Woodbridge: Boydell & Brewer, 1998), 55–6, and Iliffe, 'Science and Voyages of Discovery', 635.

37 Salmond, *Trial*, 51.

38 Salmond, *Trial*, 64–7, Wulf, *Chasing Venus*, 168, and Simon Schaffer, 'In Transit: European Cosmologies in the Pacific', in *The Atlantic World in the Antipodes: Effects and Transformations since the Eighteenth Century*, ed. Kate Fullagar (Newcastle: Cambridge Scholars Publishing, 2012), 70.

39 Salmond, *Trial*, 79, Orchiston, 'From the South Seas', 58–9, Charles Green, 'Observations Made, by Appointment of the Royal Society, at King George's Island in the South Seas', *Philosophical Transactions* 61 (1771): 397 and 411.

40 Wulf, *Chasing Venus*, 192–3, Orchiston, 'From the South Seas', 59, and Vladimir Shiltsev, 'The 1761 Discovery of Venus' Atmosphere: Lomonosov and Others', *Journal of*

Astronomical History and Heritage 17 (2014): 85–8.

41 Wulf, *Chasing Venus*, 201.

42 Salmond, *Trial*, 95, and David Lewis, *We, the Navigators: The Ancient Art of Landfinding in the Pacific* (Honolulu: University of Hawaii Press, 1994).

43 Salmond, *Trial*, 38–9, Lewis, *We, the Navigators*, 7–8, Joan Druett, *Tupaia: Captain Cook's Polynesian Navigator* (Auckland: Random House, 2011), 1–11, and Lars Eckstein and Anja Schwarz, 'The Making of Tupaia's Map: A Story of the Extent and Mastery of Polynesian Navigation, Competing Systems of Wayfinding on James Cook's *Endeavour*, and the Invention of an Ingenious Cartographic System', *The Journal of Pacific History* 54 (2019): 4.

44 Lewis, *We, the Navigators*, 82–101, and Ben Finney, 'Nautical Cartography and Traditional Navigation in Oceania', in *The History of Cartography: Cartography in the Traditional African, American, Arctic, Australian, and Pacific Societies*, eds. David Woodward and G. Malcolm Lewis (Chicago: University of Chicago Press, 1998), 2:443.

45 Finney, 'Nautical Cartography', 443 and 455–79, and Lewis, *We, the Navigators*, 218–48.

46 Druett, *Tupaia*, 2, Salmond, *Trial*, 38–9, and Eckstein and Schwarz, 'Tupaia's Map', 4.

47 Salmond, *Trial*, 37–40, and Eckstein and Schwarz, 'Tupaia's Map', 4.

48 Salmond, *Trial*, 112, Eckstein and Schwarz, 'Tupaia's Map', 93–4, and Finney, 'Nautical Cartography', 446.

49 Salmond, *Trial*, 99–101, and Eckstein and Schwarz, 'Tupaia's Map', 5.

50 Eckstein and Schwarz, 'Tupaia's Map'.

51 Eckstein and Schwarz, 'Tupaia's Map', 29–52.

52 Eckstein and Schwarz, 'Tupaia's Map', 32–52.

53 Salmond, *Trial*, 110–13, and Eckstein and Schwarz, 'Tupaia's Map', 5.

54 Eckstein and Schwarz, 'Tupaia's Map', 6–13.

55 Valentin Boss, *Newton and Russia: The Early Influence, 1698–1796* (Cambridge, MA: Harvard University Press, 1972), 2–5, Loren Graham, *Science in Russia and the Soviet Union: A Short History* (Cambridge: Cambridge University Press, 1993), 17, and Alexander Vucinich, *Science in Russian Culture* (London: P. Owen, 1965), 1:51.

56 Boss, *Newton and Russia*, 5–14, Vucinich, *Science in Russian Culture*, 1:43–4, Arthur MacGregor, 'The Tsar in England: Peter the Great's Visit to London in 1698', *The Seventeenth Century* 19 (2004): 129–31, and Papers Connected with the *Principia*, MS Add. 3965.12, ff.357–358, Cambridge University Library, Cambridge, UK, via 'NATP00057', The Newton Papers, accessed 15 November 2020, http://www.newtonproject.ox.ac.uk/view/texts/normalized/NATP00057.

57 Boss, *Newton and Russia*, 9, and Vucinich, *Science in Russian Culture*, 1:51–4,74.

58 Boss, *Newton and Russia*, 116 and 235, Vucinich, *Science in Russian Culture*, 1:45 and 75–6, Wulf, *Chasing Venus*, 97, and Simon Werrett, 'Better Than a Samoyed: Newton's Reception in Russia', in *Reception of Isaac Newton in Europe*, eds. Helmut Pulte and Scott Mandelbrote (London: Bloomsbury, 2019), 1:217–23.

59 Boss, *Newton and Russia*, 94–5, and John Appleby, 'Mapping Russia: Farquharson, Delisle and the Royal Society', *Notes and Records of the Royal Society* 55 (2001): 192.

60 Andreĭ Grinëv, *Russian Colonization of Alaska: Preconditions, Discovery, and Initial Development, 1741–1799*, trans. Richard Bland (Lincoln, NE: University of Nebraska Press, 2018), 73, Alexey Postnikov and Marvin Falk, *Exploring and Mapping Alaska: The Russian America Era, 1741–1867*, trans. Lydia Black (Fairbanks: University of Alaska Press, 2015), 2–6, and Orcutt Frost, *Bering: The Russian Discovery of America* (New Haven: Yale University Press, 2003), xiii–xiv.

61 Frost, *Bering*, xiii and 34.

62 Robin Inglis, *Historical Dictionary of the Discovery and Exploration of the Northwest Coast of America* (Lanham: Scarecrow Press, 2008), xxxi–xxxii.

63 Frost, *Bering*, 40–63.

64 Frost, *Bering*, 65–158, Postnikov and Falk, *Exploring and Mapping*, 32 and 46, and Carol Urness, 'Russian Mapping of the North Pacific to 1792', in *Enlightenment and Explo-*

ration in the North Pacific, 1741–1805, eds. Stephen Haycox, James Barnett, and Caedmon Liburd (Seattle: University of Washington Press, 1997), 132–7.

65 Frost, *Bering*, 144–58, Frank Golder, ed., *Bering's Voyages: An Account of the Efforts of the Russians to Determine the Relation of Asia and America* (New York: American Geographical Society, 1922), 1:91–9, and Dean Littlepage, *Steller's Island: Adventures of a Pioneer Naturalist in Alaska* (Seattle: Mountaineers Books, 2006), 61–2.

66 Inglis, *Historical Dictionary*, xlix and 39, Urness, 'Russian Mapping', 139–42, Postnikov and Falk, *Exploring and Mapping*, 78–174, and Simon Werrett, 'Russian Responses to the Voyages of Captain Cook', in *Captain Cook: Explorations and Reassessments*, ed. Glyndwr Williams (Woodbridge: Boydell & Brewer, 2004), 184–7.

67 Postnikov and Falk, *Exploring and Mapping*, 159–61, Werrett, 'Better Than a Samoyed', 226, and Alekseĭ Postnikov, 'Learning from Each Other: A History of Russian–Native Contacts in Late Eighteenth–Early Nineteenth Century Exploration and Mapping of Alaska and the Aleutian Islands', *International Hydrographic Review* 6 (2005): 10.

68 Postnikov and Falk, *Exploring and Mapping*, 99.

69 John MacDonald, *The Arctic Sky: Inuit Astronomy, Star Lore, and Legend* (Toronto: Royal Ontario Museum, 1998), 5–15, 101, and 164–7, and Ülo Siimets, 'The Sun, the Moon and Firmament in Chukchi Mythology and on the Relations of Celestial Bodies and Sacrifices', *Folklore* 32 (2006): 133–48.

70 MacDonald, *Arctic Sky*, 9, 44–5, and Siimets, 'Sun, Moon and Firmament', 148–50.

71 MacDonald, *Arctic Sky*, 173–8, and David Lewis and Mimi George, 'Hunters and Herders: Chukchi and Siberian Eskimo Navigation across Snow and Frozen Sea', *The Journal of Navigation* 44 (1991): 1–5.

72 Postnikov and Falk, *Exploring and Mapping*, 99–100, Inglis, *Historical Dictionary*, 96, and John Bockstoce, *Fur and Frontiers in the Far North: The Contest among Native and Foreign Nations for the Bering Fur Trade* (New Haven: Yale University Press, 2009), 75–6.

73 Postnikov and Falk, *Exploring and Mapping*, 161–74.

74 Dew, '*Vers la ligne*', 53.

75 Shino Konishi, Maria Nugent, and Tiffany Shellam, 'Exploration Archives and Indigenous Histories', in *Indigenous Intermediaries: New Perspectives on Exploration Archives*, eds. Shino Konishi, Maria Nugent, and Tiffany Shellam (Acton: Australian National University Press, 2015), Simon Schaffer, Lissa Roberts, Kapil Raj, and James Delbourgo, 'Introduction', in *The Brokered World: Go-Betweens and Global Intelligence, 1770–1820*, eds. Simon Schaffer, Lissa Roberts, Kapil Raj, and James Delbourgo (Sagamore Beach: Science History Publications, 2009), and Schaffer, 'Newton on the Beach', 267.

76 Vincent Carretta, 'Who was Francis Williams?', *Early American Literature* 38 (2003), and Gretchen Gerzina, *Black London: Life before Emancipation* (New Brunswick: Rutgers University Press, 1995), 6 and 40–1.

第四章 自然的经济

1 Natural History Museum [下文称 NHM], 'Slavery and the Natural World, Chapter 2: People and Slavery', accessed 15 October 2019, https://www.nhm.ac.uk/content/dam/nhmwww/discover/slavery-natural-world/chapter-2-peopleand- slavery.pdf, and Susan Scott Parrish, *American Curiosity: Cultures of Natural History in the Colonial British Atlantic World* (Chapel Hill: University of North Carolina Press, 2006), 1–10。

2 NHM, 'Slavery and the Natural World, Chapter 2: People and Slavery', Parrish, *American Curiosity*, 1–10, and Londa Schiebinger, *Plants and Empire: Colonial Bioprospecting in the Atlantic World* (Cambridge, MA: Harvard University Press, 2009), 8.

3 Parrish, *American Curiosity*, 1–10, Schiebinger, *Plants and Empire*, 209–19, and Lisbet Koerner, 'Carl Linnaeus in His Time and Place', in *Cultures of Natural History*, eds. Nicholas Jardine, James Secord, and Emma Spary (Cambridge: Cambridge University Press, 1996), 145–9.

4 NHM, 'Slavery and the Natural World, Chapter 2: People and Slavery', and Parrish, *American Curiosity*, 1–10.

5 Richard Drayton, *Nature's Government: Science, Imperial Britain, and the 'Improvement' of the World* (New Haven: Yale University Press, 2000), Harold Cook, *Matters of Exchange: Commerce, Medicine, and Science in the Dutch Golden Age* (New Haven: Yale University Press, 2007), Dániel Margócsy, *Commercial Visions: Science, Trade, and Visual*

Culture in the Dutch Golden Age (Chicago: University of Chicago Press, 2014), Londa Schiebinger and Claudia Swan, eds., *Colonial Botany: Science, Commerce, and Politics in the Early Modern World* (Philadelphia: University of Pennsylvania Press, 2005), Kris Lane, 'Gone Platinum: Contraband and Chemistry in Eighteenth-Century Colombia', *Colonial Latin American Review* 20 (2011), and Schiebinger, *Plants and Empire*, 194.

6 Schiebinger, *Plants and Empire*, 7–8, and Lisbet Koerner, *Linnaeus: Nature and Nation* (Cambridge, MA: Harvard University Press, 1999), 1–2.

7 Drayton, *Nature's Government*, Schiebinger, *Plants and Empire*, Miles Ogborn, 'Vegetable Empire', in *Worlds of Natural History*, eds. Helen Curry, Nicholas Jardine, James Secord, and Emma Spary (Cambridge: Cambridge University Press, 2019), and James McClellan III, *Colonialism and Science: Saint Domingue and the Old Regime* (Chicago: University of Chicago Press, 2010), 148–59.

8 Schiebinger, *Plants and Empire*, 25–30, James Delbourgo, 'Sir Hans Sloane's Milk Chocolate and the Whole History of the Cacao', *Social Text* 29 (2011), James Delbourgo, *Collecting the World: The Life and Curiosity of Hans Sloane* (London: Allen Lane, 2015), 35–59, and Edwin Rose, 'Natural History Collections and the Book: Hans Sloane's *A Voyage to Jamaica* (1707–1725) and His Jamaican Plants', *Journal of the History of Collections* 30 (2018).

9 NHM, 'Slavery and the Natural World, Chapter 2: People and Slavery', Schiebinger, *Plants and Empire*, 28, Delbourgo, *Collecting the World*, 35–59, and Hans Sloane, *A Voyage to the Islands Madera, Barbados, Nieves, S. Christophers and Jamaica* (London: B.M. for the Author, 1707).

10 Miles Ogborn, 'Talking Plants: Botany and Speech in Eighteenth-Century Jamaica', *History of Science* 51 (2013): 264, Judith Carney and Richard Rosomoff, *In the Shadow of Slavery: Africa's Botanical Legacy in the Atlantic World* (Berkeley: University of California Press, 2011), 71 and 124, and Bertram Osuagwu, *The Igbos and Their Traditions*, trans. Frances W. Pritchett (Lagos: Macmillan Nigeria, 1978), 1–22.

11 Carney and Rosomoff, *In the Shadow of Slavery*, 123–4.

12 Londa Schiebinger, *Secret Cures of Slaves: People, Plants, and Medicine in the Eighteenth- Century Atlantic World* (Stanford: Stanford University Press, 2017), 1–9 and 45–59.

13 Ogborn, 'Talking Plants', 255–71, Kathleen Murphy, 'Collecting Slave Traders: James Petiver, Natural History, and the British Slave Trade', *William and Mary Quarterly* 70 (2013), and NHM, 'Slavery and the Natural World, Chapter 7: Fevers', accessed 15 October 2019, https://www.nhm.ac.uk/content/dam/nhmwww/dis cover/slavery-natural-world/chapter-7-fevers.pdf.

14 Schiebinger, *Secret Cures of Slaves*, 90, Ogborn, 'Talking Plants', 275, and Kwasi Konadu, *Indigenous Medicine and Knowledge in African Society* (London: Routledge, 2007), 85–9.

15 Schiebinger, *Plants and Empire*, 1–35, NHM, 'Slavery and the Natural World, Chapter 2: People and Slavery', and Julie Hochstrasser, 'The Butterfly Effect: Embodied Cognition and Perceptual Knowledge in Maria Sibylla Merian's *Metamorphosis Insectorum Surinamensium*', in *The Dutch Trading Companies as Knowledge Networks*, eds. Siegfried Huigen, Jan de Jong, and Elmer Kolfin (Leiden: Brill, 2010), 59–60.

16 Schiebinger, *Secret Cures of Slaves*, 12, NHM, 'Slavery and the Natural World, Chapter 6: Resistance', accessed 15 October 2019, https://www.nhm.ac.uk/content/dam/nhmwww/discover/slavery-natural-world/chapter-6-resistance.pdf, and Susan Scott Parrish, 'Diasporic African Sources of Enlightenment Knowledge', in *Science and Empire in the Atlantic World*, eds. James Delbourgo and Nicholas Dew (New York: Routledge, 2008), 294.

17 Richard Grove, 'Indigenous Knowledge and the Significance of South-West India for Portuguese and Dutch Constructions of Tropical Nature', *Modern Asian Studies* 30 (1996), K. S. Manilal, ed., *Botany and History of Hortus Malabaricus* (Rotterdam: A. A. Balkema, 1980), 1–3, J. Heniger, *Hendrik Adriaan van Reede tot Drakenstein (1636–1691) and Hortus Malabaricus* (Rotterdam: A. A. Balkema, 1986), vii–xii and 3–95, Kapil Raj, *Relocating Modern Science: Circulation and the Construction of Knowledge in South Asia and Europe, 1650–1900* (Basingstoke: Palgrave Macmillan, 2007), 44–5, and Hendrik van Rheede, *Hortus Indicus Malabaricus* (Amsterdam: Johannis van Someren, 1678), vol. 1, pl. 9.

18 Grove, 'Indigenous Knowledge', 134–5, and Heniger, *Hendrik Adriaan van Reede*, 3–33.

19 Grove, 'Indigenous Knowledge', 136–9, Heniger, *Hendrik Adriaan van Reede*, 41–64, 144–8, and H. Y. Mohan Ram, 'On the English Edition of van Rheede's *Hortus Malabaricus*', *Current Science* 89 (2005).

20 Heniger, *Hendrik Adriaan van Reede*, 147–8, and Rajiv Kamal, *Economy of Plants in the Vedas* (New Delhi: Commonwealth Publishers, 1988), 1–23.

21 Heniger, *Hendrik Adriaan van Reede*, 43 and 143–8, and Grove, 'Indigenous Knowledge', 139.

22 E. M. Beekman, 'Introduction: Rumphius' Life and Work', in Georg Eberhard Rumphius, *The Ambonese Curiosity Cabinet*, trans. E. M. Beekman (New Haven: Yale University Press, 1999), xxxv–lxvii, and Genie Yoo, 'Wars and Wonders: The Inter-Island Information Networks of Georg Everhard Rumphius', *The British Journal for the History of Science* 51 (2018): 561.

23 Beekman, 'Introduction', xxxv–xcviii, and George Sarton, 'Rumphius, Plinius Indicus (1628–1702)', *Isis* 27 (1937).

24 Matthew Sargent, 'Global Trade and Local Knowledge: Gathering Natural Knowledge in Seventeenth-Century Indonesia', in *Intercultural Exchange in Southeast Asia: History and Society in the Early Modern World*, eds. Tara Alberts and David Irving (London: I. B. Taurus, 2013), 155–6.

25 Beekman, 'Introduction', lxvii, Sargent, 'Global Trade', 156, Jeyamalar Kathirithamby- Wells, 'Unlikely Partners: Malay-Indonesian Medicine and European Plant Science', in *The East India Company and the Natural World*, eds. Vinita Damodaran, Anna Winterbottom, and Alan Lester (Basingstoke: Palgrave Macmillan, 2014), 195– 203, and Benjamin Schmidt, *Inventing Exoticism: Geography, Globalism, and Europe's Early Modern World* (Philadelphia: University of Pennsylvania Press, 2015), 136–8.

26 Yoo, 'Wars and Wonders', 567–9.

27 Georg Eberhard Rumphius, *The Ambonese Curiosity Cabinet*, trans. E. M. Beekman (New Haven: Yale University Press, 1999), 93–4, Georg Eberhard Rumphius, *Rumphius' Orchids: Orchid Texts from The Ambonese Herbal*, trans. E. M. Beekman (New Haven: Yale University Press, 2003), 87, and Maria-Theresia Leuker, 'Knowledge Transfer and Cultural Appropriation: Georg Everhard Rumphius's *D'Amboinsche Rariteitkamer* (1705)', in Huigen, Jong, and Kolfin, eds. *The Dutch Trading Companies*.

28 Beekman, 'Introduction', lxii–lxiii.

29 Ray Desmond, *The European Discovery of the Indian Flora* (Oxford: Oxford University Press, 1992), 57–9, and Tim Robinson, *William Roxburgh: The Founding Father of Indian Botany* (Chichester: Phillimore, 2008), 41–3.

30 Desmond, *European Discovery*, 59, and Robinson, *William Roxburgh*, 41.

31 Robinson, *William Roxburgh*, 5–10, Pratik Chakrabarti, *Materials and Medicine: Trade, Conquest and Therapeutics in the Eighteenth Century* (Manchester: Manchester University Press, 2010), 41, Minakshi Menon, 'Medicine, Money, and the Making of the East India Company State: William Roxburgh in Madras, c. 1790', in *Histories of Medicine and Healing in the Indian Ocean World*, eds. Anna Winterbottom and Facil Tesfaye (Basingstoke: Palgrave, 2016), 2:152–9, and Arthur MacGregor, 'European Enlightenment in India: An Episode of Anglo-German Collaboration in the Natural Sciences on the Coromandel Coast, Late 1700s–Early 1800s', in *Naturalists in the Field: Collecting, Recording and Preserving the Natural World from the Fifteenth to the Twenty-First Century* (Leiden: Brill, 2018), 383.

32 Prakash Kumar, *Indigo Plantations and Science in Colonial India* (Cambridge: Cambridge University Press, 2012), 68–75, and Menon, 'Medicine, Money, and the Making of the East India Company State', 160.

33 Robinson, *William Roxburgh*, 43–56.

34 Robinson, *William Roxburgh*, 95, Chakrabarti, *Materials and Medicine*, 126, Beth Tobin, *Picturing Imperial Power: Colonial Subjects in Eighteenth-Century British Painting* (Durham, NC: Duke University Press, 1999), 194–201, M. Lazarus and H. Pardoe, eds., *Catalogue of Botanical Prints and Drawings: The National Museums & Galleries of Wales* (Cardiff: National Museums & Galleries of Wales, 2003), 35, I. G. Khan, 'The Study of Natural History in 16th–17th Century Indo-Persian Literature', *Proceedings of the Indian History Congress* 67 (2002), and Versha Gupta, *Botanical Culture of Mughal India* (Bloomington: Partridge India, 2018).

35 Markman Ellis, Richard Coulton, and Matthew Mauger, *Empire of Tea: The Asian Leaf That Conquered the World* (London: Reaktion Books, 2015), 32–5 and 105, and Erika Rappaport, *A Thirst for Empire: How Tea Shaped the Modern World* (Princeton: Princeton University Press, 2017), 23.

36 Ellis, Coulton, and Mauger, *Empire of Tea*, 9 and 22–57, Rappaport, *A Thirst for Em-*

pire, 41, Linda Barnes, *Needles, Herbs, Gods, and Ghosts: China, Healing, and the West to 1848* (Cambridge, MA: Harvard University Press, 2005), 93–116 and 181–5, and Jane Kilpatrick, *Gifts from the Gardens of China* (London: Frances Lincoln, 2007), 9–16.

37 Markman Ellis, 'The British Way of Tea: Tea as an Object of Knowledge between Britain and China, 1690–1730', in *Curious Encounters: Voyaging, Collecting, and Making Knowledge in the Long Eighteenth Century*, eds. Adriana Craciun and Mary Terrall (Toronto: University of Toronto Press, 2019), 27–33.

38 Ellis, Coulton, and Mauger, *Empire of Tea*, 66–7 and 109–10.

39 Ellis, 'The British Way of Tea', 23–8, and James Ovington, *An Essay upon the Nature and Qualities of Tea* (London: R. Roberts, 1699), 7–14.

40 Ellis, 'The British Way of Tea', 29–32, Kilpatrick, *Gifts from the Gardens of China*, 34–48, and Charles Jarvis and Philip Oswald, 'The Collecting Activities of James Cuninghame FRS on the Voyage of *Tuscan* to China (Amoy) between 1697 and 1699', *Notes and Records of the Royal Society* 69 (2015).

41 Ellis, 'The British Way of Tea', 29–32, and James Cuninghame, 'Part of Two Letters to the Publisher from Mr James Cunningham, F. R.S.', *Philosophical Transactions of the Royal Society* 23 (1703): 1205–6.

42 Ellis, Coulton, and Mauger, *Empire of Tea*, 15–19, Huang Hsing-Tsung, *Science and Civilisation in China: Biology and Biological Technology, Fermentations and Food Science* (Cambridge: Cambridge University Press, 2000), vol. 6, part 5, 506–15, and James A. Benn, *Tea in China: A Religious and Cultural History* (Hong Kong: Hong Kong University Press, 2015), 117–44.

43 Carla Nappi, *The Monkey and the Inkpot: Natural History and Its Transformations in Early Modern China* (Cambridge, MA: Harvard University Press, 2009), 10–33 and 141–2, and Federico Marcon, *The Knowledge of Nature and the Nature of Knowledge in Early Modern Japan* (Chicago: University of Chicago Press, 2015), 25–50.

44 Nappi, *The Monkey and the Inkpot*, 10–33, Marcon, *The Knowledge of Nature*, 25–50, Ellis, 'The British Way of Tea', 27, Georges Métailié, *Science and Civilisation in China: Biology and Biological Technology, Traditional Botany: An Ethnobotanical Approach* (Cambridge: Cambridge University Press, 2015), vol. 6, part 4, 77–8, and Joseph Needham,

Science and Civilisation in China: Biology and Biological Technology, Botany (Cambridge: Cambridge University Press, 1986), vol. 6, part 1, 308–21.

45 Nappi, *The Monkey and the Inkpot*, 155–8, Needham, *Science and Civilisation*, vol. 6, part 1, 308–21, Métailié, *Science and Civilisation in China*, vol. 6, part 4, 36 and 77, and Marcon, *The Knowledge of Nature*, 25–50.

46 Nappi, *The Monkey and the Inkpot*, 19, Métailié, *Science and Civilisation in China*, vol. 6, part 4, 620–5.

47 Nappi, *The Monkey and the Inkpot*, 19, Métailié, *Science and Civilisation in China*, vol. 6, part 4, 620–5, and Jordan Goodman and Charles Jarvis, 'The John Bradby Blake Drawings in the Natural History Museum, London: Joseph Banks Puts Them to Work', *Curtis's Botanical Magazine* 34 (2017): 264.

48 Marcon, *The Knowledge of Nature*, 128–31 and 161–3, and Ishiyama Hiroshi, 'The Herbal of Dodonaeus', in *Bridging the Divide: 400 Years, The Netherlands–Japan*, eds. Leonard Blussé, Willem Remmelink, and Ivo Smits (Leiden: Hotei, 2000), 100–1.

49 Marcon, *The Knowledge of Nature*, 128–31, 161–3, and 171–203.

50 Marcon, *The Knowledge of Nature*, x and 3–6, Iioka Naoko, 'Wei Zhiyan and the Subversion of the *Sakoku*', in *Offshore Asia: Maritime Interactions in Eastern Asia before Steamships*, eds. Fujita Kayoko, Shiro Momoki, and Anthony Reid (Singapore: Institute of Southeast Asian Studies, 2013), and Ronald Toby, 'Reopening the Question of *Sakoku*: Diplomacy in the Legitimation of the Tokugawa Bakufu', *Journal of Japanese Studies* 3 (1977): 358.

51 Marcon, *The Knowledge of Nature*, 113–28 and 141–6, and Marie-Christine Skuncke, *Carl Peter Thunberg: Botanist and Physician* (Uppsala: Swedish Collegium for Advanced Study, 2014), 113.

52 Marcon, *The Knowledge of Nature*, 128–31 and 161–3, and Harmen Beukers, 'Dodonaeus in Japanese: Deshima Surgeons as Mediators in the Early Introduction of Western Natural History', in *Dodonaeus in Japan: Translation and the Scientific Mind in the Tokugawa Period*, eds. W. F. Vande Walle and Kazuhiko Kasaya (Leuven: Leuven University Press, 2002), 291.

53 Marcon, *The Knowledge of Nature*, 55–73.

54 Marcon, *The Knowledge of Nature*, 6 and 87–102.

55 Marcon, *The Knowledge of Nature*, 90–6.

56 Marcon, *The Knowledge of Nature*, 91 (emphasis added).

57 Timon Screech, 'The Visual Legacy of Dodonaeus in Botanical and Human Categorisation', in Vande Walle and Kasaya, eds., *Dodonaeus in Japan*, 221–3, T. Yoshida, ' "Dutch Studies" and Natural Sciences', in Blussé, Remmelink, and Smits, eds., *Bridging the Divide*, Kenkichiro Koizumi, 'The Emergence of Japan's First Physicists: 1868–1900', *History and Philosophy of the Physical Sciences* 6 (1975): 7–13, James Bartholomew, *The Formation of Science in Japan: Building a Research Tradition* (New Haven: Yale University Press, 1989), 10–15, Marcon, *The Knowledge of Nature*, 128– 30, Hiroshi, 'The Herbal of Dodonaeus', 100–1, and Tôru Haga, 'Dodonaeus and Tokugawa Culture: Hiraga Gennai and Natural History in Eighteenth-Century Japan', in Vande Walle and Kasaya, eds., *Dodonaeus in Japan*, 242–51.

58 Marcon, *The Knowledge of Nature*, 135–7, and Skuncke, *Carl Peter Thunberg*, 93–9 and 101–4.

59 Skuncke, *Carl Peter Thunberg*, 120–6.

60 Skuncke, *Carl Peter Thunberg*, 122–6.

61 Skuncke, *Carl Peter Thunberg*, 105 and 128–35, and Marcon, *The Knowledge of Nature*, 135–7.

62 Skuncke, *Carl Peter Thunberg*, 130 and 206, and Richard Rudolph, 'Thunberg in Japan and His *Flora Japonica* in Japanese', *Monumenta Nipponica* 29 (1974): 168.

63 Carl Thunberg, *Flora Japonica* (Leipzig: I. G. Mülleriano, 1784), 229.

第三部分　资本主义与冲突，约 1790—1914 年

第五章　为生存而斗争

1 Justin Smith, 'The Ibis and the Crocodile: Napoleon's Egyptian Campaign and Evolutionary Theory in France, 1801–1835', *Republic of Letters* 6 (2018), Paul Nicholson, 'The

Sacred Animal Necropolis at North Saqqara: The Cults and Their Catacombs', in *Divine Creatures: Animal Mummies in Ancient Egypt*, ed. Salima Ikram (Cairo: American University in Cairo Press, 2005), and Caitlin Curtis, Craig Millar, and David Lambert, 'The Sacred Ibis Debate: The First Test of Evolution', *PLOS Biology* 16 (2018).

2 Jean Herold, *Bonaparte in Egypt* (London: Hamish Hamilton, 1962), 164–200, Charles Gillispie, 'Scientific Aspects of the French Egyptian Expedition 1798– 1801', *Proceedings of the American Philosophical Society* 133 (1989), Nina Burleigh, *Mirage: Napoleon's Scientists and the Unveiling of Egypt* (New York: Harper, 2007), vi–x, and Jane Murphy, 'Locating the Sciences in Eighteenth-Century Egypt', *The British Journal for the History of Science* 43 (2010).

3 Toby Appel, *The Cuvier–Geoffroy Debate: French Biology in the Decades before Darwin* (Oxford: Oxford University Press, 1987), 1–10 and 69–97, Burleigh, *Mirage*, 195– 207, Curtis, Millar, and Lambert, 'The Sacred Ibis Debate', Smith, 'The Ibis and the Crocodile', and Murphy, 'Locating the Sciences', 558–65.

4 Appel, *The Cuvier–Geoffroy Debate*, 72–7, and Nicholson, 'The Sacred Animal Necropolis', 44–52.

5 Curtis, Millar, and Lambert, 'The Sacred Ibis Debate', 2–5, Smith, 'The Ibis and the Crocodile', 5–9, and Martin Rudwick, *Bursting the Limits of Time: The Reconstruction of Geohistory in the Age of Revolution* (Chicago: University of Chicago Press, 2007), 394–6.

6 Curtis, Millar, and Lambert, 'The Sacred Ibis Debate', 2–5, Smith, 'The Ibis and the Crocodile', 5–9, Rudwick, *Bursting the Limits of Time*, 394–6, Appel, *The Cuvier–Geoffroy Debate*, 82, and Martin Rudwick, *Georges Cuvier, Fossil Bones, and Geological Catastrophes: New Translations and Interpretations of the Primary Texts* (Chicago: University of Chicago Press, 2008), 229.

7 Smith, 'The Ibis and the Crocodile', 4, Robert Young, *Darwin's Metaphor: Nature's Place in Victorian Culture* (Cambridge: Cambridge University Press, 1985), 40–1, Marwa Elshakry, 'Spencer's Arabic Readers', in *Global Spencerism: The Communication and Appropriation of a British Evolutionist*, ed. Bernard Lightman (Leiden: Brill, 2016), and G. Clinton Godart, 'Spencerism in Japan: Boom and Bust of a Theory', in *Global Spencerism*, ed. Lightman.

8 Janet Browne, *Charles Darwin: Voyaging* (London: Jonathan Cape, 1995), and Ana Sevilla, '*On the Origin of Species* and the Galapagos Islands', in *Darwin, Darwinism and Conservation in the Galapagos Islands*, eds. Diego Quiroga and Ana Sevilla (Cham: Springer International, 2017).

9 James Secord, 'Global Darwin', in *Darwin*, eds. William Brown and Andrew Fabian (Cambridge: Cambridge University Press, 2010), Alexander Vucinich, *Darwin in Russian Thought* (Berkeley: University of California Press, 1989), 12, and G. Clinton Godart, *Darwin, Dharma, and the Divine: Evolutionary Theory and Religion in Modern Japan* (Honolulu: University of Hawaii Press, 2017), 19–20.

10 Alex Levine and Adriana Novoa, *¡Darwinistas! The Construction of Evolutionary Thought in Nineteenth Century Argentina* (Leiden: Brill, 2012), x–xii, 85, and 91–5, and Adriana Novoa and Alex Levine, *From Man to Ape: Darwinism in Argentina, 1870–1920* (Chicago: University of Chicago Press, 2010), 17.

11 Levine and Novoa, *¡Darwinistas!*, 91–5, and Novoa and Levine, *From Man to Ape*, 33–7.

12 Levine and Novoa, *¡Darwinistas!*, 85–95, Novoa and Levine, *From Man to Ape*, 33–7, 1847 年 2 月 26 日，达尔文给弗朗西斯科・穆尼兹的信见 Darwin Correspondence Project, Letter no. 1063, accessed 14August 2020, https://www.darwinproject.ac.uk/letter/DCP-LETT-1063.xml, 2 月 12 日达尔文给理查德・欧文的信见 Darwin Correspondence Project, Letter no. 1061, accessed 14 August 2020, https://www.darwinproject.ac.uk/letter/DCP-LETT-1061.xml，还有 1842 年 2 月 4 日，达尔文给理查德・欧文的信，Darwin Correspondence Project, Letter no. 617G, accessed 14 August 2020, https://www.darwinproject.ac.uk/letter/DCP-LETT-617G.xml。

13 Levine and Novoa, *¡Darwinistas!*, 85, Novoa and Levine, *From Man to Ape*, 31, Arturo Argueta Villamar, 'Darwinism in Latin America: Reception and Introduction', in Quiroga and Sevilla, eds., *Darwin, Darwinism and Conservation*, and Thomas Glick, Miguel Ángel Puig-Samper, and Rosaura Ruiz, eds., *The Reception of Darwinism in the Iberian World: Spain, Spanish America, and Brazil* (Dordrecht: Springer Netherlands, 2001).

14 Novoa and Levine, *From Man to Ape*, 18–19, 30, and 78–81, Maria Margaret Lopes and Irina Podgorny, 'The Shaping of Latin American Museums of Natural History, 1850–1990', *Osiris* 15 (2000): 108–18, and Carolyne Larson, ' "Noble and Delicate Sentiments":

Museum Natural Scientists as an Emotional Community in Argentina, 1862–1920', *Historical Studies in the Natural Sciences* 47 (2017): 43–50.

15 Levine and Novoa, *¡Darwinistas!*, 113–6, Novoa and Levine, *From Man to Ape*, 83–7, Larson, ' "Noble and Delicate Sentiments" ', 53, Marcelo Montserrat, 'The Evolutionist Mentality in Argentina: An Ideology of Progress', in Glick, Puig-Samper, and Ruiz, eds., *The Reception of Darwinism*, 6, and Francisco Moreno, *Viaje a la patagonia austral* (Buenos Aires: Sociedad de Abogados Editores), 28 and 199.

16 Levine and Novoa, *¡Darwinistas!*, 113–6, Novoa and Levine, *From Man to Ape*, 83–7, Carolyne Larson, *Our Indigenous Ancestors: A Cultural History of Museums, Science, and Identity in Argentina, 1877–1943* (University Park: Penn State University Press, 2015), 17–20, and Frederico Freitas, 'The Journeys of Francisco Moreno', accessed 5 June 2020, https://fredericofreitas.org/2009/08/18/the-journeys-of-franciscomoreno/.

17 Levine and Novoa, *¡Darwinistas!*, 113–23, and Novoa and Levine, *From Man to Ape*, 83–7 and 148–50.

18 Levine and Novoa, *¡Darwinistas!*, 116, Larson, *Our Indigenous Ancestors*, 35–42, and Sadiah Qureshi, 'Looking to Our Ancestors', in *Time Travelers: Victorian Encounters with Time and History*, eds. Adelene Buckland and Sadiah Qureshi (Chicago: University of Chicago Press, 2020).

19 Larson, *Our Indigenous Ancestors*, 35–42, Novoa and Levine, *From Man to Ape*, 125, and Carlos Gigoux, ' "Condemned to Disappear": Indigenous Genocide in Tierra del Fuego', *Journal of Genocide Research* (2020).

20 Levine and Novoa, *¡Darwinistas!*, 113–5, and Novoa and Levine, *From Man to Ape*, 149–53.

21 Levine and Novoa, *¡Darwinistas!*, 195–9, Novoa and Levine, *From Man to Ape*, 145, Montserrat, 'The Evolutionist Mentality in Argentina', 6, Larson, ' "Noble and Delicate Sentiments" ', 57–66, and Irina Podgorny, 'Bones and Devices in the Constitution of Paleontology in Argentina at the End of the Nineteenth Century', *Science in Context* 18 (2005).

22 Levine and Novoa, *¡Darwinistas!*, 200–2.

23 Levine and Novoa, *¡Darwinistas!*, 200–2.

24 Thomas Glick, 'The Reception of Darwinism in Uruguay', in Glick, Puig-Samper, and Ruiz, eds., *The Reception of Darwinism*, Pedro M. Pruna Goodgall, 'Biological Evolutionism in Cuba at the End of the Nineteenth Century', in Glick, Puig-Samper, and Ruiz, eds., *The Reception of Darwinism*, Roberto Moreno, 'Mexico', in *The Comparative Reception of Darwinism*, ed. Thomas Glick (Chicago: University of Chicago Press, 1988).

25 Levine and Novoa, *¡arwinistas!*, 138, and Podgorny, 'Bones and Devices', 261.

26 Vucinich, *Darwin in Russian Thought*, 217–8, Daniel Todes, *Darwin Without Malthus: The Struggle for Existence in Russian Evolutionary Thought* (Oxford: Oxford University Press, 1989), 143–6, Nikolai Severtzov, 'The Mammals of Turkestan', *Annals and Magazine of Natural History* 36 (1876), 1875 年 9 月 26 日尼古拉・塞维尔佐夫给达尔文的信，见 Darwin Correspondence Project, Letter no. 10172, accessed 14 August 2020, https://www.darwinproject.ac.uk/letter/DCP-LETT-10172.xml.

27 Todes, *Darwin Without Malthus*, 144–7.

28 Todes, *Darwin Without Malthus*, 146–51, and Severtzov, 'The Mammals of Turkestan', 41–5, 172–217, and 330–3.

29 Todes, *Darwin Without Malthus*, 148–51.

30 Vucinich, *Darwin in Russian Thought*, 12–32, and James Rogers, 'The Reception of Darwin's *Origin of Species* by Russian Scientists', *Isis* 64 (1973).

31 Alexander Vucinich, *Science in Russian Culture: A History to 1860* (London: Peter Owen, 1965), 247–384, and Alexander Vucinich, *Science in Russian Culture, 1861—1917* (Stanford: Stanford University Press, 1970), 3–86.

32 Vucinich, *Darwin in Russian Thought*, 18–19 and 84, Michael Katz, 'Dostoevsky and Natural Science', *Dostoevsky Studies* 9 (1988), George Kline, 'Darwinism and the Russian Orthodox Church', in *Continuity and Change in Russian and Soviet Thought*, ed. Ernest Simmons (Cambridge, MA: Harvard University Press, 1955), Anna Berman, 'Darwin in the Novels: Tolstoy's Evolving Literary Response', *The Russian Review* 76 (2017), and Leo Tolstoy, *Anna Karenina*, trans. Constance Garnett (New York: The Modern Library, 2000), 533.

33 Todes, *Darwin Without Malthus*, 3–29.

34 Todes, *Darwin Without Malthus*, 82–102, Vucinich, *Darwin in Russian Thought*, 278–81, Kirill Rossiianov, 'Taming the Primitive: Elie Metchnikov and His Discovery of Immune Cells', *Osiris* 23 (2008), and Ilya Mechnikov, 'Nobel Lecture: On the Present State of the Question of Immunity in Infectious Diseases', The Nobel Prize, accessed 14 August 2020, https://www.nobelprize.org/prizes/medicine/1908/mechnikov/lecture/

35 Todes, *Darwin Without Malthus*, 82–5 and 91.

36 Todes, *Darwin Without Malthus*, 82–102, and Vucinich, *Darwin in Russian Thought*, 278–81.

37 Rossiianov, 'Taming the Primitive', 223, and Vucinich, *Darwin in Russian Thought*, 281.

38 Rossiianov, 'Taming the Primitive', 214.

39 Ann Koblitz, 'Science, Women, and the Russian Intelligentsia: The Generation of the 1860s', *Isis* 79 (1988), Mary Creese, *Ladies in the Laboratory IV: Imperial Russia's Women in Science, 1800–1900: A Survey of Their Contributions to Research* (Lanham: Rowman & Littlefield, 2015), xi–xii and 76–8, and Marilyn Ogilvie and Joy Harvey, 'Sofia Pereiaslavtseva', in *The Biographical Dictionary of Women in Science: Pioneering Lives from Ancient Times to the Mid-20th Century*, eds. Marilyn Ogilvie and Joy Harvey (London: Routledge, 2000).

40 Creese, *Ladies in the Laboratory IV*, 76–8.

41 Creese, *Ladies in the Laboratory IV*, 76–8.

42 Todes, *Darwin Without Malthus*, 123–34, and Jerry Bergman, *The Darwin Effect: Its Influence on Nazism, Eugenics, Racism, Communism, Capitalism, and Sexism* (Master Books: Green Forest, 2014), 288–9.

43 Todes, *Darwin Without Malthus*, 45–7.

44 Todes, *Darwin Without Malthus*, 51–9.

45 Todes, *Darwin Without Malthus*, 51–9.

46 Vucinich, *Darwin in Russian Thought*, 87.

47 Godart, *Darwin, Dharma, and the Divine*, 2–3 and 26–30, Masao Watanabe, *The Japanese and Western Science* (Philadelphia: University of Pennsylvania Press, 1990), 41–67, Kuang-chi Hung, 'Alien Science, Indigenous Thought and Foreign Religion: Reconsidering the Reception of Darwinism in Japan', *Intellectual History Review* 19 (2009), and Ian Miller, *The Nature of the Beasts: Empire and Exhibition at the Tokyo Imperial Zoo* (Berkeley: University of California Press, 2013), 51.

48 Miller, *The Nature of the Beasts*, 51–2.

49 Miller, *The Nature of the Beasts*, 49–50, Taku Komai, 'Genetics of Japan, Past and Present', *Science* 123 (1956): 823, and James Bartholomew, *The Formation of Science in Japan: Building a Research Tradition* (New Haven: Yale University Press, 1989), 59.

50 Bartholomew, *The Formation of Science in Japan*, 49–100, and Watanabe, *The Japanese and Western Science*, 41–67.

51 Hung, 'Alien Science', 231, Godart, *Darwin, Dharma, and the Divine*, 28, Watanabe, *The Japanese and Western Science*, 39–50, Eikoh Shimao, 'Darwinism in Japan, 1877–1927', *Annals of Science* 38 (1981): 93, and Isono Naohide, 'Contributions of Edward S. Morse to Developing Young Japan', in *Foreign Employees in Nineteenth-Century Japan*, eds. Edward Beauchamp and Akira Iriye (Boulder: Westview, 1990).

52 Komai, 'Genetics of Japan', 823, Bartholomew, *The Formation of Science in Japan*, 68–70, and Frederick Churchill, *August Weismann: Development, Heredity, and Evolution* (Cambridge, MA: Harvard University Press, 2015), 354–6.

53 Churchill, *August Weismann*, 354–6 and 644–5, and Komai, 'Genetics of Japan', 823.

54 Watanabe, *The Japanese and Western Science*, 71–3.

55 Clintor, *Darwin, Dharma, and the Divine*, 2–21.

56 Clintor, *Darwin, Dharma, and the Divine*, 103–12, Watanabe, *The Japanese and Western Science*, 84–95, Shimao, 'Darwinism in Japan', 95, Gregory Sullivan, 'Tricks of Transference: Oka Asajirō (1868–1944) on Laissez-Faire Capitalism', *Science in Context* 23 (2010): 370–85, and Gregory Sullivan, *Regenerating Japan: Organicism, Modernism and National Destiny in Oka Asajirō's Evolution and Human Life* (Budapest: Central European University Press, 2018), 1–3.

57 Clintor, *Darwin, Dharma, and the Divine*, 103–12, Watanabe, The Japanese and Western Science, 84–95, and Sullivan, 'Tricks of Transference', 373–85.

58 Clintor, *Darwin, Dharma, and the Divine*, 103, Watanabe, *The Japanese and Western Science*, 84–95, Sullivan, 'Tricks of Transference', 370–85, and Ernest Lee and Stefanos Kales, 'Chemical Weapons', in *War and Public Health*, eds. Barry Levy and Victor Sidel (Oxford: Oxford University Press, 2008), 128.

59 Bartholomew, *The Formation of Science in Japan*, 69–70, and Watanabe, *The Japanese and Western Science*, 95.

60 Xiaoxing Jin, 'The Evolution of Evolutionism in China, 1870–1930', Isis 111 (2020): 50–1.

61 Jin, 'The Evolution of Evolutionism in China', 50–2, Xiaoxing Jin, 'Translation and Transmutation: The Origin of Species in China', *The British Journal for the History of Science* 52 (2019): 122–3, and Yang Haiyan, 'Knowledge Across Borders: The Early Communication of Evolution in China', in *The Circulation of Knowledge between Britain, India, and China*, eds. Bernard Lightman, Gordon McOuat, and Larry Stewart (Leiden: Brill, 2013).

62 Jin, 'The Evolution of Evolutionism in China', 48–50, and James Pusey, *China and Charles Darwin* (Cambridge, MA: Harvard University Press, 1983), 16 and 58–60.

63 Jin, 'The Evolution of Evolutionism in China', 50–2, Yang Haiyan, 'Encountering Darwin and Creating Darwinism in China', in *The Cambridge Encyclopedia of Darwin and Evolutionary Thought*, ed. Michael Ruse (Cambridge: Cambridge University Press, 2013), 253, and Ke Zunke and Li Bin, 'Spencer and Science Education in China', in Lightman, ed., *Global Spencerism*.

64 Pusey, *China and Charles Darwin*, 92–117 and 317–8.

65 Pusey, *China and Charles Darwin*, 58–9, Joseph Needham, *Science and Civilisation in China: The History of Scientific Thought* (Cambridge: Cambridge University Press, 1956), vol. 2, 74–81 and 317–8, and Joseph Needham and Donald Leslie, 'Ancient and Mediaeval Chinese Thought on Evolution', in *Theories and Philosophies of Medicine* (New Delhi: Institute of History of Medicine and Medical Research, 1973).

66 Jixing Pan, 'Charles Darwin's Chinese Sources', Isis 75 (1984).

67 Benjamin Elman, *A Cultural History of Modern Science in China* (Cambridge, MA: Harvard University Press, 2009), 198–220, Peter Lavelle, 'Agricultural Improvement at China's First Agricultural Experiment Stations', in New Perspectives on the History of Life Sciences and Agriculture, eds. Denise Phillips and Sharon Kingsland (Cham: Springer International, 2015), 323–41, and Joseph Lawson, 'The Chinese State and Agriculture in an Age of Global Empires, 1880–1949', in Eco-Cultural Networks and the British Empire: New Views on Environmental History, eds. James Beattie, Edward Melillo, and Emily O'Gorman (London: Bloomsbury, 2015).

68 Elman, *A Cultural History of Modern Science in China*, 198 and 220.

69 Jin, 'Translation and Transmutation', 125–40, and Yang, 'Encountering Darwin and Creating Darwinism in China', 254–5.

70 Jin, 'Translation and Transmutation', 125–40, Jin, 'The Evolution of Evolutionism in China', 52–4, and Yang, 'Encountering Darwin and Creating Darwinism in China', 254–5.

71 Jin, 'Translation and Transmutation', 125–40, Jin, 'The Evolution of Evolutionism in China', 52–4, Yang, 'Encountering Darwin and Creating Darwinism in China', 254–5, Pusey, *China and Charles Darwin*, 318, and Zhou Rong, *The Revolutionary Army: A Chinese Nationalist Tract of 1903*, trans. John Lust (Paris: Mouton, 1968), 58.

72 Yang, 'Encountering Darwin and Creating Darwinism in China', 254–5.

73 Pusey, *China and Charles Darwin*, 321–2, and Dikötter, *The Discourse of Race in Modern China*, 140.

74 Secord, 'Global Darwin', 51, and Todes, *Darwin Without Malthus*, 11.

第六章　工业化实验

1 Richard Staley, *Einstein's Generation: The Origins of the Relativity Revolution* (Chicago: University of Chicago Press, 2008), 169–70, Paul Greenhalgh, *Ephemeral Vistas: The Expositions Universelles, Great Exhibitions and World's Fairs, 1851–1939* (Manchester: Manchester University Press, 1988), and 'Liste de membres du Congres international de

physique', in *Rapports présentés au Congrès international de physique réuni à Paris en 1900*, eds. Charles-Édouard Guillaume and Lucien Poincaré (Paris: Gauthier-Villars, 1901), 4:129–69.

2 Staley, *Einstein's Generation*, 138–63, Charles-Édouard Guillaume, 'The International Physical Congress', *Nature* 62 (1900), and Richard Mandell, *Paris 1900: The Great World's Fair* (Toronto: Toronto University Press, 1967), 62–88.

3 Staley, *Einstein's Generation*, 137, and Charles-Édouard Guillaume and Lucien Poincaré, 'Avertissement', in Guillaume and Poincaré, eds., *Rapports présentés*, 1:v.（本段最后两句引文是我自己翻译的，第一句引文则由 Staley 翻译。）

4 Iwan Rhys Morus, *When Physics Became King* (Chicago: University of Chicago Press, 2005), 77–81, and James Clerk Maxwell, 'A Dynamical Theory of the Electromagnetic Field', *Philosophical Transactions of the Royal Society* 155 (1865): 460 and 466.

5 Morus, *When Physics Became King*, 170–2 and 188–91, and 'Liste de membres du Congres international de physique'.

6 Peter Lebedev, 'Les forces de Maxwell-Bartoli dues à la pression de la lumière', in Guillaume and Poincaré, eds., *Rapports présentés*, 2:133–40, and Alexander Vucinich, *Science in Russian Culture, 1861–1917* (Stanford: Stanford University Press, 1963), 2:367–8.

7 Hantaro Nagaoka, 'La magnetostriction', in Guillaume and Poincaré, eds., *Rapports présentés*, 2:536–56, Subrata Dasgupta, *Jagadis Chandra Bose and the Indian Response to Western Science* (New Delhi: Oxford University Press, 1999), 109–10, and Jagadish Chandra Bose, 'De la généralité des phénomenes moléculaires produits par l'électricité sur la matière inorganique et sur la matière vivante', in Guillaume and Poincaré, eds., *Rapports présentés*, 3:581–7（我自己翻译）。

8 Morus, *When Physics Became King*, and Daniel Headrick, *The Tentacles of Progress: Technology Transfer in the Age of Imperialism, 1850–1940* (Oxford: Oxford University Press, 1988), 97–144.

9 Aaron Ihde, *The Development of Modern Chemistry* (New York: Harper & Row, 1964 [1984]), 94, 231–58, 443–74, and 747–9, and V. N. Pitchkov, 'The Discovery of Ruthenium', *Platinum Metals Review* 40 (1996): 184.

10 Ihde, *The Development of Modern Chemistry*, 249 and 488.

11 Charles Édouard Guillaume, 'The International Physical Congress', *Nature* 62 (1900): 428.

12 Moisei Radovsky, *Alexander Popov: Inventor of the Radio*, trans. G. Yankovsky (Moscow: Foreign Languages Publishing House, 1957), 23–61.

13 Sungook Hong, *Wireless: From Marconi's Black-Box to the Audion* (Cambridge, MA: The MIT Press, 2001), 4, and Radovsky, *Alexander Popov*, 54–61.

14 Radovsky, *Alexander Popov*, 5–23.

15 Radovsky, *Alexander Popov*, 23–38, 69–73, and 79.

16 Radovsky, *Alexander Popov*, 69–73 and 79, Daniel Headrick, *The Invisible Weapon: Telecommunications and International Politics, 1851–1945* (Oxford: Oxford University Press, 1991), 123, and Robert Lochte, 'Invention and Innovation of Early Radio Technology', *Journal of Radio Studies* 7 (2000).

17 Vucinich, *Science in Russian Culture*, 2:1–78, Paul Josephson, *Physics and Politics in Revolutionary Russia* (Berkeley: University of California Press, 1991), 9–39, and Natalia Nikiforova, 'Electricity at Court: Technology in Representation of Imperial Power', in *Electric Worlds: Creations, Circulations, Tensions, Transitions*, eds. Alain Beltran, Léonard Laborie, Pierre Lanthier, and Stéphanie Le Gallic (Brussels: Peter Lang, 2016), 66–8.

18 Joseph Bradley, *Voluntary Associations in Tsarist Russia: Science, Patriotism, and Civil Society* (Cambridge, MA: Harvard University Press, 2009), 171–2, and Radovsky, *Alexander Popov*, 18.

19 Vucinich, *Science in Russian Culture*, 2:366–8.

20 Vucinich, *Science in Russian Culture*, 2:151–63, Loren Graham, *Science in Russia and the Soviet Union: A Short History* (Cambridge: Cambridge University Press, 1993), 45–53, and Michael Gordin, *A Well-Ordered Thing: Dmitrii Mendeleev and the Shadow of the Periodic Table* (New York: Basic Books, 2004).

21 Vucinich, *Science in Russian Culture*, 2:163, and Gordin, *A Well-Ordered Thing*, 8–9.

22 Michael Gordin, 'A Modernization of "Peerless Homogeneity": The Creation of Russian Smokeless Gunpowder', *Technology and Culture* 44 (2003): 682–93, and Michael Gordin, 'No Smoking Gun: D. I. Mendeleev and Pyrocollodion Gunpowder', in *Troisièmes journées scientifiques Paul Vieille* (Paris: A3P, 2000).

23 Gordin, 'The Creation of Russian Smokeless Gunpowder', 678–82.

24 Gordin, 'The Creation of Russian Smokeless Gunpowder', 680–2.

25 Gordin, 'The Creation of Russian Smokeless Gunpowder', 682–90, and Gordin, 'No Smoking Gun', 73–4.

26 Francis Michael Stackenwalt, 'Dmitrii Ivanovich Mendeleev and the Emergence of the Modern Russian Petroleum Industry, 1863–1877', *Ambix* 45 (1998), and Zack Pelta-Hella, 'Braving the Elements: Why Mendeleev Left Russian Soil for American Oil', Science History Institute, accessed 9 August 2020, https://www. sciencehistory.org/distillations/braving-the-elements-why-mendeleev-left-russiansoil- for-american-oil.

27 Mary Creese, *Ladies in the Laboratory IV: Imperial Russia's Women in Science, 1800–1900* (Lanham: Rowman & Littlefield, 2015), 54–61.

28 Creese, *Ladies in the Laboratory IV*, 52–5.

29 Creese, *Ladies in the Laboratory IV*, 55–6, and Ann Koblitz, *Science, Women and Revolution in Russia* (London: Routledge, 2014), 129.

30 Creese, *Ladies in the Laboratory IV*, 55–6, and Gisela Boeck, 'Ordering the Platinum Metals – The Contribution of Julia V. Lermontova (1846/47–1919)', in *Women in Their Element: Selected Women's Contributions to the Periodic System*, eds. Annette Lykknes and Brigitte Van Tiggelen (New Jersey: World Scientific, 2019), 112–23.

31 Creese, *Ladies in the Laboratory IV*, 57–8.

32 Gordin, *A Well-Ordered Thing*, 63–4, and 'Liste de membres du Congrès international de physique', 159.

33 Josephson, *Physics and Politics*, 16–18, Alexei Kojevnikov, *Stalin's Great Science: The Times and Adventures of Soviet Physicists* (London: Imperial College Press, 2004), 1–22, and Nathan Brooks, 'Chemistry in War, Revolution, and Upheaval: Russia and the Soviet

Union, 1900–1929', *Centaurus* 39 (1997): 353–8.

34 Yakup Bektas, 'The Sultan's Messenger: Cultural Constructions of Ottoman Telegraphy, 1847–1880', *Technology and Culture* 41 (2000): 671–2, Yakup Bektas, 'Displaying the American Genius: The Electromagnetic Telegraph in the Wider World', *The British Journal for the History of Science* 34 (2001): 199–214, and John Porter Brown, 'An Exhibition of Professor Morse's Magnetic Telegraph before the Sultan', *Journal of the American Oriental Society* 1 (1849): liv–lvii.

35 Bektas, 'Displaying the American Genius', 199–216, Bektas, 'The Sultan's Messenger', 672, and Brown, 'An Exhibition', lv.

36 Roderic Davison, *Essays in Ottoman and Turkish History, 1774–1923: The Impact of the West* (Austin: University of Texas Press, 2013), 133–54, and Bektas, 'The Sultan's Messenger', 669–94.

37 Ekmeleddin İhsanoğlu, *The House of Sciences: The First Modern University in the Muslim World* (Oxford: Oxford University Press, 2019), 1–5, Meltem Akbaş, 'The March of Military Physics – I: Physics and Mechanical Sciences in the Curricula of the 19th Century Ottoman Military Schools', *Studies in Ottoman Science* 13 (2012), Meltem Akbaş, 'The March of Military Physics – II: Teachers and Textbooks of Physics and Mechanical Sciences of the 19th Century Ottoman Military Schools', *Studies in Ottoman Science* 14 (2012), and Mustafa Kaçar, 'The Development in the Attitude of the Ottoman State towards Science and Education and the Establishment of the Engineering Schools (Mühendishanes)', in *Science, Technology and Industry in the Ottoman World*, eds. Ekmeleddin İhsanoğlu, Ahmed Djebbar, and Feza Günergun (Turnhout: Brepols Publishers, 2000).

38 Feza Günergun, 'Chemical Laboratories in Nineteenth-Century Istanbul: A Case-Study on the Laboratory of the Hamidiye Etfal Children's Hospital', *Spaces and Collections in the History of Science*, eds. Marta Lourenço and Ana Carneiro (Lisbon: Museum of Science of the University of Lisbon, 2009), 91, Ekmeleddin İhsanoğlu, 'Ottoman Educational and Scholarly Scientific Institutions', in *History of the Ottoman State, Society, and Civilization*, ed. Ekmeleddin İhsanoğlu (Istanbul: Research Center for Islamic History, Art and Culture, 2001), 2:484–5, and İhsanoğlu, *The House of Sciences*, 1–5.

39 İhsanoğlu, *The House of Sciences*, xii, 2, and 77.

40 Akbaş, 'The March of Military Physics – II', 91–2, Feza Günergun, 'Derviş Mehmed Emin pacha (1817–1879), serviteur de la science et de l'État ottoman', in *Médecins et ingénieurs ottomans a l'âge des nationalismes*, ed. Méropi Anastassiadou- Dumont (Paris: L'Institut français d'études anatoliennes, 2003), 174–6（我自己从法语翻译过来）, and George Vlahakis, Isabel Maria Malaquias, Nathan Brooks, François Regourd, Feza Günergun, and David Wright, *Imperialism and Science: Social Impact and Interaction* (Santa Barbara: ABC-CLIO, 2006), 103–4。

41 Vlahakis et al., *Imperialism and Science*, 104–5, M. Alper Yalçinkaya, *Learned Patriots: Debating Science, State, and Society in the Nineteenth-Century Ottoman Empire* (Chicago: University of Chicago Press, 2015), 65, and Emre Dölen, 'Ottoman Scientific Literature during the 18th and 19th Centuries', being,168–71.

42 Günergun, 'Derviş Mehmed Emin', İhsanoğlu, *The House of Sciences*, 23–6, Alper Yalçinkaya, *Learned Patriots*, 73–5, and Murat Şiviloğlu, *The Emergence of Public Opinion: State and Society in the Late Ottoman Empire* (Cambridge: Cambridge University Press, 2018), 148–9.

43 İhsanoğlu, *The House of Sciences*, 28, Alper Yalçinkaya, *Learned Patriots*, 76, and Marwa Elshakry, 'When Science Became Western: Historiographical Reflections', *Isis* 101 (2010).

44 Daniel Stolz, *The Lighthouse and the Observatory: Islam, Science, and Empire in Late Ottoman Egypt* (Cambridge: Cambridge University Press, 2018), 207–42, Vanessa Ogle, *The Global Transformation of Time, 1870–1950* (Cambridge, MA: Harvard University Press, 2015), 149–76, and James Gelvin and Nile Green, eds., *Global Muslims in the Age of Steam and Print* (Berkeley: University of California Press, 2014).

45 Ferhat Ozcep, 'Physical Earth and Its Sciences in Istanbul: A Journey from Pre- Modern (Islamic) to Modern Times', *History of Geo- and Space Sciences* 11 (2020): 189.

46 Amit Bein, 'The Istanbul Earthquake of 1894 and Science in the Late Ottoman Empire', *Middle Eastern Studies* 44 (2008): 916, and Ozcep, 'Physical Earth', 186.

47 Bein, 'The Istanbul Earthquake of 1894', and Ozcep, 'Physical Earth'.

48 Ozcep, 'Physical Earth', 189–93.

49 Bein, 'The Istanbul Earthquake of 1894', 920, Ozcep, 'Physical Earth', 186, and Demetrios Eginitis, 'Le tremblement de terre de Constantinople du 10 juillet 1894', *Annales de géographie* 15 (1895): 165 (translation my own).

50 İhsanoğlu, *The House of Sciences*, 86–93 and 218–22, and Lâle Aka Burk, 'Fritz Arndt and His Chemistry Books in the Turkish Language', *Bulletin of the History of Chemistry* 28 (2003).

51 Jagadish Chandra Bose, 'Electro-Magnetic Radiation and the Polarisation of the Electric Ray', being, and Dasgupta, *Jagadis Chandra Bose*, 1–3.

52 Bose, 'Electro-Magnetic Radiation', 77–101.

53 Bose, 'Electro-Magnetic Radiation', 100–1.

54 Dasgupta, *Jagadis Chandra Bose*, 16–28, John Lourdusamy, *Science and National Consciousness in Bengal: 1870–1930* (New Delhi: Orient Blackswan, 2004), 100–1, and Deepak Kumar, 'Science in Higher Education: A Study in Victorian India', *Indian Journal of History of Science* 19 (1984): 253–5.

55 Lourdusamy, *Science and National Consciousness*, 56–95, and Pratik Chakrabarti, *Western Science in Modern India: Metropolitan Methods, Colonial Practices* (New Delhi: Orient Blackswan, 2004), 157.

56 Lourdusamy, *Science and National Consciousness*, 101, and Dasgupta, *Jagadis Chandra Bose*, 32–4.

57 Lourdusamy, *Science and National Consciousness*, 101, and Dasgupta, *Jagadis Chandra Bose*, 43.

58 Dasgupta, *Jagadis Chandra Bose*, 51–5 and 72–3, and Jagadish Chandra Bose, 'On the Rotation of Plane of Polarisation of Electric Waves by a Twisted Structure', *Proceedings of the Royal Society of London* 63 (1898): 150–2.

59 Dasgupta, *Jagadis Chandra Bose*, 48–9 and 82, Viśvapriya Mukherji, 'Some Historical Aspects of Jagadis Chandra Bose's Microwave Research during 1895–1900', *Indian Journal of History of Science* 14 (1979): 97, and Jagadish Chandra Bose, 'On a Self-Recovering Coherer and the Study of the Cohering Action of Different Metals', *Proceedings of the Royal*

Society of London 65 (1900).

60 Dasgupta, *Jagadis Chandra Bose*, 56.

61 Dasgupta, *Jagadis Chandra Bose*, 109, and Lourdusamy, *Science and National Consciousness*, 115.

62 David Arnold, *Science, Technology and Medicine in Colonial India* (Cambridge: Cambridge University Press, 2000), 129–34 and 191, Deepak Kumar, *Science and the Raj, 1857–1905* (New Delhi: Oxford University Press, 1995), 74–179, and Aparajito Basu, 'Chemical Research in India (1876–1918)', *Annals of Science* 52 (1995): 592.

63 Suvobrata Sarkar, *Let There be Light: Engineering, Entrepreneurship, and Electricity in Colonial Bengal, 1880–1945* (Cambridge: Cambridge University Press, 2020), 119, and Aparajita Basu, 'The Conflict and Change-Over in Indian Chemistry', *Indian Journal of History of Science* 39 (2004): 337–46.

64 Arnold, *Science, Technology and Medicine*, 138–40 and 166, and Kumar, 'Science in Higher Education', 253–5

65 .Chakrabarti, *Western Science*, 157–62, and Lourdusamy, *Science and National Consciousness*, 56–95.

66 Lourdusamy, *Science and National Consciousness*, 144–5, David Arnold, *Toxic Histories: Poison and Pollution in Modern India* (Cambridge: Cambridge University Press, 2016), 114, Priyadaranjan Ray, 'Prafulla Chandra Ray: 1861–1944', *Biographical Memoirs of Fellows of the Indian National Science Academy* 1 (1944), and Prafulla Chandra Ray, *Life and Experiences of a Bengali Chemist* (London: Kegan Paul, French, Trübner, 1923), 1–47.

67 Lourdusamy, *Science and National Consciousness*, 144–5, and Ray, *Life and Experiences*, 50–76.

68 Ray, *Life and Experiences*, 112–3, and Madhumita Mazumdar, 'The Making of an Indian School of Chemistry, Calcutta, 1889–1924', in *Science and Modern India: An Institutional History, c.1784–1947*, ed. Uma Das Gupta (New Delhi: Pearson Longman, 2011), 806–12.

69 Ray, *Life and Experiences*, 113–5, Mazumdar, 'The Making of an Indian School of

Chemistry', 807, and Dhruv Raina, *Images and Contexts: The Historiography of Science and Modernity in India* (New Delhi: Oxford University Press, 2010), 75.

70 Mazumdar, 'The Making of an Indian School of Chemistry', 807, Ray, *Life and Experiences*, 113–4, Arnab Rai Choudhuri and Rajinder Singh, 'The FRS Nomination of Sir Prafulla C. Ray and the Correspondence of N. R. Dhar', *Notes and Records* 721 (2018): 58–61, and Prafulla Chandra Ray, 'On Mercurous Nitrite', *Journal of the Asiatic Society of Bengal* 65 (1896): 2–9.

71 Lourdusamy, *Science and National Consciousness*, 143–52 and 170–2, Ray, *Life and Experiences*, 92–111, and Pratik Chakrabarti, 'Science and Swadeshi: The Establishment and Growth of the Bengal Chemical and Pharmaceutical Works, 1893–1947', in Gupta, ed., *Science and Modern India*, 117–8.

72 Lourdusamy, *Science and National Consciousness*, 154.

73 Ray, *Life and Experiences*, 104–14, Lourdusamy, *Science and National Consciousness*, 154, Raina, *Images and Contexts*, 61–72, Projit Bihari Mukharji, 'Parachemistries: Colonial Chemopolitics in a Zone of Contest', *History of Science* 54 (2016): 362–5, Prafulla Chandra Ray, 'Antiquity of Hindu Chemistry', in *Essays and Discourses*, ed. Prafulla Chandra Ray (Madras: G. A. Natesan & Co., 1918), 102, Prafulla Chandra Ray, 'The Bengali Brain and Its Misuse', in Ray, ed., *Essays and Discourses*, 207, and Prafulla Chandra Ray, *A History of Hindu Chemistry* (Calcutta: Bengal Chemical and Pharmaceutical Works, 1902–4), 2 vols.

74 Mukharji, 'Parachemistries', 362–5, Raina, *Images and Contexts*, 61–72, Ray, *Life and Experiences*, 115–8, and Prafulla Chandra Ray, *The Rasārna.vam, or The Ocean of Mercury and Other Metals and Minerals* (Calcutta: Satya Press, 1910), 1–2.

75 Basu, 'Conflict and Change-Over', 337–44, and Arnold, *Science, Technology and Medicine*, 191.

76 Arnold, *Science, Technology and Medicine*, 165, and Mazumdar, 'The Making of an Indian School of Chemistry', 23.

77 Greg Clancey, *Earthquake Nation: The Cultural Politics of Japanese Seismicity, 1868–1930* (Berkeley: University of California Press, 2006), 128–50.

78 Haruyo Yoshida, 'Aikitu Tanakadate and the Controversy over Vertical Electrical

Currents in Geomagnetic Research', *Earth Sciences History* 20 (2001): 156–60.

79 Kenkichiro Koizumi, 'The Emergence of Japan's First Physicists: 1868–1900', *Historical Studies in the Physical Sciences* 6 (1975): 72–81.

80 Koizumi, 'The Emergence of Japan's First Physicists', 72–81, James Bartholomew, *The Formation of Science in Japan: Building a Research Tradition* (New Haven: Yale University Press, 1989), 62–75, and Aikitsu Tanakadate, 'Mean Intensity of Magnetization of Soft Iron Bars of Various Lengths in a Uniform Magnetic Field', *The Philosophical Magazine* 26 (1888).

81 Yoshida, 'Aikitu Tanakadate', 159–72.

82 John Cawood, 'The Magnetic Crusade: Science and Politics in Early Victorian Britain', *Isis* 70 (1979), Yoshida, 'Aikitu Tanakadate', 159–72, and Cargill Knott and Aikitsu Tanakadate, 'A Magnetic Survey of All Japan', *The Journal of the College of Science, Imperial University, Japan* 2 (1889): 168 and 216.

83 Yoshida, 'Aikitu Tanakadate', 159–72, and Aikitsu Tanakadate and Hantaro Nagaoka, 'The Disturbance of Isomagnetics Attending the Mino-Owari Earthquake of 1891', *The Journal of the College of Science, Imperial University, Japan* 5 (1893): 150 and 175.

84 Koizumi, 'The Emergence of Japan's First Physicists', 4–16, Bartholomew, *The Formation of Science in Japan*, 49–50, and William Brock, 'The Japanese Connexion: Engineering in Tokyo, London, and Glasgow at the End of the Nineteenth Century', *The British Journal for the History of Science* 14 (1981): 229.

85 Bartholomew, *The Formation of Science in Japan*, 52, Koizumi, 'The Emergence of Japan's First Physicists', 77, and Yoshiyuki Kikuchi, *Anglo-American Connections in Japanese Chemistry: The Lab as Contact Zone* (Basingstoke: Palgrave Macmillan, 2013), 97–8.

86 Kikuchi, *Anglo-American Connections*, 45–6 and 90, and Togo Tsukahara, *Affinity and Shinwa Ryoku: Introduction of Western Chemical Concepts in Early Nineteenth-Century Japan* (Amsterdam: J. C. Gieben, 1993), 1–3 and 149–50.

87 Tetsumori Yamashima, 'Jokichi Takamine (1854–1922), the Samurai Chemist, and His Work on Adrenalin', *Journal of Medical Biography* 11 (2003), and William Shurtleff and Akiko Aoyagi, *Jokichi Takamine (1854–1922) and Caroline Hitch Takamine (1866–*

1954): Biography and Bibliography (Lafayette: Soyinfo Center, 2012), 5–14.

88 Yamashima, 'Jokichi Takamine (1854–1922)', and Shurtleff and Aoyagi, *Jokichi Takamine*, 224.

89 Bartholomew, *The Formation of Science in Japan*, 63, and Koizumi, 'The Emergence of Japan's First Physicists', 82–4.

90 Koizumi, 'The Emergence of Japan's First Physicists', 84–7.

91 Koizumi, 'The Emergence of Japan's First Physicists', 90–2, Eri Yagi, 'On Nagaoka's Saturnian Atom (1903)', *Japanese Studies in the History of Science* 3 (1964), and Hantaro Nagaoka, 'Motion of Particles in an Ideal Atom Illustrating the Line and Band Spectra and the Phenomena of Radioactivity', *Journal of the Tokyo Mathematico- Physical Society* 2 (1904).

92 'Liste de membres du Congres international de physique', 156, Koizumi, 'The Emergence of Japan's First Physicists', 89, and Tanakadate and Nagaoka, 'The Disturbance of Isomagnetics'.

93 Eri Yagi, 'The Development of Nagaoka's Saturnian Atomic Model, I – Dispersion of Light', *Japanese Studies in the History of Science* 6 (1967): 25, and Eri Yagi, 'The Development of Nagaoka's Saturnian Atomic Model II – Nagaoka's Theory of the Structure of Matter', *Japanese Studies in the History of Science* 11 (1972): 76–8.

94 Yagi, 'On Nagaoka's Saturnian Atom', 29–47, Lawrence Badash, 'Nagaoka to Rutherford, 22 February 1911', *Physics Today* 20 (1967), and Ernest Rutherford, 'The Scattering of α and β Particles by Matter and the Structure of the Atom', *Philosophical Magazine* 21 (1911): 688.

95 Koizumi, 'The Emergence of Japan's First Physicists', 65.

96 Bartholomew, *The Formation of Science in Japan*, 199–201.

97 Koizumi, 'The Emergence of Japan's First Physicists', 96.

98 'In Memory of Pyotr Nikolaevich Lebedev', *Physics-Uspekhi* 55 (2012).

99 Morus, *When Physics Became King*, 167.

100 Koizumi, 'The Emergence of Japan's First Physicists', 18.

第四部分　意识形态及其余波，约 1914—2000 年

第七章　比光更快

1　Josef Eisinger, *Einstein on the Road* (Amherst: Prometheus Books, 2011), 32–4, Danian Hu, *China and Albert Einstein: The Reception of the Physicist and His Theory in China, 1917–1979* (Cambridge, MA: Harvard University Press, 2009), 66–74, Albert Einstein, *The Travel Diaries of Albert Einstein: The Far East, Palestine, and Spain, 1922–1923*, ed. Ze'ev Rosenkranz (Princeton: Princeton University Press,2018), 135, and Alice Calaprice, ed., *The Ultimate Quotable Einstein* (Princeton:Princeton University Press, 2011), 419.

2　Eisinger, *Einstein on the Road*, 34–51, and Einstein, *Travel Diaries*, 143.

3　Eisinger, *Einstein on the Road*, 36–46, and Seiya Abiko, 'Einstein's Kyoto Address:"How I Created the Theory of Relativity" ', *Historical Studies in the Physical andBiological Sciences* 31 (2000): 1–6.

4　Eisinger, *Einstein on the Road*, 58–63, David Rowe and Robert Schulmann, eds.,*Einstein on Politics: His Private Thoughts and Public Stands on Nationalism, Zionism,War, Peace, and the Bomb* (Princeton: Princeton University Press, 2007), 95–105and 125–6, and Richard Crockatt, *Einstein and Twentieth-Century Politics* (Oxford:Oxford University Press, 2016), 77–106.

5　Eisinger, *Einstein on the Road*, 58–63, Calaprice, ed., *Quotable Einstein*, 194 and 202,and Rowe and Schulmann, *Einstein on Politics*, 156–9.

6　Calaprice, ed., *Quotable Einstein*, 165.

7　Calaprice, ed., *Quotable Einstein*, 292, Crockatt, *Einstein and Twentieth-Century Politics*,29, Rowe and Schulmann, *Einstein on Politics*, 189–97, and KenkichiroKoizumi, 'The Emergence of Japan's First Physicists: 1868–1900', *Historical Studiesin the Physical Sciences* 6 (1975): 80.

8　Ashish Lahiri, 'The Creative Mind: A Mirror or a Component of Reality?', in*Tagore, Einstein and the Nature of Reality: Literary and Philosophical Reflections*, ed.Partha Ghose (London: Routledge, 2019), 215–7.

9 Abraham Pais, 'Paul Dirac: Aspects of His Life and Work', in *Paul Dirac: The Manand His Work*, ed. Peter Goddard (Cambridge: Cambridge University Press, 1998),14–16, Kenji Ito, 'Making Sense of Ryôshiron (Quantum Theory): Introductionof Quantum Physics into Japan, 1920–1940' (PhD diss., Harvard University, 2002),260–1, and Yan Kangnian, 'Niels Bohr in China', in *Chinese Studies in the Historyand Philosophy of Science and Technology*, eds. Fan Dainian and Robert Cohen(Dordrecht: Springer Netherlands, 1996), 433–7.

10 Alexei Kojevnikov, *Stalin's Great Science: The Times and Adventures of Soviet Physicists*(London: Imperial College Press, 2004), 103–6, and Istvan Hargittai, *BuriedGlory: Portraits of Soviet Scientists* (Oxford: Oxford University Press, 2013), 98–102.

11 Kojevnikov, *Stalin's Great Science*, 107–8, and Hargittai, *Buried Glory*, 103.

12 Hargittai, *Buried Glory*, 104–5, and Jack Boag, David Shoenberg, and P. Rubinin,eds., *Kapitza in Cambridge and Moscow: Life and Letters of a Russian Physicist* (Amsterdam:North-Holland, 1990), 235.

13 Kojevnikov, *Stalin's Great Science*, 107–9, and Hargittai, *Buried Glory*, 104–5.

14 Kojevnikov, *Stalin's Great Science*, 116–7, Peter Kapitza, 'Viscosity of Liquid Heliumbelow the λ-Point', *Nature* 74 (1938): 74, and Sébastien Balibar, 'Superfluidity: How Quantum Mechanics Became Visible', in *History of Artificial Cold, Scientific, Technological and Cultural Issues*, ed. Kostas Gavroglu (Dordrecht: Springer, 2014).

15 Kojevnikov, *Stalin's Great Science*, 1–28, Valerii Ragulsky, 'About People with theSame Life Attitude: 100th Anniversary of Lebedev's Lecture on the Pressure of Light',*Physics-Uspekhi* 54 (2011): 294, Paul Josephson, *Physics and Politics in Revolutionary Russia*(Berkeley: University of California Press, 1991), 1–6 and 62, Loren Graham, *Science in Russia and the Soviet Union: A Short History* (Cambridge: Cambridge University Press, 1993), 79–98, and R. W. Davies, 'Soviet Military Expenditure and the Armaments Industry, 1929–33: A Reconsideration', *Europe–Asia Studies* 45 (1993): 578.

16 Kojevnikov, *Stalin's Great Science*, 41, and Josephson, *Physics and Politics*, 1–6, 106, and 134–5.

17 Josephson, *Physics and Politics*, 6 and 23, Loren Graham, *Science, Philosophy, and Human Behavior in the Soviet Union* (New York: Columbia University Press, 1987), 322–3, and Clemens Dutt, ed., *V. I. Lenin: Collected Works*, trans. Abraham Fineberg (Moscow:

Progress Publishers, 1962), 14:252–7 and 33:227–36.

18 Alexander Vucinich, *Einstein and Soviet Ideology* (Stanford: Stanford University Press, 2001), 1–5, 13, and 58–68, V. P. Vizgin and G. E. Gorelik, 'The Reception of the Theory of Relativity in Russia and the USSR', in *The Comparative Reception of Relativity*, ed. Thomas Glick (Dordrecht: Springer, 1987), and Ethan Pollock, *Stalin and the Soviet Science Wars* (Princeton: Princeton University Press, 2009), 78–9.

19 Kojevnikov, *Stalin's Great Science*, 49–53, and Josephson, *Physics and Politics*, 114–6.

20 Kojevnikov, *Stalin's Great Science*, 53–6, and Victor Frenkel, *Yakov Illich Frenkel*, trans. Alexander Silbergleit (Basel: Springer Basel, 1996), 28–9.

21 Kojevnikov, *Stalin's Great Science*, 48–55.

22 Kojevnikov, *Stalin's Great Science*, 48–55, and Yakov Frenkel, 'Beitrag zur Theorie der Metalle', *Zeitschrift für Physik* 29 (1924).

23 Josephson, *Physics and Politics*, 221, and M. Shpak, 'Antonina Fedorovna Prikhot'ko (On Her Sixtieth Birthday)', *Soviet Physics Uspekhi* 9 (1967): 785–6.

24 Shpak, 'Antonina Fedorovna Prikhot'ko', 785–6.

25 Kojevnikov, *Stalin's Great Science*, 74–6, Hargittai, *Buried Glory*, 119–20, Josephson, *Physics and Politics*, 224, and Karl Hall, 'The Schooling of Lev Landau: The European Context of Postrevolutionary Soviet Theoretical Physics', *Osiris* 23 (2008).

26 Kojevnikov, *Stalin's Great Science*, 85–92, Hargittai, *Buried Glory*, 121, and Nikolai Krementsov and Susan Gross Solomon, 'Giving and Taking across Borders: The Rockefeller Foundation and Russia, 1919–1928', *Minerva* 39 (2001).

27 Kojevnikov, *Stalin's Great Science*, 117, and L. Reinders, *The Life, Science and Times of Lev Vasilevich Shubnikov: A Pioneer of Soviet Cryogenics* (Cham: Springer, 2018), 23–32.

28 Reinders, *Lev Vasilevich Shubnikov*, 171–92.

29 Kojevnikov, *Stalin's Great Science*, 85–8, Hargittai, *Buried Glory*, 109–10 and 125, and Josephson, *Physics and Politics*, 312.

30 Hargittai, *Buried Glory*, 128.

31 Hargittai, *Buried Glory*, 112 and 122.

32 Hu, *China and Albert Einstein*, 58–9, Gao Pingshu, 'Cai Yuanpei's Contributions to China's Science', in Dainian and Cohen, eds., *Chinese Studies*, 399, and Dai Nianzu, 'The Development of Modern Physics in China: The 50th Anniversary of the Founding of the Chinese Physical Society', in Dainian and Cohen, eds., *Chinese Studies*, 208.

33 Hu, *China and Albert Einstein*, 89–92.

34 Hu, *China and Albert Einstein*, 92–7.

35 Hu, *China and Albert Einstein*, 58–61 and 133.

36 Hu, *China and Albert Einstein*, 66–9, and Gao, 'Cai Yuanpei's Contributions', 397–404.

37 Hu, *China and Albert Einstein*, 127, and Dai, 'Development of Modern Physics', 209–10.

38 Danian Hu, 'American Influence on Chinese Physics Study in the Early Twentieth Century', *Physics in Perspective* 17 (2016): 277.

39 Hu, *China and Albert Einstein*, 44–6.

40 Hu, *China and Albert Einstein*, 116–7, and Mary Bullock, 'American Science and Chinese Nationalism: Reflections on the Career of Zhou Peiyuan', in *Remapping China: Fissures in Historical Terrain*, eds. Gail Hershatter, Emily Honig, Jonathan Lipman, and Randall Stross (Stanford: Stanford University Press, 1996), 214–5.

41 Hu, *China and Albert Einstein*, 116–7, and Bullock, 'American Science and Chinese Nationalism', 214–6.

42 Hu, *China and Albert Einstein*, 116–9, and P'ei-yuan Chou, 'The Gravitational Field of a Body with Rotational Symmetry in Einstein's Theory of Gravitation', *American Journal of Mathematics* 53 (1931).

43 Hu, *China and Albert Einstein*, 119–20, and Bullock, 'American Science and Chinese Nationalism', 217.

44 Hu, *China and Albert Einstein*, 119–20, and Dai, 'Development of Modern Physics',

210–13.

45 Zhang Wei, 'Millikan and China', in Dainian and Cohen, eds., *Chinese Studies.*

46 Dai, 'Development of Modern Physics', 210, Zuoyue Wang, 'Zhao Zhongyao', in *New Dictionary of Scientific Biography*, ed. Noretta Koertge (Detroit: Charles Scribner's Sons, 2008), 8:397–402, and William Duane, H. H. Palmer, and Chi-Sun Yeh, 'A Remeasurement of the Radiation Constant, *h*, by Means of X-Rays', *Proceedings of the National Academy of Sciences of the United States of America* 7 (1921).

47 Zhang, 'Millikan and China', 441–2, Dai, 'Development of Modern Physics', 210,Zuoyue, 'Zhao Zhongyao', 397–402, and C. Y. Chao, 'The Absorption Coefficient of Hard γ-Rays', *Proceedings of the National Academy of Sciences of the United States of America* 16 (1930).

48 Jagdish Mehra and Helmut Rechenberg, *The Historical Development of Quantum Theory* (New York: Springer, 1982), 6:804, and Cong Cao, 'Chinese Science and the "Nobel Prize Complex" ', *Minerva* 42 (2004): 154.

49 Gao, 'Cai Yuanpei's Contributions', 398.

50 Ito, 'Making Sense of Ryôshiron', 20–1, 91–2, and 165–6.

51 Ito, 'Making Sense of Ryôshiron', 56–7 and 87–8, Tsutomu Kaneko, 'Einstein's Impact on Japanese Intellectuals', in Glick, ed., *The Comparative Reception of Relativity*, 354, Morris Low, *Science and the Building of a New Japan* (Basingstoke: Palgrave Macmillan, 2005), 1–16, and Dong-Won Kim, 'The Emergence of Theoretical Physics in Japan: Japanese Physics Community between the Two World Wars', *Annals of Science* 52 (1995).

52 Ito, 'Making Sense of Ryôshiron', 171, Kaneko, 'Einstein's Impact on Japanese Intellectuals', 354, Low, *Science and the Building of a New Japan*, 9, and Kim, 'Emergence of Theoretical Physics', 386.

53 Low, *Science and the Building of a New Japan*, 10, Kim, 'Emergence of Theoretical Physics', 386–7, and 'Cosmic Ray Research in Japan before World War II', *Progress of Theoretical Physics Supplement* 105 (1991): 25.

54 Ito, 'Making Sense of Ryôshiron', 173–206, Low, *Science and the Building of a New Japan*, 18–20, and Dong-Won Kim, *Yoshio Nishina: Father of Modern Physics in Japan*

(London: Taylor and Francis, 2007), 1–15.

55 Kim, *Yoshio Nishina*, 15–46, Ito, 'Making Sense of Ryôshiron', 206–8, and Low, *Science and the Building of a New Japan*, 20.

56 Kim, *Yoshio Nishina*, 15–46, Low, *Science and the Building of a New Japan*, 20–2, and *A Century of Discovery: The History of RIKEN* (Wako: Riken, 2019), 22.

57 Ito, 'Making Sense of Ryôshiron', 208–9 and 239–45, Kim, *Yoshio Nishina*, 26–39, and Low, *Science and the Building of a New Japan*, 20–2.

58 Kim, *Yoshio Nishina*, 26–39, and Yuji Yazaki, 'How the Klein–Nishina Formula was Derived: Based on the Sangokan Nishina Source Materials', *Proceedings of the Japan Academy. Series B, Physical and Biological Sciences* 93 (2017).

59 Ito, 'Making Sense of Ryôshiron', 110–16 and 260, Low, *Science and the Building of a New Japan*, 22, and Kim, *Yoshio Nishina*, 55.

60 Ito, 'Making Sense of Ryôshiron', 261, Low, *Science and the Building of a New Japan*,22, and Kim, *Yoshio Nishina*, 64.

61 Ito, 'Making Sense of Ryôshiron', 1, Low, *Science and the Building of a New Japan*,106–7, Nicholas Kemmer, 'Hideki Yukawa, 23 January 1907–8 September 1981',*Biographical Memoirs of Fellows of the Royal Society* 29 (1983), 'Yukawa's Prediction of the Mesons', *Progress of Theoretical Physics Supplement* 105 (1991): 10, and Hideki Yukawa, *Tabibito (The Traveler)*, trans. L. Brown and R. Yoshida (Singapore: World Scientific, 1982), 10–11 and 36–7.

62 Ito, 'Making Sense of Ryôshiron', 280, Kim, 'Emergence of Theoretical Physics', 395, Low, *Science and the Building of a New Japan*, 106–7 and 119–21, Yukawa, *Tabito*, 12, and Hideki Yukawa, *Creativity and Intuition: A Physicist Looks at East and West*, trans. John Bester (Tokyo: Kodansha International, 1973), 31–5.

63 Kim, 'Emergence of Theoretical Physics', 395–9, Low, *Science and the Building of a New Japan*, 106–7, and Yukawa, *Tabito*, 170.

64 Ito, 'Making Sense of Ryôshiron', 280–1, Kim, 'Emergence of Theoretical Physics', 395, Low, *Science and the Building of a New Japan*, 108, 'Yukawa's Prediction of the Mesons', 14, and L. M. Brown et al., 'Particle Physics in Japan in the 1940s Including Meson

Physics in Japan after the First Meson Paper', *Progress of Theoretical Physics Supplement* 105 (1991): 35–40.

65 Low, *Science and the Building of a New Japan*, 120, Yukawa, *Tabito*, 24, 'Particle Physics in Japan', 35, and Hideki Yukawa, 'On the Interaction of Elementary Particles', *Proceedings of the Physico-Mathematical Society of Japan* 17 (1935).

66 'Cosmic Ray Research in Japan', 31, Kim, 'Emergence of Theoretical Physics', 387, and Low, *Science and the Building of a New Japan*, 77–9.

67 Robert Anderson, *Nucleus and Nation: Scientists, International Networks, and Power in India* (Chicago: University of Chicago Press, 2010), 24–6, Pramod Naik, *Meghnad Saha: His Life in Science and Politics* (Cham: Springer, 2017), 32–3, and D. S. Kothari, 'Meghnad Saha, 1893–1956', *Biographical Memoirs of Fellows of the Royal Society* 5 (1960): 217–8.

68 Anderson, *Nucleus and Nation*, 24–6, Naik, *Meghnad Saha*, 32–3, and Kothari, 'Meghnad Saha', 217–9.

69 Anderson, *Nucleus and Nation*, 26–31, Naik, *Meghnad Saha*, 33–47, and Kothari, 'Meghnad Saha', 218–9.

70 Anderson, *Nucleus and Nation*, 26–31, Naik, *Meghnad Saha*, 33–47, and Kothari, 'Meghnad Saha', 218–9.

71 Anderson, *Nucleus and Nation*, 1–15 and 57, David Arnold, 'Nehruvian Science and Postcolonial India', *Isis* 104 (2013): 262–5, David Arnold, *Science, Technology and Medicine in Colonial India* (Cambridge: Cambridge University Press, 2000), 169–210, G. Venkataraman, *Journey into Light: Life and Science of C. V. Raman* (Bangalore: Indian Academy of Sciences, 1988), 457, and Benjamin Zachariah, *Developing India: An Intellectual and Social History, c. 1930–50* (New Delhi: Oxford University Press, 2005), 236–8.

72 Anderson, *Nucleus and Nation*, 23–35, Naik, *Meghnad Saha*, 48–65, Kothari, 'Meghnad Saha', 223–4, and Purabi Mukherji and Atri Mukhopadhyay, *History of the Calcutta School of Physical Sciences* (Singapore: Springer, 2018), 14–15.

73 Kothari, 'Meghnad Saha', 220–1, and Meghnad Saha, 'Ionization in the Solar Chromosphere', *Philosophical Magazine* 40 (1920).

74 Naik, *Meghnad Saha*, 94–123, Kothari, 'Meghnad Saha', 229, and Abha Sur, 'Scientism and Social Justice: Meghnad Saha's Critique of the State of Science in India', *Historical Studies in the Physical and Biological Sciences* 33 (2002).

75 Mukherji and Mukhopadhyay, *History of the Calcutta School*, 111–5, and Jagdish Mehra, 'Satyendra Nath Bose, 1 January 1894–4 February 1974', *Biographical Memoirs of Fellows of the Royal Society* 21 (1975): 118–20.

76 Anderson, *Nucleus and Nation*, 26–7, and Mehra, 'Satyendra Nath Bose', 118–20.

77 Anderson, *Nucleus and Nation*, 28, Mehra, 'Satyendra Nath Bose', 122, and Meghnad Saha and Satyendra Nath Bose, *The Principle of Relativity* (Calcutta: University of Calcutta, 1920).

78 Anderson, *Nucleus and Nation*, 41, Mehra, 'Satyendra Nath Bose', 123–9, and Rajinder Singh, *Einstein Rediscovered: Interactions with Indian Academics* (Düren: Shaker Verlag, 2019), 23.

79 Mehra, 'Satyendra Nath Bose', 123–9.

80 Mehra, 'Satyendra Nath Bose', 130–42, Singh, *Einstein Rediscovered*, 23, Wali Kameshwar, ed., *Satyendra Nath Bose, His Life and Times: Selected Works* (Hackensack: World Scientific Publishing, 2009), xxix, and Satyendra Nath Bose, 'Plancks Gesetz und Lichtquantenhypothese', *Zeitschrift für Physik* 26 (1924).

81 Singh, *Einstein Rediscovered*, 10, and Rasoul Sorkhabi, 'Einstein and the Indian Minds: Tagore, Gandhi and Nehru', *Current Science* 88 (2005): 1187–90.

82 Venkataraman, *Journey into Light*, 186–91 and 267, Mukherji and Mukhopadhyay, *History of the Calcutta School*, 53–5, S. Bhagavantam, 'Chandrasekhara Venkata Raman. 1888–1970', *Biographical Memoirs of Fellows of the Royal Society* 17 (1971): 569, and Chandrasekhara Venkata Raman, 'The Colour of the Sea', *Nature* 108 (1921): 367.

83 Raman, 'The Colour of the Sea', 367, Venkataraman, *Journey into Light*, 195–6, and Bhagavantam, 'Chandrasekhara Venkata Raman', 568–9.

84 Arnold, *Science, Technology and Medicine*, 169, and Chandrasekhara Venkata Raman, 'A New Radiation', *Indian Journal of Physics* 2 (1928).

85 Anderson, *Nucleus and Nation*, 65–7, and Venkataraman, *Journey into Light*, 255–66.

86 Venkataraman, *Journey into Light*, 389.

87 Venkataraman, *Journey into Light*, 318–9, Abha Sur, 'Dispersed Radiance: Women Scientists in C. V. Raman's Laboratory', *Meridians* 1 (2001), and Arvind Gupta, *Bright Sparks: Inspiring Indian Scientists from the Past* (Delhi: Indian National Academy of Sciences, 2012), 123–6.

88 Venkataraman, *Journey into Light*, 318–9, Sur, 'Dispersed Radiance', and Gupta, *Bright Sparks*, 115–8.

89 Venkataraman, *Journey into Light*, 459, Arnold, *Science, Technology and Medicine*, 210, and Anderson, *Nucleus and Nation*, 42.

90 David Holloway, *Stalin and the Bomb: The Soviet Union and Atomic Energy, 1939–1956* (New Haven: Yale University Press, 1994), 294, and Lawrence Sullivan and Nancy Liu-Sullivan, *Historical Dictionary of Science and Technology in Modern China* (Lanham: Rowman & Littlefield, 2015), 424.

第八章　遗传学国家

1 Masao Tsuzuki, 'Report on the Medical Studies of the Effects of the Atomic Bomb', in *General Report Atomic Bomb Casualty Commission* (Washington, DC: National Research Council, 1947), 68–74, Susan Lindee, *Suffering Made Real: American Science and the Survivors at Hiroshima* (Chicago: University of Chicago Press, 1994), 24–5, Frank Putnam, 'The Atomic Bomb Casualty Commission in Retrospect', *Proceedings of the National Academy of Sciences* 95 (1998): 5246–7, and 'Damage Surveys in the Post-War Turmoil', Hiroshima Peace Memorial Museum, accessed 25 August 2020, http://www.pcf.city.hiroshima.jp/virtual/VirtualMuseum_e/exhibit_e/exh0307_e/exh03075_e.html.

2 'Japanese Material: Organization for Study of Atomic Bomb Casualties, Monthly Progress Reports', in *General Report Atomic Bomb Casualty Commission*, 16, John Beatty, 'Genetics in the Atomic Age: The Atomic Bomb Casualty Commission, 1947–1956', in *The Expansion of American Biology*, eds. Keith Benson, Janes Maienschein, and Ronald Rainger (New Brunswick: Rutgers University Press, 1991), 285 and 297, and Susan Lindee, 'What is

a Mutation? Identifying Heritable Change in the Offspring of Survivors at Hiroshima and Nagasaki', *Journal of the History of Biology* 25 (1992).

3 Lindee, *Suffering Made Real*, 24–5 and 73–4, Lindee, 'What is a Mutation?', 232–3, Beatty, 'Genetics in the Atomic Age', 285–7, and Putnam, 'The Atomic Bomb Casualty Commission', 5426.

4 Lindee, *Suffering Made Real*, 178–84, and Lindee, 'What is a Mutation?', 234–45.

5 Lindee, 'What is a Mutation?', 250, and Vassiliki Smocovitis, 'Genetics behind Barbed Wire: Masuo Kodani, Émigré Geneticists, and Wartime Genetics Research at Manzanar Relocation Center', *Genetics* 187 (2011).

6 Smocovitis, 'Genetics behind Barbed Wire', Soraya de Chadarevian, *Heredity under the Microscope: Chromosomes and the Study of the Human Genome* (Chicago: University of Chicago Press, 2020), 5–6, and Masuo Kodani, 'The Supernumerary Chromosome of Man', *American Journal of Human Genetics* 10 (1958).

7 Lindee, 'What is a Mutation?', 232–3, Beatty, 'Genetics in the Atomic Age', 287–93, Lisa Onaga, 'Measuring the Particular: The Meanings of Low-Dose Radiation Experiments in Post-1954 Japan', *Positions: Asia Critique* 26 (2018), Aya Homei, 'Fallout from Bikini: The Explosion of Japanese Medicine', *Endeavour* 31 (2007), and Kaori Iida, 'Peaceful Atoms in Japan: Radioisotopes as Shared Technical and Sociopolitical Resources for the Atomic Bomb Casualty Commission and the Japanese Scientific Community in the 1950s', *Studies in History and Philosophy of Science Part C: Studies in History and Philosophy of Biological and Biomedical Sciences* 80 (2020).

8 Lindee, *Suffering Made Real*, 59–60, Iida, 'Peaceful Atoms in Japan', 2, and Onaga, 'Measuring the Particular', 271.

9 Beatty, 'Genetics in the Atomic Age', 312, and 'The Fourth Geneva Conference', *IAEA Bulletin* 13 (1971): 2–18.

10 James Watson, *The Double Helix: A Personal Account of the Discovery of the Structure of DNA* (London: Weidenfeld & Nicolson, 1968), Soraya de Chadarevian, *Designs for Life: Molecular Biology after World War II* (Cambridge: Cambridge University Press, 2002), and Francis Crick, 'On Protein Synthesis', *Symposia of the Society for Experimental Biology* 12 (1958): 161.

11 Susan Lindee, 'Scaling Up: Human Genetics as a Cold War Network', *Studies in History and Philosophy of Science Part C: Studies in History and Philosophy of Biological and Biomedical Sciences* 47 (2014), and Susan Lindee, 'Human Genetics after the Bomb: Archives, Clinics, Proving Grounds and Board Rooms', *Studies in History and Philosophy of Science Part C: Studies in History and Philosophy of Biological and Biomedical Sciences* 55 (2016).

12 Robin Pistorius, *Scientists, Plants and Politics: A History of the Plant Genetic Resources Movement* (Rome: International Plant Genetic Resources Institute, 1997), 55–7, Helen Curry, 'From Working Collections to the World Germplasm Project: Agricultural Modernization and Genetic Conservation at the Rockefeller Foundation', *History and Philosophy of the Life Sciences* 39 (2017), John Perkins, *Geopolitics and the Green Revolution: Wheat, Genes, and the Cold War* (Oxford: Oxford University Press, 1997), R. Douglas Hurt, *The Green Revolution in the Global South: Science, Politics, and Unintended Consequences* (Tuscaloosa: University of Alabama Press, 2020), Alison Bashford, *Global Population: History, Geopolitics, and Life on Earth* (New York: Columbia University Press, 2014), and David Grigg, 'The World's Hunger: A Review, 1930–1990', *Geography* 82 (1997): 201.

13 Perkins, *Geopolitics and the Green Revolution*, Joseph Cotter, *Troubled Harvest: Agronomy and Revolution in Mexico, 1880–2002* (Westport: Praeger, 2003), 249–50, and Bruce Jennings, *Foundations of International Agricultural Research: Science and Politics in Mexican Agriculture* (Boulder: CRC Press, 1988), 145.

14 Lindee, 'Human Genetics after the Bomb', de Chadarevian, *Designs for Life*, 50 and 74–5, Michelle Brattain, 'Race, Racism, and Antiracism: UNESCO and the Politics of Presenting Science to the Postwar Public', *American Historical Review* 112 (2007): 1387, and Elise Burton, *Genetic Crossroads: The Middle East and the Science of Human Heredity* (Stanford: Stanford University Press, 2021).

15 Naomi Oreskes and John Krige, eds., *Science and Technology in the Global Cold War* (Cambridge, MA: The MIT Press, 2014), Ana Barahona, 'Transnational Knowledge during the Cold War: The Case of the Life and Medical Sciences', *História, Ciências, Saúde-Manguinhos* 26 (2019), Heike Petermann, Peter Harper, and Susanne Doetz, eds., *History of Human Genetics: Aspects of Its Development and Global Perspectives* (Cham: Springer, 2017), and Patrick Manning and Mat Savelli, eds., *Global Transformations in the Life Sciences, 1945–1980* (Pittsburgh: University of Pittsburgh Press, 2018).

16 Efraím Hernández Xolocotzi, 'Experiences in the Collection of Maize Germplasm', in *Recent Advances in the Conservation and Utilization of Genetic Resources*, ed. Nathan Russel (Mexico City: CIMMYT, 1988), and Elvin Stakman, Richard Bradfield, and Paul Christoph Mangelsdorf, *Campaigns Against Hunger* (Cambridge, MA: The Belknap Press, 1967), 61.

17 Cotter, *Troubled Harvest*, 11–12, and Curry, 'From Working Collections', 3–6.

18 Cotter, *Troubled Harvest*, 1–12, and Jennings, *Foundations of International Agricultural Research*, 1–37, 145, and 162.

19 Artemio Cruz León, Marcelino Ramírez Castro, Francisco Collazo-Reyes, Xóchitl Flores Vargas, 'La obra escrita de Efraím Hernández Xolocotzi, patrimonio y legado', *Revista de Geografía Agrícola* 50 (2013), 'Efraim Hernandez Xolocotzi', Instituto de Biología, Universidad Nacional Autónama de México, accessed 24 April 2020, http://www.ibiologia.unam.mx/jardin/gela/page4.html, 'Efraim Hernández Xolocotzi', Biodiversidad Mexicana, accessed 6 May 2020, https://www.biodiversidad.gob.mx/biodiversidad/curiosos/sXX/EfrainHdezX.php, and Edwin Wellhausen, Louis Roberts, Efraím Hernández Xolocotzi, and Paul Mangelsdorf, *Races of Maize in Mexico* (Cambridge, MA: The Bussey Institution, 1952), 9. 我十分感谢里卡多・阿吉拉尔・冈萨雷斯（Ricardo Aguilar-González）与我分享了他关于墨西哥历史以及纳瓦特尔语名字的知识，他让我更好地理解了埃弗拉因・埃尔南德斯・克罗科奇的背景。在完成本章的写作以后，我又得知了这篇博士论文：Matthew Caire-Pérez, 'A Different Shade of Green: Efraím Hernández Xolocotzi, Chapingo, and Mexico's Green Revolution, 1950–1967' (PhD diss., University of Oklahoma, 2016), 这篇论文详细介绍了埃尔南德斯的生平，以及他在"绿色革命"中发挥的作用，主要集中在第 73—81 页。

20 Hernández, 'Experiences', 1–6, Edwin Wellhausen, 'The Indigenous Maize Germplasm Complexes of Mexico', in *Recent Advances*, 18, Paul Mangelsdorf, *Corn: Its Origin, Evolution, and Improvement* (Cambridge, MA: Harvard University Press, 1974), 101–5, and Garrison Wilkes, 'Teosinte and the Other Wild Relatives of Maize', in Russel, ed., *Recent Advances*, 72.

21 Helen Curry, 'Breeding Uniformity and Banking Diversity: The Genescapes of Industrial Agriculture, 1935–1970', *Global Environment* 10 (2017), Mangelsdorf, *Corn*, 24 and 106, and Wellhausen, Roberts, Hernández, and Mangelsdorf, *Races of Maize*, 22.

22 Cotter, *Troubled Harvest*, 232, Mangesldorf, *Corn*, 101, Wellhausen, Roberts, Hernández, and Mangelsdorf, *Races of Maize*, 34, and Hernández, 'Experiences', 6.

23 Hernández, 'Experiences', 1, Cotter, *Troubled Harvest*, 192 and 234, Curry, 'From Working Collections', 6, and Jonathan Harwood, 'Peasant Friendly Plant Breeding and the Early Years of the Green Revolution in Mexico', *Agricultural History* 83 (2009).

24 Gisela Mateos and Edna Suárez Díaz, 'Mexican Science during the Cold War: An Agenda for Physics and the Life Sciences', *Ludus Vitalis* 20 (2012): 48–59, Ana Barahona, 'Medical Genetics in Mexico: The Origins of Cytogenetics and the Health Care System', *Historical Studies in the Natural Sciences* 45 (2015), José Alonso-Pavon and Ana Barahona, 'Genetics, Radiobiology and the Circulation of Knowledge in Cold War Mexico, 1960–1980', in *The Scientific Dialogue Linking America, Asia and Europe between the 12th and the 20th Century*, ed. Fabio D'Angelo (Naples: Associazione culturale Viaggiatori, 2018), Thomas Glick, 'Science in Twentieth-Century Latin America', in *Ideas and Ideologies in Twentieth-Century Latin America*, ed. Leslie Bethel (Cambridge: Cambridge University Press, 1996), 309, Larissa Lomnitz, 'Hierarchy and Peripherality: The Organisation of a Mexican Research Institute', *Minerva* 17 (1979), and *Biomedical Research Policies in Latin America: Structures and Processes* (Washington, DC: Pan American Health Organization, 1965), 165–7.

25 Ana Barahona, Susana Pinar, and Francisco Ayala, 'Introduction and Institutionalization of Genetics in Mexico', *Journal of the History of Biology* 38 (2005): 287–9.

26 Barahona, Pinar, and Ayala, 'Introduction and Institutionalization', 287–9, Ana Barahona, 'Transnational Science and Collaborative Networks: The Case of Genetics and Radiobiology in Mexico, 1950–1970', *Dynamis* 35 (2015): 347–8, and Eucario López-Ochoterena, '*In Memoriam*: Rodolfo Félix Estrada (1924–1990)', Ciencias UNAM, accessed 3 July 2020, http://repositorio.fciencias.unam.mx:8080/xmlui/bitstream/handle/11154/143333/41VMemoriamRodolfo.pdf.

27 Alfonso León de Garay, Louis Levine, and J. E. Lindsay Carter, *Genetic and Anthropological Studies of Olympic Athletes* (New York: Academic Press, 1974), ix–xvi, 1–23, and 30.

28 Barahona, Pinar, and Ayala, 'Introduction and Institutionalization', 289, James Rupert, 'Genitals to Genes: The History and Biology of Gender Verification in the Olympics', *Canadian Bulletin of Medical History* 28 (2011), and De Garay, Levine,and Carter, *Genetic*

and Anthropological Studies, ix–xvi, 1–23, and 30.

29 De Garay, Levine, and Carter, *Genetic and Anthropological Studies*, 43, 147, and 230, James Meade and Alan Parkes, eds., *Genetic and Environmental Factors in Human Ability* (London: Eugenics Society, 1966), Angela Saini, *Superior: The Return of Race Science* (London: Fourth Estate, 2019), and Alison Bashford, 'Epilogue: Where Did Eugenics Go?', in *The Oxford Handbook of the History of Eugenics*, eds. Alison Bashford and Philippa Levine (Oxford: Oxford University Press, 2010).

30 Ana Barahona and Francisco Ayala, 'The Emergence and Development of Genetics in Mexico', *Nature Reviews Genetics* 6 (2005): 860, Glick, 'Science in Twentieth-Century Latin America', 297, and Francisco Salzano, 'The Evolution of Science in a Latin-American Country: Genetics and Genomics in Brazil', *Genetics* 208 (2018).

31 Gita Gopalkrishnan, *M. S. Swaminathan: One Man's Quest for a Hunger-Free World* (Chennai: Sri Venkatesa Printing House, 2002), 8–24, and Hurt, *The Green Revolution in the Global South*, 45–6.

32 Gopalkrishnan, *M. S. Swaminathan*, 24–5.

33 Gopalkrishnan, *M. S. Swaminathan*, 28–9, Debi Prosad Burma and Maharani Chakravorty, 'Biochemistry: A Hybrid Science Giving Birth to Molecular Biology', in *History of Science, Philosophy, and Culture in Indian Civilization: From Physiology and Chemistry to Biochemistry*, eds. Debi Prosad Burma and Maharani Chakravorty (Delhi: Longman, 2011), vol. 13, part 2, 157, and David Arnold, 'Nehruvian Science and Postcolonial India', *Isis* 104 (2013): 366.

34 Gopalkrishnan, *M. S. Swaminathan*, 35–42.

35 Gopalkrishnan, *M. S. Swaminathan*, 43–4, Cotter, *Troubled Harvest*, 252, Curry,'From Working Collections', 7–9, Hurt, *The Green Revolution in the Global South*, and Srabani Sen, '1960–1999: Four Decades of Biochemistry in India', *Indian Journal of History of Science* 46 (2011): 175–9.

36 Gopalkrishnan, *M. S. Swaminathan*, 45, Hurt, *The Green Revolution in the Global South*, 46, and 'Dilbagh Athwal, Geneticist and "Father of the Wheat Revolution" – Obituary', The Telegraph, accessed 2 September 2020, https://www.telegraph.co.uk/obituaries/2017/05/22/dilbagh-athwal-geneticist-father-wheat-revolution-obituary/.

37 Arnold, 'Nehruvian Science', 362 and 368, Sen, 'Four Decades of Biochemistry', 175.

38 Jawaharlal Nehru, *Jawaharlal Nehru on Science and Society: A Collection of His Writings and Speeches* (New Delhi: Nehru Memorial Museum and Library, 1988), 137–8, and Robert Anderson, *Nucleus and Nation: Scientists, International Networks, and Power in India* (Chicago: University of Chicago Press, 2010), 4 and 237.

39 Indira Chowdhury, *Growing the Tree of Science: Homi Bhabha and the Tata Institute of Fundamental Research* (New Delhi: Oxford University Press, 2016), 175, Krishnaswamy VijayRaghavan, 'Obaid Siddiqi: Celebrating His Life in Science and the Cultural Transmission of Its Values', *Journal of Neurogenetics* 26 (2012), Zinnia Ray Chaudhuri, 'Her Father's Voice: A Photographer Pays Tribute to Her Celebrated Scientist-Father', Scroll.in, accessed 5 May 2020, https://scroll.in/roving/802600/her-fathers-voice-a-photographer-pays-tribute-to-her-celebrated-scientistfather, and 'India Mourns Loss of "Aristocratic" & Gutsy Molecular Biology Guru', Nature India, accessed 4 May 2020, https://www.natureasia.com/en/nindia/article/10.1038/nindia.2013.102.

40 'India Mourns', VijayRaghavan, 'Obaid Siddiqi', 257–9, and Chowdhury, *Growing the Tree of Science*, 175.

41 VijayRaghavan, 'Obaid Siddiqi', 257–9, Chowdhury, *Growing the Tree of Science*, 175, and Alan Garen and Obaid Siddiqi, 'Suppression of Mutations in the Alkaline Phosphatase Structural Cistron of *E. coli*', *Proceedings of the National Academy of Sciences of the United States of America* 48 (1962).

42 Chowdhury, *Growing the Tree of Science*, 175–8.

43 Chowdhury, *Growing the Tree of Science*, 181–2, VijayRaghavan, 'Obaid Siddiqi', 259, and Obaid Siddiqi and Seymour Benzer, 'Neurophysiological Defects in Temperature-Sensitive Paralytic Mutants of Drosophila Melanogaster', *Proceedings of the National Academy of Sciences of the United States of America* 73 (1976).

44 Chowdhury, *Growing the Tree of Science* 183, Krishnaswamy VijayRaghavan and Michael Bate, 'Veronica Rodrigues (1953–2010)', *Science* 330 (2010), Namrata Gupta and A. K. Sharma, 'Triple Burden on Women Academic Scientists', in *Women and Science in India: A Reader*, ed. Neelam Kumar (Delhi: Oxford University Press, 2009), 236, and Malathy Duraisamy and P. Duraisamy, 'Women's Participation in Scientific and Technical

Education and Labour Markets in India', in Kumar, ed., *Women and Science in India*, 293.

45 Chowdhury, *Growing the Tree of Science*, 183, and VijayRaghavan and Bate, 'Veronica Rodrigues', 1493–4.

46 Chowdhury, *Growing the Tree of Science* 183, and VijayRaghavan and Bate, 'Veronica Rodrigues', 1493–4.

47 Chowdhury, *Growing the Tree of Science* 183, VijayRaghavan and Bate, 'Veronica Rodrigues', 1493–4, and Veronica Rodrigues and Obaid Siddiqi, 'Genetic Analysis of Chemosensory Path', *Proceedings of the Indian Academy of Sciences* 87 (1978).

48 Arnold, 'Nehruvian Science', 368, and 'Teaching', Indian Agricultural Research Institute, accessed 2 September 2020, https://www.iari.res.in/index.php?option=com_content&view=article&id=284&Itemid=889.

49 VijayRaghavan and Bate, 'Veronica Rodrigues', 1493.

50 Nadia Abu El-Haj, *The Genealogical Science: The Search for Jewish Origins and the Politics of Epistemology* (Chicago: University of Chicago Press, 2012), 86–98, Nurit Kirsh, 'Population Genetics in Israel in the 1950s: The Unconscious Internalization of Ideology', *Isis* 94 (2003), Nurit Kirsh, 'Genetic Studies of Ethnic Communities in Israel: A Case of Values-Motivated Research', in *Jews and Sciences in German Contexts*, eds. Ulrich Charpa and Ute Deichmann (Tübingen: Mohr Sibeck, 2007), 182, and Burton, *Genetic Crossroads*, 114.

51 Burton, *Genetic Crossroads*, 114, and El-Haj, *The Genealogical Science*, 87.

52 Burton, *Genetic Crossroads*, 104–5 and 114–5.

53 El-Haj, *The Genealogical Science*, 87–97, and Joseph Gurevitch and E. Margolis, 'Blood Groups in Jews from Iraq', *Annals of Human Genetics* 19 (1955).

54 *Facts and Figures* (New York: Israel Office of Information, 1955), 56–9, Moshe Prywes, ed., *Medical and Biomedical Research in Israel* (Jerusalem: Hebrew University of Jerusalem, 1960), xiii, 12–18, and 33–9, and Yakov Rabkin, 'Middle East', in *The Cambridge History of Science: Modern Science in National, Transnational, and Global Context*, eds. Hugh Slotten, Ronald Numbers, and David Livingstone (Cambridge: Cambridge University Press, 2020), 424, 434–5, and 438–43.

55 Rabkin, 'Middle East', 424–43, Arnold Reisman, 'Comparative Technology Transfer: A Tale of Development in Neighboring Countries, Israel and Turkey', *Comparative Technology Transfer and Society* 3 (2005): 331, Burton, *Genetic Crossroads*, 107–13, 138–50, and 232–9, and Murat Ergin, '*Is the Turk a White Man?*': *Race and Modernity in the Making of Turkish Identity* (Leiden: Brill, 2017).

56 Kirsh, 'Population Genetics', 641, Shifra Shvarts, Nadav Davidovitch, Rhona Seidelman, and Avishay Goldberg, 'Medical Selection and the Debate over Mass Immigration in the New State of Israel (1948–1951)', *Canadian Bulletin of Medical History* 22 (2005), and Roselle Tekiner, 'Race and the Issue of National Identity in Israel', *International Journal of Middle East Studies* 23 (1991).

57 Burton, *Genetic Crossroads*, 108 and 146, El-Haj, *The Genealogical Science*, 63, Kirsh, 'Population Genetics', 635, and Joyce Donegani, Karima Ibrahim, Elizabeth Ikin, and Arthur Mourant, 'The Blood Groups of the People of Egypt', *Heredity* 4 (1950).

58 Nurit Kirsh, 'Geneticist Elisabeth Goldschmidt: A Two-Fold Pioneering Story', *Israel Studies* 9 (2004).

59 Burton, *Genetic Crossroads*, 157–9, Batsheva Bonné, 'Chaim Sheba (1908–1971)', *American Journal of Physical Anthropology* 36 (1972), Raphael Falk, *Zionism and the Biology of Jews* (Cham: Springer, 2017), 145–8, and Elisabeth Goldschmidt, ed., *The Genetics of Migrant and Isolate Populations* (New York: The Williams and Wilkins Company, 1973), v.

60 Goldschmidt, *The Genetics of Migrant and Isolate Populations*, Burton, *Genetic Crossroads*, 161–3, El-Haj, *The Genealogical Science*, 63–5 and 99, Kirsh, 'Population Genetics', 653, and Kirsh, 'Geneticist Elisabeth Goldschmidt', 90.

61 Burton, *Genetic Crossroads*, 161–3, El-Haj, *The Genealogical Science*, 63–5 and 99, Kirsh, 'Population Genetics', 653, Kirsh, 'Geneticist Elisabeth Goldschmidt', 90, Newton Freire-Maia, 'The Effect of the Load of Mutations on the Mortality Rate in Brazilian Populations', in *The Genetics of Migrant and Isolate Populations*, ed. Elisabeth Goldschmidt (New York: The Williams and Wilkins Company, 1973), 221–2, and Katumi Tanaka, 'Differences between Caucasians and Japanese in the Incidence of Certain Abnormalities', in Goldschmidt, ed., *The Genetics of Migrant and Isolate Populations*.

62 El-Haj, *The Genealogical Science*, 86, Arthur Mourant, *The Distribution of the Human*

Blood Groups (Oxford: Blackwell Scientific Publishing, 1954), 1, Michelle Brattain, 'Race, Racism, and Antiracism: UNESCO and the Politics of Presenting Science to the Postwar Public', *American Historical Review* 112 (2007), and *Four Statements on Race* (Paris: UNESCO, 1969), 18.

63 Burton, *Genetic Crossroads*, 96 and 103, El-Haj, *The Genealogical Science*, 1–8, and Arthur Mourant, Ada Kopeć, and Kazimiera Domaniewska-Sobczak, *The Distribution of the Human Blood Groups and Other Polymorphisms*, 2nd edn (London: Oxford University Press, 1976), 79–83.

64 Aaron Rottenberg, 'Daniel Zohary (1926–2016)', *Genetic Resources and Crop Evolution* 64 (2017).

65 Rottenberg, 'Daniel Zohary', 1102–3, and Jack Harlan and Daniel Zohary, 'Distribution of Wild Wheats and Barley', *Science* 153 (1966): 1074.

66 Rottenberg, 'Daniel Zohary', 1104–5, Harlan and Zohary, 'Distribution of Wild Wheats and Barley', 1076, Pistorius, *Scientists, Plants and Politics*, 17, and Daniel Zohary and Maria Hopf, *Domestication of Plants in the Old World* (Oxford: Clarendon Press, 1988), 2 and 8.

67 Zohary and Hopf, *Domestication of Plants*, 8, and Prywes, *Medical and Biomedical Research*, 155.

68 Burton, *Genetic Crossroads*, 17.

69 Burton, *Genetic Crossroads*, 128–50, 167–75, and 219–41.

70 'June 2000 White House Event', National Human Genome Research Institute, accessed 1 September 2020, https://www.genome.gov/10001356/june-2000-whitehouse-event.

71 'June 2000 White House Event'.

72 'June 2000 White House Event' and 'Fiscal Year 2001 President's Budget Request for the National Human Genome Research Institute', National Human Genome Research Institute, accessed 1 September 2020, https://www.genome.gov/10002083/2000-release-fy-2001-budget-request.

73 Nancy Stepan, 'Science and Race: Before and after the Human Genome Project', *Socialist Register* 39 (2003), Sarah Zhang, '300 Million Letters of DNA are Missing from the Human Genome', The Atlantic, accessed 1 September 2020, https://www.theatlantic.com/science/archive/2018/11/human-genome-300-millionmissing-letters-dna/576481/, Elise Burton, 'Narrating Ethnicity and Diversity in Middle Eastern National Genome Projects', *Social Studies of Science* 48 (2018), Projit Bihari Mukharji, 'The Bengali Pharaoh: Upper-Caste Aryanism, Pan-Egyptianism, and the Contested History of Biometric Nationalism in Twentieth-Century Bengal', *Comparative Studies in Society and History* 59 (2017): 452, 'The Indian Genome Variation database (IGVdb): A Project Overview', *Human Genetics* 119 (2005), 'Mission', Genome Russia Project, accessed 1 September 2020, http://genomerussia.spbu.ru, and 'Summary', Han Chinese Genomes, accessed 1 September 2020, https://www.hanchinesegenomes.org/HCGD/data/summary.

74 David Cyranoski, 'China Expands DNA Data Grab in Troubled Western Region', *Nature News* 545 (2017), Sui-Lee Wee, 'China Uses DNA to Track Its People, with the Help of American Expertise', The New York Times, accessed 1 September 2020, https://www.nytimes.com/2019/02/21/business/china-xinjiang-uighur-dnathermo-fisher.html, 'Ethnical Non Russian Groups', Genome Russian Project, accessed 1 September 2020, http://genomerussia.spbu.ru/?page_id=862&lang=en, and 'Trump Administration to Expand DNA Collection at Border and Give Data to FBI', The Guardian, accessed 20 February 2021, https://www.theguardian.com/us-news/2019/oct/02/us-immigration-border-dna-trump-administration.

结语：科学的未来

1 Piketty, *Capital in the Twenty-First Century*, 31 and 412.

2 'Notice of the State Council: New Generation of Artificial Intelligence Development Plan', Foundation for Law and International Affairs, accessed 12 December 2020, https://flia.org/wp-content/uploads/2017/07/A-New-Generation-of-Artificial-Intelligence-Development-Plan-1.pdf (translation by Flora Sapio, Weiming Chen, and Adrian Lo), 'Home', Beijing Academy of Artificial Intelligence, accessed 13 December 2020, https://www.baai.ac.cn/en).

3 Huiying Liang et al., 'Evaluation and Accurate Diagnoses of Pediatric Diseases Us-

ing Artificial Intelligence', *Nature Medicine* 25 (2019), and Tanveer Syeda-Mahmood, 'IBM AI Algorithms Can Read Chest X-Rays at Resident Radiologist Levels', IBM Research Blog, accessed 16 December 2020, https://www.ibm.com/blogs/research/2020/11/ai-x-rays-for-radiologists/.

4 Lee, *AI Superpowers*, 14–17, and Drew Harwell and Eva Dou, 'Huawei Tested AI Software That Could Recognize Uighur Minorities and Alert Police, Report Says', Washington Post, accessed 16 December 2020, https://www.washingtonpost.com/technology/2020/12/08/huawei-tested-ai-software-that-could-recognize-uighurminorities-alert-police-report-says/.

5 Shan Jie, 'China Exports Facial ID Technology to Zimbabwe', Global Times, accessed 14 December 2020, https://www.globaltimes.cn/content/1097747.shtml, and Amy Hawkins, 'Beijing's Big Brother Tech Needs African Faces', Foreign Policy, accessed 14 December 2020, https://foreignpolicy.com/2018/07/24/beijingsbig-brother-tech-needs-african-faces/.

6 Elizabeth Gibney, 'Israel–Arab Peace Accord Fuels Hope for Surge in Scientific Research', *Nature* 585 (2020).

7 Eliran Rubin, 'Tiny IDF Unit is Brains behind Israel Army Artificial Intelligence', Haaretz, accessed 12 December 2020, https://www.haaretz.com/israel-news/tinyidf-unit-is-brains-behind-israeli-army-artificial-intelligence-1.5442911, and Jon Gambrell, 'Virus Projects Renew Questions about UAE's Mass Surveillance', Washington Post, accessed 12 December 2020, https://www.washingtonpost.com/world/the_americas/virus-projects-renew-questions-about-uaes-masssurveillance/2020/07/09/4c9a0f42-c1ab-11ea-8908-68a2b9eae9e0_story.html.

8 Agence France-Presse, 'UAE Successfully Launches Hope Probe', The Guardian, accessed 20 November 2020, http://www.theguardian.com/science/2020/jul/20/uae-mission-mars-al-amal-hope-space, and Elizabeth Gibney, 'How a Small Arab Nation Built a Mars Mission from Scratch in Six Years', Nature, accessed 9 July 2020, https://www.nature.com/immersive/d41586-020-01862-z/index.html.

9 Gibney, 'How a Small Arab Nation', and Sarwat Nasir, 'UAE to Sign Agreement with Virgin Galactic for Spaceport in Al Ain Airport', Khaleej Times, accessed 16 December 2020, https://www.khaleejtimes.com/technology/uae-to-sign-agreement-with-virgin-ga-

lactic-for-spaceport-in-al-ain-airport.

10 'UAE Successfully Launches Hope Probe' and Jonathan Amos, 'UAE Hope Mission Returns First Image of Mars', BBC News, accessed 16 February 2021, https://www.bbc.co.uk/news/science-environment-56060890.

11 Smriti Mallapaty, 'How China is Planning to Go to Mars amid the Coronavirus Outbreak', *Nature* 579 (2020), 'China Becomes Second Nation to Plant Flag on the Moon', BBC News, accessed 4 December 2020, https://www.bbc.com/news/world-asia-china-55192692, and Jonathan Amos, 'China Mars Mission: Tianwen-1 Spacecraft Enters into Orbit', BBC News, accessed 16 February 2021, https://www.bbc.co.uk/news/science-environment-56013041.

12 John Houghton, Geoffrey Jenkins, and J. J. Ephraums, eds., *Climate Change: The IPCC Scientific Assessment* (Cambridge: Cambridge University Press, 1990), xi–xii and 343–58.

13 Matt McGrath, 'Climate Change: China Aims for "Carbon Neutrality" by 2060', BBC News, accessed 13 December 2020, https://www.bbc.com/news/scienceenvironment-54256826, 'China's Top Scientists Unveil Road Map to 2060 Goal', The Japan Times, accessed 13 December 2020, https://www.japantimes.co.jp/news/2020/09/29/asia-pacific/science-health-asia-pacific/china-climate-change-roadmap-2060/, and 'Division of New Energy and Material Chemistry', Tsinghua University Institute of Nuclear and New Energy Technology, accessed 13 December 2020, http://www.inet.tsinghua.edu.cn/publish/ineten/5685/index.html.

14 Lee, *AI Superpowers*.

15 Shan Lu et al., 'Racial Profiling Harms Science', *Science* 363 (2019), Declan Butler, 'Prominent Sudanese Geneticist Freed from Prison as Dictator Ousted', Nature, accessed 17 December 2020, https://www.nature.com/articles/d41586-019-01231-5, Alison Abbott, 'Turkish Science on the Brink', *Nature* 542 (2017), and John Pickrell, ' "Landscape of Fear" Forces Brazilian Rainforest Researchers into Anonymity', Nature Index, accessed 6 December 2020, https://www.natureindex.com/newsblog/landscape-of-fear-forces-brazilian-forest-researchers-into-anonymity.